卓越工程师教育培养计划系列教材

U0385351

国家级一流本科专业建设成果教材

化工计算与软件应用

（第三版）

包宗宏　武文良 ◎ 主编

化学工业出版社

·北京·

内容简介

《化工计算与软件应用》（第三版）以 Aspen Plus 及其系列软件为计算工具，以实例为线索，介绍化工计算过程中的基本原理、计算方法与解题技巧。全书共分 6 章：第 1 章介绍模拟软件用于物性数据查询与估算、相平衡模拟、实验相平衡数据处理；第 2 章介绍稳态条件下各种化工过程的模拟方法；第 3 章介绍节能技术在化工分离过程中的应用；第 4 章介绍化工设备的工艺计算；第 5 章介绍化工过程的动态控制模拟；第 6 章介绍间歇反应、间歇精馏、固定床吸附、色谱过程和移动床吸附过程模拟。

本书可作为高等学校化工类专业本科生与研究生学习 Aspen Plus 系列软件的教材，也可供从事化工过程开发与设计的工程技术人员参考。

图书在版编目（CIP）数据

化工计算与软件应用 / 包宗宏，武文良主编. —3
版. —北京：化学工业出版社，2024.9
国家级一流本科专业建设成果教材　卓越工程师教育
培养计划系列教材
ISBN 978-7-122-45754-7

Ⅰ. ①化… Ⅱ. ①包… ②武… Ⅲ. ①化工计算-应
用软件-高等学校-教材　Ⅳ. ①TQ015.9

中国国家版本馆 CIP 数据核字（2024）第 107585 号

责任编辑：杜进祥　徐雅妮　　　　　　文字编辑：胡艺艺
责任校对：王鹏飞　　　　　　　　　　装帧设计：关　飞

出版发行：化学工业出版社（北京市东城区青年湖南街 13 号　邮政编码 100011）
印　　装：河北延风印务有限公司
787mm×1092mm　1/16　印张 24¼　字数 632 千字　2024 年 10 月北京第 3 版第 1 次印刷

购书咨询：010-64518888　　　　　　　售后服务：010-64518899
网　　址：http://www.cip.com.cn
凡购买本书，如有缺损质量问题，本社销售中心负责调换。

定　　价：69.00 元　　　　　　　　　　　　　　版权所有　违者必究

前　言

《化工计算与软件应用》按照"卓越工程师教育培养计划"对专业课程教学内容改革的要求，适应化工流程模拟软件应用日益普及的现状，选用 Aspen 系列软件作为计算工具进行教材编写，以克服传统化工计算教材内容的不足，有助于学生掌握先进的计算工具，提升化工计算的能力和水平。

从本书发行以来的反应来看，《化工计算与软件应用》不仅可以作为高校本科生的化工计算教材，而且在全国大学生化工设计竞赛中，也被众多学校的师生选用来学习化工设计及 Aspen 系列软件的使用方法与技巧。另外，本书对于就职于化工企业从事化工过程开发与设计的工程技术人员也有一定参考价值。

Aspen 软件每年都有新版推出，软件内容与形式都有程度不等的更新，包括后台数据库的更新、软件界面的更新与软件功能的提升，也包括 Aspen 系列软件中部分子软件的重组与更替。后台数据库的更新可使模拟计算结果更加准确，但软件使用者更关心软件界面的更新、使用方法的变化、软件功能的提升与部分子软件的重组与更替。本书第二版是以软件 AspenOne V7.3 为计算工具编写的，现在看来软件已经有点过时。趁此次第三版修订机会，采用目前较为流行的 AspenOne V12 为计算工具，在保持编写风格一致的基础上，对全书各章内容进行了多少不等的改写。同时，在控制不增加版面数量的前提下，对第二版的部分内容进行了适当的调整，删去原书最后一章的"工业装置流程模拟案例"与附录。

本书第三版共分 6 章。第 1 章介绍 Aspen 软件和热力学数据搜索引擎 NIST-TDE 用于化工物性数据查询、纯物质与化合物的性质估算、实验相平衡数据处理。新增知识点包括易燃溶液的闪点估算、立方型状态方程参数拟合、用软件的图形功能简化计算难度等。第 2 章介绍稳态条件下各种化工过程的模拟方法，包括简单物理分离、含化学反应、含循环流、非平衡级过程和含复杂进料组成的流程模拟。新增知识点包括非平衡级模型的物理吸收塔与化学解吸塔的模拟计算。第 3 章介绍节能技术在化工分离过程中的应用，包括 Aspen Energy Analyzer（AEA）软件在热集成网络分析过程的应用、蒸汽优化配置、多效蒸发过程、各种节能精馏过程等。新增知识点包括 AEA 软件能耗分析面板的应用介绍。第 4 章介绍化工设备的工艺计算，包括 Aspen 系列软件进行塔设备、换热器、反应器、流体输送设备的工艺设计。新增知识点包括 Aspen EDR 软件对板翅式、绕管式换热器的设计应用，Aspen Plus 软件在流化床反应器模拟计算中的应用。第 5 章介绍了 Aspen Plus Dynamics 软件在化工过程控制中的应用方法，包括储罐的液位控制、反应器的换热控制、单一精馏塔和耦合精馏塔的控制、动态换热器与精馏塔联合控制等。新增知识点包括任务语言的应用介绍。第 6 章介绍了三个 Aspen 系列软件的使用方法，包括 Aspen Plus 软件在间歇反应、间歇精馏过程中的应用，Aspen Adsorption 软件在吸附过程中的应用，Aspen Chromatography 软件在色谱过程和模拟移动床吸附过程中的应用。新增知识点包括 BatchOp 模块在间歇反应过程中的应用、BatchSep 模块在间歇精馏过程中的应用、间歇模块与稳态模块的组合应用、半间歇半连续过程的应用等。

　　本书是南京工业大学化学工程与工艺专业国家级一流本科专业建设成果教材。第三版由南京工业大学包宗宏、武文良负责修订编写。中石化南京工程有限公司为本书提供了部分工程案例并参与部分例题的编写工作；南京力恒工程科技有限公司为本教材提供了部分工程案例；许多使用本教材的高校教师、本科生、研究生和企业工程设计人员以不同方式、通过不同途径对教材内容提出了宝贵的修改建议；作者在改编过程中参考了大量的文献资料。在此对以上单位、人员和参考文献资料的作者一并致以衷心的感谢。

　　本书可以作为化学化工类专业高校本科生的化工计算课程或相近课程的教材，可作为化工课程设计、化工本科毕业设计、化工设计竞赛培训等的参考用书，可作为化工类研究生相关课程的选修教材。作为中高级 Aspen Plus 及其系列软件的学习教材，对从事化工过程开发与设计的工程技术人员有一定参考价值。

　　由于编者的水平所限，书中难免有疏漏，敬请读者批评指正。

编　者

2024 年 1 月

第一版前言

化工计算是化学工程与工艺专业学生的一门专业技术课程，一般包括物性数据的查询与估算、物料衡算和热量衡算、设备工艺计算、稳态过程的物料与能量联合衡算等。化工计算的目的，一是取得设备设计所需要的数据，二是为流程单元操作的调节和生产过程的控制提供依据，三是掌握原材料消耗量，中间产品和产品的生成量，估计能量以及水、电、蒸汽等动力消耗以及对生产操作进行经济分析。在化工厂设计时，化工计算是工厂或车间设计由定性规划转入定量计算的第一步；在现有装置进行技术改造时，对存在问题进行评价和对生产流程的经济性评价也是必不可少的。开设化工计算课程，可以训练学生的运算能力以及将化工专业理论知识运用于工程实际的能力。

化工过程涉及的计算问题大多较繁杂，求解大型非线性方程组、常微分方程组或偏微分方程组、大型矩阵等司空见惯。例如，对含 C 个组分的混合物进行绝热闪蒸计算时，涉及的Jacobian 偏导数矩阵共有 $(2C+2)^2$ 个元素，每个元素都要进行超越函数的偏导数计算。又比如用 Naphtali-Sandholm 同时校正法计算含 C 个组分、N 块理论板的精馏塔时，需要求解 $N(2C+3)$ 维非线性方程组。这些计算工作量巨大，手工难以完成。

根据计算工具的发展沿革，化工计算课程的发展可以划分为三个阶段：20 世纪 70 年代以前，化工计算的工具是计算尺，借助于这些原始计算工具，人们可以对一些简化、理想的数学模型进行求解，再借助于实际工作经验，工程师们进行化工厂的设计计算；20 世纪 70 年代以后，小型、微型数字计算机开始普及，人们可以自己动手编制一些小型的、独立的汇编语言程序，求解一些复杂一点的、手工难以计算的化工计算问题，比如固定床反应器的温度分布、泡点法精馏塔核算等。在此阶段，编制计算程序往往依赖个人的知识与经验，编制的程序也缺乏普遍性，只适用于个例；20 世纪 80 年代以后，美国、加拿大、英国的一些公司开发了基于流程图的过程稳态、动态模拟软件，这些软件经过不断的发展、更新、融合，功能越来越强大，应用范围越来越广泛，准确性、实用性越来越好，其中最具代表性的软件是美国 AspenTech 公司的 Aspen Plus 化工流程模拟软件。

古人说，"工欲善其事，必先利其器"。化工流程模拟软件就是化工计算的有力利器，它用严格和最新的计算方法，提供近似准确的单元操作模型，进行单元和全过程的计算，还可以评估已有装置的优化操作或新建、改建装置的优化设计。软件系统功能齐全，规模庞大，可应用于化工、炼油、石油化工、气体加工、煤炭、医药、冶金、环境保护、动力、节能、食品等许多工业领域。可以毫不夸张地说，使用模拟软件的水平，反映了一个人化工计算能力的高低。

　　化学工程与工艺专业的大四年级本科生、参加卓越工程师教育培养计划的学生已经学完了专业基础课程和部分专业课程，对化学工程的基础理论知识已有一定的掌握，但综合应用各门课程的知识去研究、分析实际化工问题仍需要一定训练，化工计算是一个很好的训练途径，同时又是一项实用的专业技能。针对此背景，本书以 Aspen Plus 及其系列软件为计算工具，以实例为线索，侧重于介绍如何应用化工专业知识结合软件求解化工计算中的一般问题，包括化工物性数据、相平衡数据的查询与估算、物料衡算与能量衡算、节能分离技术应用、设备工艺计算、综合流程模拟等内容。

　　书中的例题与习题部分来源于编者为本科生、研究生讲授化工原理、化工分离工程、化工设计等课程准备的例题与习题，部分取材于编者指导本科生、研究生毕业论文的课题，部分取材于编者指导在校生参加全国大学生化工设计大赛提交的作品。这些例题与习题涵盖了化工设计过程中常见的一般计算问题，读者可以在学习例题、完成习题的基础上举一反三，以解决化工设计、技术改造中的其他问题，提高自己的化工工艺设计能力。

　　本书编写过程中，注意把物理化学、化工原理、化工热力学、化学反应工程、分离工程、化工设计等先修课程的专业知识与软件解题过程相结合，灵活应用这些知识对软件解题过程中、解题完成后的数据进行分析，以提高读者分析问题与解决问题的能力。学习一个软件的操作并不难，而正确使用软件并不容易。把所学的化工专业知识用于软件的操作过程、对软件中间计算数据分析、对计算结果正确性的评判，这才是难点所在。

　　本书以 Aspen Plus 及其系列软件为计算工具，以化工过程实例为线索，介绍化工计算中的基本原理、计算方法与解题技巧。全书共分 5 章，第 1 章介绍化工物性数据、相平衡数据的查询、估算与数据处理方法；第 2 章介绍化工过程物料衡算与能量衡算方法；第 3 章介绍节能技术在化工分离过程中的应用；第 4 章介绍化工设备的工艺计算；第 5 章介绍工业装置流程模拟方法。书后附录中有 Aspen Plus 物性术语对照表、综合过程数据包"Datapkg"和电解质过程数据包"Elecins"中的物性数据文件简介，以供读者在解题或在扩展学习中查询、应用。本书第 5 章的 5.2 节由南京中图数码科技有限公司范会芳编写，其余章节由南京工业大学包宗宏、武文良编写，在读研究生张少石、张杰等编译了附录 1，在读研究生汤磊对书稿进行了校验。

　　本书不仅可以作为高校本科生、参加卓越工程师教育培养计划学生的化工计算教材，也可作为化工类研究生的选修教材，还可作为中级 Aspen Plus 及其系列软件的学习教材，对从事化工过程开发与设计的工程技术人员也有一定参考价值。由于编者的水平所限，书中难免有疏漏，敬请读者批评指正。

编　者

2013 年 3 月于南京

第二版前言

本书自第一版发行以来，受到许多高校本科生、研究生和企业工程技术人员的欢迎，许多读者对本教材表达了肯定。随着 AspenOne 工程套装软件在化工专业课程教学、课程设计以及设计竞赛活动中应用的普及与深入，对模拟软件在应用范围和应用深度方面的需求也日益显现。

为顺应这一需求，在保持编写风格一致的基础上，对第一版教材的各章内容进行了一定的改写，把第一版教材的第 5 章内容改为"工业装置流程模拟案例"放第 6 章后，新增加了第 5 章"过程的动态控制"和第 6 章"间歇过程"。同时，根据行业进展情况，对第一版教材的部分内容进行了适当调整，配有二维码，部分例题及案例可通过扫描二维码阅读。

本书共分 6 章，第 1 章介绍 Aspen Plus 软件和热力学数据搜索引擎 NIST-TDE 工具软件用于化工物性数据查询、基础热力学性质估算与应用、实验相平衡数据处理。第 2 章介绍稳态条件下各种化工过程的模拟方法，包括简单物理过程、含化学反应过程、含循环物流过程和分离复杂组成混合物的流程模拟。第 3 章介绍节能技术在化工分离过程中的应用，包括 Aspen Energy Analyzer 软件在热集成网络分析过程的应用、蒸汽优化配置、多效蒸发过程、各种节能精馏过程等。第 4 章介绍化工设备的工艺计算，包括采用 Aspen Plus 软件进行塔设备、反应器、流体输送设备的工艺设计，采用 Aspen EDR 软件进行管壳式换热器设计，采用 Aspen MUSE 软件进行板翅式换热器设计。第 5 章介绍了 Aspen Plus Dynamics 软件在化工过程动态控制中的应用方法，包括储罐的液位控制、反应器的换热控制、单一精馏塔和耦合精馏塔的控制、动态换热器与精馏塔联合控制等。第 6 章介绍了 3 个 Aspen 系列软件的使用方法，包括 Aspen Batch Modeler 软件在间歇反应、间歇精馏过程中的应用，Aspen Adsorption 软件在吸附过程中的应用，Aspen Chromatography 软件在色谱过程和模拟移动床吸附过程中的应用。案例部分介绍了 4 个综合化工过程的工业装置流程模拟，包括环己烷-环己酮-环己醇混合物的高效分离过程、丙烯腈工艺废水四效蒸发浓缩过程、硫黄制酸过程和从醚后 C_4 烃中提取高纯异丁烯过程。

本书工业装置流程模拟案例中案例一由南京中图数码科技有限公司范会芳编写，其余章节由南京工业大学包宗宏、武文良编写。南京英斯派工程技术有限公司的谢佳华为第 1 章纯物质热力学性质估算提供了新的案例与模拟方法，已毕业研究生汤磊为第 5 章过程的动态控制提供了参考资料，南京凯通粮食生化研究设计有限公司的吴鹏对第 6 章的"6.5 节模拟移动床吸附"提供了编写建议。本书在修订过程中，许多使用本教材的高校教师、阅读本教材的学生和企业工程设计人员以不同方式、通过不同途径对教材内容提出了宝贵的修改建议。在此对以上人员致以衷心的感谢。

本书可以作为化学化工类专业高校本科生的化工计算、化工软件课程或相近课程的教材，也可作为化工课程设计、化工本科毕业设计、化工设计竞赛培训等的参考用书以及化工类研究生相关课程的选修教材。本书作为中高级 Aspen Plus 及其系列软件的学习教材，对从事化工过程开发与设计的工程技术人员也有一定参考价值。

由于编者的水平所限，书中疏漏难免，敬请读者批评指正。

编　者
2018 年 3 月

目　录

第1章

物性数据和相平衡数据的查询与估算

化工物性数据与相平衡数据是化工计算的依据。在化工设计过程中，物性数据与相平衡数据的查询与估算是耗时最多的工作。能够熟练地查找、分析、处理、应用所需数据是化工专业人员的基本功之一。在实际化工计算中，涉及物性数据和相平衡数据的计算占有相当大的比重，有时甚至是整个计算过程的关键步骤。

化工物性数据内容很多，数量庞大，纯物质的物性数据一般可以归纳为以下5类：

① 基础物性，如沸点、临界常数、偏心因子、三相点、凝固点等不随温度变化的性质；

② 参考状态性质，如标准生成自由焓、标准生成自由能；

③ 与温度相关的热力学性质，如蒸气压、汽化热、液体摩尔体积、焓、熵、热容等；

④ 化学反应与热化学数据，如反应热、生成热、燃烧热、反应速率常数、活化能、化学平衡常数等；

⑤ 与温度相关的传递性质，如等张比容、液体黏度、液体热导率、表面张力、扩散系数等。

以上②～⑤类数据必须知道系统的温度、压力，然后通过计算（函数关系式）或插值（表列数据）才能得到。混合物的物性数据往往需要在纯物质物性数据的基础上由合适的混合规则计算得到。

相平衡数据有两个来源：一是通过相平衡实验获得数据，经过上百年的积累，已经有了相当数量的气（汽）液、液液、固液、气固等相平衡的实验数据，一般都以数据列表的形式存在；二是通过合适的状态方程进行计算，状态方程的参数一般由相平衡实验数据回归得到，且各种状态方程对物系类型有一定的适应性，需要使用者能够正确地选择使用。

1.1　化工物性数据的查询

1.1.1　从文献中查找

前人对各种常见物质的物性数据已经进行了系统的归纳总结，一般以公式、表格或图形的形式表示，可以从有关化学化工物性数据的专著、手册、百科全书等工具书中查询。

1.1.1.1　中文工具书

（1）《化工辞典》　王箴主编，化学工业出版社出版。中型化工工具书，1969年首次出版，目前最新版本是2014年出版的第5版，改由姚虎卿、管国锋编写，共收词16000余条。正文词条按汉语拼音字母顺序排列，有英文名称和英文索引。

（2）《石油化工基础数据手册》　卢焕章主编，化学工业出版社1982年出版。共两篇，第一篇介绍各种化工介质物理、化学性质和数据的计算方法，第二篇将387个化合物的各种数据列成表格，以供查阅。这些数据包括临界参数及其在一定温度、压力范围内的饱和蒸气压、汽化热、热容、密度、黏度、热导率、表面张力、压缩因子、偏心因子等 16 个物理参数。1993 年化学工业出版社出版了由马沛生主编的《石油化工基础数据手册（续编）》，其中包含 552 个新化合物的 21 项物性。

（3）《化学工程手册》 《化学工程手册》编辑委员会编，化学工业出版社出版。第 1 版共 26 篇，于 1980—1989 年按篇分册出版，1989 年又分 6 卷合订出版。第 2 版由时钧、汪家鼎、余国琮、陈敏恒主编，分上、下两册共 29 篇于 1996 年出版。第 3 版由袁渭康、王静康、费维扬、欧阳平凯主编，分 5 卷共 30 篇于 2019 年出版。《化学工程手册》第 3 版全面阐述了当前化学工程学科领域的基础理论、单元操作、反应器与反应工程以及相关交叉学科及其所体现的发展与研究新成果、新技术，特别是加强了信息技术、多尺度理论、微化工技术、离子液体、新材料、催化工程、新能源等方面的介绍。

（4）《化工百科全书》 化学工业出版社 1991—1998 年出版，正文 19 卷，索引 1 卷，全书 4800 多万字，是一套全面介绍化学工艺各分支的主要理论知识和实践成果，并反映化学工业及其相关工业的技术现状与发展趋势的大型专业性百科全书，由陈冠荣等 4 位院士主编。收录主词条达 800 余条，按条目标题的汉语拼音顺序编排，方便读者检索。

1.1.1.2 外文工具书

（1）*Perry's Chemical Engineers' Handbook* 美国 McGraw-Hill 公司 1934 年首次出版后，至 2008 年已出版了 8 个版本。手册中包含大量的化工信息和数据，包括化工基本原理、基础数据、化工工艺、化工设备和计算机应用。在基础数据部分，包含各种物质的物理和化学数据、临界常数、热力学性质、传递性质、热学性质、安全性质等各种数据表和图。

（2）*CRC Handbook of Chemistry and Physics* 美国 CRC Press 公司 1913 年首次出版，含有约 20000 种物质的准确可靠和最新的化学物理数据。几乎逐年进行修订再版，后来又改为每两年再版一次，内容不断扩充更新。目前最新的版本为 2017 年出版的第 98 版。

（3）*Lange's Handbook of Chemistry* 美国 McGraw-Hill 公司 1934 年首次出版，目前最新版本是 2016 年出版的第 17 版，由 J. G. Speight 主编。本书是供化学及相关学科使用的单卷式化学数据手册，第 17 版中包含约 4400 种有机化合物、1400 种无机化合物的物性数据。

（4）*Kirk-Othmer Encyclopedia of Chemical Technology* 美国 John Wiley & Sons Inc 公司出版，第 1 版于 1947—1960 年间出版，含正编 15 卷加 2 卷补编。此后版本不断更新，目前最新版为第 5 版，2004—2007 年出版，共 26 卷加 1 卷补编。该书主要介绍各种化工产品的性质、制法、较新的经济资料、分析与规格、毒性与安全以及用途等有关内容。

（5）*DECHEMA Chemistry Data Series* 德国化工与生物技术学会（DECHEMA）编辑出版的系列化学化工数据手册。该系列手册中数据重点是化合物和混合物，尤其是流体相态的热物理性质数据，涵盖了 36500 个化合物和 124000 个混合物，且这些数据均经过分析、评估。该系列手册从 1977 年开始出版，目前已经出版了 13 卷，各卷内容见表 1-1。

表 1-1 DECHEMA 系列化学化工数据手册卷名

卷号	卷名	卷号	卷名
I	汽液平衡数据大全	IX	无限稀溶液的活度系数
II	纯物质的临界数据	X	流体混合物的热导率与黏度数据
III	混合热数据大全	XI	电解质溶液的相平衡与相图
IV	化合物和二元混合物推荐数据	XII	电解质数据大全
V	液液平衡数据大全	XIV	聚合物溶液数据大全
VI	低沸点混合物的汽液平衡数据大全	XV	复杂化学品的溶解度和相关性质
VIII	固液平衡数据大全		

1.1.2 从 Aspen 软件数据库中查找

图书馆内关于化工物性数据的专著、手册、图册、教材琳琅满目，对于新加入化工领域的学生来说，查找物性数据往往耗时很多，而使用化工流程模拟软件查找、计算、估算化工物性数据，则为他们提供一条查找物性数据的快捷通道。即使是经验丰富的工程师，掌握软件的物性数据查找、估算、计算功能，也会为他们的设计工作提供一个事半功倍的利器，大大提高工作效率，成为他们设计工作中爱不释手的有力工具。

Aspen 软件中的化工物性数据库，若按数据库来源分类，可以大致分为两类，一类是由 AspenTech 公司自己开发应用，另一类是根据一项长期战略合作协议，由美国国家标准技术研究院（NIST）开发并提供给 Aspen 软件用户使用。若按数据库中数据的性质分类，Aspen 软件中的化工物性数据库也可以大致分为两类，一类是纯组分物性数据库，另一类是混合物物性数据库。

Aspen 软件所携带的数据库含有大量的纯物质和混合物的物性数据，可被方便地查询、调用。一般而言，从软件中查询得到的物性数据与手册中的数据基本一致。另外，软件数据库中的数据更新较为迅速。

数据库是 Aspen 软件的重要部分，与 Aspen 软件同时被安装。数据库适用于每一个 Aspen 程序的运行，物性参数会自动从默认的 6 个子数据库中检索出来，以满足流程模拟的需要。这 6 个子数据库分别是纯组分物性数据库（PURE）、水溶液组分数据库（AQUEOUS）、固体组分数据库（SOLIDS）、无机物组分数据库（INORGANIC）、立方型方程加关联性质数据库（AP-EOS）、美国国家标准技术研究院热力学研究中心数据库（NIST-TRC）。如果需要从其它子数据库中导出数据，则需要人工操作，调用目标数据库参与运算。

Aspen 软件的系统数据库由若干个子数据库构成，每个子数据库都具有自己的专业特点。随着软件版本的不断升级，子数据库数量也不断增加，且子数据库中的数据内容不断更新、扩展和改进。因此 Aspen 软件新版本的某个子数据库中参数值可能改变。新版本的 Aspen 软件数据库具有向上兼容性，如果使用更新的数据库进行模拟计算，可能会引起模拟结果的差异。纯组分物性数据库以版本号命名排序，使用者可以采用新版本 Aspen 软件中保留的旧版本数据库进行模拟计算，以得到与旧版本相同的模拟结果。

1.1.3 用 NIST–TDE 热力学数据搜索引擎查找

"NIST" 是美国国家标准技术研究院（National Institute of Standards and Technology）的简称。NIST 从事物理、生物和工程方面的基础和应用研究，以及测量技术和测试方法方面的研究，提供标准、标准参考数据及有关服务。NIST 的标准参考数据库系列包括 50 多个子数据库，根据学科可分为：分析化学、原子和分子物理、生物技术、化学与晶体结构、化学动力学、工业流体与化工、材料性能、热力学与热化学等。

Aspen Plus V7 以后的版本中，均包含了 NIST 数据库的查询功能，称之为热力学数据搜索引擎 "Thermo Data Engine（TDE）"。TDE 是由 NIST 开发，通过 Aspen 软件提供给用户使用的一个大型数据查询工具。NIST 热力学研究中心（TRC）的源数据库收集存储了超过三百万个热化学和热物理的化合物物性实验数据点，化合物的数量超过 1.7 万种，且该数据库还在不断更新中，为 TDE 软件提供了充分的源数据。TDE 软件对 TRC 存储的原始热力学实验数据进行关联、评价和预测，然后再提供给用户使用。TDE 软件提供的热力学数据和传递性质数据均是在实验数据基础上，经过 TRC 数据评价系统用热力学和动力学原理严格评价后才给出，因此具有相对的可靠性。

TDE 软件在 Aspen Plus 的用户界面提供了两种数据查询功能，分别是纯物质和二元混合物的性质查询。TDE 软件给出的纯物质主要单点物性由基于化合物分子结构的各种基团贡献方法估算得到，纯物质与温度相关的主要物性估算方法由对比状态方法计算得到。如果一种物性可以由几种不同的估算方法得到，则在实验数据的基础上，按照估算方法的准确性高低排列估算方法模型名称，但仅提供准确性最高估算方法的计算值，同时给出该数据的误差范围。

1.1.4 物性查询例题

例 1-1 查询丁酸异戊酯（INB）的基础物性。

解 （1）全局性参数设置 双击 Aspen Plus V12 软件用户界面图标，点击 "New" 按钮，选择 "Chemicals"，依次点击 "Metric" "Chemicals with Metric Units"，页面右侧显示温度、压力、流率、热量的单位，性质方法名称，物流输入与输出的基本单位，等等（图 1-1）。点击 "Open" 按钮，软件打开，进入软件的 "Properties" 界面，默认计算模式 "Analysis"。

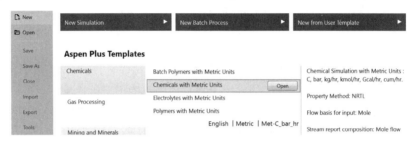

图 1-1 选择公制单位制

（2）添加组分 在组分输入页面的组分输入栏 "Select components"，点击左下方的 "Find" 按钮，在弹窗对话框中填入 INB 的 CAS 号 "106-27-4" 并回车，软件显示 INB 来源于 "PURE38" 纯组分物性数据库，点击 "Add selected compounds" 按钮，完成组分输入。可以在 "Component ID" 栏目把该组分的名称 "ISOPE-01" 缩略为 "INB"，便于后续模拟过程中识别。

（3）查询 INB 基础物性 可以通过三个途径查看：一是点击组分输入栏右下方 "Review" 按钮，软件显示 INB 的单点基础物性，如图 1-2；二是应用软件绘图功能，绘

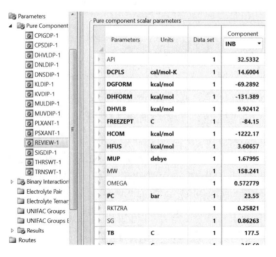

图 1-2 查看 INB 的单点基础物性

制 INB 与温度相关的热力学性质与传递性质的曲线；三是通过 NIST-TDE 数据库查询 INB 的单点基础物性或与温度相关的热力学性质与传递性质。比如查询 INB 饱和蒸气压曲线，可以选用后两种途径之一获得。

（4）由"Analysis"功能绘制 INB 饱和蒸气压曲线　在"Analysis"模式下点击页面上方工具栏"Pure"按钮，建立一个绘图文件"PURE-1"，输入要求绘图的性质名称、单位、温度范围等要求，如图 1-3，点击"Run Analysis"按钮，软件自动绘制出"$\ln(PL) \sim 1/T$"形式的饱和蒸气压曲线。若要求绘制出"$PL \sim T$"形式的饱和蒸气压曲线，可由"PURE-1|Input|Results"页面的计算数据，点击页面上方绘图工具栏中的"Custom"绘图工具完成绘图，如图 1-4（a）。

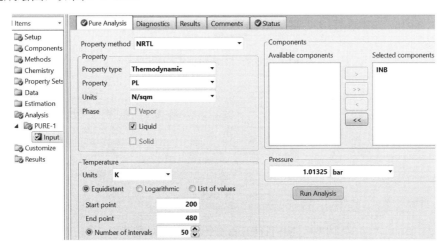

图 1-3　输入绘图要求

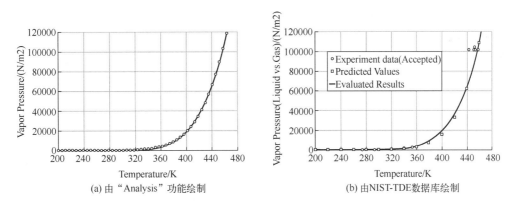

(a) 由"Analysis"功能绘制　　　　　　(b) 由 NIST-TDE 数据库绘制

图 1-4　两种方法绘制 INB 饱和蒸气压曲线

（5）由 NIST-TDE 数据库绘制 INB 饱和蒸气压曲线　点击页面上方工具栏"NIST"按钮，启动 NIST-TDE 数据评价软件，数据查询窗口如图 1-5，点击"Evaluate now"按钮开始评价数据，数据输出界面见图 1-6，左侧是输出物性数据条目，右侧是具体数据。对于单点基础物性数据，右侧包括数据名称、数据描述、数值、单位、误差。对于与温度相关的性质，右侧由若干个页面给出详细具体数据，包括性质计算关联式系数、性质实验值和数据源文献、预测值与评价值。点击页面下方"Save Parameter"按钮，可以把需要的数据以文件名"TDE-1"保存在本模拟文件的"Properties|Pure Components"文件夹中，

方便软件直接调用与查看。点击页面上方工具栏的绘图工具"Prop.vs.T",可以把数据绘图,绘制的INB饱和蒸气压与温度的关系曲线如图1-4(b),图中标注了经过评价后采纳的实验值、预测值、评价值等,可见两种方法绘制的曲线基本一致。

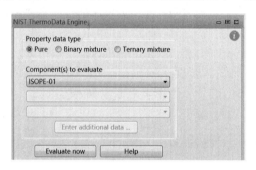

图1-5 NIST-TDE数据查询窗口

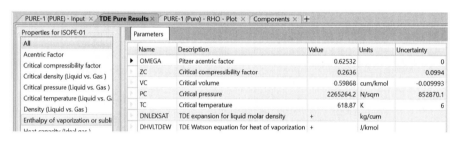

图1-6 NIST-TDE物性查询总输出界面截图

1.2 纯物质的物性估算

化工物性数据以实验测定值最可靠,但实验测定受到人力、物力、试剂来源、实验条件等诸多限制,故实验测定数据的量往往是有限的。化学工业中化合物品种繁多,且不同温度、不同压力下物性值的变化范围可能非常大,当实验测定数据的种类与范围不能满足需要、文献中没有或在文献数据测定范围之外时,就需要对物性数据进行估算。

对纯物质物性估算内容一般包括3个方面:一是基础物性,如沸点、熔点、临界常数、偏心因子、偶极矩等;二是与温度相关的热力学性质,如气体的热容、黏度、热导率,液体的蒸气压、蒸发焓、密度、热容、热导率等;三是与温度相关的传递性质,如等张比容、液体黏度、液体热导率、表面张力、扩散系数等。这些物性参数的估算方法在物理化学、化工热力学等课程中都有介绍,在诸多化学化工数据手册中亦有详细介绍。

Aspen Plus软件数据库中纯组分参数在模拟过程中可以直接调用,但在实际工艺设计中经常遇见软件数据库中没有的化合物,即非数据库组分,它们的物性无法直接调用,需要人工添加或采用Aspen软件的物性估算系统(PCES)来估算缺失的物性。PCES提供了很多物性估算方法,且为不同的应用场合推荐了不同的估算方法。

1.2.1 基础物性常数

基础物性常数有沸点(TB)、临界常数(TC、PC、VC、ZC)、偏心因子(OMEGA)等。

前 4 种参数的估算方法见表 1-2。沸点是参数估计最重要的信息之一，是估计很多其它参数的基本数据。如果有沸点的实验值，应该尽量输入软件中，以提高软件对其它参数估算的精确度。

表 1-2　Aspen Plus 软件中基础物性常数估算方法

参　　数	估　算　方　法
TB	Joback, Ogata-Tsuchida, Gani, Mani
TC	Joback, Lydersen, Ambrose, Fedors, Simple, Gani, Mani
PC	Joback, Lydersen, Ambrose, Gani
VC	Joback, Lydersen, Ambrose, Riedel, Fedors, Gani

表 1-2 中各种估算方法都是基于官能团贡献法。对于沸点，用 Joback 方法计算了 400 种有机化合物，绝对平均误差是 12.9K。Ogata-Tsuchida 方法优于 Joback 方法，统计了 600 种单官能团化合物，80%的误差在 2K 以内。Gani 方法的估计误差大约是 Joback 方法的 40%。

对于临界温度，Joback 方法平均误差是 4.8K，平均相对误差为 0.8%。Lydersen 方法误差通常小于 2%，对于分子量大的非极性化合物（MW≫100），误差为 5%或更高。Gani 方法估计的精确度一般要优于其它方法，对于测试的 400 种化合物平均相对误差为 0.85%，平均误差为 4.85K。

对于临界压力，Joback 方法统计的 390 种有机化合物平均相对误差为 5.2%，平均误差为 2.1bar（1bar=0.1MPa）。Gani 方法对于被测试的 390 种有机化合物平均相对误差为 2.89%，平均误差为 1.13bar。

对于临界体积，Joback 方法对于被测试的 310 种有机化合物平均相对误差为 2.3%，平均误差为 7.5cm³/mol。Gani 方法的精确度一般优于其它方法，对于被测试的 310 种有机物，平均相对误差为 1.79%，平均误差为 6.0cm³/mol。

临界压缩因子和偏心因子通过基本定义式计算。对于烃类组分，偏心因子还可用 Lee-Kesler 方法估算，该方法依赖于 TB、TC 和 PC 的值。

参考状态性质，如理想气体标准摩尔生成自由焓（DHFORM）、理想气体标准摩尔生成自由能（DGFORM），PCES 给出了三种估算方法，分别是 Joback、Benson 和 Gani 方法。所有方法都是适用于较广范围的化合物官能团贡献法。Joback 方法的平均误差是（5～10）kJ/mol，Benson 方法和 Gani 方法平均误差都为 3.7kJ/mol，推荐使用 Benson 方法。

1.2.2　与温度相关的热力学性质

与温度相关的热力学性质包括理想气体热容（CPIG）、液体热容（CPLDIP）、液体摩尔体积（RKTZRA）、液体蒸气压（PLXANT）、汽化热（DHVLWT）等。

PCES 用理想气体热容多项式、Benson 方法和 Joback 方法计算理想气体热容，后两种方法是基于化合物官能团贡献法，使用的温度范围 280～1100K，误差 1%～2%。用理想气体热容多项式保存 ASPENPCD、AQUEOUS 和 SOLIDS 子数据库中组分的性质。在 PCES 中，这些模型也用于计算理想气体焓、熵和 Gibbs 自由能。

PCES 用 DIPPR、PPDS、IK-CAPE、NIST 等液体热容关联式计算临界温度以下纯组分液体热容和液体焓。对于非数据库组分，采用基于基团贡献法的 Ruzicka 方法估计 DIPPR 液体热容关联式的参数。该方法对 970 多种化合物的液体热容测试表明，非极性和极性化合物的液体热容估算平均误差分别为 1.9%和 2.9%。

PCES 用带有 RKTZRA 参数的 Rackett 模型方程计算液体摩尔体积。对于非数据库组分，

PCES 采用以 Rackett 方程为基础的 Gunna-Yamada 和 Le Bas 方法进行液体摩尔体积估算，前者用于非极性和轻微极性的化合物（对比温度<0.99 时），准确度好于后者。Le Bas 方法对于 29 种不同的化合物报告的平均误差为 3.9%。

Aspen 纯组分数据库中有许多扩展的 Antoine 方程参数（PLXANT），可用于计算液体饱和蒸气压。对于非数据库组分，PCES 采用 Riedel、Li-Ma、Mani 三种方法来估计液体蒸气压。Riedel 方法通过 Riedel 参数、沸点下蒸气压是 1atm❶、在临界点的 Plank-Riedel 约束条件等来估计 PLXANT。Riedel 方法对于非极性化合物是精确的，但对于极性化合物不是很精确。Li-Ma 方法对于极性和非极性化合物都是精确的，对于 28 个不同的化合物估算的平均误差为 0.61%。

汽化热用 Clausius-Clapeyron 方程和 Watson 方程进行估算。对于非数据库组分，PCES 采用以 Watson 方程为基础的 Vetere、Gani、Ducros、Li-Ma 等化合物官能团贡献方法进行汽化热估算，Vetere 方法的平均误差为 1.6%，Li-Ma 方法平均误差为 1.05%。

1.2.3　与温度相关的传递性质

与温度相关的传递性质有等张比容（PARC）、液体黏度（MULAND）、液体热导率（KLDIP）、表面张力（SIGDIP）等。

PCES 采用官能团贡献法 Parachor 估计 PARC 值。液体黏度用 Andrade 方程估算。对于非数据库组分，PCES 采用以 Andrade 方程为基础、依赖于液体摩尔体积的官能团贡献法 Orrick-Erbar 和 Letsou-Stiel 方程估算。Orrick-Erbar 方法适用于冰点以上到对比温度 0.75 的范围，对于 188 种有机液体报告的平均误差为 15%。Letsou-Stiel 方法适合于高温和对比温度 0.76～0.92 的范围，对于 14 种液体的平均误差为 3%。汽相黏度用基于基团贡献法的 Reichenberg 方法估算，对于非极性化合物预期的误差范围为 1%～3%，对于极性化合物误差高一些，但通常小于 4%。

液体热导率使用 DIPPR 方程进行估算。对于非数据库组分，PCES 采用 Sato-Riedel 方法估算液体热导率，误差变化范围为 1%～20%，对于轻烃和支链烃类精确度比较差。

表面张力使用 DIPPR 方程进行估算。对于非数据库组分，PCES 采用 Brack-Bird、Macelod-Sugden、Li-Ma 方法估算液体混合物的表面张力。Brack-Bird 方法用于非氢键的液体，期望误差<5%。Macelod-Sugden 方法应用于非极性、极性和含氢键的液体，对于含氢键的液体误差为 5%～10%。Li-Ma 方法是一个用于估计不同温度下表面张力的官能团贡献法，该方法以分子结构和 TB 作为输入，对于 427 种不同化合物报告的平均误差为 1.09%。

在用软件估算物性过程中，若能提供部分实验测定值，则可以改进参数估计的质量，将参数估计值的不确定性误差减到最小。

1.2.4　纯物质物性估算例题

例 1-2　估算环八硫（S_8）的基础物性。

工业废气中的硫化氢一般采用 CLAUS 工艺转化为液态硫黄进行回收。经测定，熔融状态硫黄的主要结构是 S_8，另外还有其它的缔合结构。由于 S_8 分子的形状基本上是球形，分子之间交错运动的阻力较小，S_8 的球形结构可以一直保持到 159℃ 而不致被迅速破坏。因此，温度低于 159℃ 时液态硫的黏度较小，有利于管道输送。从相关数据手册查到的 S_8 物性数据如表 1-3 所示，试估算 S_8 其它缺失的基础物性。

---

❶ 1atm=101325Pa。

表 1-3		S_8 的部分物性数据		
PC/MPa	TC/K	VC/(mL/mol)	ZC	OMEGA
10.42	1115.03	278.27	0.3128	0.5581

解 （1）添加组分 打开软件，进入"Properties"界面，在组分输入页面添加 S_8 并回车，点击"Review"按钮，软件显示 S_8 的单点基础物性，如图 1-7，可见 S_8 的单点基础物性只有分子量。把鼠标悬停在分子量数值上，显示该数据源于"INORGANIC"纯组分数据库。在 S_8 分子结构文件夹的"Structure and Functional Group"页面，可见 S_8 分子的环形结构，如图 1-8（a）。点击"Calculate Bonds"按钮，对 S_8 分子中各原子的连接键进行确定，结果如图 1-8（b）。

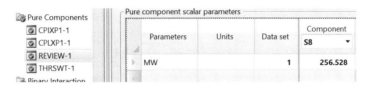

图 1-7 软件数据库中 S_8 的单点基础物性

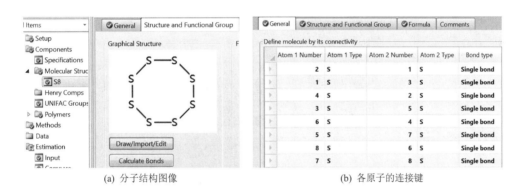

(a) 分子结构图像　　　　　　　　(b) 各原子的连接键

图 1-8 S_8 分子结构

（2）输入补充数据 在"Methods|Parameters|Pure Components"文件夹，创建一个名为"PURE-1"的纯组分数据输入文件，纯组分数据类型选择"Scalar"，输入补充数据如图 1-9。

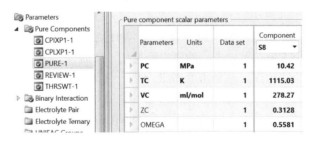

图 1-9 输入补充数据

（3）观察估算结果 点击页面上方工具栏"Estimation"按钮，进入性质估算模式。在"Estimation|Setup"页面，选择"Estimation all missing parameters"，要求估算所有缺失性质。点击"Run"按钮，估算结果显示警告，提示"UNIFAC"及其 3 种改进方法和"PPR78"

方法未完成"—S—"键功能团的估值，软件采用其它方法估算。S_8分子的单点性质如图1-10，包括沸点（TB），三个温度下理想气体热容（IDEAL GAS CP），标准生成热（STD. HT. OF FORMATION），标准生成自由能（STD.FREE ENERGY FORM），沸点下汽化热（HEAT OF VAP AT TB），沸点下液体摩尔体积（LIQUID MOL VOL AT TB），溶解度参数（SOLUBILITY PARAMETER），UNIQUAC方程参数 R 与 Q，PARACHOR基团贡献参数，等等。在"Methods| Parameters|Pure Components"文件夹内，可看到若干 S_8 分子与温度相关物性关联式参数的估算值，包括汽化热（DHVLWT-1）、液体热导率（KLDIP-1）、液体黏度（MULAND-1）、气相黏度（MUVDIP-1）、表面张力（SIGDIP-1）等。

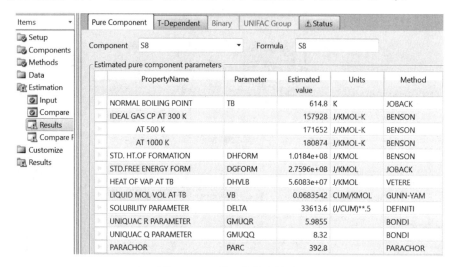

图 1-10 S_8 分子的单点性质

1.3　混合物的物性估算

化工生产中遇到的物流基本上是混合物，在工艺计算时经常需要利用混合物的性质进行相关计算。某些化工数据工具书中收录了部分混合物的物性数据供人们查询使用。由于物流的温度、压力、浓度等工艺条件都会影响混合物的物性值，故工具书中混合物的物性数据显得稀少稀缺，远远不能满足实际应用需求。一般地，人们在工艺计算中需要的混合物物性数据都是采用合适的方法进行估算。

与纯物质的物性数据估算内容比较，混合物的物性数据估算内容既有类似之处，又有自身特点，一般包括三个方面：①混合物的热力学性质，如流体的 PVT 关系，不同液体混合时的体积变化，液体混合物密度，液体混合时混合热，气体或固体溶质在液体中的溶解热，等等；②混合物的传递性质，如气体与液体混合物的黏度、热导率、扩散系数，液体混合物的表面张力，等等；③混合物的平衡性质，如混合物的泡点与露点，气（汽）液、液液、固液、气固混合物的相平衡关系，等等。

相对于纯物质的物性，化工生产中混合物性质的非理想性较强，混合物物性估算方法复杂。经过近几十年的积累，人们已经提出了许多数学模型、严格或经验方程式、混合规则等对混合物的物性进行估算，这些也是物理化学、化工热力学等课程的重要内容。

Aspen软件对混合物物性数据的估算方法严格且全面，因篇幅限制，只能对估算方法作简单介绍。因混合物的平衡性质内容较多，放在 1.4 节中介绍，本节仅介绍混合物的热力学性质和传递性质的估算方法。

1.3.1 估算热力学性质的模型

对混合物的热力学性质，Aspen 软件采用典型的热力学性质模型进行估算，如各种状态方程模型、活度系数模型等。

Aspen 软件中有 30 多种状态方程模型，既有通用的状态方程模型，也有专业的状态方程模型。这些状态方程可以用于均相混合物的热力学性质计算，如 pVT 关系、蒸气压、组分逸度、密度、摩尔体积、混合热、混合熵及溶解热等。在用软件求取混合物的热力学性质时，可根据具体计算的混合物类型选择合适的状态方程模型。

Aspen 软件中含有五种基本的活度系数方程（NRTL、UNIFAC、UNIQUAC、VAN LAAR、WILSON），它们仅适用于低压下、非电解质溶液的组分活度系数计算。为适应加压下非电解质溶液的应用计算，Aspen 软件把这五种活度系数方程与不同的状态方程配合，或对基本活度系数方程进行各种改进，形成了 30 多种性质计算方法，应用范围扩大到加压、含缔合组分、含氢氟化物、含高分子组分、液液平衡体系等非电解质溶液的活度系数、焓和 Gibbs 自由能的计算，由用户自行选用。对于电解质溶液，Aspen 软件中有两种基本的活度系数方程（ELECNRTL，Pitzer）用于活度系数计算。Aspen 软件把它们与不同的状态方程配合，或对基本活度系数方程进行各种改进，形成 10 多种性质方法，应用范围扩大到加压、含缔合组分、含氢氟化物、含高分子组分等电解质溶液的活度系数计算。

Aspen 软件中含有若干特定混合物热力学性质计算专用的热力学模型，其用途与适用范围见表 1-4。

表 1-4　Aspen 软件中若干专用模型的用途与适用范围

缩　写	方　程	用途与适用范围
AMINES	Kent-Eisenberg amines model	计算液相组分的逸度系数与焓值，适用于含 H_2S、CO_2、各种乙醇胺的水溶液体系
APISOUR	API sour water model	计算组分的挥发度，适用于含 NH_3、H_2S、CO_2 的酸性水溶液体系，温度范围 20～140℃
BK-10	Braun K-10 K-value correlations	计算组分的相平衡常数，适用于沸点范围 450～700K 的烃类混合物
CHAO-SEA	Chao-Seader corresponding states model	计算液相组分的逸度系数，适用于含 H_2S、CO_2 等轻气体组分的烃类混合物（无 H_2）
GRAYSON	Grayson-Streed corresponding states model	计算液相组分的逸度系数，适用于含 H_2、H_2S、O_2 等轻气体组分的烃类混合物
STEAM-TA	ASME 1967 steam table correlations	计算水与水蒸气体系所有的热力学性质
STEAMNBS	NBS/NRC steam table equation of state	同上，精度优于 STEAM-TA
SOLIDS	Ideal Gas/Raoult's law/Henry's law/solid activity coefficients	非均相混合物热力学性质计算，适用于含一般固体颗粒，如煤炭、冶金矿粉的固液体系，或含淀粉、高分子聚合物的混溶体系

液体混合物的摩尔体积和密度是工艺计算中的常用物性，除了可选用表 1-4 中的状态方程模型计算外，Aspen 软件中还有多个模型可计算此项参数，如计算液体混合物中超临界组分在无限稀溶液偏摩尔体积的"VL1BROC"模型，计算混合溶剂电解质溶液液体摩尔体积的"VAQCLK"模型，计算烃类混合物的液体摩尔体积（$T_r > 0.9$）的"VL2API"模型等。

除了活度系数模型，Aspen 软件中还有几个热力学模型可以计算液体混合物的焓值，如"Cavett"液体焓模型，计算无机化合物的 Gibbs 自由能、焓、熵和热容的 BARIN 模型，电解质溶液的 NRTL 液体焓与 Gibbs 自由能模型，由液相热容关联式计算液相焓、基于不同参考状态焓的"WILS-LR"模型和"WILS-GLR"模型等。

1.3.2 估算传递性质的模型

Aspen 软件中有 12 个内置的计算混合物黏度的模型，有 8 个内置的计算混合物热导率的模型，有 7 个内置的计算混合物扩散系数的模型，有 4 个内置的计算混合物表面张力的模型等，详细内容可参看 Aspen 用户手册中的性质方法和模型章节。

1.3.3 混合物物性估算例题

例 1-3 求甲基二乙醇胺（MDEA）水溶液的部分物性。

工业上常用浓度 0.3（质量分数，下同）的 MDEA 水溶液作为气体中 H_2S 的吸收剂，若吸收塔和解吸塔的操作温度 40～120℃，求此温度范围吸收液的密度、黏度、表面张力、热导率，假设吸收液压力 2atm。

解 可以用两种方法估算，一是从空白程序开始估算，二是用软件附带的数据文件"kemdea.bkp"开始估算。

（1）方法一：从空白程序开始估算。打开软件，进入"Properties"界面，在组分输入页面添加组分水和 MDEA，选择"NRTL"性质方法。在"Property Sets"文件夹，创建一个物性输出文件"PS-1"，在其"Properties"页面，选择 4 个溶液物性名称和单位，如图 1-11。在"Qualifiers"页面，选择溶液的相态为"liquid"。在"Analysis"文件夹，点击"New"按钮，创建一个"PT-1"的性质分析文件，如图 1-12。在"PT-1|Input|System"页面，填写吸收剂溶液的组成，如图 1-13。在"PT-1"文件的"Variable"页面，填写固定状态变量为压力 2atm，可调变量为温度。填写温度变化范围，指定计算步长，如图 1-14。在"PT-1"文件的"Tabulate"页面，把已经建立的物性输出文件"PS-1"选入右侧"Selected"区域，点击运行按钮，计算结果如图 1-15。

图 1-11 创建物性输出文件

图 1-12 创建"PT-1"性质分析文件

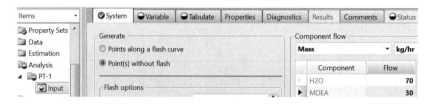

图 1-13 填写吸收剂溶液组成

（2）方法二：采用软件自带的 MDEA 溶液脱硫脱碳过程数据文件"kemdea.bkp"进行估算。在软件安装目录"GUI"文件夹的"Datapkg"子文件夹中，把数据文件"kemdea.bkp"拷贝到另一文件夹中打开，估算步骤同上。该数据文件中的组分有 H_2O、MDEA、H_2S、

CO_2，选用性质方法为"ELECNRTL"，含有模拟该体系需要的热力学和动力学数据，适用温度25～120℃、CO_2分压≤64.8atm、MDEA溶液浓度0.12～0.51。两种方法对溶液密度估算结果的比较见图1-16，可见存在一定的差异。在没有实验数据验证的情况下，以第二种方法的估算结果为准。

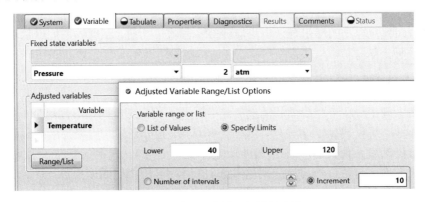

图1-14 填写温度范围与计算步长

TEMP	LIQUID RHOMX	LIQUID MUMX	LIQUID SIGMAMX	LIQUID KMX
C	kg/cum	cP	N/m	Watt/m-K
40	992.741	0.854335	0.0677943	0.283813
50	982.419	0.700402	0.0659229	0.284088
60	971.969	0.584217	0.0640603	0.284197
70	961.383	0.494965	0.0622019	0.284152
80	950.653	0.425303	0.0603432	0.283962
90	939.772	0.370141	0.0584801	0.283637
100	928.73	0.325886	0.0566085	0.283183
110	917.517	0.289955	0.0547245	0.282605
120	906.122	0.26046	0.0528248	0.281908

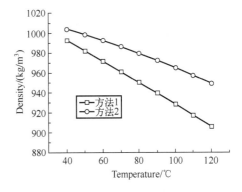

图1-15 吸收剂物性估算结果

图1-16 两种方法估算MDEA溶液密度的比较

例1-4 求乙二醇水溶液的凝固点降低。

在化工流程的保温、冷却、冷凝等单元操作过程中，往往需要知道不同浓度溶液的凝固点，以防保温时提供的热量不够或者冷凝过度造成溶液凝固。在汽车工业上，利用乙二醇水溶液凝固点降低的原理，可以配制一定浓度的乙二醇水溶液作为防冻液。根据范特霍夫凝固点降低公式，乙二醇浓度越大，凝固点越低，但是过多的乙二醇则会造成浪费和污染，因此知道不同浓度乙二醇水溶液的凝固点显得尤为必要。虽然数据手册中可以查到很多种不同浓度的溶液凝固点数据，但如果能用化工模拟软件估算凝固点数据将会更加方便实用。在乙二醇质量浓度0～0.6范围内，乙二醇水溶液凝固点的文献数据见表1-5，试用Aspen软件进行模拟，并与文献数据比较。

表1-5 文献中不同质量分数的乙二醇水溶液凝固点

乙二醇质量分数	0.1015	0.2044	0.2988	0.4023	0.5018	0.5937
凝固点/℃	3.5	8.0	15.0	24.0	36.0	48.0

在一定压力下，溶液凝固点是指溶液中的溶剂和它的固态共存时的温度，不同浓度的溶液其凝固点也不同。在溶剂和溶质不形成固溶体的情况下，溶液的凝固点低于纯溶剂的凝固点。实验和理论推导结果表明，凝固点降低的数值与稀溶液中所含溶质的质量成正比，即遵循范特霍夫稀溶液凝固点降低原理。计算溶液凝固点降低有两种途径：一是计算固液混合物的摩尔混合自由焓；二是计算凝固组分在液相和固相的逸度。

（1）由固液混合物的摩尔混合自由焓计算　固液平衡时，混合体系的摩尔混合自由焓最小。用此种方法计算时，需要固体组分在 25℃ 的标准生成自由焓（DHSFRM）与标准生成 Gibbs 自由能（DGSFRM）的数值，但 Aspen 软件中缺乏乙二醇的 DHSFRM 与 DGSFRM 数据。

（2）由凝固组分在液相和固相的逸度相等计算　固液平衡时，凝固组分 i 在固液两相中的逸度相等，可用式（1-1）表示，式中上角标 S、L 分别表示固相与液相。如果凝固组分 i 的逸度用活度系数表示，则式（1-1）可写成式（1-2）。式中，x_i、z_i 分别是组分 i 在液相与固相的摩尔分数；γ_i^L、γ_i^S 分别是组分 i 在液相与固相的活度系数；f_i^L、f_i^S 分别是在凝固点上纯液体与纯固体的逸度。

$$\hat{f}_i^S = \hat{f}_i^L \tag{1-1}$$

$$x_i \gamma_i^L f_i^L = z_i \gamma_i^S f_i^S \tag{1-2}$$

解　用第二种方法估算乙二醇水溶液凝固点。打开软件，进入"Properties"界面，在组分输入页面添加水和乙二醇两个组分，选择"NRTL"性质方法。

（1）创建物性输出文件　在"Property Sets"文件夹，创建一个凝固点温度物性输出文件"PS-1"。在 Aspen 软件中有多个凝固点参数，如"FREEZEPT""FREEZE-R"等，但这二者均是指石油混合组分凝固点。此例选择"TFREEZ"，表示溶液中组分因冷却结晶析出时的凝固点温度，如图 1-17；然后在"Qualifiers"页面选择物性相态和结晶组分，如图 1-18。

图 1-17　选择物性名称

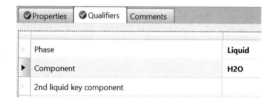

图 1-18　选择物性相态和结晶组分

（2）创建物性分析文件　在"Analysis"文件夹，创建一个物性分析文件"PT-1"，在其"System"页面，填写乙二醇水溶液的组成，如图 1-19，此处的组成可以任意填写。在"PT-1"文件的"Variable"页面，填写固定状态变量为温度-100℃，压力 1atm，可调变量为乙二醇质量浓度。填写乙二醇质量浓度的变化范围，指定计算步长，如图 1-20。在"PT-1"文件的"Tabulate"页面，把已经建立的物性输出文件"PS-1"选入右侧"Selected"区域。

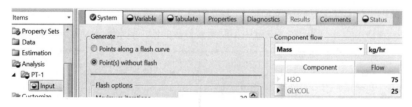

图 1-19　填写乙二醇水溶液组成

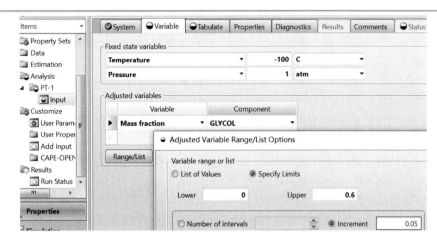

图 1-20　填写温度、压力、浓度范围和计算步长

点击运行按钮，计算结果如图 1-21。可见在乙二醇质量浓度 0～0.6 范围内，随着溶液乙二醇浓度逐渐增加，水溶液中水的结晶温度逐渐降低，与文献值的比较如图 1-22。溶液中乙二醇质量分数小于 0.2 时，软件估算值与文献值几乎相同，当溶液中乙二醇浓度增加后，软件估算值与文献值的误差逐渐增加。

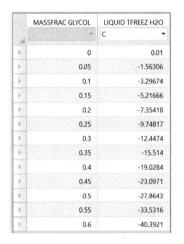

MASSFRAC GLYCOL	LIQUID TFREEZ H2O
	C
0	0.01
0.05	-1.56306
0.1	-3.29674
0.15	-5.21666
0.2	-7.35418
0.25	-9.74817
0.3	-12.4474
0.35	-15.514
0.4	-19.0284
0.45	-23.0971
0.5	-27.8643
0.55	-33.5316
0.6	-40.3921

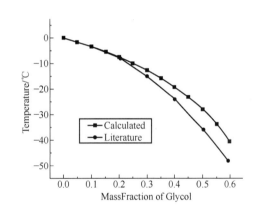

图 1-21　乙二醇水溶液凝固点的估算结果　　图 1-22　乙二醇水溶液的凝固点曲线

例 1-5　估算乙醇水溶液的闪点。

在规定测试条件下试验火焰引起试样蒸气着火，并使火焰蔓延至液体表面的最低温度称为闪点。闪点值用于表示在相对非挥发或可燃性物质中是否存在高挥发性或可燃性物质，是石油产品运输、贮存、操作、安全管理的重要参数之一。闪点不是一个化合物或混合物确切的物理性质，而是由测量仪器、操作程序以及其它因素指定组合的函数。测量闪点有闭杯法与开杯法，目前工业上测量闪点标准方法是闭杯法。有多种闭杯法仪器和方法测量闪点，但测量结果都有几摄氏度的差异。闭杯法是在封闭环境里溶液饱和蒸气与空气的混合物遇火燃烧的最低温度，开杯法是溶液蒸气与空气自由接触时遇火燃烧的最低温度。闭杯法闪点值比开杯法闪点值要低几摄氏度，但开杯法闪点值更接近实际情况。

在实际生产中，人们常受到溶液自燃的困扰。自燃性质的确定必须覆盖到很宽的组成与温度范围，而要通过实验确定易燃溶液的安全范围，通常耗费大量的时间与金钱。在对大量的数据研究后，人们得到一个简单且可靠的推论：如果蒸气混合物的绝热火焰温度超过一个阈值，蒸气混合物就会支持燃烧。绝热火焰温度是燃料在绝热条件下完全燃烧时所能达到的温度。这个温度阈值在1400～1600K之间，从安全角度考虑，常把阈值定在1400K。如果模拟软件能够有效进行溶液的闪点估算，不仅可以快速解答实际需求，也可以大大节省实验测定的时间与费用。

若某乙醇水溶液含乙醇0.4（质量分数，下同），文献（NFPA 325）闪点值25.5℃，试用ASPEN软件估算其闪点。

解 打开软件，进入"Properties"界面，在组分输入页面添加水、乙醇、N_2、O_2、Ar、CO、CO_2等组分，选择"NRTL"性质方法。

（1）估算方法 用一个汽液闪蒸器加一个RGibbs反应器模拟闪点估算值，估算流程见图1-23。把闪蒸器的平衡汽相导入反应器进行绝热氧化反应，汽相中的乙醇与氧气反应生成CO与CO_2，CO进一步反应成为CO_2，反应方程式见式（1-3）、式（1-4）。注意闪蒸器进料空气量要能使汽相中乙醇全部转化为CO_2。

$$5O_2 + 2C_2H_5OH \Longleftrightarrow 2CO + 2CO_2 + 6H_2O \tag{1-3}$$

$$O_2 + 2CO \Longleftrightarrow 2CO_2 \tag{1-4}$$

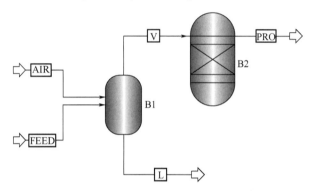

图1-23 乙醇水溶液闪点估算流程

（2）模块设置 根据进料组成，添加一定量的空气。假定空气中N_2、O_2和Ar的摩尔分数分别是0.7806、0.2099和0.0095。在本例中，取乙醇水溶液进料量10kmol/h，数据填写见图1-24；取空气进料量0.1kmol/h，数据填写类似。设置闪蒸器压力1atm，估计一闪蒸温度。RGibbs反应器参数设置见图1-25、图1-26。用灵敏度方法搜索RGibbs反应器温度1400K对应的闪蒸温度，此温度即为计算闪点。把计算闪点值代入闪蒸器重复以上计算，以得到计算闪点对应的液相组成。

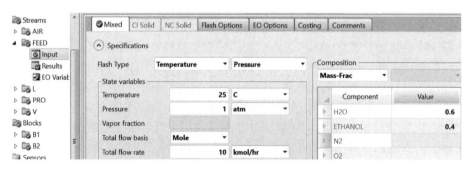

图1-24 乙醇水溶液进料

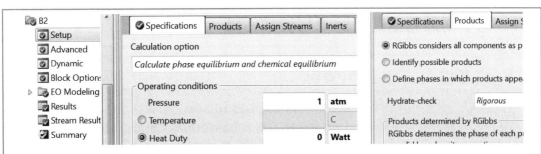

| 图 1-25 设置反应条件 | 图 1-26 设置产物条件 |

（3）计算结果　对于含乙醇 0.4 的乙醇水溶液，初设闪蒸温度 20℃，用灵敏度方法搜索 RGibbs 反应器温度 1400K 对应的闪蒸温度如图 1-27，得到计算闪点为 22.54℃。把 22.54℃代入闪蒸器再次计算，对应的平衡液相含乙醇 0.3991，与 NFPA 325 闪点值 25.5℃ 比较，计算闪点低 2.96℃。对乙醇水溶液在全浓度范围的计算闪点值与文献值的比较见图 1-28，可见计算闪点值都比文献值略低，这与温度阈值的取值大小有关，若适当提高 1400K 的温度阈值，则可消除图 1-28 的系统误差。若没有文献值作为参考，则温度阈值取 1400K 是安全的。

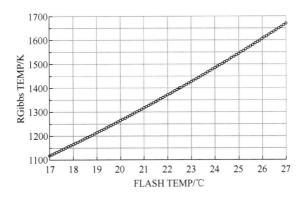

图 1-27　闪蒸器温度与绝热反应温度

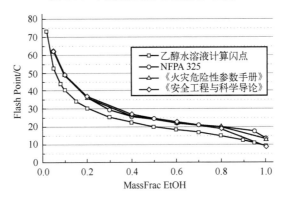

图 1-28　乙醇水溶液计算闪点与文献值比较

用 ASPEN 软件估算有机物水溶液闪点的方法，为快速满足生产现场对溶液闪点需求提供了一个有力工具。该方法也可对其它非水易燃溶液的闪点进行估算，如醇类溶液、醇酯溶液、醇醚溶液、醇胺溶液以及非均相易燃溶液。对于后者，闪蒸器采用三相闪蒸模块。

1.4　相平衡数据查询、计算与参数估算

1.4.1　从相平衡数据手册中查询

目前公认的收集相平衡数据最全的工具书是 DECHEMA 化学数据手册,各卷内容详见表 1-1,其中部分卷含有若干分册,这些分册都是精装本陆续出版,如第 I 卷就有 33 个分册,每个分册篇幅范围在 200~1100 页。

第 I 卷汽液平衡数据大全包含约 16000 套等温或等压汽液平衡数据,混合物组分数量从二元体系到多元体系,相平衡压力从低压到中压范围。在 Part 1 分册,简要介绍了汽液平衡计算的基础理论与方法。对每一汽液平衡体系,给出了 UNIQUAC、NRTL、Wilson、van Laar、Margules 等活度系数方程的参数,同时给出了这些方程计算值与实验值的偏差、最佳拟合曲线与实验值的相图、无限稀释溶液下的活度系数。用两种方法对汽液平衡数据进行了热力学一致性检验,给出了检验结果,推荐了对应每一汽液平衡体系合适的活度系数方程,给出了每一汽液平衡体系纯组分的 Antoine 方程参数与使用温度范围。

第 V 卷液液平衡数据大全有 4 个分册,包含 2000 多套二元、三元和四元体系的液液平衡数据。在第一分册中,概略介绍了液液平衡计算的基础知识。以表格与 $T\text{-}x$ 图的形式,给出二元液液平衡数据的实验值与平滑值,列表给出了不同温度下 UNIQUAC 方程和 NRTL 方程参数。

第Ⅵ卷低沸点混合物的汽液平衡数据大全有 4 个分册,第 1 分册介绍了用状态方程与混合规则计算相平衡的方法,综述了相平衡实验与理论研究进展,对 200 多套相平衡数据用 SI 单位制以 $P\text{-}x\text{-}y$ 相图和 $K\text{-}P$ 相图的形式列出,图中标出实验点和计算等温线以显示误差,列出了二元拟合参数值和压力、汽相组成的平均拟合误差,对 LKP、BWRS、SRK、PR 四种状态方程的应用结果进行了评述。

第Ⅷ卷固液平衡数据大全仅一册,有 180 多套相平衡数据,介绍了固液平衡计算的理论基础知识,列出了活度系数方程与状态方程的拟合值。

第Ⅺ卷电解质溶液的相平衡与相图仅一册,含有二元电解质水溶液和非水溶液的汽液相平衡(VLE)、溶解度、焓值等数据,以表格和相图的形式给出,介绍了电解质溶液的相平衡数据关联方法以及在电解质高浓区的处理方法。

1.4.2　从 NIST–TRC 软件数据库中查询

从浩繁的纸质文献上和电子文献中查找相平衡数据是一项吃力的工作,找到以后还需要用相应的方程回归参数,然后才能用于相平衡计算中。现在,Aspen 软件中已经包含了大量的相平衡数据和描述这些相平衡数据的各种方程,随时都可以调出来参与运算,这就大大节省了设计人员的时间。

在 Aspen Plus V7.0 以后的版本中均包含了 NIST-TRC 数据库的查询功能,因此 Aspen Plus 软件中的相平衡数据就包括两部分内容,一是 Aspen Plus 软件自带的相平衡数据,二是 NIST-TRC 数据库中的相平衡数据。Aspen 软件自带的相平衡数据以各种状态方程二元交互作用参数和活度系数方程二元交互作用参数的形式出现,并提供软件自动调用。NIST-TRC 数据库中的相平衡数据不仅以状态方程二元交互作用参数和活度系数方程二元交互作用参数的形式提供软件自动调用,同时还以详细原始实验数据的形式提供查询,每组二元混合物对应若干套相平衡原始实验数据,如等压相平衡实验数据、等温相平衡实验数据或其它条件下的

相平衡实验数据，并带有对相平衡实验数据热力学一致性检验的结论，以及相平衡实验数据的来源文献。因此，从 NIST-TRC 数据库中查询相平衡数据非常快捷方便，而且同一课题的相平衡数据相对集中、完整。

例 1-6 查询甲醇与 2,2-二甲氧基丙烷（DMP）溶液的汽液平衡（VLE）数据。

DMP 是一种重要的有机中间体，在医药、农药及精细化工产品的生产中用途广泛。DMP 可由甲醇和丙酮合成，反应产物中甲醇、丙酮与 DMP 形成共沸物。为设计分离方案，需要查询甲醇与 DMP 溶液的 VLE 数据。

解 （1）查看活度系数方程二元交互作用参数　打开软件，进入"Properties"界面，在组分输入页面添加甲醇和 DMP，可见甲醇来源于纯组分数据库（PURE38），DMP 来源于 NIST-TRC 数据库。选择"NRTL"性质方法，NRTL 方程二元交互作用参数如图 1-29，NIST-TRC 数据库提供了 3 套二元交互作用参数。由化工热力学知识可知，这 3 套参数分别适用于含缔合组分、非理想汽相、理想汽相三种情况下的 VLE 计算。图 1-29 选择了理想汽相的一组参数，可用它进行真空到 2bar 以下的 VLE 计算。如果选用状态方程的性质方法，同样可在"Binary Interaction"文件夹查看所选状态方程的二元交互作用参数。

图 1-29　NRTL 方程二元交互作用参数

（2）查询相平衡实验数据　点击页面上方工具栏"NIST"按钮，启动 NIST-TDE 数据评价软件，数据查询窗口如图 1-30，点击"Retrieve data"按钮开始评价数据，数据输出界面见图 1-31。图 1-31 左边列出了 DMP 与甲醇二元相平衡数据的总数量，有 1 套共沸点 VLE 数据；有 8 套 VLE 数据，分别是等压下 4 套，等温下 2 套，其它条件下 2 套。图 1-31 右边列出了各套 VLE 数据测定的条件，包括实验点数、测定年份、温度和压力范围。点击左边任何一套相平衡数据文件名，右边则给出此套 VLE 数据实验点的详细数据。以点击数据文件名"Binary VLE 001"为例，右边依次显示 11 个数据点的液相组成、温度、汽相组成和压力，数据下方给出了该组数据的来源文献，如图 1-32。选择页面上方绘图工具栏的绘图工具"T-xy"，绘制出此套 VLE 数据的温度组成图，如图 1-33，可见甲醇与

图 1-30　相平衡数据查询窗口

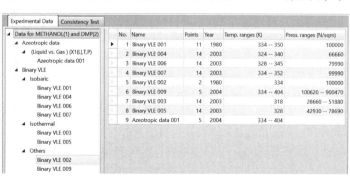

图 1-31　DMP 与甲醇二元相平衡数据概况

DMP 在 100kPa 下的 VLE 相图具有正偏差共沸点，常压下普通精馏难以分离甲醇与 DMP 的混合物。

点击图 1-32 左上方"Consistency Test"按钮，进行相平衡数据的热力学一致性检验。点击页面下方"Run Consistency Test"按钮，软件弹窗提示开始进行热力学一致性检验，结果见图 1-34。可见数据文件"Binary VLE 001"经面积检验法"Herington test"和点检验法"Van Ness test"检验，均显示"Passed"，满足热力学一致性检验评判标准。点击图 1-32 下方"Save Data"按钮，数据文件"Binary VLE 001"被保存到 "Properties|Data"文件夹中，方便用户利用"Data Regression"功能对这组数据进行活度系数方程二元交互作用参数的回归操作，这部分内容将在 1.4.4 节介绍。

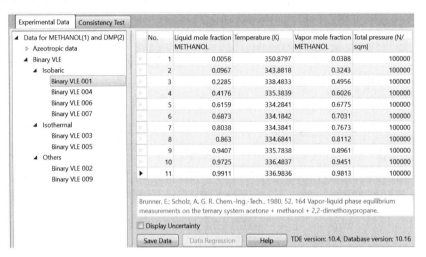

图 1-32　DMP 与甲醇在 100kPa 下的 VLE 数据

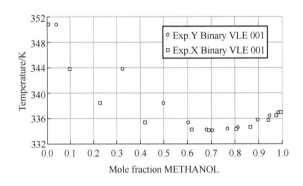

图 1-33　DMP 与甲醇在 100kPa 下的温度组成图

No.	Name	Points	Year	Isotherm (K)	Isobaric (N/sqm)	Overall data quality	Herington test	Van Ness test
1	Binary VLE 001	11	1980	---	100000	0.905	Passed	Passed
2	Binary VLE 004	14	2003	---	66660	0.315	---	---
3	Binary VLE 006	14	2003	---	79990	0.323	---	---
4	Binary VLE 007	14	2003	---	99990	0.317	---	---
5	Binary VLE 002	2	1980	---	---	0.25	---	---
6	Binary VLE 009	5	2004	---	---	0.25	---	---
7	Binary VLE 003	14	2003	318	---	0.173	---	---
8	Binary VLE 005	14	2003	328	---	0.244	---	---

图 1-34　热力学一致性检验结果

1.4.3 用软件计算相平衡数据与绘制相图

1.4.3.1 汽液平衡相图

混合物的汽液或液液平衡相图能够提供很多有用的信息，如泡点、露点、汽液平衡、液液平衡、汽相或液相分率等，这些信息在化工设计中经常遇到。若能利用 Aspen 软件的绘图功能，熟练、快速地绘制汽液或液液平衡相图，将大大加快工艺计算的速度。

例 1-7 混合物的泡、露点压力。

一烃类混合物含有甲烷 0.05（摩尔分数，下同），乙烷 0.1，丙烷 0.3，异丁烷 0.55，求混合物 25℃时的泡点压力和露点压力。

解 （1）全局性参数设置　打开软件，进入"Properties"界面，在组分输入页面添加甲烷、乙烷、丙烷和异丁烷。选择"SRK"性质方法，确认 SRK 方程的 6 对二元交互作用参数。

（2）绘制相图　进入"Simulation"界面，用物流线绘出一股物流，输入物流信息。其中混合物摩尔组成准确输入，温度压力流率填写随意。用鼠标选中物流线右击，选择"Analysis| Bubble and Dew Point"，如图 1-35，进入绘图页面。在绘图页面填写预测的压力范围，如图 1-36。点击"Go"按钮，软件绘出混合物的泡、露点压力随温度的变化曲线，如图 1-37，可见 25℃时混合物的露点压力约 0.53MPa，泡点压力约 1.72MPa。同样方法还可以绘出压力-汽相分率图（PV Curve）、温度-汽相分率图（TV Curve）、压力-温度包络线图（PT-Envelope）等。

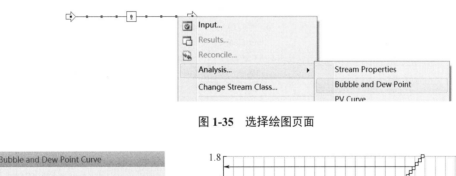

图 1-35　选择绘图页面

图 1-36　填写压力范围

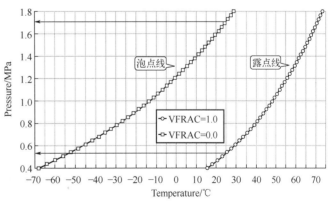

图 1-37　泡点压力和露点压力随温度的变化

1.4.3.2 固液平衡相图

研究固液平衡问题可以不考虑压力影响，常见的固液平衡体系是液相互溶，固相有完全互溶、完全不互溶、部分互溶三种情形。通常固液平衡相图由实验测定，可通过相平衡数据手册查询。当缺乏固液平衡实验数据时，也可以基于固液平衡的基本原理，用 Aspen 软件对固液平衡进行估算。

例 1-8 硝酸钾与硝酸钠固液平衡相图。

硝酸钾与硝酸钠的熔盐混合物常用作蓄热传热介质，在反应介质、熔盐电解液、废热利用和金属及合金制造、高温燃料电池等方面得到广泛应用。由硝酸钾 0.4（质量分数，下同）和硝酸钠 0.6 构成的熔盐体系因在太阳能电站作为蓄热介质被广泛使用，故又被称作太阳盐"solar salt"。已知硝酸钾与硝酸钠的熔融液为理想溶液，固相不互溶，试估算常压下的固液平衡相图。

解 （1）全局性参数设置　采用公制固体过程模板"Solids with Metric Units"，默认模板自带的"METSOLID"因次集。打开软件，进入"Properties"界面，在组分输入页面添加硝酸钾与硝酸钠，固液成分分别设置，如图 1-38。在"Enterprise Database"页面的"Selected databanks"栏目，把"APV120 INORGANIC"无机物子数据库置顶，使软件在模拟过程中优先使用该数据库，如图 1-39。因熔融液相可以看作理想溶液，选择"SOLID"性质方法。点击组分输入栏右下方"Review"按钮，软件显示硝酸钾与硝酸钠组分的单点基础物性，如图 1-40。其中包含了硝酸钾与硝酸钠在 25℃的固体标准生成自由焓（DHSFRM）、固体标准生成 Gibbs 自由能（DGSFRM）、凝固点（FREEZEPT）、融化热（HFUS）等数值，它们是固液平衡计算的必备参数。

	Component ID	Type	Component name	Alias	CAS number
▶	**KNO3-S**	**Solid**	**POTASSIUM-NITRATE**	**KNO3**	7757-79-1
▶	**KNO3**	*Conventional*	**POTASSIUM-NITRATE**	**KNO3**	7757-79-1
▶	**NANO3-S**	**Solid**	**SODIUM-NITRATE**	**NANO3**	7631-99-4
▶	**NANO3**	*Conventional*	**SODIUM-NITRATE**	**NANO3**	7631-99-4

图 1-38　添加硝酸钾与硝酸钠组分

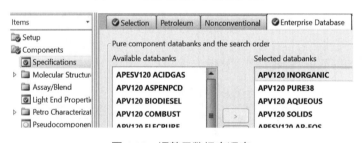

图 1-39　调整子数据库顺序

	Parameters	Units	Data set	Component NANO3-S ▾	Component NANO3 ▾	Component KNO3-S ▾	Component KNO3 ▾
▶	API		1	-64.6828	-64.6828		
▶	DCPLS	kJ/kmol-K	1	0.139409	0.139409	77.1923	77.1923
▶	DGFORM	kJ/kmol	1	0	0	0	0
▶	DGSFRM	kJ/kmol	1	-367153	-367153	-394544	-394544
▶	DHFORM	kJ/kmol	1	0	0	0	0
▶	DHSFRM	kJ/kmol	1	-465020	-465020	-494460	-494460
▶	FREEZEPT	C	1	307	307	336.85	336.85
▶	HFUS	kJ/kmol	1	14602.2	14602.2	10500	10500

图 1-40　硝酸钾与硝酸钠组分单点基础物性截图

（2）设置模拟流程　进入"Simulation"界面，选择"Gibbs"反应器模块进行固液平衡计算。该模块根据系统的 Gibbs 自由能趋于最小原理，计算同时达到化学平衡和相平衡时的系统组成和相平衡，模拟流程如图 1-41。为计算液体组分的结晶过程，选择物流类型为"MIXCISLD"，表示物流中有传统固体存在，但没有粒子颗粒分布，选择方式如图 1-42。

图 1-41　模拟流程图　　　　　　　　　图 1-42　选择物流类型

设置进料物流信息。已知硝酸钾熔点 336.85℃，故设置进料物流 340℃，保证起始状态是液态。压力对固液平衡影响小，设置为 1atm。只需设置主物流信息，不必设置子物流信息，如图 1-43。反应器模块参数设置如图 1-44，最大流体相数量设置为 2，即固液两相，不含汽相。由于硝酸钾与硝酸钠固相不互溶，故结晶出来的固相是纯物质（PureSolid）。

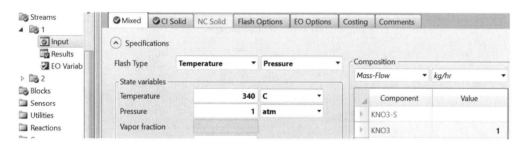

图 1-43　进料物流信息

(a) 计算模式设置　　　　　　　　　　(b) 组分识别设置

图 1-44　反应器模块参数设置

（3）计算方法设置　应用"Sensitivity"功能，考察硝酸钾和硝酸钠熔融液浓度和温度变化对固液平衡的影响。浓度考察范围硝酸钾 0~1，温度考察范围 230~340℃。改变温度的方法直接由"Sensitivity"功能实现，改变浓度的方法通过"Calculator"功能与"Sensitivity"功能联合实现。

① 创建计算器文件　在"Flowsheeting Options|Calculator"子目录，建立一个计算器对象文件"C-1"。在"C-1"文件的"Define"页面，定义 2 个全局性的计算变量，如

图 1-45。变量"MKNO3"为硝酸钾进料量,由"Sensitivity"功能动态赋值,变量性质为输入变量(Import variable)。若控制硝酸钾和硝酸钠进料总量为 1kg/h,则硝酸钾和硝酸钠各自的进料量也等于进料的质量分数。硝酸钠浓度变量"MNANO3"的设置方式与硝酸钾相同,变量性质为输出变量(Export variable)。在"C-1"文件的"Calculate"页面,用 FORTRAN 语言编写一句话,对进料中的硝酸钠赋值,如图 1-46。

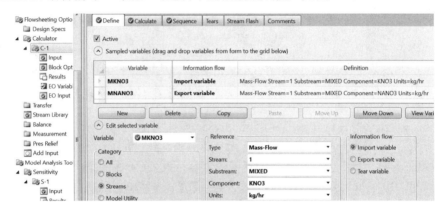

图 1-45 定义浓度变量

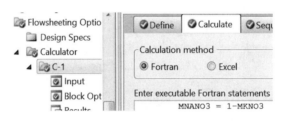

图 1-46 对进料浓度赋值

② 创建灵敏度分析文件 在"Model Analysis Tools|Sensitivity"页面,建立一个灵敏度分析文件"S-1",利用"Sensitivity"功能改变 Gibbs 反应器的温度和进料浓度。为了观察 Gibbs 反应器出口物流中是否含有结晶固体,设置 2 个指标考察出口物流中的固体流率。在"S-1"文件的"Define"页面,定义 2 个考察变量,如图 1-47。其中,"SK"定义为出口物流子物流中固体硝酸钾流率,"SNA"定义为出口物流子物流中固体硝酸钠流率,据此可以判断出口物流中是否存在固体结晶以及固体的种类与流率。

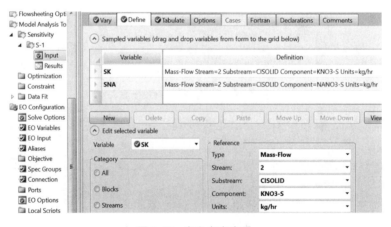

图 1-47 定义考察变量

为全面考察硝酸钾与硝酸钠固液平衡状态,对全浓度范围和可能的温度范围进行网格化扫描计算。在"S-1"文件的"Vary"页面,定义 2 个考察变量,一个改变温度,一个改变浓度。考察温度范围与温度变化步长设置如图 1-48(a),温度范围 230~340℃,步长 0.5℃,点 221 个。考察浓度范围与浓度变化步长设置如图 1-48(b),浓度范围 0~1,步长 0.05,点 21 个。温度变化与浓度变化共需计算 4641 个数据点。

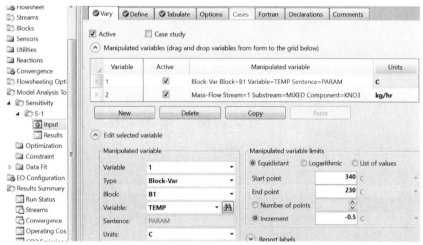

(a) 考察温度范围与温度变化步长

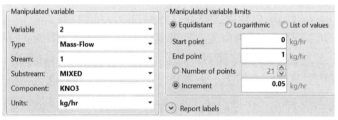

(b) 考察浓度范围与浓度变化步长

图 1-48　设置反应器温度和浓度变化

(4)模拟计算与结果分析　部分计算结果如图 1-49。在温度 317℃、硝酸钾浓度 0.90 处,硝酸钾固体流率 0kg/h,说明硝酸钾结晶还没有开始。在温度 317℃、硝酸钾浓度 0.95 处,硝酸钾固体流率 0.02839kg/h,说明硝酸钾结晶刚刚开始,因此该点是固液平衡线上的一个点。在温度 317℃、硝酸钾浓度 1.0 处,硝酸钾固体流率 1kg/h,说明反应器内物料全部固化,该点处于相图的右端点。

Row/Case	Status	Description	VARY 1 B1 PARAM TEMP C	VARY 2 1 MIXED KNO3 MASSFLOW KG/HR	SK KG/HR	SNA KG/HR
984	OK		317	0.85	0	0
985	OK		317	0.9	0	0
986	OK		317	0.95	0.0283893	0
987	OK		317	1	1	0
988	OK		316.5	0	0	0

图 1-49　固液平衡计算结果截图

网格化扫描计算共计算了 4641 个数据点，仔细寻找不同硝酸钾浓度下第一次出现固体状态点的温度和浓度，标绘在温度-组成图上，就构成了硝酸钾-硝酸钠体系的固液平衡曲线，如图 1-50。可见最低共熔点温度 233℃，硝酸钾浓度 0.55。如果在硝酸钾浓度 0.5～0.6 之间进一步细化计算网格，可找到最低共熔点温度为 232.8℃，硝酸钾浓度 0.57。有文献报道硝酸钾-硝酸钠熔盐体系低共熔点温度 223℃，硝酸钾浓度 0.55。本例计算获得的低共熔点组成与文献值一致，但低共熔点温度误差稍大。用软件估算固液平衡方便快捷，可作为缺乏实验数据的一个补充手段。

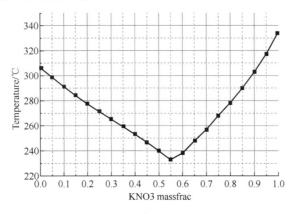

图 1-50　硝酸钾和硝酸钠固液平衡计算结果

1.4.3.3　三元混合物相图与共沸点查询

Aspen 软件有绘制三角相图的功能，可以提供三元混合物相图的各种信息，如沸点、共沸点、剩余曲线、精馏边界、液液平衡等。对于组分数>3 的多组分混合物，绘制相图有困难，不能从相图上直观地观察共沸点情况，但可以使用共沸点搜寻功能获得相关信息。

例 1-9　醋酸甲酯-甲醇-正己烷三元混合物的共沸点搜寻与常压相图绘制。
拟用正己烷为共沸剂在常压下分离含醋酸甲酯 0.35（摩尔分数，下同）和甲醇的混合物，试分析精馏分离的可行性。

解　（1）全局性参数设置　打开软件，进入"Properties"界面，在组分输入页面添加醋酸甲酯、甲醇和正己烷，选择"UNIFAC"性质方法。

（2）搜寻共沸点　在"Analysis"模式下，点击页面上方工具栏的"Ternary Diag"按钮，出现"Distillation Synthesis"弹窗，点击弹窗中的"Find Azeotropes"按钮，进入共沸点搜寻页面，填写压力 1atm，选择相态"VAP-LIQ-LIQ"，勾选组分，如图 1-51。点击"Report"，软件开始搜寻共沸点，结果如图 1-52。可见醋酸甲酯-甲醇-正己烷三元混合物在 1atm 下有 3 个二元共沸点、1 个三元共沸点，图中给出了共沸温度、共沸点属性、共沸物构成、共沸组分摩尔分数和质量分数等信息。

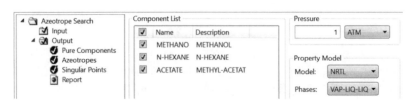

图 1-51　填写共沸点搜寻要求

（3）绘制相图　在"Analysis"模式下，点击页面上方工具栏的"Ternary Diag"按钮，出现"Distillation Synthesis"弹窗，点击弹窗中的"Use Distillation Synthesis ternary maps"按钮，进入绘图页面，如图 1-53。选择相态"VAP-LIQ-LIQ"，填写压力 1atm，选择浓度单位"Mole Fraction"，点击"Ternary Plot"，软件开始绘图，结果如图 1-54。三角相图的 3 条边上各有一个二元共沸点（49.71℃，51.73℃，53.85℃），3 个二元共沸点均为鞍点。三角相图的中间区域有一个三元共沸点（47.48℃），该点为发散点。连接三元共沸点与 3 个二元共沸点的 3 条剩余曲线构成精馏边界，把三角形区域划分成了 3 个蒸馏区域。一条液液平衡包络线构成了一个液液平衡区域。

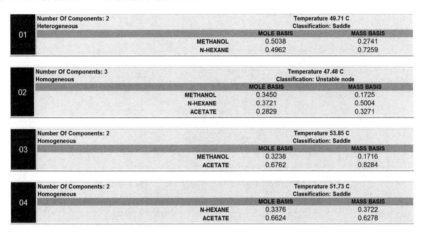

图 1-52　共沸点搜寻信息

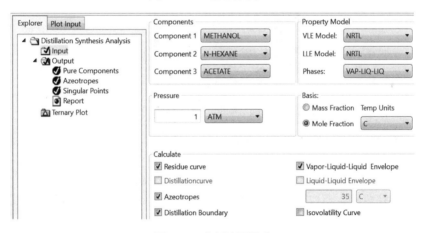

图 1-53　定制绘图要求

（4）设计精馏流程　已知精馏原料点 F 位于三角相图的醋酸甲酯-甲醇直角边上，基于图 1-54 中精馏区域的限制，以正己烷为共沸剂，可以设置一个双塔共沸精馏流程分离醋酸甲酯-甲醇混合物，分离流程见图 1-55。B1 塔的进料是原料 F 加 B2 塔的塔顶共沸物 D2，故 B1 塔的进料点是 M1，B1 塔的精馏过程限制在三角相图左下方区域内进行。该区域内的稳定点是三角相图左下方的纯甲醇点，故 B1 塔塔釜得到甲醇，塔顶馏出物 D1 组成位于精馏边界上。把 B1 塔馏出物 D1 送入 B2 塔精馏，该塔的精馏过程限制在三角相图上方区域内进行。该区域内的稳定点是三角相图上方的纯醋酸甲酯点，故 B2 塔塔釜得到醋酸甲酯，塔顶馏出物 D2 返回到 B1 塔。这样，两塔塔顶的馏出物分别引入对方塔中进行精馏，共沸物在两塔之间循环，从而使精馏过程两次穿越精馏边界完成共沸物的分离，由两塔的塔底分别得到甲醇和醋酸甲酯。所以采用正己烷为共沸剂，在常压下共沸精馏分离醋酸甲酯-甲醇混合物的方法是可行的。

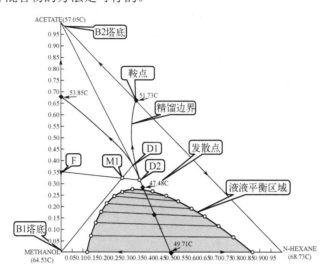

图 1-54　常压下正己烷-醋酸甲酯-甲醇三角相图

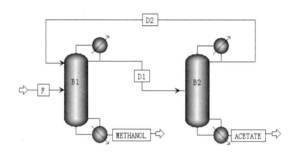

图 1-55　分离醋酸甲酯-甲醇混合物的双塔流程

1.4.3.4　萃取精馏塔内的适宜溶剂浓度

分离含近沸或共沸混合物的一个有效方法是萃取精馏，通过在精馏塔上部塔板添加高沸点萃取溶剂，增大近沸或共沸组分之间的相对挥发度，使普通精馏不能分离或难以分离的混合物得以分离。塔内加入萃取溶剂后，液相中原组分的浓度下降，因而减弱了原组分之间的相互作用。只要添加的溶剂浓度足够大，就突出了原组分蒸气压差异对相对挥发度的贡献。在该情况下，溶剂稀释了原组分之间的相互作用。若原组分的沸点相近、非理想性不大时，在相对挥发度接近于 1 的情况下普通精馏也无法分离。加入萃取溶剂后，若溶剂与一组分形成具有较强正偏差的非理想溶液，与另一组分形成负偏差溶液或理想溶液，从而也提高了原组分的相对挥发度，以实现原组分混合物的分离，此时溶剂的作用在于对原组分相互作用的强弱有较大差异。

溶剂作用下原两组分的相对挥发度可以通过相关热力学方程式计算。假设萃取精馏塔常压操作，气相为理想气体，溶液为非理想溶液，则溶剂作用下原两组分相对挥发度可用式(1-5)计算。式中，$(\alpha_{12})_S$ 是溶剂作用下原两组分相对挥发度；P_i^S 是原两组分的饱和蒸气压，可用 Antoine 方程计算；γ_i 是活度系数，可用活度系数方程计算。由于实用的活度系数方程如 Wilson

方程、NRTL 方程或 UNIQUAK 方程等过于繁复，手工计算工作量太大，可以用 Aspen 软件的物性估算功能求取溶剂作用下的相对挥发度。

$$(\alpha_{12})_S = p_1^S \gamma_1 / (p_2^S \gamma_2) \tag{1-5}$$

例 1-10 计算丙酮和甲醇萃取精馏塔内适宜溶剂浓度。

常压下丙酮和甲醇能形成正偏差共沸物，普通精馏难以完全分开。拟用水为萃取溶剂，采用萃取精馏方法分离。试确定常压精馏塔内液相中溶剂浓度多大时，才能使丙酮和甲醇的相对挥发度在任何浓度下都大于 1.5。

解 （1）全局性参数设置　打开软件，进入"Properties"界面，在组分输入页面添加丙酮、甲醇、水，选择"NRTL"性质方法。

（2）物性分析　点击页面上方工具栏"Binary"按钮，自动在"Analysis"文件夹生成了一个物性分析文件"BINRY-1"。在该文件的"Input|Binary Analysis"页面，要求软件进行温度组成性质分析"Txy"。待分析组分是丙酮-甲醇，萃取精馏溶剂是水，水的摩尔分数分别是 0、0.1、0.2，压力 1atm，数据点的数量 10，参数填写如图 1-56，点击"Run Analysis"按钮进行物性分析。在物性分析文件夹的"BINRY-1(Binary)-T-xy-Plot"页面，软件给出三个溶剂浓度下的温度组成图，如图 1-57。可见三个溶剂浓度下都存在共沸点，但随着溶剂浓度增加，共沸点向丙酮方向移动。

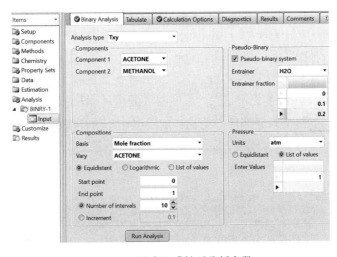

图 1-56　温度组成性质分析参数

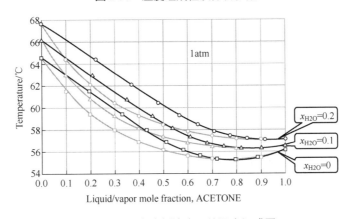

图 1-57　三个溶剂浓度下的温度组成图

（3）数据加工　在物性分析文件夹的"Input|Results"页面，给出了三个溶剂浓度下的温度组成图的具体数据，如图1-58。其中包括溶剂浓度（x_3）"MOLEFRAC H2O"、丙酮相平衡常数（k_1）"TOTAL KVL ACETONE"、甲醇相平衡常数（k_2）"TOTAL KVL METHANOL"、丙酮浓度（x_1）"LIQUID1 MOLEFRAC ACETONE"、甲醇浓度（x_2）"LIQUID1 MOLEFRAC METHANOL"等。

MOLEFRAC H2O	PRES	MOLEFRAC ACETONE	TOTAL TEMP	TOTAL KVL ACETONE	TOTAL KVL METHANOL	IQUID AMM CETON	QUI MM HA	QUI M ETC	QUID M THAN	OTA KVL CETO	OTA KVL2 HA	TOTA BETA	VAPOF LEFR CETON	VAPO LEFR THAN	LIQUID1 MOLEFRAC ACETONE	LIQUID1 MOLEFRAC METHANOL
	atm		C													
0.1	1	0.9	56.2638	1.04537	1.02068	1	...				1	0...	0...			0.81	0.09
0.1	1		56.4973	1.03076	1.12238	1	...				1	0...	0...			0.9	0
0.2	1	0	67.6864	3.17142	1.14905	1	...				1	0	0			0	0.8
0.2	1	0.1	64.3777	2.56593	1.00234	1	...				1	0	0			0.08	0.72
0.2	1	0.2	62.0676	2.15461	0.915372	1	...				1	0	0			0.16	0.64
0.2	1	0.3	60.4318	1.86255	0.865228	1	...				1	0	0			0.24	0.56

图1-58　三个溶剂浓度下的温度组成图数据

把图1-58数据拷贝到Excel表格中进行进一步加工，溶剂作用下丙酮与甲醇的相对挥发度按式（1-6）计算，丙酮脱溶剂浓度按式（1-7）计算。

$$(\alpha_{12})_S = k_1 / k_2 \tag{1-6}$$
$$x_1' = x_1 / (1 - x_3) \tag{1-7}$$

重新回到步骤（1），修改图1-56中的溶剂浓度，重复以上操作，得到不同溶剂浓度下丙酮与甲醇的相对挥发度，最后用Origin软件绘图，如图1-59。可见在常压下，当丙酮脱溶剂浓度x_1'一定时，溶剂浓度x_{H_2O}越大，丙酮与甲醇相对挥发度也越大；溶剂浓度x_{H_2O}一定时，丙酮脱溶剂浓度x_1'越大，丙酮与甲醇相对挥发度越小。当液相中溶剂摩尔分数$x_{H_2O}>0.4$时，就能使丙酮和甲醇的相对挥发度在全浓度范围内都大于1.5。

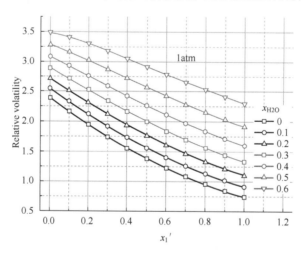

图1-59　溶剂作用下丙酮与甲醇的相对挥发度

1.4.4　活度系数方程参数估算

相平衡是化工生产中普遍的平衡现象，如闪蒸器中的汽液两相、溶剂萃取器中的液液两相、精馏塔中离开塔板的汽液两相、汽液相反应器中的物流等。在这些设备的工艺设计时，都会出现关于相平衡计算的问题。一般而言，相平衡计算可以采用状态方程法或活度系数法。对于高压非极性混合物体系，采用状态方程法；对于低压极性混合物体系，采用活度系数法。

常见的活度系数方程如早期的 Margules 和 van Laar 方程，现在应用较多的有用于完全互溶物系和非理想溶液 VLE 计算的 Wilson 方程、可用于互溶和部分互溶物系汽液和液液平衡计算的 NRTL、UNIQUAC 方程，以及基于基团贡献法、可用于极性和非极性多元混合物体系的汽液和液液平衡计算的 UNIFAC 方程。

溶液活度系数方程中的参数来源于对相平衡实验数据的回归，Aspen Plus 软件中包含了大量的活度系数方程参数。但对于特定的化工过程体系，如果软件中缺乏某些组分的活度系数方程参数，则不能进行模拟计算或计算结果不可靠，设计人员仍然需要人工到文献资料中查询相平衡实验数据，或直接测定相平衡实验数据并进行回归处理，或用基于基团贡献方法的方程估算活度系数方程参数，以补充软件数据库的不足，然后才能开始流程模拟计算。

1.4.4.1 用 UNIFAC 方程估算

溶液活度系数方程的二元交互作用参数一般来源于相平衡实验数据的回归，其准确性对相平衡性质计算至关重要。在实际应用中，有时往往找不到适用于所选溶液活度系数方程的二元交互作用参数，比较简单的方法是对该活度系数方程的参数进行估算。

例 1-11 估算丙酮与 2-甲基戊烷（MPT）的 NRTL 方程参数。

文献报道丙酮与 MPT 在常压下形成共沸物，在共沸点丙酮的质量分数 0.44，共沸温度 47℃，试估算丙酮与 MPT 的 NRTL 方程二元交互作用参数。

解 （1）全局性参数设置　打开软件，进入"Properties"界面，在组分输入页面添加丙酮与 MPT，点击"Review"按钮，可看到两组分的常压沸点分别为 56.13℃和 60.26℃。

（2）选择物性估算内容　点击页面上方工具栏"Estimation"按钮，进入性质估算模式。在"Estimation|Input|Setup"页面，勾选估算参数，如图 1-60。在"Binary"页面，选择需要估算参数的方程名称、估算方法、温度范围等。在"Parameter"下拉框内，有 4 个方程的参数可以估算，分别是 NRTL、WILSON、UNIQUAC、SRK，这里选择 NRTL；在"Method"下拉框内，有 4 种参数估算方法，分别是 UNIFAC、UNIFAC-LL、UNIFAC-LBY、UNIFAC-DMD，这里选择 UNIFAC。参数估算的温度范围要包含两个纯组分的沸点，这里设定 50~65℃，如图 1-61。

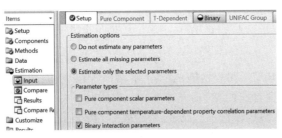

图 1-60　选择物性估算内容

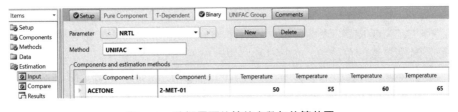

图 1-61　选择需要估算的参数与估算范围

（3）参数估算　点击运行按钮进行参数估算。在"Estimation|Results"页面，可看到由"UNIFAC"方法估算的丙酮与 MPT 的 NRTL 方程二元交互作用参数，如图 1-62。该参数也同时保存在流程模拟界面的"Properties|Parameters|Binary Interaction|NRTL-1"文件夹内，供流程模拟时调用。应用软件的相图绘制功能，可得到由估计参数计算的丙酮与 MPT 的温度组成图，如图 1-63。应用共沸点查询功能，可查询到常压下共沸温度 46.2℃，共沸点丙酮质量分数 0.436，与实验值很接近。

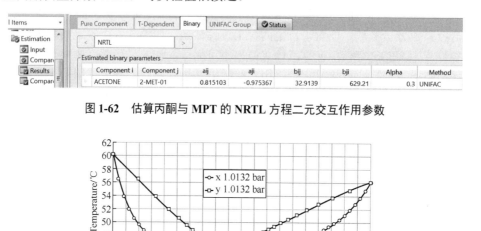

图 1-62　估算丙酮与 MPT 的 NRTL 方程二元交互作用参数

图 1-63　丙酮与 MPT 的 *T-xy* 图

1.4.4.2　二元汽液相平衡（VLE）数据回归分析

二元 VLE 数据是相平衡文献中种类最全、数量最大的一类，其重要性随着局部组成概念活度系数方程的普遍使用而受到重视，因为在用局部组成概念活度系数方程进行多元体系相平衡计算时，只需要使用二元体系的交互作用参数，而这些参数可以从二元相平衡实验数据回归得到。相对于多元相平衡实验，二元相平衡实验的工作量要小得多，容易得多。由二元VLE 实验数据回归活度系数方程参数，需要借助于最优化数学方法，可以自己编程求取，也可以由 Aspen 软件的数据回归功能求取，后者更为方便快捷。

例 1-12　乙酸乙酯（ETOAC）-乙醇二元体系 VLE 实验数据回归计算。

表 1-6 中列出了 40℃、70℃乙酸乙酯-乙醇溶液 VLE 实验数据，请用 Aspen 软件回归WILSON 方程的二元交互作用参数。

解　（1）全局性参数设置　打开软件，进入"Properties"界面，在组分输入页面添加乙酸乙酯与乙醇，选择"WILSON"性质方法。

（2）创建实验数据输入文件　点击页面上方工具栏"Regression"按钮，进入数据回归页面。在"Data"文件夹，点击"New"按钮，创建一个实验数据输入文件"D-1"，数据性质选择"MIXTURE"，表明是混合物。在"D-1|Setup"页面，填写数据的类别、类型、组分名称、温度、浓度单位等，如图 1-64。

在"D-1|Data"页面上，输入第一组 VLE 实验数据，如图 1-65。只需要输入压力、组分 1 的两相浓度即可，软件会根据组分摩尔分数归一化原理自动计算出组分 2 的两相浓

表 1-6　乙酸乙酯-乙醇溶液等温 VLE 实验数据（浓度指摩尔分数）

$t/℃$	p/kPa	x_{ETOAC}	y_{ETOAC}	$t/℃$	p/kPa	x_{ETOAC}	y_{ETOAC}
40	18.00	0	0	70	72.40	0	0
40	18.21	0.006	0.022	70	73.14	0.0065	0.0175
40	20.12	0.044	0.144	70	74.58	0.018	0.046
40	21.74	0.084	0.227	70	84.47	0.131	0.237
40	24.40	0.187	0.37	70	88.61	0.21	0.321
40	25.58	0.242	0.428	70	90.71	0.263	0.367
40	26.62	0.32	0.484	70	93.83	0.387	0.454
40	27.77	0.454	0.56	70	94.66	0.452	0.493
40	28.02	0.495	0.574	70	94.95	0.488	0.517
40	28.24	0.552	0.607	70	94.82	0.625	0.597
40	28.42	0.663	0.664	70	94.18	0.691	0.641
40	28.28	0.749	0.716	70	93.03	0.755	0.681
40	27.28	0.885	0.829	70	90.55	0.822	0.747
40	26.74	0.92	0.871	70	86.87	0.903	0.839
40	26.04	0.96	0.928	70	84.71	0.932	0.888
40	24.80	1	1	70	82.07	0.975	0.948
				70	79.40	1	1

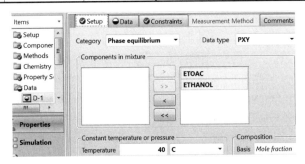

图 1-64　设置实验数据的类别与类型

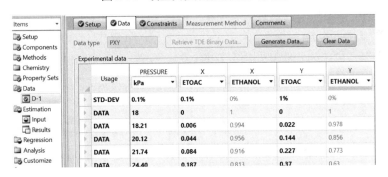

图 1-65　输入第一组 VLE 实验数据

度。图 1-65 实验数据表的第一行是软件自动设置的实验数据标准偏差，默认压力和液相摩尔分数的测量误差都是 0.1%，汽相摩尔分数的测量误差是 1%，可以对默认误差进行修改。也可以对某几行实验数据采用一套测量误差值，另几行实验数据采用另一套测量误差值。测量误差设置方法是点击"Usage"按钮，选择"select Std-Dev"，设置数据的标准偏差。软件在回归计算时，在此标准偏差行下面的所有数据点都采用这行标准偏差值进行处理，直到遇到另一个"Std- Dev"标准偏差为止。标准偏差以百分数或绝对值形式输入数据回归系统，不要求标准偏差值很精确，通常只需确定数量级和比例。参照"D-1"文件创建方法，创建第二组实验数据输入文件"D-2"，并输入第二组 VLE 实验数据。

（3）创建实验数据回归文件　在"Regression"文件夹，创建一个实验数据回归文件"DR-1"，用于存放第一组实验数据的回归结果。在"DR-1|Input|Setup"页面上，从"Data set"窗口调用"D-1"实验数据文件，准备对其进行数据回归处理。默认此组数据的权重因子为 1，默认进行热力学一致性检验。检验方法有面积检验法"Area test"和点检验法"Point test"，判别标准分别是 10%和 0.01。在"Test method"窗口，对一套汽液相平衡实验数据，可以选择面积检验法或点检验法，也可两者都选（Both tests），如图 1-66。

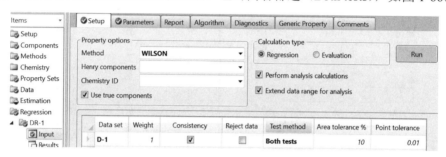

图 1-66　回归参数检验方法设置

在"DR-1|Input|Parameters"页面上，输入欲回归的参数类型、参数名称、参数位置、组分名称、参数初始值、回归要求等信息。一般 Wilson 方程用两个参数（B_{ij}，B_{ji}）即可。为提高计算精度，Aspen 软件中设置有四个参数（A_{ij}，A_{ji}，B_{ij}，B_{ji}），参数的编号分别为"1，1，2，2"。在"Initial value"栏目，填写四个参数回归初值，如图 1-67。因为 Aspen 软件中已经含有乙酸乙酯-乙醇二元体系活度系数方程的参数，可以直接借鉴作为本组实验数据回归用的初值。对应每个初值，在"Usage"栏目，有"Regress""Exclude""Fix"三种选项，对应三种初值处理方法，即"回归""不回归""数值固定"三种方法。若选择"Regress"，计算结果会给出相应初值的回归值；若选择"Exclude"，计算过程对标记"Exclude"的初值不参加回归运算；若选择"Fix"，计算过程对标记"Fix"初值的参数只参与运算，不作回归处理，计算结果也不显示。在图 1-67 中，对（A_{ij}，A_{ji}）的初值作数值固定设置，对（B_{ij}，B_{ji}）作回归运算设置。

		Binary parameter	Binary parameter	Binary parameter	Binary parameter
	Type	WILSON	WILSON	WILSON	WILSON
	Name	1	1	2	2
	Element	ETOAC	ETHANOL	ETOAC	ETHANOL
	Component or	ETHANOL	ETOAC	ETHANOL	ETOAC
	Group				
	Usage	Fix	Fix	Regress	Regress
	Initial value	1.133	0.5856	-539.019	-398.817

图 1-67　回归参数初值设置

（4）回归计算　软件默认的目标函数优化方法是最大似然法（Maximum-likelihood），最大迭代次数 20 次，收敛准则 10^{-4}。如果要对默认参数进行调整，可以在"DR-1"文件的"Input|Algorithm"页面上修改。单击"Next"按钮，进行运算，若计算收敛，软件弹窗询问是否用回归参数置换计算程序原来的参数，由操作者决定。若选择"Yes to all"，

表明用新回归参数替代计算程序中原有参数；若选择"No to all"，则不替代，回归参数保存在软件 VLE 数据库"BINARY"的"DR-1"文件夹中，供用户随时调用。在"DR-1"文件的"Results|Parameters"页面，可以看到回归得到的 Wilson 方程的两个参数值和其标准误差值，如图 1-68。点击图 1-68 中的"Update Parameters"按钮，也可以用新回归参数替代计算程序中原有参数。

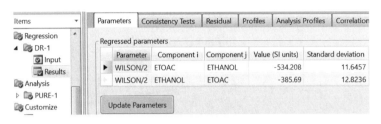

图 1-68　两个 Wilson 方程参数回归值与标准误差

在"DR-1|Results"文件夹的"Consistency Tests"页面，可以看到第一组实验数据的热力学检验结果，面积检验误差 1.125%<10%，点检验误差 0.006<0.01，均通过了热力学一致性检验。在"Residual"页面，单击">"或"<"按钮，可以依次看到各实验点温度、压力以及各组分的液相组成、汽相组成回归值的标准偏差、绝对偏差与相对偏差。在"Profiles"页面，可以看到各实验点温度、压力以及各组分的液相组成、汽相组成实验值与回归值的列表比较。在"Correlation"页面，可以看到各回归参数的相关性。相关性矩阵非对角线元素的值表明了任何两个参数间的关联程度。当参数完全独立时，关联系数是零。关联系数接近 1.0 或−1.0 时，表明参数关联度高。如果可能的话，选择没有关联的参数。有一个重要的情况例外，活度系数模型不对称的二元参数是高度关联的，B_{ij} 和 B_{ji} 参数都要求有最好的拟合。可以看到，第一组实验数据回归的 WILSON 方程参数 B_{ij} 和 B_{ji} 高度关联。在"Sum of Squares"页面，可以看到目标函数收敛值的加权平方和值与均方根残差值。通常对于 VLE 数据回归，均方根残差值应小于 10，对于 LLE 数据回归，均方根残差应小于 100。本例第一组实验数据的均方根残差 3.37，比较小。类似地，对第二组实验数据进行回归，计算结果面积检验值为 0.573%，点检验值为 0.006，均满足热力学一致性要求。同时，在不同页面上可以看到其它各项回归计算结果的指标。

（5）数据作图　为直观表达回归计算效果，可以用作图工具进行绘图，显示实验数据与回归值之间的拟合程度。在"DR-1|Results|Profiles"页面，点击页面上方作图工具栏的"P-xy"按钮，弹窗显示作图要求，如图 1-69。点击"OK"按钮进行作图，如图 1-70。可见实验数据与计算曲线重合得非常好，也说明用 Wilson 方程拟合这两组实验数据是合适的。

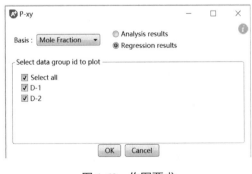

图 1-69　作图要求

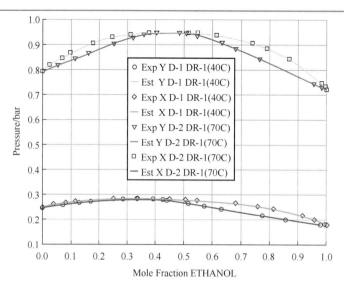

图 1-70　两组 VLE 实验数据回归图

用同样方法也可以拟合其它活度系数方程的二元交互作用参数，需要注意的是 NRTL 方程有三组参数，其中第三组参数只有一个，即溶液特性参数，一般作为固定值参与回归计算。用 NRTL 方程拟合这两组实验数据的均方根残差值为 2.90，用 UNIQUAC 方程拟合这两组实验数据的均方根残差值为 2.89，说明回归效果均较好。

1.4.4.3　三元体系液液相平衡（LLE）数据回归分析

虽然局部组成概念活度系数方程可以用二元体系组分间的交互作用参数进行多元体系相平衡的计算，但对于一些强非理想溶液体系，这种预测性计算往往有一定误差，若能够直接对多元体系的相平衡实验数据进行回归，由此得到的组分间的交互作用参数会使 LLE 数据计算值与实验值比较贴近。

例 1-13　异丙醚-醋酸-水三元体系 LLE 数据回归计算。

以异丙醚为溶剂萃取水溶液中的醋酸，在工艺设计时涉及异丙醚-醋酸-水三元体系 LLE 的计算。从文献中查到一组异丙醚-醋酸-水三元体系 LLE 实验数据见表 1-7，试用 NRTL 方程回归各组分间的二元交互作用参数。

表 1-7　异丙醚（1）-醋酸（2）-水（3）三元体系 LLE 实验数据（25℃，1atm）

富水相质量分数			富醚相质量分数		
x_1	x_2	x_3	x_1	x_2	x_3
0.0149	0.0141	0.971	0.989	0.0037	0.0073
0.0161	0.0289	0.955	0.984	0.0079	0.0081
0.0188	0.0642	0.917	0.971	0.0193	0.0097
0.023	0.133	0.844	0.933	0.0482	0.0188
0.034	0.255	0.711	0.847	0.114	0.039
0.044	0.367	0.589	0.715	0.216	0.069
0.096	0.453	0.451	0.581	0.311	0.108
0.165	0.464	0.371	0.487	0.362	0.151

解　（1）全局性参数设置　打开软件，进入"Properties"界面，在组分输入页面添

加异丙醚、醋酸和水，选择"NRTL"性质方法。因异丙醚-水是部分互溶体系，在二元交互作用参数数据源窗口"Source"栏目中选择"LLE-ASPEN"。对于三元体系 LLE 相平衡，应该有三对 LLE 二元交互作用参数，但软件中只有异丙醚-水一对 LLE 二元交互作用参数，另外两对参数的初值暂时用 VLE 二元交互作用参数替代，以后用新回归出的 LLE 二元交互作用参数置换。软件自带的 NRTL 方程二元交互作用参数见图 1-71。也可以由 UNIFAC 方程估算缺失的 LLE 二元交互作用参数，并以此作为回归计算时的初值。

Temperature-dependent binary parameters

	Component	Component	Source	Temp. Units	AIJ	AJI	BIJ	BJI	CIJ
	ETHER	H2O	APV120 LLE-ASPEN	C	0.035	8.0209	422.978	-766.417	0.2
	ETHER	ACID	APV120 VLE-HOC	C	0	0	344.4	82.134	0.3
▶	ACID	H2O	APV120 VLE-HOC	C	-1.9763	3.3293	609.889	-723.888	0.3

图 1-71　软件自带的 NRTL 方程二元交互作用参数

（2）创建实验数据输入文件　点击页面上方工具栏"Regression"按钮，进入数据回归页面。在"Data"文件夹，点击"New"按钮，创建一个实验数据输入文件"D-1"，数据性质选择"MIXTURE"。在"D-1|Setup"页面上，把数据的类别"Category"设置为"Phase equilibrium"，数据类型"Data type"设置为"TXX"；在"Components in mixture"栏目，把右侧窗口中的 3 个组分移动到左侧窗口中；在"Composition"栏目，选择浓度计量单位"Mass fraction"。在"D-1|Data"页面上，输入温度、组分 1、组分 2 的两液相质量分数，组分 3 的两液相质量分数不必输入，软件会根据组分质量分数归一化原理自动计算出来，如图 1-72。输入数据的上面一行是自动设置的数据误差，默认温度测定误差是 0.01℃，液相浓度测定误差是 0.1%。

Experimental data

	Usage	TEMPERATURE C	X1 ETHER	X1 ACID	X1 H2O	X2 ETHER	X2 ACID	X2 H2O
	STD-DEV	0.01	0.1%	0.1%	0%	0.1%	0.1%	0%
	DATA	25	0.0149	0.0141	0.971	0.989	0.0037	0.0073
	DATA	25	0.0161	0.0289	0.955	0.984	0.0079	0.0081
	DATA	25	0.0188	0.0642	0.917	0.971	0.0193	0.0097
	DATA	25	0.023	0.133	0.844	0.933	0.0482	0.0188
	DATA	25	0.034	0.255	0.711	0.847	0.114	0.039
	DATA	25	0.044	0.367	0.589	0.715	0.216	0.069
	DATA	25	0.096	0.453	0.451	0.581	0.311	0.108
	DATA	25	0.165	0.464	0.371	0.487	0.362	0.151

图 1-72　输入三元体系 LLE 实验数据

（3）创建实验数据回归文件　在"Properties|Regression"页面上，创建一个实验数据回归文件"DR-1"，用于存放 NRTL 方程回归实验数据的结果。在"R-1|Input|Setup"页面上，从"Data set"窗口调用"D-1"实验数据文件参与数据回归处理。默认此组数据的权重因子为 1，因为软件对非二元体系 VLE 数据不能进行热力学一致性检验，故默认不进行热力学一致性检验。在"DR-1|Input|Parameters"页面上，输入欲回归的参数类型、参数名称、参数位置、组分名称、参数初始值、回归要求等信息。一般 NRTL 方程用三个参数（B_{ij}，B_{ji}，α_{12}）即可。为提高计算精度，Aspen Plus 软件中设置有五个参数（A_{ij}，A_{ji}，B_{ij}，B_{ji}，α_{12}），参数的编号分别为"1，1，2，2，3"。在"Parameters to be regressed"窗口，需对五个参数格式进行设置，填写五个参数初值。把图 1-71 软件自带的 NRTL 方程

二元交互作用参数作为初值填入 Parameters 页面上的相应空格内,如图 1-73。约定对所有的二元 LLE 交互作用参数只回归(B_{ij}, B_{ji}),其余参数作为固定值参加运算。

Parameters to be regressed

Type	Binary parameter	Binary...	Binary...	Binary...	Binary...	Binary...	Binary...	Binar...	Binary p...	Bina...	Binary...	Binary...	Binary...
Name	NRTL	NRTL	NRTL	NRTL	NRTL	NRTL	NRTL	NRTL	NRTL	NRTL	NRTL	NRTL	NRTL
Element	2	2	3	1	1	2	2	3	1	1	2	2	3
Component or	ETHER	ACID	ETHER	ETHER	H2O	ETHER	H2O	ETHER	ACID	H2O	ACID	H2O	ACID
Group	ACID	ETHER	ACID	H2O	ETHER	H2O	ETHER	H2O	H2O	ACID	H2O	ACID	H2O
Usage	Regress	Regress	Fix	Fix	Fix	Regress	Regress	Fix	Fix	Fix	Regress	Regress	Fix
Initial value	344	82	0.3	0.035	8.0209	423	-766	0.2	-1.9763	3.3293	610	-724	0.3

图 1-73 设置三元体系 LLE 数据回归参数的初值

(4)回归计算结果 回归参数如图 1-74。点击图 1-74 中的"Update Parameters"按钮,软件用新回归参数替代计算程序中原有参数,存放在二元交互作用参数数据库的"R-DR-1"文件夹中。把回归出的三对二元交互作用参数重新代入到回归文件作为初值,再次进行回归运算,可减少回归误差。在"DR-1|Results"文件的"Residual"页面,可以看到各实验点温度、压力、两液相组成回归值的绝对偏差与相对偏差。依次单击">"按钮,可以看到温度、两液相组成回归值绝对偏差与相对偏差的各项统计量。温度回归值的平均绝对误差为 0.11℃,平均相对误差为 0.43%;在富水相,醋酸回归值的平均绝对误差为 0.015(质量分数),平均相对误差为 5.0%;在富醚相,醋酸回归值的平均绝对误差为 0.013(质量分数),平均相对误差为 6.7%。在"Profiles"页面,可以看到各实验点温度、两液相组成实验值与回归值的列表比较。在"Analysis|Profiles"页面,可以看到与实验点对应的两液相组成计算值。在"Correlation"页面,列出了各回归参数的相关性,由这组 LLE 实验数据回归的 NRTL 方程参数 B_{ij} 和 B_{ji} 存在不同程度的关联度。在"Sum of Squares"页面,可以看到目标函数收敛值的均方根残差为 372.6。

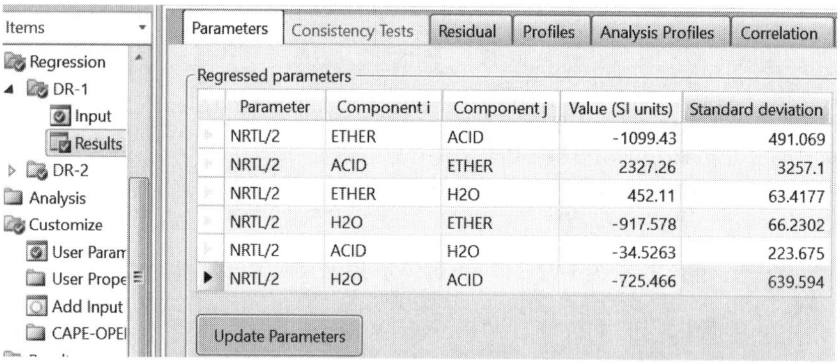

Items

Regression
DR-1
  Input
  Results
DR-2
Analysis
Customize
  User Param
  User Prope
  Add Input
  CAPE-OPE

| Parameters | Consistency Tests | Residual | Profiles | Analysis Profiles | Correlation |

Regressed parameters

Parameter	Component i	Component j	Value (SI units)	Standard deviation
NRTL/2	ETHER	ACID	-1099.43	491.069
NRTL/2	ACID	ETHER	2327.26	3257.1
NRTL/2	ETHER	H2O	452.11	63.4177
NRTL/2	H2O	ETHER	-917.578	66.2302
NRTL/2	ACID	H2O	-34.5263	223.675
NRTL/2	H2O	ACID	-725.466	639.594

Update Parameters

图 1-74 回归出的三对 NRTL 方程二元交互作用参数值与误差

(5)数据绘图 在"DR-1|Results|Profiles"页面,点击页面上方作图工具栏的"Triangular"按钮进行作图,异丙醚-醋酸-水 LLE 实验值与回归曲线如图 1-75。可见实验数据与计算曲线重合得非常好,也说明用 NRTL 方程拟合这组实验数据是合适的。用同样方法也可以拟合 UNIQUAC 方程的二元交互作用参数,目标函数收敛值的均方根残差为 380.7。

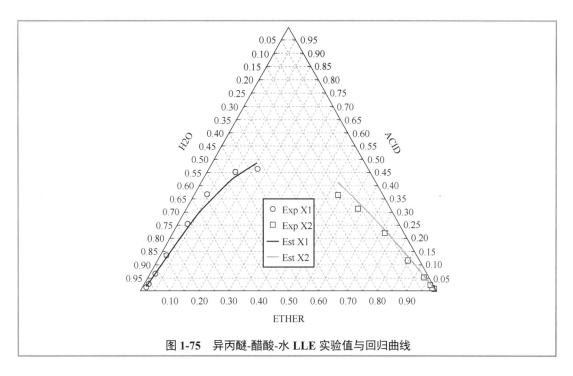

图 1-75　异丙醚-醋酸-水 LLE 实验值与回归曲线

1.4.5　立方型状态方程参数估算

立方型状态方程是一类可展开为摩尔体积或密度三次方的方程式。这类方程式形式简单，能够定量地描述纯组分流体的 p-V-T 关系，也能够同时描述气（汽）液两相的性质。目前有实用价值的立方型状态方程都是在 van der Waals 方程的基础上改进获得的，通过引入偏心因子、温度函数等引力修正项，使得计算精确度进一步提高。

立方型状态方程不仅用于纯组分流体的热力学性质计算，借助于混合规则，它们也可以用于混合物的热力学性质计算。混合规则是状态方程中混合物虚拟参数、纯物质参数和组成之间的关联式，不同的状态方程有不同的混合规则。目前混合规则尚难完全从理论上推导获得，混合物热力学性质的计算精确度很大程度上依赖于混合规则中的二元交互作用参数，而该参数需要通过混合物的 p-V-T-y 实验数据或相平衡实验数据回归得到。

例 1-14　丙烯-丙烷混合物的 PR-BM 方程参数回归。

实验测定了一组丙烯-丙烷混合物的等温 VLE 数据（见表 1-8）。要求：（1）回归 PR-BM 方程混合规则中的二元交互作用参数"PRKBV"，使得该方程能够描述丙烯-丙烷混合物的性质；（2）回归 PR-BM 方程纯组分 Mathias-Copeman 温度函数的系数"PRMCP"，使得该参数能够用于纯组分蒸气压的计算。（注：回归计算时，"PRKBV"初值设置为零，"PRMCP"初值设置为丙烯 0.56、丙烷 0.62。）

解　（1）全局性参数设置　打开软件，进入"Properties"界面，在组分输入页面添加丙烯、丙烷，选择"PR-BM"性质方法。

① 设置 Mathias-Copeman 温度函数　PR-BM 方程使用"ESPR"模型、"ESPR0"模型分别计算混合物和纯组分的液相逸度系数。由题意，需要在这两个模型中使用 Mathias-Copeman 温度函数，该温度函数在"ESPR""ESPR0"模型中的代码首字符为 6。在"Methods|Selected Methods|PR-BM|Models"页面，选择液相逸度系数"PHILMX"的计算模型"ESPR"，点击"Option codes"按钮，在弹窗中"Option codes"栏目的代码首

表 1-8　丙烯-丙烷二元体系等温 VLE 实验数据（30℃，浓度指摩尔分数）

$p/bar^{①}$	$x_{C_3H_6}$	$y_{C_3H_6}$	$p/bar^{①}$	$x_{C_3H_6}$	$y_{C_3H_6}$
10.0000	0.00	0.000000	12.1181	0.55	0.598824
10.9228	0.05	0.060396	12.2376	0.60	0.646882
11.0424	0.10	0.119484	12.3571	0.65	0.69401
11.1619	0.15	0.177306	12.4767	0.70	0.740236
11.2814	0.20	0.233904	12.5962	0.75	0.785584
11.4009	0.25	0.289314	12.7157	0.80	0.830079
11.5205	0.30	0.343575	12.8352	0.85	0.873746
11.6400	0.35	0.396722	12.9548	0.90	0.916608
11.7595	0.40	0.448788	13.0743	0.95	0.958685
11.8790	0.45	0.499806	14.0000	1.00	1.000000
11.9986	0.50	0.549808			

① 1bar=100kPa。

字符设置为 6，如图 1-76。类似地，向下移动模型区滑块，选择纯组分液相逸度系数"PHIL"的计算模型"ESPR0"，点击"Option codes"按钮，在弹窗中"Option codes"栏目的代码首字符也设置为 6。这样，PR-BM 方程使用的"ESPR"模型、"ESPR0"模型都设置了 Mathias-Copeman 温度函数。

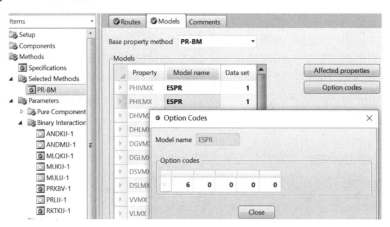

图 1-76　设置 Mathias-Copeman 温度函数

② 输入"PRMCP"参数初值　在"Methods|Parameters|Pure Components"文件夹，创建一个名为"PRMCP-1"的纯组分数据输入文件，数据类型选择"T-dependent correlation"。展开窗口区词条"Alpha functions for equations of state"，选择"PRMCP-1"，如图 1-77（a），点击"OK"按钮关闭弹窗，输入题目中给的"PRMCP"参数初值，如图 1-77（b）。

（2）创建实验数据输入文件　点击页面上方工具栏"Regression"按钮，进入数据回归页面。在"Data"文件夹，点击"New"按钮，创建一个实验数据输入文件"D-1"，数据性质选择"MIXTURE"，表明是混合物。在"D-1|Setup"页面，填写数据的类别、类型、组分名称、温度、浓度单位等，如图 1-78。在"D-1|Data"页面上，输入丙烯-丙烷 VLE 实验数据，如图 1-79。

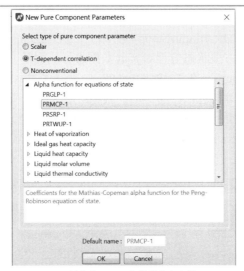

(a) 创建"PRMCP"数据输入文件

(b) 输入"PRMCP"初值

图 1-77　输入纯组分 Mathias-Copeman 温度函数的系数初值

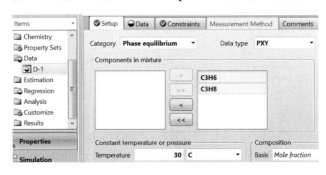

图 1-78　设置实验数据的类别与类型

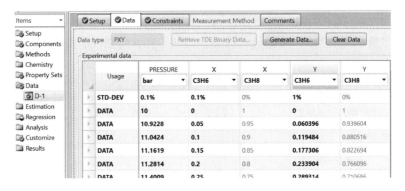

图 1-79　输入丙烯-丙烷 VLE 实验数据

（3）创建实验数据回归文件　在"Regression"文件夹，创建一个实验数据回归文件"DR-1"，如图1-80。在"DR-1|Input|Setup"页面上，从"Data set"窗口调用"D-1"实验数据文件。软件不能用立方型状态方程对实验数据进行热力学一致性检验，因此，不要勾选图1-80中的"Consistency"。在"DR-1|Input|Parameters"页面上，选择欲回归的参数类型、参数名称、组分名称等信息，如图1-81。其中"PRKBV"是PR-BM方程混合规则中的二元交互作用参数，只有一个；"PRMCP"是纯组分 Mathias-Copeman 温度函数的系数，丙烯、丙烷分别设置。"PRKBV"初值为零，丙烯、丙烷"PRMCP"初值已输入，图1-81中均不必设置。

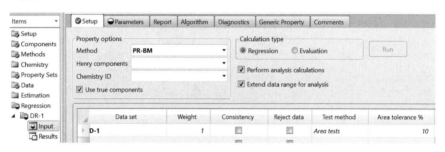

图1-80　调用实验数据文件

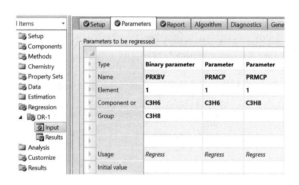

图1-81　设置回归参数初值

（4）回归结果　在"DR-1"文件的"Results|Parameters"页面，可以看到"PRKBV"回归值、"PRMCP"回归值及其标准误差，如图1-82。在"Residual"页面，可看到各实验点温度、压力以及各组分两相组成回归值的标准偏差、绝对偏差与相对偏差。在"Profiles"页面，可以看到各实验点温度、压力以及各组分的液相组成、汽相组成实验值与回归值的列表比较。在"Sum of Squares"页面，可以看到实验数据的均方根残差为7.59。点击页面上方作图工具栏的"P-xy"按钮进行作图，如图1-83，可见实验数据与回归曲线很好地吻合。

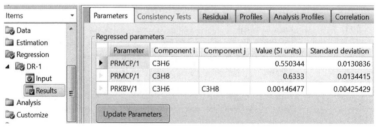

图1-82　"PRKBV"与"PRMCP"参数回归值与标准误差

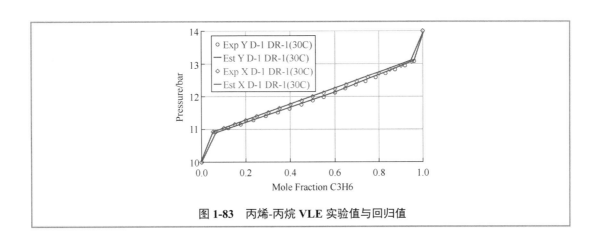

图 1-83 丙烯-丙烷 VLE 实验值与回归值

习题

1-1. 估算乙基溶纤剂的物性。

乙基溶纤剂为无色液体，常用作有机合成反应介质、溶剂、清洁剂、稀释剂等。某种乙基溶纤剂的沸点为 195℃，结构式 $CH_3CH_2-O-CH_2CH_2-O-CH_2CH_2-OH$，试估算其物性。

1-2. 估算甲基异丁基酮（MIBK）合成反应器出料性质。

该物料温度 56.4℃，压力 6.1bar，主要成分见习题 1-2 附表，求该混合物的焓值（kJ/kg）、比热容[kJ/(kg·K)]、热导率[W/(m·K)]、密度（kg/m³）、黏度（Pa·s）、表面张力（N/m）等性质。

习题 1-2 附表 MIBK 合成反应物组成

组分	H_2O	丙酮	MIBK	二异丁基甲酮	2-甲基戊烷	合计
质量分数	0.0522	0.6930	0.2410	0.0086	0.0052	1.0000

1-3. 湿空气流的准数计算。

含水蒸气的空气流在内径 12.06cm 的固定床中干燥，吸附剂为当量直径 3.3mm 的活性氧化铝，其空隙度 0.442。床层压力 653.3kPa，温度 21℃，气体流率 1.327kg/min，露点 11.2℃。试计算空气流的 Prandtl 数、Reynolds 数与 Schmidt 数。

1-4. 水的汽化热和 Prandtl 数计算。

估算常压下、0~100℃温度范围内水的 Pr 准数值和 100~200℃范围内水的汽化热，并与习题 1-4 附表文献数据比较。

习题 1-4 附表 水的 Prandtl 准数和汽化热文献值

温度/℃	0	20	40	60	80	100
Prandtl 数	13.47338	6.99771	4.32545	2.98128	2.21821	1.74917
温度/℃	100	120	140	160	180	200
汽化热/(kJ/kg)	2256.6	2202.4	2144.6	2082.3	2014.5	1940.1

1-5. 估算二氧六环水溶液在常压、质量分数 0~1.0 范围内的凝固点曲线。

1-6. 估算常压下全浓度范围内甲醇-水溶液的凝固点。

1-7. 计算乙醇水溶液在全浓度范围的闪点值，并与习题 1-7 附表文献值比较。

乙醇质量分数	0.05	0.10	0.20	0.30	0.40	0.50	0.60	0.70	0.80	0.95	1.00
NFPA 325/℃	62.5	49.0	36.0	29.5	25.5	24.5	22.0	21.0	20.0	17.5	13.5

1-8. 求乙酸乙酯和乙醇溶液的泡点和露点。

求常压下含 0.8（摩尔分数）乙酸乙酯（A）和 0.2 乙醇（E）混合物的泡点和露点。液相活度系数用 van Laar 方程，$A_{AE}=0.144$，$A_{EA}=0.170$。

1-9. 求萘与苯混合物在常压下的固液平衡相图。

萘与苯混合物的熔融液为理想溶液，固相不互溶，试估算常压下萘与苯二元固液平衡相图，最低共熔点温度和组成各是多少？（已知苯的固体标准生成 Gibbs 自由能 DGSFRM 为 1.25826×10^8J/kmol，苯的固体标准生成焓 DHSFRM 为 3.94671×10^7J/kmol。）

1-10. 求甲乙酮与水在常压和 7atm 下的共沸组成。

1-11. 求丙酮-乙醇-氯仿三元物系在 63.2℃下的共沸压力与共沸组成。

1-12. 计算 2,4-二甲基戊烷（DMPT）与苯萃取精馏塔内的适宜溶剂浓度。

已知 DMPT 与苯能形成共沸物，考虑采用己二醇为萃取精馏溶剂。试确定在 60℃ 时，至少应维持己二醇的浓度为多大，才能使 DMPT 与苯的相对挥发度在任何浓度下都≥1。

1-13. 查询二甲醚与水二元体系的全部 LLE 与 VLE 实验数据。

列表说明各组实验数据的温度、压力、浓度测定范围、文献名称与发表时间。

1-14. 乙酸乙酯-乙醇二元体系 VLE 数据回归。

习题 1-14 附表中列出了常压下乙酸乙酯（ETOAC）-乙醇溶液的 VLE 实验数据，请回归 Wilson、NRTL 与 UNIQUAC 方程的二元交互作用参数，在 T-xy 相图上绘制实验点与回归曲线。

习题 1-14 附表　乙酸乙酯-乙醇溶液 VLE 实验数据（p=1atm，浓度指摩尔分数）

t/℃	x_{ETOAC}	y_{ETOAC}	t/℃	x_{ETOAC}	y_{ETOAC}	t/℃	x_{ETOAC}	y_{ETOAC}
78.45	0	0	73.80	0.2098	0.3143	72.30	0.7192	0.6475
77.40	0.0248	0.0577	73.70	0.2188	0.3234	72.50	0.7451	0.6725
77.20	0.0308	0.0706	73.30	0.2497	0.3517	72.80	0.7767	0.7020
76.80	0.0468	0.1007	73.00	0.2786	0.3781	73.00	0.7973	0.7227
76.60	0.0535	0.1114	72.70	0.3086	0.4002	73.20	0.8194	0.7449
76.40	0.0615	0.1245	72.40	0.3377	0.4221	73.50	0.8398	0.7661
76.20	0.0691	0.1391	72.30	0.3554	0.4331	73.70	0.8503	0.7773
76.10	0.0734	0.1447	72.00	0.4019	0.4611	73.90	0.8634	0.7914
75.90	0.0848	0.1633	71.95	0.4184	0.4691	74.10	0.8790	0.8074
75.60	0.1005	0.1868	71.90	0.4244	0.4730	74.30	0.8916	0.8216
75.40	0.1093	0.1971	71.85	0.4470	0.4870	74.70	0.9154	0.8504
75.10	0.1216	0.2138	71.80	0.4651	0.4934	75.10	0.9367	0.8798
75.00	0.1291	0.2234	71.75	0.4755	0.4995	75.30	0.9445	0.8919

1-15. 异丙醚-正丙醇-水三元体系 LLE 数据回归。

两组等温异丙醚-正丙醇-水三元体系 LLE 的文献实验数据见习题 1-15 附表，试用 NRTL 方程和 UNIQUAC 方程回归各组分间的二元交互作用参数，在三角相图上绘制实验点与回归曲线。

习题 1-15 附表　异丙醚（1）-正丙醇（2）-水（3）三元体系 LLE 实验数据

条件	富水相摩尔分数			富醚相摩尔分数		
	x_1	x_2	x_3	x_1	x_2	x_3
298.2K，1atm	0.0016	1×10^{-7}	0.9984	0.9984	1×10^{-7}	0.0016
	0.0072	0.0640	0.9288	0.9061	0.0889	0.0050
	0.017	0.1280	0.8550	0.7991	0.1899	0.0110
	0.0229	0.1521	0.8250	0.7297	0.2528	0.0175
	0.0417	0.1992	0.7591	0.6312	0.3208	0.0480
	0.0936	0.2887	0.6177	0.5840	0.3410	0.0750
	0.15	0.3405	0.5095	0.5554	0.3510	0.0936
313.2K，1atm	0.0038	1×10^{-7}	0.9962	0.9662	1×10^{-7}	0.0338
	0.0043	0.0677	0.9280	0.9064	0.0472	0.0464
	0.0084	0.1075	0.8841	0.8195	0.1097	0.0708
	0.0149	0.1450	0.8401	0.7680	0.1440	0.0880
	0.0227	0.1872	0.7901	0.6683	0.2065	0.1252
	0.0388	0.2288	0.7324	0.6154	0.2381	0.1465
	0.0706	0.2987	0.6307	0.5408	0.2802	0.1790

1-16. 氮气-甲烷等温 VLE 实验数据的 PR-BM 方程参数回归。

实验测定了一组氮气-甲烷二元体系等温 VLE 实验数据（见习题 1-16 附表），请回归 PR-BM 方程混合规则中的二元交互作用参数 "PRKBV"。

习题 1-16 附表　氮气-甲烷二元体系等温 VLE 实验数据（130K，浓度指摩尔分数）

p/atm	x_{N_2}	y_{N_2}	p/atm	x_{N_2}	y_{N_2}
4.101	0.0097	0.1098	17.614	0.3822	0.7932
4.492	0.0186	0.1862	19.662	0.4512	0.8166
4.959	0.0292	0.264	22.550	0.5516	0.8463
6.508	0.0641	0.4339	27.370	0.7077	0.886
7.695	0.0926	0.5201	29.910	0.7828	0.9054
10.070	0.1547	0.6316	33.140	0.8676	0.9285
12.415	0.2188	0.7018	34.360	0.9017	0.9393
14.841	0.2941	0.7508			

参考文献

[1] 包宗宏，武文良. 化工计算与软件应用[M]. 2 版. 北京：化学工业出版社，2018.

[2] AspenTech. Aspen Plus V12 Help[Z]. Cambridge: Aspen Technology, Inc., 2020.

[3] Perry R H，Green D W. Perry's chemical engineers' handbook[M]. 9th ed. New York: McGraw Hill, 2019.

[4] Haynes W M. CRC handbook of chemistry and physics (internet version)[M]. 97th ed. Boca Raton: CRC Press/Taylor and Francis, 2017.

[5] Kirk-Othmer. Kirk-Othmer encyclopedia of chemical technology[M]. 5th ed. New York: John Wiley & Sons, 2007.

[6] 郑秀玉，吴志民，陆恩锡. 国际权威化工数据库 DECHEMA 及其应用[J]. 当代化工，2011, 40（1）：94-103.

[7] Wu M Q, Shu G Q, Chen R, et al. A new model based on adiabatic flame temperature for evaluation of the upper flammable limit of alkane-air-CO_2 mixtures[J]. Journal of Hazardous

Materials, 2018, 344: 450-457.

[8]   Zhou L L, Wang B B, Jiang J C, et al. A mathematical method for predicting flammability limits of gas mixtures[J]. Process Safety and Environmental Protection, 2020, 136: 280-287.

[9]   Vidal M, Wong W, Rogers W J, et al. Evaluation of lower flammability limits of fuel-air-diluent mixtures using calculated adiabatic flame temperatures[J]. Journal of Hazardous Materials, 2006, 130: 21-27.

[10]   廖文俊, 丁柳柳. 熔融盐蓄热技术及其在太阳热发电中的应用[J].装备机械, 2013, 46（3）: 55-60.

[11]   Gmehling J, Onken U, Arlt W, et al. Vapor-liquid equilibrium data collection[M]. Frankfurt: Deutsche Gesellschaft für Chemisches Aparatewesen, 1977.

[12]   Diky V, Chirico R D, Muzny C D, et al. ThermoData Engine (TDE): software implementation of the dynamic data evaluation concept. 7. ternary mixtures[J]. J Chem Inf Model, 2012, 52(1): 60-276.

[13]   Diky V, Chirico R D, Muzny C D, et al. ThermoData Engine (TDE): software implementation of the dynamic data evaluation concept. 8. properties of material streams and solvent design[J]. J Chem Inf Model, 2013, 53(1): 249-266.

[14]   Beneke D，Peters M，Glasser D. Understanding distillation using column profile maps[M]. Hoboken：John Wiley & Sons Inc, 2013.

[15]   Seader J D，Henley E J, Roper D K. Separation process principles-chemical and biochemical operations[M]. 3th ed. Hoboken: John Wiley & Sons Inc, 2011.

[16]   刘光明, 王伟鹏. 基于 Aspen Plus 物性分析计算甲醇水溶液凝固点[J].化学工程, 2013, 46(6): 63-65.

[17]   Ghanadzadeh H, Ghanadzadeh A, Bahrpaima Kh. Measurement and prediction of tieline data for mixtures of (water+1-propanol+diisopropyl ether): LLE diagrams as a function of temperature[J]. Fluid Phase Equilibria, 2009, 277: 126-130.

第2章

稳态过程的物料衡算与能量衡算

物料衡算是化工生产过程中用以确定物料比例和物料转变定量关系的计算过程，也是能量衡算的依据。对于新设计的生产车间，物料衡算与能量衡算的目的是确定设备主要工艺尺寸，确定设备的热负荷，选择设备传热面形式、计算传热面积，确定传热所需要的加热剂或冷却剂用量及伴有热效应的温升情况。对于已投产生产车间，物料衡算与能量衡算目的是对设备进行工艺核算，找出装置的生产瓶颈，提高设备效率，降低单位产品的能耗和生产成本。因此，物料衡算与能量衡算是进行化工工艺设计、过程经济评价、节能分析以及过程最优化的基础。用 Aspen 软件进行稳态过程的物料衡算与能量衡算，虽然可以大大提高计算速率，但仍然需要遵守物料衡算与能量衡算的基本规则，把规则应用于软件的操作之中，软件计算结果才可能合理与可行。

2.1 衡算方法

在化工过程中，物料平衡是指在单位时间内进入系统的全部物料质量等于离开系统的全部物料质量再加上损失掉的与积累起来的物料质量，遵守质量守恒定律。物料衡算按操作方式可分为间歇操作、连续操作以及半连续操作三类。间歇过程及半连续过程是非稳态操作。连续过程在正常操作期间，属于稳态操作；在开、停工期间或操作条件变化和出现故障时，则属于非稳态操作。化工过程操作状态不同，物料衡算方法也不同。

能量衡算是根据能量守恒定律，利用能量传递和转化规则，以确定能量比例和能量转变定量关系的过程。能量衡算的理论依据是热力学第一定律，即体系的能量总变化等于体系吸收的热量减去环境对体系做的功。由于化工过程能量的流动比较复杂，往往几种不同形式的能量同时在一个体系中出现，故在能量衡算之前必须分析体系可能存在的能量形式。

简单操作单元的物料衡算与能量衡算可以手工进行，复杂流程的物料衡算与能量衡算用手工计算非常困难，而任何情况下使用模拟软件进行物料衡算与能量衡算都是很方便的。

2.1.1 衡算方程式

根据质量守恒定律，一个体系内质量流动及变化的情况可用数学式描述物料平衡关系，称为物料平衡方程式，基本表达式为式（2-1）。式中，F_0 为输入体系的物料质量流率；D 为离开体系的物料质量流率；A 为体系内积累的物料质量流率；B 为过程损失的物料质量流率。式（2-1）为物料平衡的普遍式，可以对进出体系的总物料流率进行衡算，也可以对体系内的任一组分或任一元素的质量流率进行衡算。

$$\Sigma F_0 = \Sigma D + A + \Sigma B \tag{2-1}$$

稳态过程的总能量衡算式是伯努利方程式，但化工过程的位能变化、动能变化相对较小，可忽略不计，因此稳态过程总能量衡算可简化成式（2-2）。式中，Q_1 为物料带入热，如有多股物料进入，应是各股物料带入热量之和；Q_2 为过程放出的热，包括反应热、冷凝热、溶解热、混合热、凝固热等；Q_3 为从加热介质获得的热；Q_4 为物料带出热，如有多股物料带出，应是各股物料带出热量之和；Q_5 为冷却介质带出的热；Q_6 为过程吸收的热，包括反应吸热、气化吸热、溶解吸热、解吸吸热、熔融吸热等；Q_7 为热损失。式（2-2）的理论依据是热力学第一定律，该式表明，对于稳态过程，输入系统的热量总和等于输出系统的热量总和加上系统热量损失。

$$Q_1 + Q_2 + Q_3 = Q_4 + Q_5 + Q_6 + Q_7 \qquad (2\text{-}2)$$

2.1.2 衡算的基本步骤

化工流程多种多样，物料衡算与能量衡算的具体内容和计算方法可以有多种形式。手工计算时，必须首先进行物料衡算，绘制以单位时间为基准的物料流程图，确定热量平衡范围，然后进行热量衡算。用 Aspen 软件计算时，物料衡算与能量衡算是同时进行的，为了有层次地、循序渐进地进行衡算，必须遵循一定的设计规范，按一定的步骤和顺序进行，以加速计算过程收敛。

（1）收集数据资料　一般需要收集的数据和资料包括生产规模和生产时间（即年生产时数），有关的定额、收率、转化率，原料、辅助材料、产品、中间产品的规格，与过程计算有关的物理化学常数，等等。

（2）选定计算基准　温度的计量单位可采用摄氏温度或热力学温度，压力的计量单位可采用"kPa"、"atm"或其它，压力基准可选用绝对压力或表压。在工程设计中，用表压进行计算更符合工厂现场实况。物流量的计算基准可选质量基准、摩尔基准、体积基准。对于连续生产，以"s、h、d"作为投料量或产品量的时间基准，这种基准可直接联系到生产规模和设备设计计算。用 Aspen 软件进行衡算时，以单位时间的投料量为起点进行计算比较方便。当系统介质为固体或液体时，一般以质量为计算基准，对气体物料进行计算时，一般选体积作为计算基准。若用标准体积为计算基准，即把操作条件下的体积换算为标准状态下的体积，这样不仅与温度、压力变化没有关系，而且可以直接换算为摩尔分数。选用恰当的基准可使计算过程简化，一般有化学变化的过程宜用质量作基准，没有化学变化的过程常采用质量或物质的量作基准。计算过程中，必须把计量单位统一，并且在计算过程中保持前后一致，避免出现差错。

（3）确定化学反应方程式　列出各个过程的主、副化学反应方程式，明确反应前后的物料组成及各个组分之间的定量关系，若计算反应器大小，还需要掌握反应动力学数据。当副反应很多时，对那些次要的，而且所占的比重也很小的副反应，可以略去，或将类型相近的若干副反应合并，以其中之一为代表，以简化计算，但这样处理所引起的误差必须在允许误差范围之内，而对于那些产生有害物质或明显影响产品质量的副反应，其量虽小，却不能随便略去，因为这是进行某些分离、精制设备设计和三废治理设计的重要依据。

（4）确定计算任务　根据工艺流程示意图和化学反应方程式，分析物流、热流经过每一过程、每一设备时数量、组成及流向所发生的变化，并分析数据资料，进一步明确已知项和待求的未知项。对于未知项，判断哪些是可以查到的，哪些是必须通过计算求出的，从而弄清计算任务。

（5）画出工艺流程示意图　对于稳态过程，着重考虑物流、热流的流向，对设备的外形、尺寸、比例等并不严格要求，与物料、能量衡算有关内容必须无一遗漏，所有物流、热流管线均需画出。

（6）根据工艺流程图抽象出软件模拟流程　充分理解基本工艺路线，明确流程的主干与枝干，选择软件中合适的模块或模块组合构成软件模拟流程，以反映流程的模拟需求。

（7）校核计算结果　当计算全部完成后，对计算结果进行整理，编制物料、热量平衡表或绘制物料、热量流程图。通过物料、热量平衡表可以直接检查计算是否准确，分析结果组成是否合理，并易于发现存在的问题，从而判断其合理性，提出改进方案。

2.1.3　用软件进行物料衡算与能量衡算的要点

以上物料衡算和能量衡算步骤表达了衡算过程的一般规则，对手工计算或软件计算都是同样适用的，但软件计算的完整性、严谨性、迅捷性，又具有自身特点，在用软件进行物料衡算和能量衡算时充分注意到这些特点，可以少走弯路，加快流程模拟进度。

（1）选择合适的模板　模板"Template"是 Aspen 软件为不同模拟过程编制的含缺省项的起始空白程序，包括计量单位集、物流组成信息、物流性质、物流报告格式以及其它特定的应用缺省项。Aspen V12 的模板包含 6 类 25 套，每套模板都包含英制与公制两种计量单位集，模板类型与名称如表 2-1，其中通用公制模板是可以由用户自己创建保存的模板。

表 2-1　Aspen Plus 的模板类型与名称

类型	名称	类型	名称
化学品加工	Batch Polymers with Metric Units 高聚物间歇过程	石油加工	Aromatics - BTX Column and Extraction 芳烃精馏与萃取
	Chemicals with Metric Units 化学过程		Catalytic Reformer 催化重整
	Electrolytes with Metric Units　含电解质过程		Crude Fractionation 原油分馏
	Polymers with Metric Units 高聚物加工过程		Customized Stream Report 自定义物流报告
气体加工	Air Separation with Metric Units 空气分离过程		Generic with Customized Stream Report 通用自定义物流报告
	Gas Processing with Metric Units 气体加工过程		FCC and Coker 催化裂化和焦化
采矿和矿产品	Hydrometallurgy with Metric Units　湿法冶金		Gas Plant 气体工厂
	Pyrometallurgy with Metric Units　热法冶金		HF Alkylation 氢氟酸烷基化过程
	Solids with Metric Units　固体加工过程		Petroleum with Metric Units 石油加工过程
特殊化学品与药物	Batch Pharmaceuticals 药物加工间歇过程		Sour Water Treatment 酸水处理过程
	Batch Specialty Chemicals 特殊化学品加工间歇过程		Sulfur Recovery 硫回收过程
	Pharmaceuticals with Metric Units 药物加工过程	通用公制模板	General with Metric Units
	Specialty Chemicals 特殊化学品加工过程		

在建立一个新的模拟流程时，Aspen V12 软件首先展开模板选择页面供用户挑选，如图 2-1。左列是模板类型，中列是模板名称，右列是所选模板的计量单位集、性质方法、输入与输出物流单位。在流程模拟初始阶段选择一套合适的模板，可以简化输入输出数据时的工作量，减少数据输入时的误差，提高模拟结果的可读性。例如，选择电解质模板"Electrolytes with Metric Units"，软件默认的计量单位为温度℃、压力 bar、质量流率 kg/hr、摩尔流率 kmol/hr、体积流率 m³/hr；默认热力学方法是 ELECNRTL，并自动设置为全局性质方法；默认输出物流的基准是质量流率，模拟结果默认采用"ELEC_M"的输出格式；自动选择水作为物流的第一组分，并自动把水的所有物性数据从数据库中调入运算程序中。

（2）选择合适的性质方法　Aspen 软件把模拟一个流程所需要的热力学性质与传递性质的计算方法与计算模型组合在一起，称之为性质方法。每种性质方法以其中主要的热力学模型冠名，Aspen V12 提供了近百种性质方法供用户选择使用。针对不同的模拟体系，选择合适的性质方法用于模拟过程是获得正确计算结果的前提。

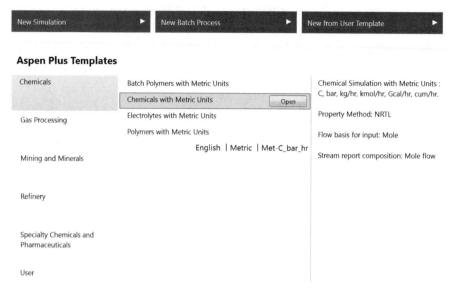

图 2-1 选择模板

流程模拟中几乎所有的单元操作模型都需要热力学性质与传递性质的计算，其中主要有逸度系数、相平衡常数、焓、熵、Gibbs 自由能、密度、黏度、热导率、扩散系数、表面张力等。迄今为止，没有一个热力学模型与传递模型能适用于所有的物系和所有的过程。因此，性质方法的恰当选择和正确使用决定着计算结果的准确性、可靠性和模拟成功与否。一方面，若性质方法选择不当，只要模拟过程收敛，即使结果不合理，软件也不会提示出错。另一方面，即使性质方法选择正确，但使用不当也会产生错误结果。因为性质方法计算的准确程度由模型方程式本身和它的用法所决定，如热力学模型的使用往往涉及原始数据的合理选取、模型参数的估计、从纯物质参数计算混合物参数时混合规则的选择等问题，这些问题均需要正确处理。

选择性质方法可参考 Aspen V12 帮助系统的"Property Method Selection Assistant"，该系统以逐步提问-回答的方式向用户推荐合适的性质方法。可以根据组分类型"Component type"选择性质方法，也可以根据过程类型"Process type"选择性质方法。组分类型包括化学品、烃化合物、水或酸（胺、羧酸、氢氟酸、电解质）、制冷剂等 4 大类；过程类型包括化学品、电解质、环境保护、气体加工、矿物和冶金、油气、石油、聚合物、电力、炼油、药物等 11 大类。如果对选择性质方法心存疑虑，可参考图 2-2 选择性质方法，其中虚拟组分是指石油馏分或化学结构相似的集总组分。图 2-2 并未概括软件中所有的性质方法，随着软件版本的更新，新的性质方法也会不断充实，但该图给出了一个性质方法的选择方向。

（3）输入组分的数量要完整 与人工物料衡算不同，用软件进行物料衡算时，首先必须向软件输入组分名称，通知软件调用数据库中该组分的全部物性数据参与运算。输入的组分数量要完整，包括所有输入物流与输出物流中的全部组分。对于物理过程，输入物流中的组分数等于输出物流中的组分数；对于含化学反应的过程，输入物流中的组分数不一定等于输出物流中的组分数，在模拟计算起始向软件输入组分时，一定要把化学反应中可能新生成的组分添加进去。对于非数据库组分，可将软件运行模式改成性质估算模式"Estimation"，对非数据库组分的物性进行估算后，再将软件运行模式改成流程模拟模式"Simulation"进行物料衡算。对于含电解质的过程，要考虑可能存在的离子反应，借助于软件中的电解质向导，构建体系中的真实组分、表观组分、结晶化合物。

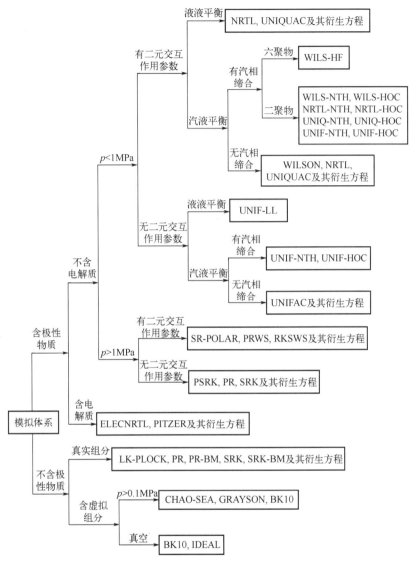

图 2-2　选择性质方法的参考指南

（4）熟悉模块功能及其计算方法　软件中的模块本质上是计算方法的图形显示，有的一个模块仅对应一种算法，如混合器、分配器、单相分离器、精馏塔的简捷计算等；有的一个模块可包含几种算法，如精馏塔的严格计算模块"RadFrac"，其中包含了平衡级模型和非平衡级模型（速率模型）两大类算法，其中平衡级模型又包括内外法、流率加和法、同时校正法等，可根据用户意愿选择运行。熟悉软件的模块功能，可快速正确地建立起物料衡算与能量衡算的模拟流程。

（5）了解软件对物性术语的缩写　Aspen 软件操作界面上的指令都用英文表示，易于理解。但物流的物性均用缩略语表示，很难记忆。在编制物料平衡表时，需要同时列出各物流的物性，就要向软件提出输出特定物性的要求，若能熟悉软件常用物性术语的缩写方式，则可方便地输出物流的物性。

（6）尽量使用软件自带的过程数据包　在 Aspen V12 安装目录中，有一个"GUI"文件夹，包含了多个软件模拟计算例题的子文件夹。在这些子文件夹中，有的是对各种化工过程模拟计算的".bkp"文件，如"Examples"文件夹；有的是仅提供原始实验数据，如"Asy"文件夹中包含了全球各地原油的实沸点数据；有的是提供特定化工过程的基础数据包，如综合过程数据包"Datapkg"文件夹与电解质过程数据包"Elecins"文件夹。"Datapkg"文件夹中包含了 16 个综合化工过程的".bkp"数据包文件，"Elecins"文件夹中包含 93 个电解质过程的".bkp"数据包文件。在每一个数据包文件中，对模拟体系的组分、工艺条件、性质方法已经确定，尤其是已经包含了针对该体系模拟计算需要的热力学基础数据，部分还包含了动力学数据。对于电解质过程，数据包文件中包含了体系中的全部分子组分与离子组分，各级电离过程的反应方程式、化学反应平衡常数与各离子对的二元交互作用参数。以软件自带的".bkp" 数据包文件作为模拟计算的起点，可以免除性质方法选择、反应方程式输入等步骤，直接进行流程绘制与物流输入，模拟计算结果正确的可能性要大得多。如果".bkp" 数据包文件中的组分与操作者欲模拟计算过程的组分有少量的差异，也可以对数据包文件中的组分进行调整。

（7）学会判断计算结果的正确性　当一个模拟过程运算正常收敛后，软件状态栏上提示"Results Available"，表示计算有了结果，这并不表示结果正确。结果是否正确，不能指望模拟软件提供结论，而应依靠用户自己的判断。判断的基础是对模拟过程的细致了解、化工专业知识的深刻领会、模拟过程工业背景的熟悉程度、工业装置的现场操作数据等综合评价。

2.2　简单物理过程

2.2.1　混合过程

在化工生产中，固体、液体、气体物质溶解于溶剂的过程是常见的单元操作，涉及溶解度和溶解热的计算。物质溶解于溶剂通常经过两个过程：一种是溶质分子（或离子）在溶剂中的扩散过程，这种过程为物理过程，需要吸收热量；另一种是溶质分子（或离子）和溶剂分子作用，形成溶剂化分子的过程，这是化学过程，放出热量。当放出的热量大于吸收的热量时，溶液温度就会升高，如浓硫酸、氢氧化钠等；当放出的热量小于吸收的热量时，溶液温度就会降低，如硝酸铵等；当放出的热量等于吸收的热量时，溶液温度不变，如盐、蔗糖等。多股物料的混合与一股物料分流成多股物料是化工生产中常见的操作，其物料与能量衡算可以用 Aspen 软件中的混合器模块与分配器模块进行模拟。

> **例 2-1**　混酸过程-电解质过程数据包应用。
> 　　硝基苯是一种有机合成中间体，常用作生产苯胺、染料、香料、炸药等的原料。其生产方法是以苯为原料，以硝酸和硫酸的混合酸为硝化剂进行苯的硝化而制得。现用三种酸（组成见表 2-2）常压下配制硝化混合酸，要求含硝酸 0.27（质量分数，下同）、硫酸 0.60，
>
> 表 2-2　三种酸的组成（质量分数）
>
> | 酸类型 | 温度/℃ | 硝酸含量 | 硫酸含量 | 水含量 | 合计 |
> |---|---|---|---|---|---|
> | 循环酸 | 25 | 0.22 | 0.57 | 0.21 | 1.00 |
> | 浓硫酸 | 25 | | 0.93 | 0.07 | 1.00 |
> | 浓硝酸 | 25 | 0.9 | | 0.1 | 1.00 |

混合酸流率 2000kg/h。求：（1）三种原料酸的流率；（2）若原料酸的温度均为 25℃，混合过程绝热，求混合酸的温度与密度。

解　（1）物料衡算计算原料用量　设混合过程无物料损失，根据式（2-1），输入体系的物料质量流率应该等于离开体系的物料质量流率。将 x、y、z 分别记为循环酸、浓硫酸、浓硝酸的质量流率，列出以下物料衡算方程组：

$$0.22x + 0.9z = 2000×0.27$$
$$0.57x + 0.93y = 2000×0.6$$
$$0.21x + 0.07y + 0.1z = 2000×(1-0.27-0.6)$$

解出循环酸质量流率 $x = 768.85$kg/h，浓硫酸质量流率 $y = 819.09$kg/h，浓硝酸质量流率 $z = 412.06$kg/h。

（2）构建混合酸溶液电解质体系　在 Aspen V12 安装目录"GUI"文件夹的"Elecins"子文件夹中，选择水与硫酸电解质过程数据包"eh2so4"，复制到用户文件夹中打开。首先进入软件的"Properties"界面，选择"MET"公制单位集。观察组分输入页面，可见"eh2so4"数据包中已包含了水、硫酸体系的所有分子组分与离子组分，只需要添加硝酸组分。加入硝酸后，溶液中的离子成分需要重新确定，点击"Elec Wizard"按钮，进入电解质体系构建方法向导窗口，如图 2-3，需要 4 个步骤完成电解质体系构建。单击"Next"按钮，进入基础组分与离子反应选择页面，把混合酸溶液的各个电解质组分选入到"Selected components"栏目中，默认离子反应类型，如图 2-4。

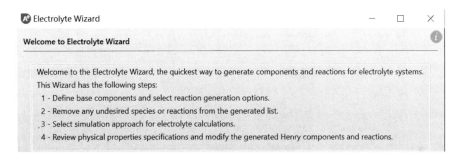

图 2-3　构建电解质体系向导

单击"Next"按钮，进入溶液离子种类和离子反应方程式确认页面，默认"eh2so4"数据包选择的热力学模型"ELECNRTL"，如图 2-5。单击"Next"按钮，软件弹窗询问电

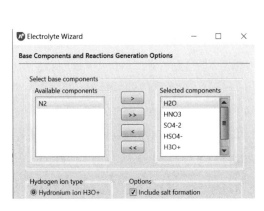

图 2-4　基础组分与离子反应选择

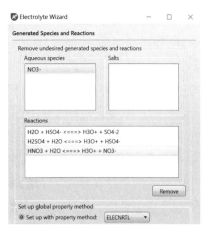

图 2-5　确认溶液体系构成要素

解质溶液组成表达方式，选择"Apparent component approach"，使计算结果仍然用溶液的表观组成表示，以方便阅读计算结果。单击"Next"按钮，确认软件已选择的热力学模型参数。软件"Elec Wizard"功能构建的混合酸溶液电解质体系的实际组分如图 2-6。在"Components|Henry Comps |GLOBAL|Selection"页面，把"N2"移入"Selected components"栏目内，确认氮气为亨利组分。氮气为"eh2so4"数据包的组分，在本例中氮气可以删除。

（3）混酸流程模拟　进入"Simulation"界面，选择混合器模块"Mixer"，拖放到工艺流程图窗口，用物流线连接混合器的进出口，如图 2-7。输入三股原料酸的进料信息，设置混合器模块操作压力 1atm、液相混合，计算结果如图 2-8。可见混合酸的质量流率 2000kg/h，等于三种原料酸的质量和，混合过程总物料平衡。由于采用了电解质溶液的表观组成表示方法，各物流中只显示表观组分浓度，不显示离子浓度。混合酸中含硝酸 0.27，硫酸 0.6，达到题目要求。另外，混合酸的温度 45.1℃，密度 1649.6kg/m³。若需要其它物流性质，可点击图 2-8 下方"<add properties>"按钮选择添加。

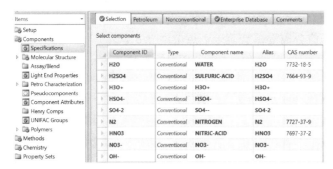

图 2-6　混合酸溶液电解质体系的实际组分

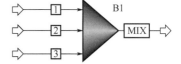

图 2-7　混酸模拟流程

	Units	1	2	3	4
Temperature	C	25	25	25	45.1217
Pressure	atm	1	1	1	1
Mass Density	kg/cum	1624.45	1777.93	1550.79	1649.6
Enthalpy Flow	cal/sec	-456474	-489695	-113611	-1.05978e+06
Average MW		47.7097	74.8037	50.4194	56.7574
+ Mole Flows	**kmol...**	**16.1152**	**10.9499**	**8.17265**	**35.2377**
+ Mole Fractions					
+ Mass Flows	**kg/hr**	**768.85**	**819.09**	**412.06**	**2000**
− Mass Fractions					
H2O		0.21	0.07	0.1	0.13
H2SO4		0.57	0.93	0	0.599999
H3O+		0	0	0	0
HSO4-		0	0	0	0
SO4-2		0	0	0	0
N2		0	0	0	0
HNO3		0.22	0	0.9	0.270001
NO3-		0	0	0	0
Volume Flow	cum/hr	0.473298	0.460698	0.26571	1.21242
<add properties>					

图 2-8　酸混合过程计算结果截图

此混合过程亦可手工计算，依据是硫酸溶于水的积分溶解热曲线，或依据 25℃时 1mol 硫酸溶解到水中的积分溶解热与水物质的量 n 的关系 [式 (2-3)]。因硝酸溶于水的积分溶解热数值相对很小，可忽略不计。引用图 2-8 对 4 股物流的物性计算值，由式（2-3）计算得到的各物流的放热量如表 2-3。

$$\Delta H = -74.73n/(n+1.789) \quad (kJ/mol) \tag{2-3}$$

表 2-3　混合过程各物流的放热量

物 流 号	1	2	3	4
温度/℃	25.00	25.00	25.00	
H_2O/(kg/h)	161.46	57.34	41.21	260.00
H_2SO_4/(kg/h)	438.24	761.75	0.00	1200.00
HNO_3/(kg/h)	169.15	0.00	370.85	540.00
合计/(kg/h)	768.85	819.09	412.06	2000.00
H_2O/H_2SO_4（摩尔比）	2.01	0.41		1.18
1mol 硫酸放热/kJ	39.50	13.93		29.69
物流放热/(kJ/h)	176490	108170		363310

混合过程总的放热量 $Q=[-363310-(-176490-108170)]=-78650$（kJ/h）。查出混合酸的比热容是 105.9kJ/(kmol·K)，由图 2-8 混合酸的摩尔流率 35.24kmol/h，故混合酸的温升 $\Delta t = \Delta Q/(wc_p) = 78650/(35.24 \times 105.9) = 21.1$（K）。则混合酸的温度是 25+21.1=46.1（℃），与模拟计算的混合酸温度近似。

2.2.2　单级相平衡过程

单级相平衡过程是指两相流体经充分混合、相互传质达到平衡后再分离的过程。由于平衡两相的组成不同，因而可起到一个平衡级的分离作用。化工过程中常见到的一些单元操作，如闪蒸罐、蒸发器、分液罐等，其操作原理近似于单级相平衡过程，在进行相关的设计计算时，可归纳为单级相平衡分离计算。这些计算包括汽（气）液平衡、液液平衡、汽（气）液液三相平衡、液固平衡、气固平衡等，对应于 Aspen Plus 软件中的 Flash2、Decanter、Flash3、Crystallizer、HyCyc 等计算模块，可根据需要选择使用。

例 2-2　汽液液三相平衡（VLLE）计算——Sensitivity 功能考察相变点温度。

已知苯乙烯固定床反应器出口气体流率如表 2-4，如果将该物料在 300kPa 下从 150℃降温到 38℃，问：（1）是否分相？（2）若分相，各相流率多少？（3）分相时的温度。

表 2-4　苯乙烯固定床反应器出口气体流率

组分	氢气	甲醇	水	甲苯	乙苯	苯乙烯
流率/(kmol/h)	350	107	491	107	141	350

解　（1）全局性参数设置　打开软件，进入"Properties"界面，在组分输入页面添加表 2-4 中的所有组分。在"Components|Henry Comps"文件夹，点击"New"按钮，创建一个子文件夹"HC-1"，把氢气移入"HC-1|Selection"页面的"Selected components"栏目内，确认氢气为亨利组分。考虑到可能会出现部分互溶，另外应考虑汽相的非理想性，故选择"NRTL-RK"性质方法。进料中有 6 个组分，应该有 6×(6−1)/2=15 对二元交互作用参数。可以看到软件显示的二元交互作用参数不全，只有 8 对。这时，可以在"Methods|Parameters|Binary Interaction|NRTL-1|Input"页面勾选"Estimate using UNIFAC"，由 UNIFAC 方程估算缺失的二元交互作用参数。在"Methods|Parameters|Binary

Interaction|HENRY-1"文件夹，确认亨利定律的二元交互作用参数。在"Methods|Parameters|Binary Interaction|NRTL-1"文件夹，确认 NRTL 方程的二元交互作用参数。

（2）设置模拟流程　进入"Simulation"界面，选用汽液液三相平衡模块"Flash3"求解，模拟流程如图 2-9，填入进料物流信息，设置闪蒸器模块温度 38℃，压力 300kPa，计算结果如图 2-10。可见闪蒸后的气相分率 0.239，闪蒸器热负荷-17.5MW，有机相占总液相的分率 0.522。在闪蒸器模块的"Stream Results|Material"页面，可看到闪蒸前后物流的详细信息，包括组分流率、摩尔分数、总流率、物流焓与熵、物流密度、平均分子量等。闪蒸后，汽相流率 369.2kmol/h，液相 1 流率 614.1kmol/h，液相 2 流率 562.7kmol/h。

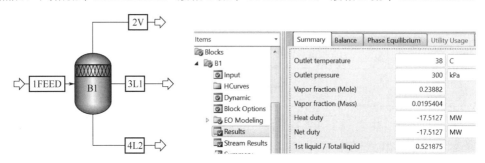

图 2-9　三相闪蒸模拟流程　　　　　　　图 2-10　三相闪蒸计算结果

（3）考察相变点温度　为考察反应器出口混合气体在冷凝冷却过程中的相变点温度，可以利用软件的"Sensitivity"功能进行详细计算。在"Model Analysis Tools|Sensitivity"页面，建立一个灵敏度分析文件"S-1"，对闪蒸器的 3 股产品物流进行定义，如图 2-11。在"S-1"文件的"Input|Vary"页面，对闪蒸温度进行定义，变化范围 150～30℃，步长-1℃，如图 2-12。在"S-1|Tabulate"页面，设置计算数据输出。考察相变点温度计算结

图 2-11　定义 3 股产品物流

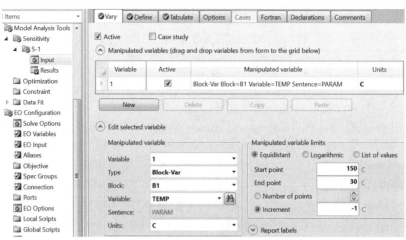

图 2-12　定义闪蒸器温度变化

果如图 2-13。当反应器出口混合气体在 150～30℃ 的区间冷凝、冷却时，汽相流率曲线在 143℃ 和 107℃ 出现下降转折点，说明在这两个转折点上出现了相变。对应这两个转折点，在 143℃ 开始产生第一液相，在 107℃ 开始产生第二液相，可以判断 143℃ 为体系一次露点，出现有机相冷凝，107℃ 为体系二次露点，出现水相冷凝，107℃ 也是体系泡点，最终汽相中的主要成分是氢气。

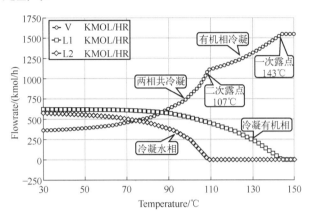

图 2-13　冷凝冷却过程中的相变温度点考察

例 2-3　液液平衡（LLE）计算——Design Specifications 功能调整溶剂用量。

以甲基异丁基酮（MIBK）为溶剂，从含醋酸 0.08（质量分数，下同）的水溶液中萃取醋酸。萃取温度 25℃，进料量 13500kg/h。求：（1）若要求萃余液中醋酸含量 0.01，问单级萃取时溶剂量为多少？（2）萃取温度 0～50℃ 时，醋酸在 MIBK 相和水相中的浓度为多少？

解　（1）全局性参数设置　打开软件，进入"Properties"界面，在组分输入页面添加醋酸、MIBK、水，选择 UNIQUAC 方程。同一对组分的二元交互作用参数可能有不同的来源，如来源于 VLE 或 LLE。对于 LLE 计算，应该选择来源于 LLE 数据库的二元交互作用参数。在"Properties|Parameters|UNIQ-1|Input"页面，点击"Source"栏目，选择来源于 LLE 数据库的二元交互作用参数。

（2）设置模拟流程　进入"Simulation"界面，把模块库中的"Decanter"模块拖放到工艺流程图窗口，用物流线连接萃取器的进出口，如图 2-14。填入进料物流信息，溶剂 MIBK 的用量暂时不知道，以估计的 $1.4×10^5$ kg/h 填入。设置"Decanter"模块操作温度 25℃、压力 1atm，计算结果显示萃余液含醋酸 0.0117>0.01，说明萃取溶剂的流率尚不足。

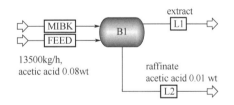

图 2-14　液液萃取模拟流程（wt 表示质量分数）

（3）调整萃取溶剂用量　在"Flowsheeting Options|Design Specs"子目录，创建一个反馈计算文件"DS-1"。定义萃余相醋酸质量分数"XL2"，如图 2-15（a），对"XL2"设定收敛要求和容许误差，如图 2-15（b），对萃取溶剂用量的设定如图 2-15（c）。计算结果如图 2-16，可见萃取溶剂用量为 168660kg/h 时，萃余相中醋酸质量分数为 0.010，达到分离要求。

（4）求取不同温度下两相的醋酸浓度　在"Model Analysis Tools|Sensitivity"文件夹，建立一个灵敏度分析文件"S-1"，在其"Define"页面，定义醋酸在两相的平衡浓度，定

义方法类似图 2-15（b）。在"S-1"文件的"Vary"页面，对萃取温度及其变化范围进行定义，如图 2-17。在"S-1|Tabulate"页面，设置计算数据输出。把进料物流"MIBK"的

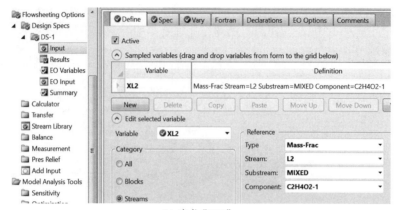

(a) 定义"XL2"

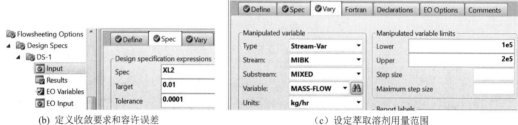

(b) 定义收敛要求和容许误差　　　　　（c）设定萃取溶剂用量范围

图 2-15　反馈计算调整萃取溶剂用量

	Units	FEED	MIBK	L1	L2
+ Mass Flows	kg/hr	13500	168660	173106	9054.28
− Mass Fractions					
C2H4O2-1		0.08	0	0.00571624	0.00999393
MIBK		0	1	0.973273	0.0199734
H2O		0.92	0	0.0210106	0.970033

图 2-16　萃取过程模拟计算结果

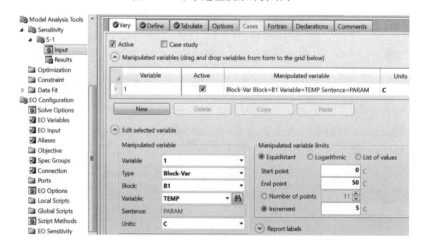

图 2-17　定义萃取温度范围

流率修改为准确值 168660kg/h，隐藏反馈计算文件"DS-1"，计算结果如图 2-18。可见随着温度上升，水相中的醋酸浓度逐步降低，MIBK 相中醋酸浓度逐步增加。在 25℃，醋酸在水相中的质量分数是 0.01。此例也可以用"RGibbs"模块计算，结果与用"Decanter"模块相同。

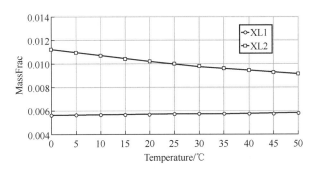

图 2-18　醋酸在 MIBK 相和水相中的浓度

例 2-4　固液溶解平衡（SLE）计算——Sensitivity 功能求取结晶温度。

浓度为 0.3（质量分数，下同）的硫酸钠水溶液以 5000kg/h 流率在 50℃下进入常压冷却型结晶器，首先结晶出来的是十水硫酸钠"GLAUBER"，求开始结晶的温度。

解　（1）选择数据包　在软件安装目录"GUI"文件夹的"Elecins"子文件夹中，选择电解质过程数据包"pitz_3"，拷贝到用户文件夹中打开。数据包"pitz_3"中已包含题目中的所有分子组分与离子组分，且远多于本题所涉及的组分数，不必删除，不影响后续计算。默认数据包"pitz_3"已选择 PITZER 性质方法。

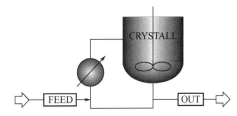

图 2-19　结晶模拟流程

（2）设置模拟流程　进入"Simulation"界面，选择模块库中的"Crystallizer"模块，模拟流程如图 2-19，填入进料物流信息。选择由电解质化学反应（Chemistry）计算盐的溶解度，结晶饱和度数据由软件自带的电解质化学反应平衡常数计算得到，指定结晶物质名称"GLAUBER"，选择物流相态"Liquid-Only"，选择操作模式"Crystallizing"，模块参数如图 2-20。计算结果提示没有结晶生成，说明结晶温度 50℃太高。

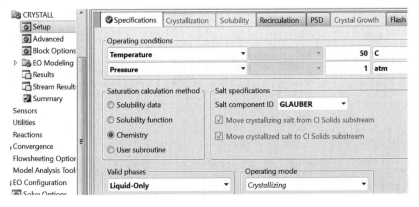

图 2-20　结晶器模块参数设置

（3）寻找开始结晶温度点 在"Model Analysis Tools|Sensitivity"文件夹，创建一个灵敏度分析文件"S-1"，定义"W"代表 GLAUBER 晶体的质量流率，温度变化范围 32～30℃，步长-0.05℃，参数填写如图 2-21，运行结果如图 2-22，因部分温度点没有结晶生成而报警。开始结晶温度为 31.3℃，十水硫酸钠晶体的质量流率为 10.8108kg/h，当温度升到 31.35℃时结晶全部溶解。图 2-23 是文献中硫酸钠水溶液结晶相图，可以看到，质量分数 30%的硫酸钠水溶液起始结晶温度约在 31℃，软件计算结果与文献数据吻合。

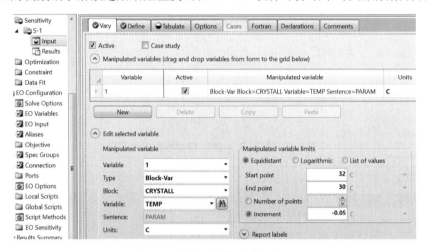

图 2-21 灵敏度分析自变量设置

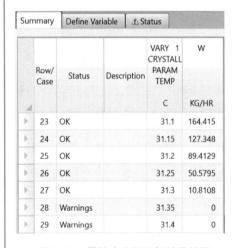

图 2-22 灵敏度分析运行结果截图

Row/Case	Status	Description	VARY 1 CRYSTALL PARAM TEMP C	W KG/HR
23	OK		31.1	164.415
24	OK		31.15	127.348
25	OK		31.2	89.4129
26	OK		31.25	50.5795
27	OK		31.3	10.8108
28	Warnings		31.35	0
29	Warnings		31.4	0

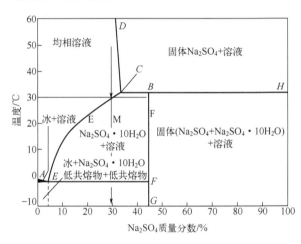

图 2-23 硫酸钠水溶液结晶相图

例 2-5 气固平衡（VSE）计算——Design Specifications 功能求取热空气用量。

用 90℃热空气常压下干燥含水 0.005（质量分数，下同）的 SiO_2 粉末 1000kg/h，湿粉末温度 20℃，要求粉末中水含量降到 0.001，求热空气流率。

解 （1）全局性参数设置 气固两相平衡问题可用 Aspen 软件中的固体模块求解，也可用气液模块求解。用气液模块求解时，软件把液体和固体合并为一相处理，本例用"Flash2"模块求解。选择含固体过程的公制计量单位模板"Solids with Metric Units"，在组分输入窗口添加空气、水、SiO_2，把 SiO_2 属性改为"Solid"，选择"IDEAL"性质方法。

（2）设置模拟流程 进入"Simulation"界面，选择模块库中的"Flash2"模块，模拟

流程如图 2-24。因为本例物流中有固体颗粒，在"Setup|Stream Class|Flowsheet"页面的"Stream class"栏目中，选择物流类型为"MIXCISLD"，表示物流中有常规固体存在，但是没有粒子颗粒分布。对热空气物流，只需要一个页面提供物流信息，因为用量暂时不知道，以估计的 1.0kmol/h 填入。对湿粉末物流需要两个页面提供物流信息，图 2-25（a）设置物流中水的质量流率，图 2-25（b）设置物流中粉末的质量流率。干燥器模块的参数填写如图 2-26。点击运行，观察模拟结果。题目要求干燥后粉末水含量降到 0.001，即干燥

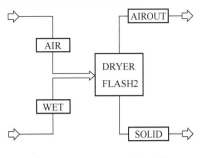

图 2-24　气固平衡模拟流程

器出口粉末中水 0.995kg/h。而计算结果粉末中水 4.54kg/h，未达到干燥要求，说明热空气流率不足。

（a）设置水的质量流率

（b）设置粉末的质量流率

图 2-25　进料湿粉末物流参数

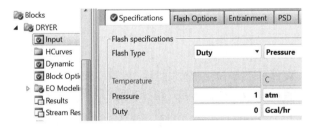

图 2-26　干燥器模拟计算设置

（3）调整热空气的用量　在"Flowsheeting Options|Design Specs"子目录，建立一个反馈计算文件"DS-1"，干燥器出口粉末中水量定义为"W"，出口粉末中 SiO_2 量定义为"SIO2"，如图 2-27。对干燥器出口粉末中 SiO_2 含量设定收敛要求和容许误差，如图 2-28；对热空气用量进行调节，如图 2-29，运行结果如图 2-30，可见热空气用量为 205.35kg/h 时，干燥器出口粉末中水含量<0.001，达到干燥要求。

图 2-27　定义干燥器出口物流中水量与 SiO_2 量

图 2-28　收敛要求和容许误差　　　　　图 2-29　热空气用量的设定

	Units	AIR	WET	AIROUT	SOLID
Temperature	C	90	20	24.7085	24.7085
Pressure	bar	1.01325	1.01325	1.01325	1.01325
+ Mole Flows	kmol/hr	7.09302	16.8376	7.31769	16.6129
+ Mole Fractions					
+ Mass Flows	kg/hr	205.35	1000	209.396	995.953
− Mass Fractions					
AIR		1	0	0.980665	1.91263e-06
H2O		0	0.005	0.0193349	0.000955199
SIO2		0	0.995	0	0.999043

图 2-30　干燥器模拟结果

2.2.3　机械分离过程

　　机械分离过程的分离对象是由两相或两相以上物流所组成的非均相混合物，目的是简单地将各相加以分离，操作特征是在分离过程中各相之间无质量传递。机械分离操作包括过滤、沉降、离心分离、旋风分离、旋液分离和静电除尘等化工过程常见的单元操作。

　　例 2-6　固液机械分离——旋液分离器模块应用。

　　用氢氧化钙与水混合制备碱性水用于酸性气的吸收。已知氢氧化钙用量 740kg/h，水量 5400kg/h，常压混合，温度 20℃，石灰乳中固体颗粒的粒径分布见表 2-5。若用旋液分离器除去固体颗粒，要求对固体颗粒的截留率达 0.99，求：（1）旋液分离器出口物流碱性水和含渣水的流率与组成；（2）旋液分离器的尺寸。

表 2-5　石灰乳中固体颗粒的粒径分布

序号	粒径下限/μm	粒径上限/μm	质量分数	序号	粒径下限/μm	粒径上限/μm	质量分数
1	100	120	0.10	4	160	180	0.25
2	120	140	0.15	5	180	200	0.30
3	140	160	0.20				

　　解　（1）全局性参数设置　选择含固体过程的公制计量单位模板"Solids with Metric Units"，在组分输入页面添加水和氢氧化钙，点击"Elec Wizard"按钮，进行电解质组分

的离子化设置，选择电解质性质方法"ELECNRTL"。

进入"Simulation"界面，因本例题进料物流中含不同粒度分布的固体颗粒，固体模板已经把物流类型"Stream class"设置为"MIXCIPSD"，说明物流中有常规固体粒子的颗粒分布。在"Setup|Solids|PSD|Mesh"页面，输入进料物流中固体粒子粒径分布范围，如图 2-31。

图 2-31　输入固体粒子粒径分布范围

（2）设置模拟流程　选择混合器模块和"HyCyc"旋液器模块构成旋液分离流程，如图 2-32。按常规方法填写水物流信息。对氢氧化钙物流，在子物流 "CI Solid"页面中填写物流信息，如图 2-33。混合器物流相态选择"Liquid-Only"。在旋液器模块的"Specifications"页面，计算模式选择"Design"，表明是设计型计算，设计参数栏目填写

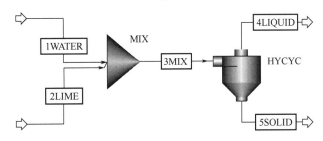

图 2-32　旋液分离流程图

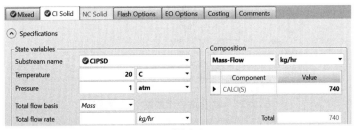

(a) 质量流率

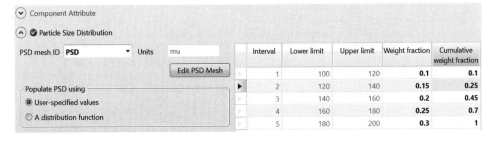

(b) 粒径分布

图 2-33　填写氢氧化钙物流信息

分离要求和对旋液器尺寸与运行压降的估计数据，如图 2-34（a）；在"Ratios"页面，旋液器进料口形状选择圆形，各部件尺寸比例采用默认值，如图 2-34（b）。

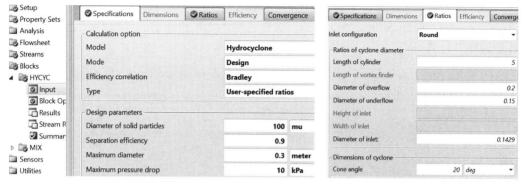

(a) 设计参数　　　　　　　　　　　　　　　　(b) 进料口形状与各部件尺寸比例

图 2-34　旋液器模块参数设置

（3）模拟结果　模拟结果见图 2-35 和图 2-36。图 2-35 给出了旋液器的操作数据与设备规格，图 2-36 给出了旋液分离后的清液物流和浊液物流的物料平衡数据，清液物流中的固体颗粒质量流率是 4.54kg/h，浊液物流中的固体颗粒质量流率是 735.46kg/h，进出物流中固体颗粒的质量达到平衡，可计算出旋液器颗粒分离效率为 735.46/740=0.994，达到题目规定的分离要求。图 2-36 还给出了清液物流和浊液物流中颗粒分布数据，可见清液

图 2-35　旋液器操作数据与设备规格

	kg/hr	6140	3784.88	2355.12
- Mass Flows				
H2O	kg/hr	5400	3780.34	1619.66
CA(OH)2	kg/hr	0	0	0
CA++	kg/hr	0	0	0
CAOH+	kg/hr	0	0	0
CALCI(S)	kg/hr	740	4.53572	735.464
- PSD				
100 - 120 mu		0.1	0.801962	0.0956709
- 140 mu		0.15	0.180209	0.149814
- 160 mu		0.2	0.0171796	0.201127
- 180 mu		0.25	0.000648843	0.251538
- 200 mu		0.3	0	0.30185

图 2-36　旋液器模块物料平衡数据

物流中的固体颗粒以 100～120μm 的细颗粒为主，达到 80%，浊液物流中的固体颗粒以 140～200μm 的粗颗粒为主，100～120μm 的细颗粒不到 10%。

2.3 含化学反应过程

典型的化工生产装置是以反应器为核心，配置分离设备、流体输送设备、换热设备等构成的一个化工流程。在反应器内，伴随着反应物分子重新组合成新物质的过程，会出现能量的消耗、释放和转化。反应物质量变化的数量关系可从物料衡算中求得，能量的变化数量关系则可从能量衡算中求得。

在化学反应过程中，反应物在反应器内通过化学反应转化为产物。由于化学反应种类繁多、机理各异，物料衡算工作量要比单纯物理分离过程大得多。手工计算时，根据化学反应方程式，按照实验或其它生产装置得到的反应物转化率、收率、选择性等参数，进行单元操作过程（或单个设备）的物料衡算，然后将各个过程汇总得到整个流程的物料衡算，进而完成物料流程图。软件模拟计算时，也需要输入相关的化学反应资料，如化学反应方程式、反应动力学数据、反应器尺寸、反应的转化率、选择性与收率等参数。若流程中多于一个反应器，或一个反应器中多于一个化学反应，则要求对每一设备中的各个反应方程式、化学反应平衡常数、反应动力学参数仔细填写清楚。为保证目的产品组分的产率和选择性，操作者必须了解特定反应过程的特点，选择适宜的反应器类型，熟悉软件中反应器模块类型以及它们在过程模拟中的应用方法，以保证正确的模拟结果。

2.3.1 含反应器的组合流程

对于一个包含反应器、分离设备、流体输送设备、换热设备的组合流程工艺设计，物料衡算将非常复杂。手工计算时，要通盘考虑，运算要非常小心，步步为营，一有错误就得从头开始。使用软件进行复杂工艺的物料衡算，工作量将大大降低。要求操作者对工艺过程有充分的了解，能正确选取模块，能准确设置模块参数。在软件运行报错时，能应用化工基础理论知识和软件知识，对各模块的中间数据进行分析，找出错误的原因，用较短时间打通流程，得到正确的模拟结果。

例 2-7 甲烷-水蒸气重整制氢——Calculator+Sensitivity 功能的综合使用。

甲烷在高温高压下与水蒸气反应，生成一氧化碳和氢气［反应方程式（2-4）］。已知原料甲烷温度 65.6℃、压力 62bar，原料水常压、20℃。两股原料混合后预热到 593℃、加压到 58.6bar 进入重整反应器，反应温度 788℃，反应器压降 1.4bar。设水蒸气摩尔流率是甲烷的 4 倍，甲烷的转化率为 0.995。当甲烷摩尔流率从 100kmol/h 增加到 500kmol/h 时，求反应器的热负荷变化。

$$CH_4+H_2O \longrightarrow 3H_2+CO \qquad (2-4)$$

解 用计算器功能设置两原料的比例，用灵敏度功能计算反应器的热负荷变化。

（1）全局性参数设置 打开软件，进入"Properties"界面，在组分输入页面添加反应前后的所有组分。本例混合物中含极性组分，且涉及高温高压气相反应，选择"PENG-ROB"性质方法。

（2）设置模拟流程 进入"Simulation"界面，按题目内容绘制模拟流程，如图 2-37。以甲烷进料 100kmol/h 为基准输入题目中给的进料物流信息，水进料暂定 400kmol/h，后由计算器功能与灵敏度功能动态赋值。加热器"HEAT"模块按题目中给的信息填写即可，反应器"REFORMER"模块有两个页面需要填写，第一个页面是填写反应的温度与压力，第二个页面填写反应方程式与转化率，如图 2-38。

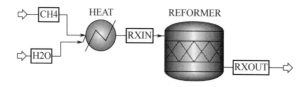

图 2-37　甲烷水蒸气重整反应流程

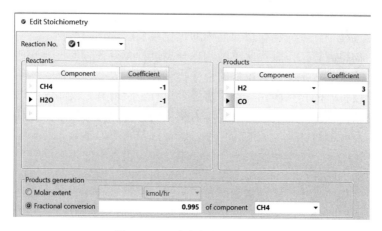

图 2-38　反应方程式与转化率

（3）计算器设置　要使进料组分的流率在模拟过程中连续变化，可用软件的计算器功能。在"Flowsheeting Options|Calculator"文件夹，建立一个计算器文件"C-1"，在其中定义两个变量"FCH4"和"FH2O"，分别表示甲烷和水的流率。其中甲烷流率"FCH4"设置为输入变量"Import variable"，水的流率"FH2O"设置为输出变量"Export variable"，如图 2-39。在"Calculate"页面，用 Fortran 语言编写一句话，定义水与甲烷的数量关系，如图 2-40。

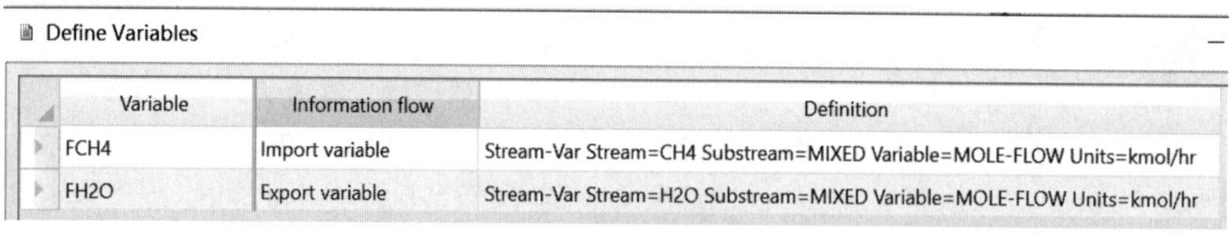

📄 Define Variables

Variable	Information flow	Definition
FCH4	Import variable	Stream-Var Stream=CH4 Substream=MIXED Variable=MOLE-FLOW Units=kmol/hr
FH2O	Export variable	Stream-Var Stream=H2O Substream=MIXED Variable=MOLE-FLOW Units=kmol/hr

图 2-39　定义计算变量

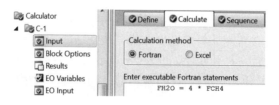

图 2-40　定义水与甲烷的数量关系

（4）求反应器热负荷变化　在"Model Analysis Tools|Sensitivity"文件夹，建立一个

灵敏度分析文件"S-1"，在其中定义三个变量"DUTY""FCH4""FH2O"。其中"DUTY"表示反应器的热负荷，变量"FCH4""FH2O"的定义方式与在计算器文件"C-1"中相同。在"Vary"页面，定义甲烷流率的变化范围，如图2-41。模拟结果见图2-42，可见甲烷流率变化时，水蒸气流率以4倍速率变化，反应器热负荷也跟着变化。

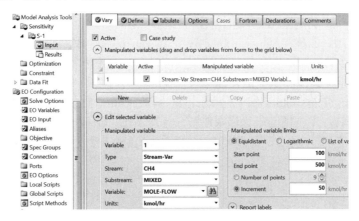

图 2-41   定义甲烷流率的变化

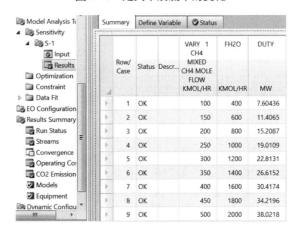

图 2-42   甲烷水蒸气重整制氢反应器模拟结果

2.3.2   反应精馏过程

反应精馏是把反应过程和精馏过程耦合在一个设备内同时进行的过程，也可看成在反应的同时用精馏方法分离出产品的过程。设计反应精馏，可以是为了提高分离效率而将反应与精馏相结合的一种分离操作，也可以是为了提高反应转化率而借助于精馏分离手段的一种反应过程。反应精馏在工业上应用广泛，利用精馏促进反应的反应精馏过程包括酯化、酯交换、皂化、胺化、水解、异构化、烃化、卤化、脱水、乙酰化和硝化等。利用反应促进精馏的反应精馏过程主要用于近沸点混合物、共沸物或同分异构体难分离体系的分离过程，利用异构体与反应添加剂之间的特殊反应，生成新的化合物后再进行精馏分离。

用 Aspen 软件模拟反应精馏过程，必须选择"RadFrac"模块，化学反应过程使用动力学模型，标注反应段的起始与终止位置，标注反应段的塔板液相体积或塔板液相持液量或反应停留时间。分离过程与反应过程在同一设备中同时进行，一些进料组分浓度可能降低或消失，新的组分会生成。对于共沸体系，原有的共沸物可能会消失，新的反应共沸物可能会生成。

相对于物理分离过程，描述反应精馏过程的计算方程式数量与复杂程度增加，因而模拟过程不容易收敛，用户可以通过选择收敛方式、提供辅助信息、增加迭代次数等方法协助软件模拟过程收敛。

例 2-8 非均相反应精馏合成乙酸丁酯——三元混合物相图分析。

　　乙酸丁酯是优良的有机溶剂，广泛用于生产硝化纤维清漆，在人造革、织物及塑料加工过程中用作溶剂。乙酸（A）与丁醇（B）通过酯化反应合成乙酸丁酯（C）和水（D），反应方程为式（2-5）。正、逆反应均为二级反应，反应速率方程为式（2-6），浓度计量单位为摩尔分数。反应速率常数（活化能单位 kJ/kmol）为式（2-7）、式（2-8）。已知原料纯丁醇 139℃，2atm，56.5kmol/h；原料乙酸水溶液 94℃，2atm，1752kmol/h，乙酸含量 0.03226（摩尔分数，下同）。反应精馏塔为泡罩塔板，常压精馏，塔径 6m，理论板数 30，反应段 5~25 塔板，回流温度 50℃。分离要求：（1）产品乙酸丁酯含量≥0.995，丁醇摩尔收率≥90%；（2）废水中的水含量≥0.995。求两股产物的流率与组成。

$$CH_3COOH + CH_3(CH_2)_3OH \underset{k_2}{\overset{k_1}{\rightleftharpoons}} CH_3COO(CH_2)_3CH_3 + H_2O \qquad (2-5)$$

$$-r_A = k_1 x_A x_B - k_2 x_C x_D \qquad [kmol/(m^3 \cdot s)] \qquad (2-6)$$

$$k_1 = 1303456000 \exp[-70660/(RT)] \qquad [kmol/(m^3 \cdot s)] \qquad (2-7)$$

$$k_2 = 390197500 \exp[-74241.7/(RT)] \qquad [kmol/(m^3 \cdot s)] \qquad (2-8)$$

　　解　（1）全局性参数设置　打开软件，进入"Properties"界面，在组分输入页面添加乙酸、丁醇、乙酸丁酯和水。因涉及液液部分互溶，又考虑到乙酸汽相缔合，选择"NRTL-HOC"性质方法。对于部分互溶的丁醇-水和乙酸丁酯-水二元交互作用参数，选择 LLE 数据源的数据。

　　（2）相图分析　在"Analysis"模式下，点击页面上方工具栏的"Ternary Diag"按钮，再点击弹窗中的"Use Distillation Synthesis ternary maps"按钮，进入绘图页面。选择相态"VAP-LIQ-LIQ"，压力 1atm，浓度单位"Mole Fraction"。选择水、丁醇和乙酸丁酯三个组分，点击"Ternary Plot"绘图按钮，结果如图 2-43。在这个三元体系中，有三个二元正

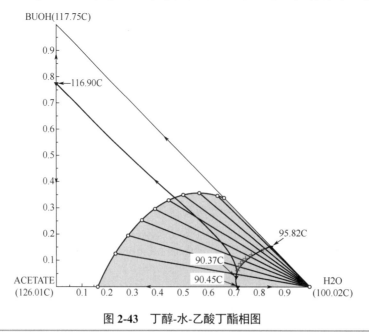

图 2-43　丁醇-水-乙酸丁酯相图

偏差共沸点（均为鞍点），一个三元正偏差共沸点（90.37℃，发散点），有两个液液部分互溶区域（分别是丁醇-水和乙酸丁酯-水）。因三元正偏差共沸点位于液液部分互溶区，且沸点最低，将首先从塔顶蒸出，冷凝后分成水相和酯相。乙酸丁酯沸点最高，属于稳定点，将从塔底流出。基于相图分析设计的模拟流程如图 2-44，反应精馏塔无冷凝器，汽相在外置冷凝器冷凝后分相，酯相回流，水相排出，塔底得到乙酸丁酯产品。

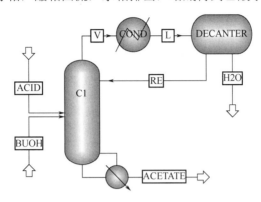

图 2-44　反应精馏合成乙酸丁酯模拟流程

（3）设置化学反应方程式信息　进入"Simulation"界面，在"Reactions"文件夹，创建一个子文件夹"R-1"。在"R-1|Stoichiometry"页面，点击"New"按钮，在弹窗中选择动力学反应类型，输入正反应方程式，如图 2-45（a），动力学数据设置如图 2-45（b）。同理，设置逆反应方程式，输入逆反应动力学数据。

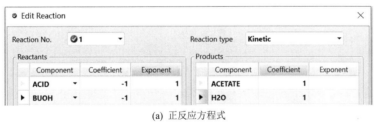

(a) 正反应方程式

(b) 正反应动力学数据

图 2-45　正反应方程式数据设置

（4）模块参数设置　填写进料物流信息。在精馏塔模块的"Setup"文件夹中，有 3 个页面需要填写数据。取理论板数 30，无冷凝器，共沸收敛，估计塔底热负荷 29MW。酯相回流从第 1 板进，原料乙酸水溶液从第 5 板进，原料丁醇从第 25 板进，常压精馏，估计全塔压降 0.38atm。第一个页面填写如图 2-46。在精馏塔模块的"Reactions"文件夹中，有 2 个页面需要填写。在"Specifications"页面，标注反应段的起始板与终止板，如图 2-47（a）；在"Holdups"页面，标注反应段的塔板液相体积。由塔径 6m，塔板上液位高度 0.05m，估算塔板上的液相体积 1.4m³，如图 2-47（b）。在精馏塔模块的"Convergence|Estimates|Temperature"页面，给出塔顶和塔底的温度估计值 90℃ 和 140℃。冷凝器模块常压，汽相冷凝冷却至 50℃。液液分相器模块绝热、常压，酯相回流入反应精馏塔，水相外排，指定水相关键组分为"H2O"。

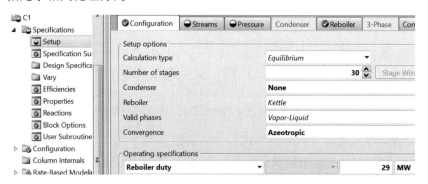

图 2-46　反应精馏塔参数设置

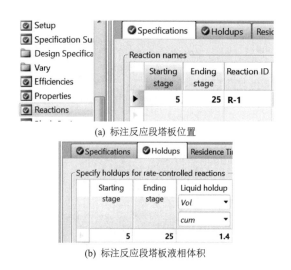

(a) 标注反应段塔板位置

(b) 标注反应段塔板液相体积

图 2-47　反应段标注

（5）模拟结果　在"Convergence|Options|Defaults|Default Methods"页面，把撕裂流的收敛方法改为"Broyden"，即用拟牛顿方法计算撕裂流收敛。在"Convergence|Options|Methods|Broyden"页面，把最大迭代次数改为 100。在"Convergence|Tear"页面，把循环物流"RE"设置为撕裂流。点击运行按钮，模拟结果见图 2-48。产品乙酸丁酯含量 0.9978，丁醇摩尔收率 54.57/56.5=96.6%，废水中水的含量 0.9987，满足全部分离要求。

	Units	ACID ▾	BUOH ▾	ACETATE ▾	H2O ▾	RE ▾
Temperature	C	94	139	137.69	53.1943	53.1943
Pressure	atm	2	2	1.38	1	1
Molar Vapor Fraction		0	1	0	0	0
− Mole Flows	kmol/hr	1752	56.5	54.6889	1753.81	758.332
ACID	kmol/hr	56.5195	0	0.0751858	0.394176	0.248922
BUOH	kmol/hr	0	56.5	0.0448959	0.404928	4.7626
ACETATE	kmol/hr	0	0	54.5688	1.4814	688.641
H2O	kmol/hr	1695.48	0	5.43504e-11	1751.53	64.6796
− Mole Fractions						
ACID		0.03226	0	0.00137479	0.000224754	0.00032825
BUOH		0	1	0.000820933	0.000230884	0.00628037
ACETATE		0	0	0.997804	0.000844677	0.908099
H2O		0.96774	0	9.9381e-13	0.9987	0.085292

图 2-48　乙酸丁酯反应精馏模拟结果

2.4　含循环流过程

真实的化工流程往往都含有循环流。根据循环流的性质，可分为组分循环流与能量循环流。在萃取精馏、共沸精馏、液液萃取、气液吸收过程中，往往要把萃取溶剂、共沸剂、吸收剂等从产物物流中分离出来循环使用。在化学反应过程中，因反应转化率的限制，往往要从反应器出口物流中分离出未反应的组分，再返回反应器进行二次反应。所有这些工艺会在化工流程中产生组分循环流。为回收利用产品物流的能量，往往要把高温物流与低温物流换热，这就可能形成热量循环流。另外，在化工流程模拟过程中，进行反馈计算、灵敏度分析计算、最优化计算等，都会产生循环流的求解问题。根据工艺流程中循环流的复杂程度，又可分成独立循环、嵌套循环、交叉循环等不同的循环回路。循环流的出现，使得计算复杂化，产生大型非线性方程组，手工计算往往难以为继。化工过程模拟的实质是对大型非线性方程组的求解，就模型方法的求解而言，主要有三种方法，即序贯模块法、联立方程法、联立模块法。

序贯模块法从系统入口物流开始，经过接收该物流变量单元模块的计算得到输出物流变量，这个输出物流变量就是下一个相邻单元的输入物流变量，依次逐个地计算过程系统中的各个单元，最终计算出系统的输出物流。该方法的优点是与实际过程的直观联系较强，模拟系统软件的建立、维护和扩充都比较方便，易于通用化，当计算出错时易于诊断出错位置。主要缺点是对存在多股循环物流的复杂流程，需要采用多层嵌套迭代，求解计算效率低下，尤其在解决设计和过程优化问题时需要反复迭代求解，耗时较多。

联立方程法又称为面向方程法，是将描述整个过程系统的所有方程组成一个大型非线性代数方程组，同时求解此方程组得出模拟计算结果。联立方程法可以根据问题的要求灵活地确定输入输出变量，而不受实际物流和流程的影响。由于所有的方程同时求解、同步收敛，不存在嵌套迭代的问题，因此该方法计算效率较高，尤其计算优化问题具有明显优势。但该方法需要较大存储量和较复杂计算，计算出错时诊断比较困难。

联立模块法可以看成是综合序贯模块法和联立方程法的优点而出现的一种折中方法，将过程系统的近似模型方程与单元模块交替求解，在每次迭代中都要求解过程的简化方程，以产生新的初值作为严格模型单元模块的输入,通过严格模型的计算产生简化模型的可调参数。联立模块法兼具序贯模块法和联立方程法的优点,既能使用序贯模块法开发大量模块,又能将流程收敛和设计规定收敛等迭代循环合并处理,通过联立求解达到同时收敛。

Aspen Plus 软件将序贯模块法和联立方程法两种算法同时包含在一个模拟工具中。序贯模块法提供了流程收敛计算的初值,联立方程法大大提高了流程模拟计算的收敛速度,使收敛困难的流程计算成为可能,并可节省计算时间。Aspen Plus 软件包含的数值计算方法有韦格斯坦法(Wegstein)、直接迭代法(Direct)、正割法(Secant)、拟牛顿法(Broyden)、牛顿法(Newton)、序列二次规划法(SQP)等。软件默认的数值计算方法是韦格斯坦法,当此方法不收敛时,可改用其它数值计算方法,以使含循环物流的流程模拟迅速收敛。

采用序贯模块法进行流程模拟计算时,要求所有进料物流的数据已知后才能进行计算,每个单元操作模块按流程顺序执行,每个模块计算出来的输出流股被作为下一个模块的进料使用。如果流程中没有循环物流,计算简单快捷。带有循环回路的流程计算必须循环求解,流程的执行要求选择撕裂流股,也就是具有所有由循环确定的组分流、总摩尔流、压力和焓的循环流股,可以是一个回路中的任意一股流股。若只有简单的一两股物流循环,软件会自己判断选择撕裂流股,对循环物流赋值。每个撕裂流股都有一个相关的收敛模块,由 Aspen Plus 生成收敛模块的名字,以字符$开始。但是如果流程较复杂,为加快收敛,人为对撕裂流股赋初值会较容易得到收敛结果。

对于复杂的多循环回路的流程,有效地加速收敛的方法有:一是将流程分段或分节后运算;二是将循环回路撕裂,给循环物流的下一次计算赋一个初值(温度,压力,流量,组成),然后计算,根据计算结果,再把计算结果作为下次赋值填入,反复迭代,直至循环物流相差很小时,再把撕裂流股接入循环物流的流程计算,这样会很快收敛。

2.4.1 萃取精馏

在相对挥发度接近 1 或等于 1 的原料中加入高沸点萃取溶剂,借助于溶剂的稀释作用与溶剂对原料组分的异同作用力,使原料中组分的相对挥发度增大,从而使难以普通精馏分离的原料得以分离,这种分离方法称为萃取精馏。通常在萃取精馏塔的后面要设置溶剂再生塔,并使回收的萃取溶剂循环利用。

例 2-9 以苯酚为溶剂萃取精馏分离甲苯-正庚烷。

甲苯和正庚烷沸点相近,普通精馏分离困难。选择苯酚为萃取溶剂,用萃取精馏方法分离等摩尔甲苯-正庚烷混合物。根据小试研究结果,确定摩尔溶剂比 2.7,操作回流比 5,饱和蒸气进料,进料流率 100kmol/h,平均操作压力 1.24bar。要求两塔馏出物中甲苯、正庚烷的含量≥0.98(摩尔分数,下同)。求两塔理论塔板数、进料位置、两股产品的流率与组成;若把回收溶剂返回萃取精馏塔循环使用,求正常生产时需要补充的溶剂量。

解 模拟过程分两步进行:首先模拟两塔串联运行,溶剂不循环,求两塔运行参数;其次模拟溶剂循环,求溶剂补充量。打开软件,进入“Properties”界面,在组分输入页面添加甲苯、正庚烷和苯酚,因是均相体系,平均操作压力 1.24bar,选择“WILSON”性质方法。

(1)模拟两塔串联运行 进入“Simulation”界面,选择“RadFrac”模块构建模拟流程,如图 2-49。首先模拟萃取精馏塔(C1 塔)。原料入塔压力应该大于塔板压力,取 1.5bar。溶剂入塔温度应该与溶剂进料板温度接近,取 105℃。由题目中给的溶剂比,溶剂入塔流率 270kmol/h。对于一股进料、两股出料的简单精馏塔,可以用“DSTWU”模块估算精

馏塔完成分离任务需要的理论塔板数和进料位置。但萃取精馏塔有两股进料，属于复杂塔，不能用"DSTWU"模块估算。理论上可以假设溶剂的浓度和焓沿塔高变化较小，在求取苯酚作用下甲苯、正庚烷的相对挥发度后，按二元精馏方法计算完成分离任务需要的理论塔板数、进料位置和操作回流比，另设置若干溶剂回收塔板完成 C1 塔的简捷计算，然后再把简捷计算结果输入软件中进行严格计算，但这一过程繁复且缓慢。"RadFrac"模块是操作型计算，一开始就要输入理论塔板数和进料位置。变通的办法是开始先填入理论塔板数和进料位置的估计值，然后根据分离要求，依据能耗最小的原则，采用软件的优化功能确定理论塔板数和进料位置的准确值。

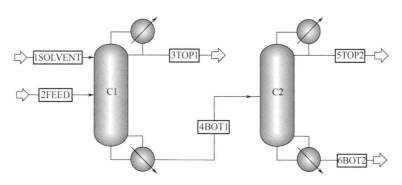

图 2-49　萃取精馏两塔串联模拟流程

　　经试算，取 C1 塔理论塔板数 22，溶剂进料板 7，原料进料板 13。根据混合物进料组成和塔顶馏出物纯度要求，估计塔顶出料量 50.7kmol/h，摩尔回流比 5。设置塔顶压力1.05bar，每板压降 0.01bar。把这些信息填入 C1 模块"Setup"文件夹的三个页面，模拟结果显示馏出液中正庚烷的摩尔分数 0.985，脱溶剂浓度>0.99，达到分离要求。由"C1|Profiles"页面可见第 7 板温度 103.4℃，溶剂入塔温度设置为 105℃是合适的。由 C1塔"Profiles"页面数据可绘制各种参数分布图，汽相组成分布如图 2-50（a），第 13 塔板甲苯、正庚烷的汽相组成在 0.5 左右，与汽相进料组成相当。C1 塔液相组成分布如图 2-50（b），第 7~20 板上溶剂苯酚浓度 0.55 左右，可近似看作恒定溶剂浓度，这是萃取精馏塔的操作特性之一。溶剂作用下 C1 塔内正庚烷与甲苯相对挥发度分布见图 2-51，溶剂苯酚

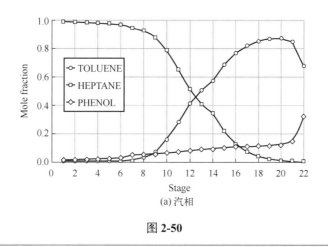

(a) 汽相

图 2-50

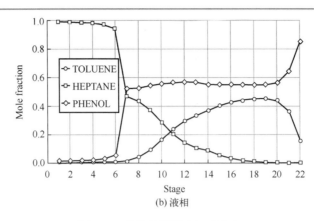

(b) 液相

图 2-50　萃取精馏塔内组成分布

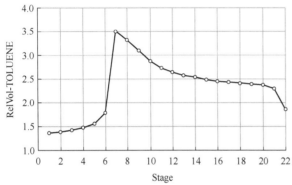

图 2-51　C1 塔内正庚烷与甲苯的相对挥发度分布

从第 7 板入塔后，精馏段与提馏段各块塔板上正庚烷与甲苯的相对挥发度均在 2 以上，使得正庚烷与甲苯的分离变得容易与可行，说明选择苯酚作为萃取溶剂是合适的。

其次模拟溶剂再生塔（C2 塔）。先用"DSTWU"模块估算 C2 塔设计参数，设置操作回流比为最小回流比的 1.1 倍，塔顶甲苯回收率 0.99，苯酚 0.002，塔顶压力 1.05bar，塔底压力 1.2bar。经计算，C2 塔需要的理论塔板数 17，回流比 1.1，进料位置 11，塔顶出料量 50.1kmol/h。把这些参数输入到 C2 模块，模拟计算结果显示 C2 塔馏出液中甲苯摩尔分数>0.985，脱溶剂摩尔分数>0.99，达到纯度分离要求。

（2）模拟溶剂循环　对模拟流程进行修改，添加混合器（MIX）、冷却器（COOL）、增压泵（PUMP）模块，添加补充萃取溶剂物流"MAUP"，构成溶剂循环流程，如图 2-52。混合器不必设置，溶剂冷却温度设置为 105℃，增压泵出口压力设置为 2bar。采用"Calculator"功能，计算两塔馏出液带出的萃取溶剂数量之和，再赋值给补充萃取溶剂物

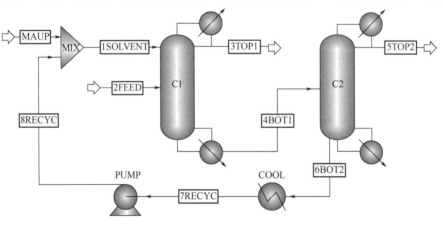

图 2-52　萃取精馏系统溶剂循环流程图

流"MAUP"。在"Flowsheeting Options|Calculator"文件夹中创建一个补充萃取溶剂的计算文件"C-1",定义两塔馏出液带出的萃取溶剂流率"FTOP1""FTOP2"和补充的萃取溶剂流率"MAUP",如图2-53。其中"FTOP1"和"FTOP2"是输入变量,"MAUP"是输出变量。在"C-1"文件夹的"Calculate"页面,说明三个变量之间的关系,如图2-54。计算结果见图 2-55,萃取精馏塔馏出液正庚烷含量 0.9846,溶剂再生塔馏出液甲苯含量 0.9957,均达到分离要求,正常生产时需要补充萃取溶剂流率0.8kmol/h。

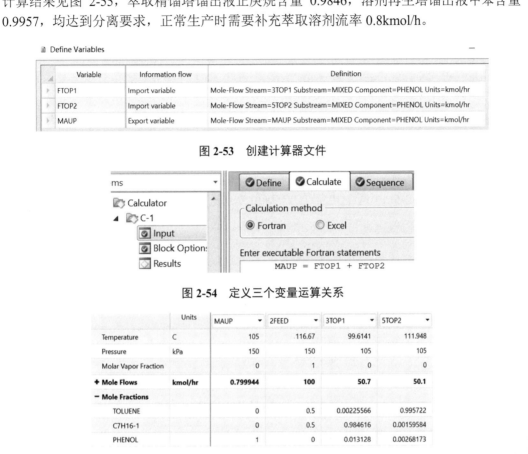

Define Variables

	Variable	Information flow	Definition
▶	FTOP1	Import variable	Mole-Flow Stream=3TOP1 Substream=MIXED Component=PHENOL Units=kmol/hr
▶	FTOP2	Import variable	Mole-Flow Stream=5TOP2 Substream=MIXED Component=PHENOL Units=kmol/hr
▶	MAUP	Export variable	Mole-Flow Stream=MAUP Substream=MIXED Component=PHENOL Units=kmol/hr

图 2-53　创建计算器文件

ms

Calculator
▲ C-1
　Input
　Block Options
　Results

● Define　● Calculate　● Sequence

Calculation method
● Fortran　　○ Excel

Enter executable Fortran statements
MAUP = FTOP1 + FTOP2

图 2-54　定义三个变量运算关系

	Units	MAUP	2FEED	3TOP1	5TOP2
Temperature	C	105	116.67	99.6141	111.948
Pressure	kPa	150	150	105	105
Molar Vapor Fraction		0	1	0	0
+ Mole Flows	**kmol/hr**	**0.799944**	**100**	**50.7**	**50.1**
− Mole Fractions					
TOLUENE		0	0.5	0.00225566	0.995722
C7H16-1		0	0.5	0.984616	0.00159584
PHENOL		1	0	0.013128	0.00268173

图 2-55　带循环回路的萃取精馏系统计算结果

2.4.2　变压精馏

一般来说,若压力变化明显影响共沸组成,则可采用两个不同压力操作的双塔流程,不添加共沸剂,可实现二元均相共沸物的完全分离。变压精馏是通过改变系统压力来改变体系共沸组成的特殊精馏方法,常用来分离均相共沸物。变压精馏与其它几种精馏方式相比,其优点在于避免了引入和回收共沸剂。对于具有正偏差共沸物的稳态过程,变压精馏流程包括加压精馏塔和低压精馏塔,两塔塔顶的正偏差共沸物互相引入对方塔内进行分离,形成循环流,从两塔的塔底得到目标产物。

例 2-10　变压精馏分离乙醇和苯。
已知乙醇与苯形成均相共沸物,因其共沸组成受压力影响明显,可以不添加共沸剂,采用常压和 1333kPa 变压精馏方法进行分离。若进料流率 100kmol/h,含乙醇 0.35(摩尔分数,下同),压力 1500kPa,温度 165℃,分离后乙醇产品和苯产品纯度均为 0.99。若加压塔和常压塔的理论塔板数分别为 30 和 20，试设计变压精馏流程实现该物系的分离，并确定产品流率和循环物料流率。

解 （1）全局性参数设置 打开软件，进入"Properties"界面，在组分输入页面添加甲醇、乙醇与苯。这三组分是互溶的，考虑到加压操作，选择"WILS-RK"性质方法。

（2）相图分析 应用软件的绘制相图功能，绘制两个压力下的汽液平衡相图，根据不同压力下的共沸点以及进料组成，设计变压精馏流程。点击界面上方"Analysis"工具栏的"Binary"按钮，创建一个绘图文件"BINRY-1"。在"Input|Binary Analysis"页面的"Analysis type"栏目下选择"Txy"，表示绘制温度组成图。在"Pressure"栏目下选择"List of values"，在空格内填写两个压力值，点击"Go"按钮，软件绘制出乙醇与苯在两个压力下的温度-组成图，把进料和两个共沸点名称标绘到图上，依据变压精馏分离原理标注物流走向，如图 2-56。原料加入高压塔，高压塔塔顶共沸物 D1 作为低压塔的进料，低压塔塔顶共沸物 D2 返回到高压塔，由此构成循环。在高压塔塔釜得到苯，在低压塔塔釜得到乙醇。这样，不添加共沸剂，可以实现乙醇与苯均相共沸物的分离。在"BINRY-1|Input"页面上方"Analysis"工具栏内点击"Ternary Diag"图标，在弹窗中点击"Find Azeotropes"按钮，可搜寻到图 2-56 中两个共沸点的准确值分别是乙醇 0.4537 和 0.7244。

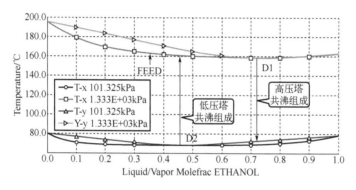

图 2-56 乙醇与苯温度-组成图

（3）绘制模拟流程图 进入"Simulation"界面，根据相图分析，设计变压共沸精馏分离乙醇与苯的流程，如图 2-57。因为两塔压差太大，操作温度相差亦很大。C2 塔塔顶共沸物 D2 进入 C1 塔之前需要升压升温，C1 塔塔顶共沸物 D1 进入 C2 塔之前需要降温，因此在流程图上增设了两个换热器和一台增压泵。为使两塔模块参数设置准确性好一些，可以用题目数据、相图数据及分离要求进行初步的物料衡算。

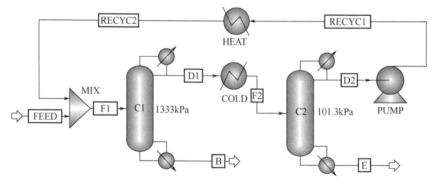

图 2-57 变压共沸精馏分离乙醇与苯流程

对两塔作物料衡算：$F=B+E$

对乙醇作物料衡算：$0.35F=0.01B+0.99E$

合并两式解出：$B=65.31$kmol/h，$E=34.69$kmol/h

对 C2 塔作总物料衡算：$D1=D2+E$

对 C2 塔乙醇作物料衡算：$0.7244D1=0.4537D2+0.99E$

合并两式解出：$D1=68.73$kmol/h，$D2=34.04$kmol/h。

以上物料衡算求得的 B、E、D1、D2 四股物流的流率数据，可用于图 2-57 模块参数的设置与调整。

（4）设置模块信息　把题目给定的进料物流信息填入对应栏目中。

C1 塔：在"Setup"文件夹中，有 3 个页面需要填写数据。理论板数 30，全凝器，收敛模式共沸精馏"Azeotropic"。暂定摩尔回流比为 2，后用"Sensitivity"功能确定。暂定摩尔蒸发比为 4，后用"Design Specs"功能确定。C2 塔塔顶共沸物与原料混合后从第 26 板进入，合适的进料位置用"Sensitivity"功能确定。塔顶压力 1333kPa，设每块塔板压降 1kPa。C1 塔"Configuration"页面的数据填写如图 2-58。

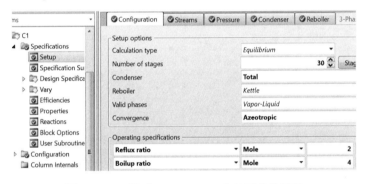

图 2-58　C1 塔"Configuration"页面参数填写

为保证釜液中苯摩尔分数达到 0.99，可以使用软件的反馈计算功能"Design Specs"调整塔釜的摩尔蒸发比。在 C1 塔的"Design Specifications"文件夹中建立一个反馈计算文件"1"；在其"Specifications"页面填写釜液中苯的摩尔分数控制指标，在"Components"页面填写苯的组分代号，在"Feed/Product Streams"页面填写苯的物流代号。在"Specifications"页面的填写方式如图 2-59（a）。然后在 C1 塔的"Vary"文件夹中建立一个操作参数变化文件"1"；在其"Specifications"页面填写满足釜液中苯摩尔分数控制指标的釜液摩尔蒸发比的搜索范围，如图 2-59（b）。

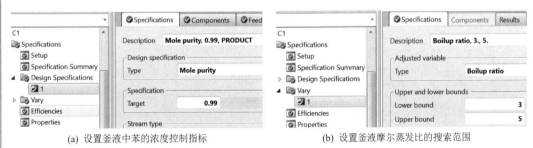

(a) 设置釜液中苯的浓度控制指标　　　　　　　(b) 设置釜液摩尔蒸发比的搜索范围

图 2-59　调整 C1 塔塔釜摩尔蒸发比控制釜液中苯浓度

为选择合适的进料位置，在控制釜液中苯摩尔分数 0.99 的同时，用"Sensitivity"功

能计算不同进料位置需要的塔釜热负荷。在"Model Analysis Tools|Sensitivity"页面，建立一个灵敏度分析文件"S-1"；在"S-1|Input|Define"页面，定义 C1 塔塔釜热负荷为 QN1，如图 2-60（a）；在"S-1|Input|Vary"页面，设置 C1 塔进料塔板位置范围和考察步长，如图 2-60（b）；在"S-1|Input|Tabulate"页面，设置输出不同进料位置的 C1 塔塔釜热负荷值。

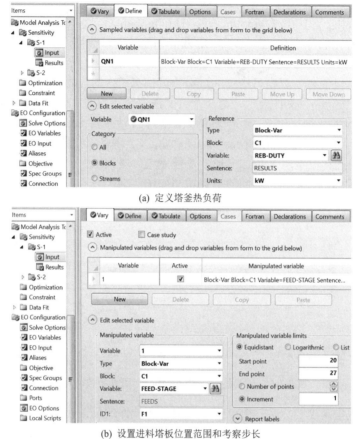

(a) 定义塔釜热负荷

(b) 设置进料塔板位置范围和考察步长

图 2-60　考察不同进料位置的 C1 塔塔釜热负荷

由全系统物料衡算，D1 流率为 68.73kmol/h。在控制釜液苯浓度 0.99 条件下，不同的回流比会导致不同的馏出物浓度和流率。合适的回流比应该使得 C1 塔的馏出物浓度和流率接近相图值和物料衡算值，这可用"Sensitivity"功能筛选获得。在"Model Analysis Tools|Sensitivity"页面，建立一个灵敏度分析文件"S-2"；在"Input|Define"页面，定义"XD1"为馏出物 D1 中的乙醇浓度，如图 2-61（a）；类似地，定义"WD1"为馏出物 D1 的摩尔流率。在"Input|Vary"页面，设置回流比考察范围和考察步长，如图 2-61（b）。

C2 塔：在"Setup"文件夹中，有 3 个页面需要填写。理论板数 20，全凝器，收敛模式共沸精馏"Azeotropic"。暂定摩尔回流比 1，然后用"Sensitivity"功能确定。暂定摩尔蒸发比为 2，然后用"Design Specs"功能确定。C1 塔塔顶共沸物 D1 冷却到 72℃后从第 14 板进入 C2 塔，合适的进料位置用"Sensitivity"功能确定。塔顶常压，设每块塔板压降 1kPa。C2 塔"Configuration"页面的数据填写类似图 2-58，C2 塔釜液中乙醇浓度控制和回流比筛选方法与 C1 塔相同，此处不再赘述。

"MIX"混合器：选择液相混合"Liquid-Only"。"COLD"冷却器：设置出口温度 72℃，

（a）定义 D1 中的乙醇摩尔分数

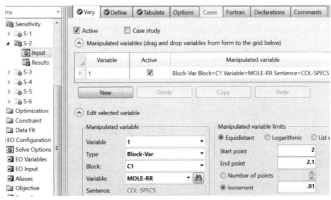

（b）设置回流比考察范围和考察步长

图 2-61 筛选 C1 塔的回流比

与 C2 塔进料塔板温度相当；设置冷却器估计压降 50kPa，有效相态是液相。"HEAT"加热器：设置出口温度 165℃，与 C1 塔进料塔板温度相当；设置估计压降 50kPa，有效相态是液相。"PUMP"增压泵：设置出口压力 1600kPa。为加快流程模拟收敛，在 "Convergence|Tear"页面，把流程中的循环物流 "RECYC2"设置为撕裂流。

（5）模拟计算 计算收敛后观察模拟结果。首先选择两塔合适的回流比。在用 "Design Specs"功能固定两塔釜液浓度的前提下，合适的回流比应该使得两塔馏出物浓度接近相图共沸点值。由 "Sensitivity"功能计算的不同回流比下两塔馏出物浓度与流率分布见图 2-62。由图可见，C1 塔和 C2 塔合适的回流比分别为 2.05 和 0.8，此时两塔馏出物中乙

Row/Case	Status	Descr...	VARY 1 C1 COL-SPEC MOLE-RR	XD1	WD1 KMOL/HR
1	OK		2.03	0.724383	68.9892
2	OK		2.04	0.724393	68.9882
3	OK		2.05	0.724404	68.9839
4	OK		2.06	0.724413	68.9829
5	OK		2.07	0.724423	68.9789

(a) C1 塔

Row/Case	Status	Descri...	VARY 1 C2 COL-SPEC MOLE-RR	XD2	WD2 KMOL/HR
1	OK		0.6	0.483449	38.2401
2	OK		0.7	0.468605	36.0223
3	OK		0.8	0.457346	34.5041
4	OK		0.9	0.455964	34.3265
5	OK		1	0.455679	34.29

(b) C2 塔

图 2-62 不同回流比下的塔顶馏出物浓度与流率

醇浓度与相图共沸点 D1 和 D2 值接近，馏出物流率与物料衡算值接近。其次确定两塔合适的进料位置。由"Sensitivity"功能计算出的两塔进料位置与塔釜热负荷的关系如图 2-63，可见 C1 塔和 C2 塔合适的进料位置分别是 26 和 14，此时的两塔塔釜热负荷最小。

最后确定两塔的蒸发比。把两塔回流比分别修改为 2.05 和 0.8，两塔进料位置修改为 26 和 14，由"Design Specs"功能计算得到两塔的蒸发比分别为 3.84 和 1.58。全流程计算结果见图 2-64，可见 C1 塔塔釜苯摩尔分数 0.99，C2 塔塔釜乙醇摩尔分数 0.99，均达到分离要求，两塔塔釜出料流率与全系统物料衡算结果相符。

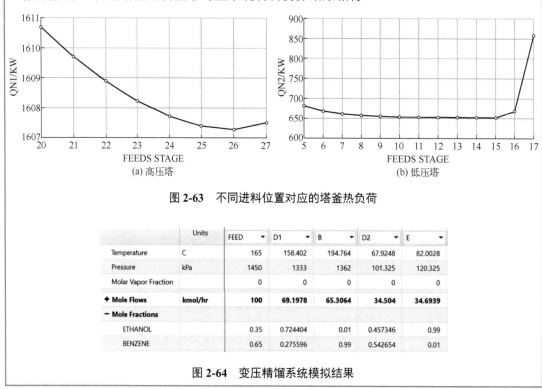

图 2-63　不同进料位置对应的塔釜热负荷

	Units	FEED	D1	B	D2	E
Temperature	C	165	158.402	194.764	67.9248	82.0028
Pressure	kPa	1450	1333	1362	101.325	120.325
Molar Vapor Fraction		0	0	0	0	0
+ Mole Flows	kmol/hr	**100**	**69.1978**	**65.3064**	**34.504**	**34.6939**
− Mole Fractions						
ETHANOL		0.35	0.724404	0.01	0.457346	0.99
BENZENE		0.65	0.275596	0.99	0.542654	0.01

图 2-64　变压精馏系统模拟结果

2.4.3　非均相共沸精馏

分离非均相共沸物只需把汽相共沸物冷凝即可分成两个液相，从而越过了 $y\sim x$ 相图上平衡线与对角线的交点，不必加入共沸剂即可把混合物完全分离。故非均相共沸精馏流程最少包含两个塔，分别处理来源于液液分相器两个平衡液相的回流。

> **例 2-11**　非均相共沸精馏分离正丁醇-水。
> 用非均相共沸精馏方法实现正丁醇水溶液的脱水。原料水含量 0.28（摩尔分数，下同），流率 5000kmol/h，压力 1.1atm，进料汽相分率 0.3。要求产品正丁醇中含正丁醇 0.96，外排水相中含水 0.995。常压操作，饱和液体回流，两塔均采用再沸器加热。若丁醇塔理论塔板数 9，水塔理论塔板数 4，求：产品流率、丁醇塔最佳进料位置、两塔再沸器能耗。
> **解**　（1）全局性参数设置　打开软件，进入"Properties"界面，在组分输入页面添加正丁醇与水。正丁醇与水是部分互溶，选用"NRTL"性质方法。
> （2）相图分析　点击界面上方"Analysis"工具栏的"Binary"按钮，创建一个绘图文件"BINRY-1"。在"Input|Binary Analysis"页面的"Analysis type"栏目下选择"Txy"，在"Pressure"栏目下填写 1atm，点击"Go"按钮，软件绘制出正丁醇与水在常压下的温

度组成图，如图 2-65。可见常压下正丁醇与水是部分互溶，三相平衡温度 92.5℃。共沸点把汽液平衡包络线分成两个区域，左侧是水相蒸馏区域，右侧是正丁醇相蒸馏区域。可设计两塔分离流程完成正丁醇脱水任务，如图 2-66。在正丁醇塔（C1 塔）加入原料，塔顶共沸物冷凝后分相，有机相含正丁醇 0.56，回流到 C1 塔塔顶；水相含正丁醇 0.025，作为水塔（C2 塔）进料回流到 C2 塔塔顶。两塔均无冷凝器，合用一个外置冷凝器（COND）为两塔汽相冷凝，合用一个外置分相器（DECANTER）为两塔汽相冷凝液分相。由 C1 塔塔釜得到提纯的正丁醇，由 C2 塔塔釜得到废水外排。这样，不加共沸剂，采用双塔精馏，实现非均相共沸物的分离。

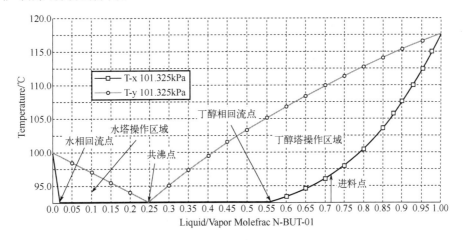

图 2-65　正丁醇-水温度组成图

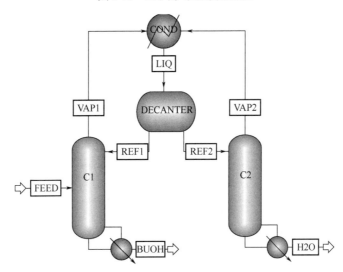

图 2-66　正丁醇脱水模拟流程

在"Simulation"界面，输入进料物流信息。为了给两塔模拟结果的判断提供参考，可以用题目中给的数据及分离要求进行初步的物料衡算。

对两塔作总物料衡算：FEED = BUOH + H_2O

对两塔的水作物料衡算：$0.28FEED = 0.04BUOH + 0.995H_2O$

合并两式解出：BUOH=3743.5kmol/h，H_2O=1256.5kmol/h

（3）设置模块参数

① C1 模块　在"Setup"文件夹中，有 3 个页面需要填写数据。在"Configuration"页面，输入理论板数 9，无冷凝器，共沸精馏方式收敛，如图 2-67。暂定摩尔蒸发比 0.5，后用"Design Specs"功能根据釜液丁醇含量 0.96，确定塔釜摩尔蒸发比准确值。由于没有冷凝器，分相器有机相回流从第 1 板进入，原料暂时从第 2 板进入，塔顶压力 1atm，设每板压降 1kPa。在"Convergence|Estimates|Temperature"页面，设置塔顶、塔底估计温度 95℃和 115℃。

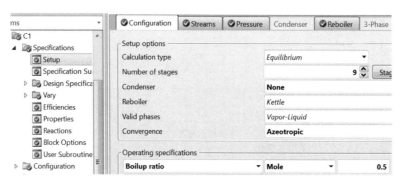

图 2-67　C1 塔"Configuration"页面参数

② C2 模块　在"Setup"文件夹中，有 3 个页面需要填写。在"Configuration"页面，输入理论板数 4，无冷凝器，共沸精馏方式收敛，如图 2-68。暂定摩尔蒸发比为 0.05，后用"Design Spec"功能根据釜液水含量 0.995 确定塔釜摩尔蒸发比准确值。由于没有冷凝器，分相器水相回流从第 1 板进入。塔顶压力 1atm，设每板压降 1kPa。在"Convergence|Estimates|Temperature"页面，设置塔顶、塔底估计温度 95℃和 100℃。

图 2-68　C2 塔"Configuration"页面参数

③ COND 模块　在"Input|Specifications"页面，设置汽相冷凝，压力 1atm。DECANTER 模块：在"Input|Specifications"页面，设置压力 1atm，绝热分相，指定返回 C1 塔液相的关键组分为正丁醇。在"Block Options|Properties"页面，设置分相器物流的性质方法为"NRTL-2"，选择源于 LLE 的 NRTL 方程二元交互作用参数。为加快收敛，在"Convergence|Tear"页面，把模拟流程中的循环物流"REF1"和"REF2"设置为撕裂流。

（4）模拟计算　结果见图 2-69，C1 塔釜液中正丁醇含量 0.96，C2 塔釜液中水含量 0.995，均达到分离要求。由计算结果还可看到，C1 塔塔釜蒸发比为 0.574，塔釜热负荷为 26.8MW，C2 塔塔釜蒸发比为 0.077，塔釜热负荷为 1.27MW。

	Units	FEED	BUOH	H2O	REF1	REF2
Temperature	C	104.767	115.359	97.3971	89.8314	89.8314
Pressure	atm	1.1	1.07895	1.02961	1	1
Molar Vapor Fraction		0.3	0	0	0	0
+ Mole Flows	kmol/hr	5000	3743.49	1256.48	1691.87	1333.72
− Mole Fractions						
BUTANOL		0.72	0.96	0.005	0.556906	0.0196241
H2O		0.28	0.04	0.995	0.443094	0.980376

图 2-69　正丁醇脱水双塔精馏系统模拟计算结果

图 2-69 的计算结果是基于 C1 塔暂时指定的进料位置而得到的,准确的进料位置应该是满足分离要求前提下使塔釜热负荷最小,可通过"Sensitivity"功能确定。在"Model Analysis Tools|Sensitivity"页面,建立一个灵敏度分析文件"S-1",定义 C1 塔的塔釜热负荷为"QN",设置进料位置搜索范围为 1~7 塔板,步长 1,计算结果如图 2-70,可见在第 5 塔板进料,塔釜热负荷最小,为 19.0MW,与第 2 塔板进料比较,塔釜热负荷降低 29.1%。

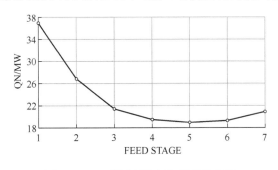

图 2-70　C1 塔进料位置与塔釜热负荷

2.4.4　反应器与精馏塔的组合流程

在化工流程中经常看到反应器与精馏塔的组合流程,反应混合物经精馏分离后,未反应的原料返回反应器入口,形成循环流,以提高原料利用率。

在以二氯乙烷裂解制氯乙烯的工艺中,二氯乙烷热裂解生成氯乙烯反应是强吸热反应,反应式为:$ClCH_2CH_2Cl \longrightarrow CH_2 = CHCl + HCl$。裂解产物进入淬冷器,以免继续发生副反应。产物冷却到 50~150℃后进入脱氯化氢塔,釜液为氯乙烯和二氯乙烷的混合物进入氯乙烯精馏塔,塔顶获得高纯度氯乙烯,塔底重组分主要为未反应的粗二氯乙烷, 经精馏除去不纯物后, 仍作热裂解原料返回二氯乙烷热裂解反应器继续反应。

> **例 2-12**　二氯乙烷(EDC)裂解制备氯乙烯(VCM)组合流程模拟。
>
> 模拟流程如图 2-71。原料 EDC 进料流率 2000kmol/h,21.1℃,2.7MPa。裂解温度 500℃,压力 2.7MPa。淬冷器压降 0.35bar,过冷 5℃。C1 塔塔顶压力 2.53MPa,C2 塔塔顶压力 0.793MPa,要求两塔馏出物中 HCl 和 VCM 的含量≥0.998(摩尔分数,下同)。当 EDC 单程转化率在 0.50~0.55 范围内变化时,求裂解反应器、淬冷器、C1 塔、C2 塔设备总热负荷的变化。
>
> **解**　(1)全局性参数设置　打开软件,进入"Properties"界面,在组分输入页面添加 1,2-EDC、HCl、VCM 三个组分,因涉及高温高压气相反应,选择"RK-SOVAE"性质方法。

（2）设置模块参数　进入"Simulation"界面，反应器用"RStoic"模块，淬冷器用"Heater"模块，两塔用"RadFrac"模块，构建图 2-71 模拟流程，输入进料物流信息。在反应器模块的"Specifications"页面，填写反应温度和压力；在"Reactions"页面，点击"New"按钮，在弹窗页面填写反应方程式化学计量系数和 EDC 转化率 0.55。在淬冷器模块的"Specifications"页面，填写压力−0.35bar，过冷（Degrees of subcooling）5℃。设置C1 塔理论塔板数 17，进料位置 8，回流比 1.082，塔顶摩尔出料比 0.354。设置 C2 塔理论塔板数 12，进料位置 7，回流比 0.969，塔顶摩尔出料比 0.55，计算结果见图 2-72。可见当 EDC 转化率 0.55 时，裂解产物 HCl、VCM 的含量均>0.998，达到分离要求。

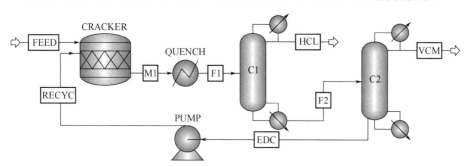

图 2-71　带循环的 EDC 裂解分离流程

	Units	FEED	HCL	VCM	EDC
Temperature	C	21.1	-1.57696	50.5947	166.247
Pressure	MPa	2.7	2.53	0.793	0.793
+ Mole Flows	kmol/hr	2000	1996.32	2003.65	1639.35
− Mole Fractions					
EDC		1	1.15348e-15	1.50935e-05	0.998145
HCL		0	0.999962	0.00186003	2.78327e-10
VCM		0	3.82705e-05	0.998125	0.00185543

图 2-72　带循环的二氯乙烷裂解分离模拟计算结果

（3）设备总热负荷的变化　在"Model Analysis Tools|Sensitivity"页面，建立一个灵敏度分析文件"S-1"，定义四个考察变量，分别为"DUTY1"、"DUTY2"、"DUTY3"、"DUTY4"，分别代表反应器、淬冷器、C1 塔、C2 塔的热负荷，如图 2-73。自变量为反应转化率，在"Vary"页面填写，如图 2-74。在"Fortran"页面编写一句话：DUTY14=DUTY1+ABS(DUTY2)+DUTY3+DUTY4，计算四台设备总热负荷。因为淬冷器的热负荷是负值，故在求和时用绝对值。模拟结果见图 2-75，当 EDC 转化率从 0.50 增加到 0.55 时，各设备总热负荷随 EDC 转化率增加而增加。

▤ Define Variables　　　　　　　　　　　　　　　　　　　　—

	Variable	Definition
▷	DUTY1	Block-Var Block=CRACKER Variable=QCALC Sentence=PARAM Units=MW
▷	DUTY2	Block-Var Block=QUENCH Variable=QCALC Sentence=PARAM Units=MW
▷	DUTY3	Block-Var Block=C1 Variable=REB-DUTY Sentence=RESULTS Units=MW
▷	DUTY4	Block-Var Block=C2 Variable=REB-DUTY Sentence=RESULTS Units=MW

图 2-73　定义灵敏度分析考察变量

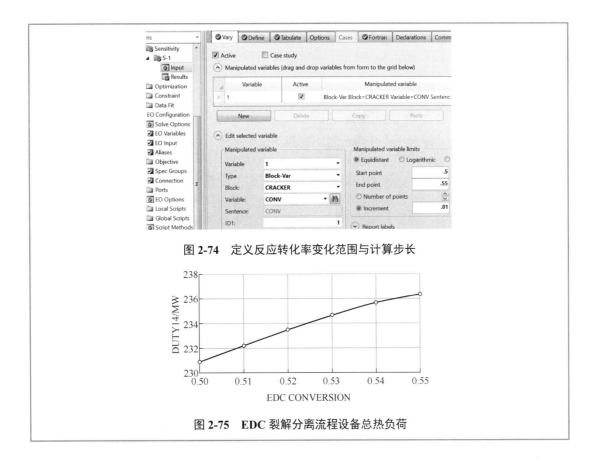

图 2-74   定义反应转化率变化范围与计算步长

图 2-75   EDC 裂解分离流程设备总热负荷

2.5   非平衡级分离过程

Aspen 软件中的"RadFrac"模块用于精馏、吸收等多级分离过程的严格计算，模块中包含了两种算法，即平衡级模型"Equilibrium"和非平衡级模型"Rate-Based"，后者又称为速率模型。平衡级模型假设进入塔板的物流达到全混合、离开塔板的物流达到相平衡。在工业塔实际运行过程中，这两个假设都不成立。因此，一般在多级分离计算中要引入级效率，用以补偿实际非平衡状态与平衡级假设之间的偏差。1985 年 Krishnamurthy 和 Taylor 提出了非平衡级模型，绕开了平衡级模型中的"级效率""等板高度"等难以确定的量，将 Maxwell-Stefan 多组分扩散方程和传热方程相结合，用于表达两相之间的传质和传热速率，并与物料衡算、能量衡算及组分摩尔分数加和方程一起构成方程组进行求解。非平衡级模型的特点是：①对进入塔板的两相物流分别列出各自的物料和能量衡算式；②仅在两相界面处于相平衡状态；③与描述多组分混合物中物料和能量传递的速率方程联立求解。非平衡级模型可更加准确地预测塔内浓度、温度、流率的分布，开辟了多级分离计算的新途径。

相对于平衡级模型，非平衡级模型需要求解的方程组更大，因此计算时间要比平衡级模型长得多。Aspen 软件采用以 Newton 迭代法为基础的同时校正法求解非平衡级模型方程组，计算时间与物流组分数的平方成正比。对于相同的多级分离问题，非平衡级模型计算时间约比平衡级模型大一个数量级。

因为非平衡级模型是对实际工业塔的近似模拟，因此需要准确给出塔设备的结构数据。对于板式塔，要提供包括塔径、板间距、塔板类型、塔板结构等数据。对于填料塔，需要提供的数据类似。对于相同的多级分离问题，当塔内件的类型与规格不同时，非平衡级模型的计算结果也不同。另外，非平衡级模型暂时不能用于含三相物流、游离水、固体颗粒、盐的解离与转化等多级分离问题。

2.5.1　物理吸收过程

若气体溶质溶解于液体溶剂中时不发生明显的化学反应，可看作物理吸收过程。如工业上用洗油吸收气态轻烃、用甲醇吸收酸性气体等。物理吸收的推动力是气相溶质的实际分压与液相溶质的平衡分压之差。液相中溶质的平衡分压与溶质及溶剂的性质、体系温度、压力和浓度有关。气体溶解时一般放出溶解热，若被吸收组分的含量低、溶剂量大，则系统温度变化并不显著。有些吸收过程，如用水吸收气态 HCl 或 NO_2、用稀硫酸吸收氨气，放热量都很大，这就可能需要设置中间冷却器。

例 2-13　低温甲醇洗脱除 CO_2 和 H_2S。

某工厂采用低温甲醇洗工艺脱除原料气中的 CO_2 和 H_2S。原料气温度 12℃，压力 28bar，流率 100kmol/h，组成见表 2-6。吸收液为纯甲醇，温度−37℃，压力 28bar，流率 400kmol/h。吸收塔是填料塔，塔径 0.52m，塔顶压力 27.6bar。填料品牌为"MTL"，规格为 25mm 的 INTX 陶瓷矩鞍环，填料高度 5m。假设填料的等板高度 0.5m/板，不计填料压降，试用非平衡级模型对该塔进行模拟计算，求净化气中 CO_2 和 H_2S 的浓度。

表 2-6　原料气体组成

组分	CO_2	H_2S	CO	N_2	COS	H_2	CH_4	Σ
摩尔分数	0.280235	0.008074	0.202097	0.157075	0.000450	0.332059	0.020010	1

解　（1）全局性参数设置　打开软件，进入"Properties"界面，在组分输入页面添加甲醇和表 2-6 中的全部组分，选择"PC-SAFT"性质方法。进入"Simulation"界面，绘制吸收塔模拟流程，如图 2-76，输入题目中给的进料物流信息。

（2）设置平衡级模型参数　在吸收塔模块的"Setup"文件夹中，输入塔板数 10，无冷凝器、再沸器，收敛方法选择"Custom"，如图 2-77。在吸收塔模块的"Convergence"文件夹，把基础收敛算法改为"Newton"，最大迭代数量改为 50 次，如图 2-78。设置甲醇从第 1 块塔板进入，原料气从第 11 块塔板进入，塔顶压力 27.6bar，不计填料压降。

在吸收塔模块的"Column Internals"文件夹，点击"Add New"按钮，创建一个填料水力学文件"INT-1"。在"INT-1|Sections"页面，点击"Add New"按钮，创建一个填料段参数输入表格"CS-1"，输入题目中给的填料参数，如图 2-79。点击运行按钮，观察平衡级模型的模拟结果，净化气中 CO_2 和 H_2S 的摩尔分数分别是 7.24×10^{-6} 和 5.14×10^{-13}。

（3）设置非平衡级模型参数　把图 2-77 中的计算类型由"Equilibrium"改为"Rate-Based"，即用非平衡级模型对吸收塔进行模拟。在吸收塔模块"Rate-Based modeling| Rate-Based Setup"文件夹的"Sections"页面，填写"CS-1"填料段的非平衡级模型参数，如图 2-80。

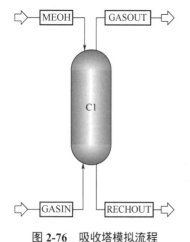

图 2-76　吸收塔模拟流程

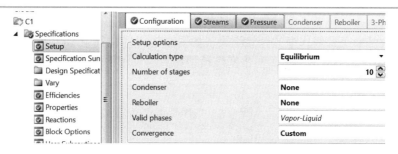

图 2-77 设置吸收塔平衡级模型基本参数

图 2-78 修改收敛算法与参数

Name	Start Stage	End Stage	Mode	Internal Type	Tray/Packing Type	Tray Details		Packing Details			Tray Spacing/Section Packed Height	Diameter	
						Number of Passes	Number of Downcomers	Vendor	Material	Dimension			
CS-1	1	10	Rating	Packed	INTX			MTL	CERAMIC	1-IN OR 25-MM	5 meter	0.52	meter

图 2-79 设置吸收塔填料参数

首先勾选"Rate-based calculation",流动模型选择逆流流动"Countercurrent"。在该模型中,各相流体主体性质用进出该级流体性质的平均值计算。此方法用于填料塔计算时准确度较高,但计算强度较大。膜阻力选择"Consider film",表示在各相的膜内存在扩散阻力,但没有化学反应;传质系数由"Onda-68"方法计算,传热系数由"Chilton and Colburn"方

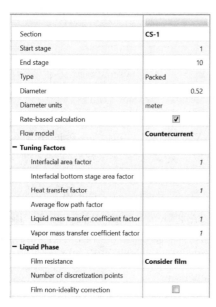

Section	CS-1
Start stage	1
End stage	10
Type	Packed
Diameter	0.52
Diameter units	meter
Rate-based calculation	✔
Flow model	Countercurrent
− Tuning Factors	
Interfacial area factor	1
Interfacial bottom stage area factor	
Heat transfer factor	1
Average flow path factor	
Liquid mass transfer coefficient factor	1
Vapor mass transfer coefficient factor	1
− Liquid Phase	
Film resistance	Consider film
Number of discretization points	
Film non-ideality correction	☐

− Vapor Phase	
Film resistance	Consider film
Number of discretization points	
Film non-ideality correction	☐
− Correlation Methods	
− Mass Transfer	
Mass transfer coefficient method	Onda-68
Correlation Id/User Number	
− Heat Transfer	
Heat transfer coefficient method	Chilton and Colburn
Correlation Id/User Number	
− Interfacial area factor	
Interfacial area method	Onda-68
Correlation Id/User Number	
− Mass Transfer Correlation Parameter...	
Critical surface tension	
Critical surface tension units	N/m
Billet and schutes CL	
Billet and schutes CV	

图 2-80 吸收塔"CS-1"填料段非平衡级模型参数

法通过类比法由二元传质系数计算，两相界面面积由"Onda-68"方法计算。点击运行按钮，观察吸收塔非平衡级模型的计算结果，如图 2-81，净化气中 CO_2 和 H_2S 的摩尔分数分别是 $2.43×10^{-4}$ 和 $3.42×10^{-12}$。与平衡级模型计算结果相比，净化气中 CO_2 浓度增加了33.6 倍，H_2S 浓度增加了 6.7 倍。

	Units	GASIN ▼	MEOH ▼	GASOUT ▼	RECHOUT ▼
Temperature	C	12	-37	-36.9366	-16.704
Pressure	bar	28	28	27.6	27.6
+ Mole Flows	kmol/hr	100	400	66.9732	433.027
− Mole Fractions					
MEOH		0	1	0.000122512	0.923711
CO2		0.280235	0	0.000243279	0.0646778
H2S		0.00807388	0	3.4203e-12	0.00186452
CO		0.202097	0	0.274798	0.0041697
N2		0.157075	0	0.215323	0.00297123
COS		0.000450216	0	6.34029e-14	0.00010397
H2		0.332059	0	0.487948	0.00121581
CH4		0.0200096	0	0.0215647	0.00128562

图 2-81 低温甲醇洗吸收塔非平衡级模型模拟结果

2.5.2 化学解吸过程

化学吸收是工业上应用广泛的单元操作，既用于气体的分离或净化，如用碳酸钾水溶液吸收 CO_2、用醇胺溶液吸收 H_2S 等，也用于直接生产化工产品，如煤气脱氨过程中用稀硫酸吸收煤气中的氨制造硫酸铵、用水吸收氮氧化物制造硝酸等。化学吸收是气体混合物中溶质组分与吸收剂中活性组分之间发生化学反应的操作过程。与物理吸收相比，化学吸收的优点是化学反应将溶质组分转化为另一种物质，降低了吸收剂中溶质的平衡分压，增大了传质推动力，提高了吸收剂对溶质的吸收能力，可提高气体的吸收程度。化学反应改变了液相中溶质的浓度分布，因而可减小液相传质阻力，提高液相的传质分系数。与物理吸收相比，化学吸收传质速率高，设备尺寸减小，选择性提高，能得到高纯度的解吸气体。

例 2-14 醇胺吸收液解吸 CO_2 和 H_2S。

某厂用带分凝器的再沸解吸塔对含 CO_2 和 H_2S 酸性气体的醇胺吸收液进行解吸。入塔吸收液流率 3568kmol/h，温度 100℃，压力 170kPa，溶液中组分的表观摩尔分数分别是二乙醇胺（DEA）0.063，CO_2 0.026，H_2S 0.001，其余为水。解吸塔为板式塔，31 层塔盘（不含分凝器和再沸器），塔盘类型"BALLAST-V4"浮阀，双流道，板间距 0.6m，塔径1.4m，塔顶压力 165kPa，塔盘压降设为 0.7kPa/板。为减少塔顶水汽流失，控制塔顶温度18.5℃。试用非平衡级模型对该塔进行模拟计算，求解吸液中 CO_2 和 H_2S 的浓度。

解 （1）全局性参数设置 以软件自带的综合过程数据包"Datapkg"中的 DEA 溶液脱碳文件"kedea.bkp"为基础进行模拟计算。打开"kedea.bkp"程序，进入"Properties"界面，默认"kedea.bkp"文件内的所有分子组分、离子组分和已经选择的性质方法"ELECNRTL"。进入"Simulation"界面，绘制解吸塔模拟流程，如图 2-82，输入题目中给的进料物流信息。在"kedea.bkp"文件的"Reactions"文件夹中，已经包含了若干个化学反应组合的子文件夹，其中的"DEA-ACID"子文件夹中，有 8 个 DEA 与酸性气体组分在水溶液中的离子反应方程式、动力学方程参数和反应平衡常数，这些反应方程式和数据可用于本例的模拟计算。

（2）设置平衡级模型参数　在"Configuration"页面，填入塔板级数 33，冷凝器选择"Partial-Vapor"，釜式再沸器，塔顶汽相出料量暂时填写 97.5kmol/h，回流量填写 175kmol/h，如图 2-83。在"Streams"页面，分凝器为第 1 块塔板，吸收液进入第 2 块塔板。"Pressure"页面参数按题目中给的信息填写。用设计规定控制塔顶温度 18.5℃，调节手段为塔顶汽相出料量，设置方法如图 2-84。在"Reactions| Specifications"页面，标注解吸塔的反应段起始板与终止板，勾选化学反应方程式的文件"DEA-ACID"参与解吸计算，如图 2-85（a），估计塔板持液量，如图 2-85（b）。为了加速收敛，在解吸塔模块的"Estimates|Temperature"页面输入估计的塔顶温度 18.5℃，第 2 板 105℃，塔釜 120℃。

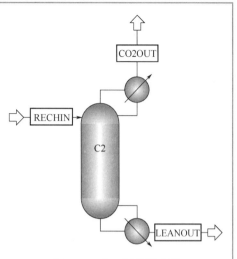

图 2-82　解吸塔模拟流程

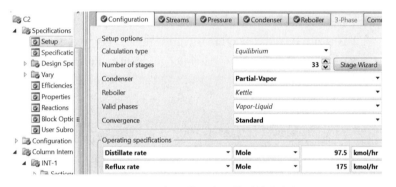

图 2-83　设置解吸塔平衡级模型基本参数

(a) 设置塔顶温度　　　　　　　(b) 设置调节参数

图 2-84　反馈计算控制塔顶温度

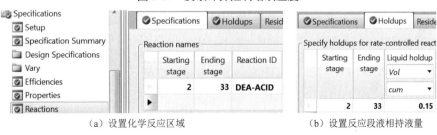

（a）设置化学反应区域　　　　（b）设置反应段液相持液量

图 2-85　解吸塔化学反应设置

在解吸塔模块的"Column Internals"文件夹，点击"Add New"按钮，创建一个塔盘水力学文件"INT-1"。在"INT-1|Sections"页面，点击"Add New"按钮，创建一个塔盘参数输入表格"CS-1"，输入题目中给的塔盘参数，如图2-86。

Name	Start Stage	End Stage	Mode	Internal Type	Tray/Packing Type	Tray Details		Packing Details			Tray Spacing/ Section Packed Height	Diameter
						Number of Passes	Number of Downcomers	Vendor	Material	imensio		
CS-1	2	32	Rating	Trayed	BALLAST-V4	2					0.6 meter	1.4 meter

图2-86　设置解吸塔塔盘参数

（3）设置表观分子浓度输出文件　为了使计算结果能够显示溶液中表观分子的摩尔组成，在"Properties|Property Sets|Properties"页面，建立一个溶液组成输出文件"PS-1"，用来显示溶液中酸性气体成分的表观分子摩尔组成，设置方法如图 2-87。其中参数"XAPP"是软件自带的物流组成符号，仅在电解质体系中使用，表示组分的表观摩尔组成。在"Setup|Report Options|Stream"页面，点击"Property Sets"按钮，把"PS-1"文件移动到"Selected property sets"栏目中。至此，解吸塔平衡级模型参数设置完毕，点击运行按钮进行计算。在"Stream Results|Material"页面，展开"+Liquid Phase"，点击"<add properties>"，勾选弹窗中的"(PS-1) Apparent component mole fraction"，点击"OK"按钮，显示物流中"PS-1"文件数据，如图2-88，解吸液中 CO_2 和 H_2S 的表观分子摩尔组成分别是 0.001 和 3.31×10^{-6}。

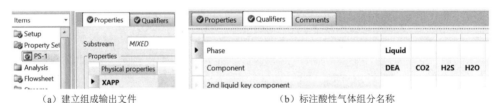

（a）建立组成输出文件　　　　　　（b）标注酸性气体组分名称

图2-87　设置表观分子摩尔浓度参数

− (PS-1) Apparent component mole fraction		
DEA	0.0641037	0.0647068
CO2	0.0189351	0.000995069
H2S	0.000797028	3.31232e-06
H2O	0.916164	0.934295

图2-88　解吸塔平衡级模型计算结果

（4）设置非平衡级模型参数　把图 2-83 中的计算类型由"Equilibrium"改为"Rate-Based"，即用非平衡级模型对解吸塔进行模拟。在解吸塔模块"Rate-Based modeling|Rate-Based Setup"文件夹的"Sections"页面，填写塔盘的非平衡级模型参数，如图2-89。首先勾选"Rate-based calculation"，流动模型选择"Mixed"，该模型是默认模型，它假定各相流体主体性质与离开级的流体性质相同，推荐板式塔采用。界面面积因子"Interfacial area factor"取 2，液膜阻力选择"Film reactions"，表示在液膜内存在化学反应；气膜阻力选择"Consider film"，表示在气膜内存在扩散阻力，但没有化学反应；传质系数由"Scheffe-87"方法计算，传热系数由"Chilton and Colburn"方法通过类比法由二元传质系

数计算，两相界面面积由"Scheffe-87"方法计算。点击运行按钮，观察解吸塔非平衡级模型的模拟结果，如图 2-90、图 2-91。由图 2-90，解吸液中 CO_2 和 H_2S 的表观摩尔分数分别是 0.005 和 5.99×10^{-8}。由图 2-91，CO_2 气相浓度在解吸塔塔顶塔盘上较高，在其余各块塔盘上逐渐降低，H_2S 气相浓度在解吸塔从塔顶到塔底各块塔盘上都均匀下降，说明 H_2S 比 CO_2 更容易解吸。

图 2-89　解吸塔"CS-1"塔盘非平衡级模型参数

	Units	RECHIN	CO2OUT	LEANOUT
− (PS-1) Apparent component mole fraction				
DEA		0.0641037		0.0644217
CO2		0.0189351		0.00534121
H2S		0.000797028		5.987e-08
H2O		0.916164		0.930237

图 2-90　解吸塔非平衡级模型计算结果 1——吸收液与解吸液的表观摩尔组成

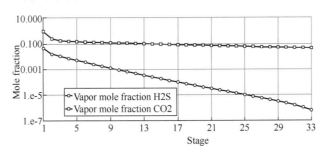

图 2-91　解吸塔非平衡级模型计算结果 2——气相酸性气体组成分布

2.6　分离复杂组成混合物

原油是烃类化合物和杂质组成的宽沸程混合物，其组成复杂难以定量分析，经过多级蒸馏分离可得到各种石油产品。与普通物料的蒸馏一样，原油蒸馏也是利用原油中各组分相对挥发度的不同而实现各馏分的分离。但原油是复杂烃类混合物，各种烃以及烃之间形成共沸物的沸点由低到高几乎是连续分布的，不能按常规方法定义确切的全组成分布，常用来表征油品性质的方法有三个特征值和三条蒸馏曲线。三个特征值分别是油品的平均分子量、密度（或 API 密度）和特性因素 K 值（UOP K 值，原料石蜡烃含量指标）；三条蒸馏曲线分别是实沸点蒸馏曲线（TBP，常压下精馏塔顶馏出物温度随馏出量的变化曲线）、恩氏蒸馏曲线（ASTM D86，简单蒸馏釜馏出物温度对馏出物体积分数图）和平衡气化曲线（ASTM D1160，10mmHg❶下减压蒸馏各馏分温度随馏出量的变化）。

基于原油成分的复杂性，一般是根据产品要求按沸点范围分割成轻重不同的馏分。因此，原油蒸馏塔的特点为：①有多个侧线出料口，各馏分的分离精确度要求不很高，多个侧线出口（一般有 3~4 个）同时引出轻重不同的馏分；②塔底物料重，不宜在塔底供热，通常在塔底通入过热水蒸气，使较轻馏分蒸发，一般提浓段只有 3~4 块塔板；③原油各馏分的平均沸点相差很大，造成原油蒸馏塔内蒸气负荷和液体负荷由下向上递增。为使负荷均匀并回收高温下的热量，采用中段回流取热（即在塔中部抽出液体，经换热冷却回收热量后再送回塔内），通常采用 2~3 个中段回流。

例 2-15 原油初馏塔模拟计算。

把一股原油分离为轻烃气、轻石脑油和常压塔进料物流。原油流率 850915kg/h，93℃，4.1bar。塔底加入 204℃、4.1bar 的水蒸气 2270kg/h。原油 API 密度 33.4，TBP 蒸馏曲线数据见表 2-7。原油初馏塔理论级数 8，塔底进料，顶压 2.76bar，第二塔板 2.9bar，塔底 3.1bar，分凝器的体积分凝比 0.4（标准状态）。塔顶液相出料流率 66.2m³/h（标准状态），加热炉温度 232.2℃，压力 3.45bar。要求轻石脑油产品 ASTM D86 蒸馏曲线在 160℃的液体体积为 95%。求：输出物料的体积流率、API 密度、60℉❷时的密度、油品特性因素 K 值、以液体体积为基准的 TBP 蒸馏曲线、ASTM D86 蒸馏曲线、ASTM D1160 蒸馏曲线。

表 2-7 原油 TBP 蒸馏曲线数据（以液体体积为基准）

体积分数/%	5	10	30	50	70	90	95
沸点/℃	66	113	210	313	446	632	716

解 （1）全局性参数设置 打开软件，选择 "Petroleum with Metric Units" 模板。进入 "Properties" 界面，在组分输入页面添加原油、水。设置原油的组分属性为 "Assay"，表示待评估性质。在 "Components|Assay/Blend|CRUDE" 子文件夹，输入表 2-7 原油 TBP 蒸馏曲线数据和 API 密度数据，如图 2-92。因是原油分离，选择 "BK10" 性质方法。

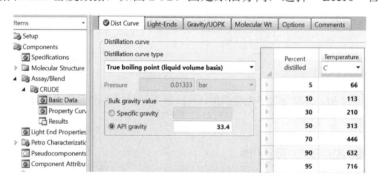

图 2-92 输入实沸点蒸馏曲线数据

---

❶ 1mmHg=133.3224Pa。

❷ 1℉=$\frac{9}{5}$℃+32。

进入"Simulation"界面，在"Property Sets"文件夹内有若干个物性数据输出文件，其中一个名为"PETRO"的数据输出文件包含题目要求输出的 7 个物流性质，且物流性质的计算基础已经设置为干基。在"Setup|Repot Options|Stream|Property Sets"页面，可以看到"PETRO"物性数据输出文件已经自动添加到物流输出报告中。选择"PetroFrac"模块，绘制初馏塔模拟流程，如图 2-93，输入题目中给的进料物流信息。

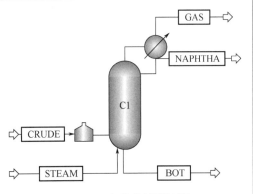

图 2-93　初馏塔模拟流程

（2）设置初馏塔参数　在"Configuration"页面输入数据如图 2-94（a）。原油进入加热炉"Furnace"（理论级 8），水蒸气从塔底进入。在"Pressure"页面，填写塔顶、第 2 塔板和塔底压力。分凝器设置如图 2-94（b），加热炉设置如图 2-94（c）。

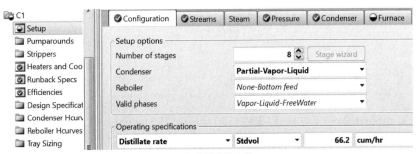

（a）初馏塔总体参数

（b）分凝器设置

（c）加热炉设置

图 2-94　初馏塔参数

（3）设置轻石脑油蒸馏规定　在 C1 模块的"Design Specifications"文件夹中建立一个反馈计算文件"1"，设置轻石脑油参数见图 2-95（a）。在"Feed/Product Streams"页面，指定轻石脑油组分物流"NAPHTHA"。在"Vary"页面，通过调节塔顶出料量控制轻石脑油成分，如图2-95（b）。

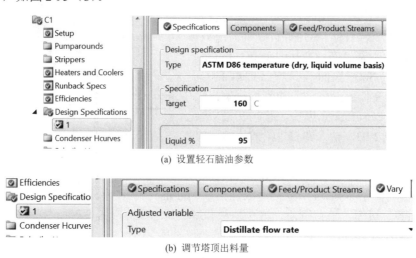

(a) 设置轻石脑油参数

(b) 调节塔顶出料量

图2-95 轻石脑油蒸馏规定设置

（4）模拟结果 在初馏塔模块的"Results"页面，看到塔顶温度98.7℃，分凝器热负荷−16.3MW，塔釜温度225.9℃，加热炉温度232.2℃，热负荷87.1MW。在"Stream Results|Material"页面，可看到初馏塔三股产品馏分的组成。展开页面下方"+Liquid Phase"，点击"<add properties>"，勾选弹窗中的"(PETRO) Standard API gravity"以及题目要求的其它几个油品特征值，点击"OK"按钮，显示物流中"PETRO"文件数据，如图2-96。原油的平均分子量是221.7，经分馏后，三产品馏分的平均分子量分别是62.5、98.8、265.1，原油中的轻、重成分得到了初步的分离。原油的标准干基密度是0.858，三产品馏分的标准干基密度分别是0.699、0.736、0.876，与平均分子量的分布值相对应。在"Stream Results|Vol.% curves"页面，可看到原油与三产品馏分的各蒸馏曲线数据，其中ASTM D86蒸馏曲线见图2-97，轻石脑油产品ASTM D86蒸馏曲线在160℃的液体体积为95%，达到分离要求。

	Units	CRUDE	STEAM	GAS	NAPHTHA	BOT
Temperature	C	93	204	98.6993	98.6993	225.896
Pressure	bar	4.1	4.1	2.76	2.76	3.1
Average MW		221.682	18.0153	62.4502	98.7537	265.108
+ Mole Flows	kmol/hr	3838.44	126.004	540.658	530.521	2893.27
+ Mole Fractions						
+ Mass Flows	kg/hr	850915	2270	33764.2	52390.9	767030
+ Mass Fractions						
Volume Flow	bbl/day	160663	180164	914232	12154	162041
(PETRO) Standard API gravity (DRY)		33.4		71.0307	60.8574	29.9697
(PETRO) Standard specific gravity (DRY)		0.858096		0.69866	0.73561	0.876325
(PETRO) Watson UOP K-factor (DRY)		11.4069		11.9254	11.9476	11.5192

图2-96 油品性质特征值

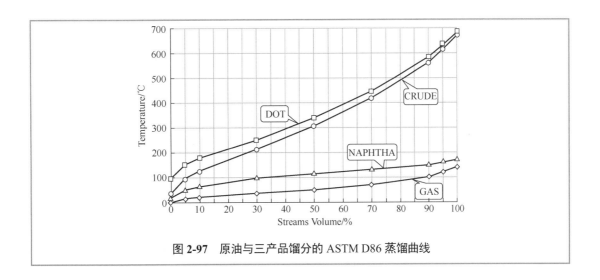

图 2-97　原油与三产品馏分的 ASTM D86 蒸馏曲线

习题

2-1. 混酸冷却计算。

把例 2-1 中的混合酸冷却到 25℃。冷却水进口温度 10℃，出口 20℃，求冷却水流率。

2-2. 两种硫酸溶液的混合计算。

将流率 150kg/h、含硫酸 40%（质量分数，下同）的流股，与 98% 的浓硫酸混合成 90% 的硫酸。设原料均为 25℃、1atm，混合过程绝热，求：（1）需要 98% 的浓硫酸量多少？（2）混合后 90% 硫酸的温度多少？（3）90% 硫酸的密度多少？

2-3. 计算溶液泡点分布与相平衡常数分布。

在 27.6bar 下，当甲烷摩尔分数从 0.01 增加到 0.1 时，求甲烷和正丁烷混合溶液泡点分布与两组分相平衡常数分布。

2-4. 正辛烷-水混合物汽液液三相平衡计算。

含正辛烷摩尔分数 0.25、水 0.75 的混合物 1000kmol/h，在 133.3kPa 下，从 136℃冷却到 25℃。求：（1）混合物最初的相态；（2）发生相变化时的温度、各相的量和组成。

2-5. 甲醇-甲苯-乙苯-水溶液汽液液三相平衡计算。

闪蒸罐进料流率 1.0kmol/h，含甲醇-甲苯-乙苯-水四组分等浓度，常压，60℃。在 60kPa 下从 50℃加热到 90℃。求：（1）混合物初始相态；（2）发生相变化时的温度和组成。

2-6. 异丙醚作萃取剂从醋酸-水溶液中萃取醋酸。

常压、25℃下用异丙醚作萃取溶剂从醋酸水溶液中萃取醋酸。单级萃取器进料为含醋酸质量分数 0.3 的水溶液 100kg/h，溶剂流量 120kg/h，求：（1）萃取相和萃余相的组成和数量；（2）萃取相醋酸的脱溶剂浓度；（3）溶剂流量为多大时醋酸的萃取率可达到 0.9？

2-7. 硫酸钠水溶液冷却结晶。

同例 2-4。求：（1）混合物冷却到什么温度，将结晶出 50% 的硫酸钠？（2）最大晶体产量为多少？

2-8. 计算氯化钠的溶解度。

计算 0~100℃范围内氯化钠的溶解度，文献数据见习题 2-8 附表，求软件计算值的相对误差。

温度/℃	0	10	20	30	40	50	60	70	80	90	100
溶解度/(g/100gH₂O)	35.7	35.8	36	36.3	36.6	37	37.3	37.8	38.4	39	39.8

2-9. 硫酸吸收空气中的水汽。

用质量分数 95%的硫酸在 5 块理论板的吸收塔中常压吸收空气中的水分。若入塔空气 28℃、4040kmol/h，入塔 95%硫酸 50℃、471400kg/h，求：（1）出塔空气中水分含量；（2）出塔硫酸的温度与水分含量。

2-10. 旋风分离器脱除煤制气中的灰尘。

含尘煤气 650℃、1bar、1200kg/h，其中含尘 200kg/h，气体组成见习题 2-10 附表 1。气相中带有非传统固体颗粒的灰尘，灰尘粒径分布见习题 2-10 附表 2。旋风分离器直径 0.7m，求：（1）灰尘的分离效率；（2）轻相与重相物流的流率与组成；（3）旋风分离器进出口尺寸。

习题 2-10 附表 1　气体组成

组分	CO	CO_2	H_2	H_2S	O_2	CH_4	H_2O	N_2	SO_2
摩尔分数	0.19	0.2	0.05	0.02	0.03	0.01	0.05	0.35	0.1

习题 2-10 附表 2　气相中灰尘的粒径分布

分级	下限	上限	质量分数	分级	下限	上限	质量分数
1	0	44	0.3	4	90	130	0.15
2	44	63	0.1	5	130	200	0.1
3	63	90	0.2	6	200	280	0.15

2-11. 氨氧化反应器计算。

氨氧化反应式为：$4NH_3 + 5O_2 \Longrightarrow 4NO + 6H_2O$。现有常压、25℃的 100kmol/h 的 NH_3 和 200kmol/h 的 O_2 为原料，连续进入氨氧化反应器，设氨全部反应完，反应产物在 300℃离开反应器，求反应产物的组成。

2-12. 计算甲烷与空气燃烧的最高温度。

甲烷与 20%过量空气混合，在 25℃、0.1MPa 下进入燃烧炉中燃烧，甲烷氧化反应式为：$CH_4+2O_2 \longrightarrow CO_2 +2H_2O$。若甲烷燃烧完全，所能达到的最高温度为多少？

2-13. 双塔非均相反应精馏合成乙酸丁酯。

原料同例 2-8。图 2-44 塔顶分相器排水中含有 1.5kmol/h 的乙酸丁酯，可加一塔回收排水中的乙酸丁酯。分离要求：（1）乙酸丁酯产品摩尔分数大于 0.998；（2）丁醇摩尔收率大于 99.8%；（3）排水中水的摩尔分数大于 0.999。求回收塔的理论塔板数和塔釜能耗。

2-14. 乙酸-乙醇酯化反应精馏。

乙酸（A）与乙醇（B）通过酯化反应合成乙酸乙酯（C）和水（D），反应方程为：

$$CH_3COOH + CH_3CH_2OH \underset{k_{-1}}{\overset{k_1}{\rightleftharpoons}} CH_3COOCH_2CH_3 + H_2O$$

正、逆反应速率方程为：

$$-r_1 = k_1 C_A C_B = 1.9 \times 10^8 \exp[-59500/(RT)]C_A C_B$$

$$-r_{-1} = k_{-1} C_C C_D = 5 \times 10^7 \exp[-59500/(RT)]C_C C_D$$

式中，k_1、k_{-1} 为正、逆反应速率常数，$m^3/(kmol \cdot s)$；$-r_1$、$-r_{-1}$ 为正、逆反应速率，$kmol/(m^3 \cdot s)$；正、逆反应活化能均为 59500kJ/kmol；C_A、C_B、C_C、C_D 为反应物和产物浓度，$kmol/m^3$。原料乙醇水溶液 70℃，1atm，50kmol/h，乙醇摩尔分数 0.8597；原料纯乙酸 70℃，

1atm，25kmol/h。反应精馏塔理论板数20，常压精馏，不计塔板压降，反应段6~13塔板，塔板持液量0.3m³。求塔顶、塔釜两股产物的流率与组成。

2-15. 反应精馏合成甲基异丁基醚（MTBE）。

反应方程式为：$CH_4O + i\text{-}C_4H_8 \longrightarrow MTBE$。反应精馏塔理论塔板数30，非均相催化剂放在第10~20塔板上，甲醇在15板进料，混合C_4烃在20板进料，回流比8，用化学反应平衡常数计算反应转化率，化学反应平衡常数由Gibbs自由能计算。塔顶6.5bar，全塔压降1.5bar。甲醇进料540kmol/h，20℃，8bar；混合C_4烃进料组成见习题2-15附表，40℃，8bar。要求MTBE纯度0.998（摩尔分数），若改变甲醇进料位置，MTBE最大收率是多少？

习题2-15附表　混合C_4烃进料组成

组分	C_3H_8	$i\text{-}C_4H_{10}$	$i\text{-}C_4H_8$	$n\text{-}C_4H_{10}$	$1\text{-}C_4H_{10}$	$cis\text{-}2\text{-}C_4H_{10}$	$trans\text{-}2\text{-}C_4H_{10}$
流率/(kmol/h)	7	670	530	20	5	5	5

2-16. 变压精馏分离乙醇和苯。

原料100kmol/h，含乙醇0.8（摩尔分数，下同），25℃，150kPa。在30kPa和101.3kPa之间变压精馏。分离后乙醇产品和苯产品纯度均为0.99。求：（1）设计变压精馏流程，确定两塔操作参数；（2）确定产品的流率和循环物料的流率。

2-17. 变压精馏分离甲乙酮-水。

原料100kmol/h，含甲乙酮0.55（摩尔分数，下同），25℃，1.5atm。在1atm和7atm之间变压精馏。要求甲乙酮产品纯度≥0.99，收率≥0.99。若两塔理论塔板数均为15，求：（1）设计变压精馏流程，确定两塔操作参数；（2）确定产品的流率和循环物料的流率。

2-18. 苯酚为溶剂萃取精馏分离甲苯-甲基环己烷。

原料400kmol/h等摩尔混合物，50℃，1.5bar；溶剂苯酚1200kmol/h，50℃，1.5bar。要求产品甲苯和甲基环己烷的摩尔分数大于0.95，两组分收率均大于0.975。若萃取精馏塔和溶剂再生塔的回流比分别是5与1.4。求：（1）设计分离流程，两塔的理论塔板数、进料位置；（2）两产品流率与组成；（3）两塔塔釜能耗；（4）需要补充的萃取溶剂流率。

2-19. 水为溶剂萃取精馏分离丙酮与甲醇。

原料40mol/s，泡点进料，含丙酮0.75（摩尔分数，下同），常压操作。溶剂水60mol/s，50℃，操作回流比4。要求馏出液中丙酮和甲醇的浓度>95%，丙酮和甲醇的回收率>98%。求：（1）若萃取精馏塔理论塔板数28，原料和溶剂的进料位置；（2）溶剂回收塔理论塔板数、回流比和进料位置；（3）两塔塔顶出料流率与组成、补充水流率。

2-20. 苯作共沸剂非均相共沸精馏分离异丙醇-水。

设计一非均相共沸精馏流程，以苯作共沸剂分离异丙醇-水。原料流率100kmol/h，80℃，1.1bar，含异丙醇0.65（摩尔分数）。采用双塔分离流程，其中共沸精馏塔38块理论板，常压操作。液液分相器温度30℃，苯相回流液中含苯170kmol/h。分离要求：产品异丙醇质量分数0.995；产物废水质量分数0.999。求：（1）水塔理论塔板数；（2）溶剂损耗；（3）两塔塔釜加热能耗。

2-21. 醋酸正丙酯作共沸剂非均相共沸精馏分离醋酸-水。

设计一非均相共沸精馏流程，以醋酸正丙酯作共沸剂分离醋酸-水溶液。原料1000kmol/h，含醋酸0.2（摩尔分数，下同），50℃，1atm。分离要求：产品醋酸含量>0.999；排放废水浓度>0.99。采用双塔分离流程，其中共沸精馏塔20块理论塔板，常压操作；液液分相器温度40℃，有机相回流液中醋酸正丙酯约800kmol/h。求：（1）水塔理论塔板数；（2）醋酸正丙酯补充量;(3)两塔塔釜加热能耗。

2-22. 苯-甲苯分离（原料组成变化）。

常压精馏分离含苯 0.44（质量分数，下同）的苯-甲苯混合物，泡点进料，进料 5000kg/h，要求塔顶苯收率 98%，含量 ≥0.98。求：（1）最佳进料位置？（2）若进料流量不变，进料苯含量变化 10%，塔内温度分布如何变化？塔内灵敏板位置？（3）若进料流量不变，甲苯组成由 10% 增加到 60%，塔顶出料量如何变化？

2-23. N-甲基-2-吡咯烷酮（NMP）吸收 CO_2 和 H_2S（非平衡级模型）。

某厂采用物理吸收剂 NMP 脱除原料气中的 CO_2 和 H_2S。原料气 20℃，17bar，8000kmol/h，组成见习题 2-23 附表。吸收液中 CO_2 摩尔分数 0.0169，其余为 NMP，−1℃，18bar，10500kmol/h。填料吸收塔，塔径 4.2m，塔顶压力 17bar，不计压降。填料商品牌号为 "MTL"，规格为 50mm 的 INTX 陶瓷矩鞍环，填料高度 7.5m。假设填料等板高度 0.5m/板，不计填料压降，试用非平衡级模型对该塔进行模拟计算，求净化气中 CO_2 和 H_2S 浓度。

习题 2-23 附表　原料气体组成

组分	NMP	CO_2	H_2S	CO	H_2O
摩尔分数	0	0.24616	0.0000227	0.004392	0.003515
组分	NH_3	N_2	H_2	CH_4	Ar
摩尔分数	0.00017	0.414808	0.318592	0.00731	0.00503

2-24. 2-氨基-2-甲基-1-丙醇（AMP）吸收液解吸 CO_2（非平衡级模型）。

某厂用带有分凝器的再沸解吸塔对含 CO_2 的 AMP 吸收液进行解吸。入塔吸收液流率 730kmol/h，温度 100℃，压力 1.95atm，溶液中组分的表观摩尔分数分别是 AMP 0.0691，CO_2 0.0317，其余为水。吸收塔为填料塔，塔径 0.52m，塔顶压力 1.91atm，全塔压降 0.02atm。填料商品牌号 "SULZER"，规格为 250Y 的 MELLAPAK 标准波纹板规整填料，高度 4.8m，估计填料等板高度 0.6m/板。为减少塔顶水汽流失，用回流比控制塔顶温度 19℃。试用非平衡级模型对该塔进行模拟计算，求解吸液中 CO_2 的浓度。

2-25. 原油常压塔模拟。

在例 2-15 原油初馏塔后面串接常压精馏塔，对初馏塔底油继续分馏，流程如习题 2-25

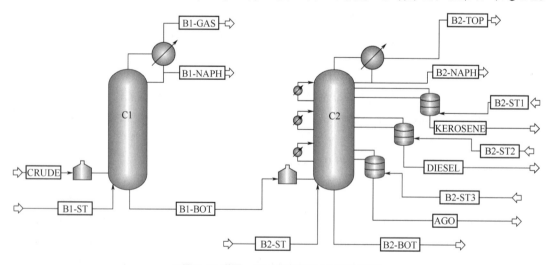

习题 2-25 附图　原油初馏塔与常压塔流程

附图，水蒸气参数同例 2-15。常压塔 25 块理论板，进料在加热炉内过气化度 3%（质量），加热炉 1.7bar，加热炉出口物料入第 22 塔板，汽提水蒸气从塔底进入。冷凝器压力 1.1bar，第 2 板 1.4bar，塔釜 1.7bar。塔顶分出冷凝水和重石脑油（107163kg/h）。3 座侧线汽提塔从上往下依次产出煤油"KEROSENE"、柴油"DIESEL"、重柴油"AGO"，塔底出常底油，塔上部两个中段回流移除部分热量。3 座侧线汽提塔操作参数见习题 2-25 附表 1，两个中段回流操作参数见习题 2-25 附表 2。求常压塔冷凝器、加热炉的热负荷、各物流流率与实沸点蒸馏曲线。

习题 2-25 附表 1　侧线汽提塔操作参数

项　目	塔板数	水蒸气流率/(kg/h)	塔釜出料量/(kg/h)	主塔液相抽出位置	汽相返回主塔位置
煤油汽提塔	4	2440	154660	6	5
柴油汽提塔	3	740	154660	13	12
重柴油汽提塔	2	590	82700	18	17
常压塔釜	25	8870			25

习题 2-25 附表 2　中段回流操作参数

项　目	主塔抽出位置	返回主塔位置	抽出流率/(kg/h)	热负荷/MW
1	8	6	441000	19.1
2	14	13	104000	7.2

参考文献

[1] AspenTech. Aspen Plus V12 Help[Z]. Cambridge: Aspen Technology, Inc., 2020.

[2] Seader J D，Henley E J, Roper D K. Separation process principles-chemical and biochemical operations[M]. 3th ed. Hoboken: John Wiley & Sons, Inc., 2011.

[3] 李雷，罗金生. 过程模拟中热力学模型的选择和使用[J]. 新疆大学学报（理工版），2001, 18(4): 481-485.

[4] 李庆会，张述伟，李燕. 基于非平衡级模型的低温甲醇洗流程模拟[J]. 化工进展，2012, 31(增刊): 474-481.

[5] 李希龙. 低温甲醇洗 H_2S 和 CO_2 吸收塔流程模拟与优化[J]. 石油石化绿色低碳, 2023, 8(1): 63-69.

[6] Carlson E. Don't gamble with physical properties for simulation[J]. Chem Eng Progress，1996(10):35-46.

[7] Luyben W L. Comparison of extractive distillation and pressure-swing distillation for acetone/chloroform separation[J]. Computers and Chemical Engineering, 2013, 50:1-7.

[8] Luyben W L. Pressure-swing distillation for minimum-and maximum-boiling homogeneous azeotropes[J]. Ind. Eng. Chem. Res., 2012, 51, 10881-10886.

[9] 陆恩锡，张慧娟. 化工过程模拟：原理与应用[M]. 北京：化学工业出版社，2011.

[10] Beneke D, Peters M, Glasser D. Understanding distillation using column profile maps[M]. New Jersey: John Wiley & Sons, Inc., 2013.

第3章

节能分离过程

化工过程是一个技术密集、资金密集型的行业，也是耗能大户。我国炼油、化工等过程工业的能耗占全国总能耗的一半左右，如何提高过程工业能源的利用率已经成为影响国民经济发展的重要因素。目前全球能源日趋紧张，我国更是一个能源匮乏的国家，2023年原油的对外依存度超过70%，节能减排已成为我国的基本国策。在化工设计过程中，采用新技术精心设计，从源头上节能降耗，减少碳排放，是每一个化工设计人员义不容辞的责任。

在化工生产流程中，分离过程是能耗比重最大的部分。分离过程是将混合物分成组成互不相同的两种或几种产品的操作。分离过程提供符合质量要求的原料，清除对反应或催化剂有害的杂质，减少副反应，提高收率，增加产品纯度以得到合格产品，并使中间物料循环使用。分离过程在环境保护上也发挥主要的作用，如三废处理等。所有的分离过程都需要以热和（或）功的形式加入能量，其费用与设备折旧费相比占首要地位，是生产操作费用的主要部分。因此，在化工设计过程中，应该优先选用节能的分离方法。

3.1 流体换热与热集成网络

3.1.1 冷热流体换热

在化工流程中，从原料到产品的整个生产过程，始终伴随着能量的供应、转换、利用、回收、生产、排弃等环节。例如，进料需要加热，产品需要冷却，冷、热流体之间换热构成了热回收换热系统。加热不足的部分就必须消耗热公用工程提供的燃料或蒸汽，冷却不足的部分就必须消耗冷公用工程提供的冷却水、冷却空气或冷量；泵和压缩机的运行需要消耗电力或由蒸汽透平直接驱动等。若能巧妙地安排流程中的冷热流体相互换热，则可减少外部公用工程的消耗，降低生产成本。

例 3-1 乙醇与苯变压精馏系统冷热流体换热。

在例 2-10 变压精馏的流程中，因为两塔压差较大，操作温度相差亦很大。低压塔（C2）塔顶共沸物进入高压塔（C1）之前需要升压升温，由 70.0℃ 升到 C1 塔进料板温度 165℃，加热器（HEAT）的热负荷为 163.0kW；C1 塔塔顶共沸物进入 C2 塔之前需要降温，由 158.4℃ 降低到 C2 塔进料板温度 72℃，冷却器（COLD）的热负荷为 −293.7kW。若能把冷却器释放的热量部分用于加热器，问可降低能量消耗多少？

解 可以把这两股冷热流体换热，用一个两股流体换热器模块"HeatX"取代例 2-10 流程中两个单一流体换热模块。但在设计这一换热流程时，为保证换热器能够稳定工作，应该考虑换热器热端温差、冷端温差的限制。新设计的含换热的变压精馏分离乙醇与苯的

流程见图 3-1。换热器 "HeatX" 采用简捷计算，指定冷流体 "RECYC2" 出口温度 148.4℃，保留换热器 "HeatX" 热端温差为 10℃，以便于换热器能正常运转。在乙醇产品与苯产品的浓度均达到 0.99（摩尔分数，下同）的前提下，换热器的热负荷 131.1kW。这表明，两股流体换热后，节省了加热负荷 131.1kW，也节省了冷却负荷 131.1kW。图 3-1 中标出了各设备的热负荷、各物流的温度。可以算出，图 3-1 换热流程的加热热负荷 2129.3kW，冷却热负荷 2237.0kW。与例 2-10 流程比较，加热热负荷节省了 12.1%，冷却热负荷节省了 11.6%。

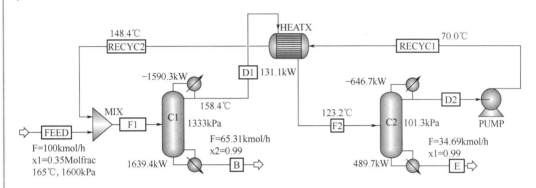

图 3-1　含换热的变压精馏分离乙醇（1）与苯（2）的流程 1

（加热热负荷 2129.3kW，冷却热负荷 2237.0kW）

由于图 3-1 流程中的物流 RECYC2 与物流 F2 的入塔温度与例 2-10 流程不同，因此图 3-1 流程中两塔的操作条件也与例 2-10 流程不同。物流 F2 的温度为 123.2℃，比例 2-10 流程 C2 塔的进料板温度 72℃高 51.2℃；物流 RECYC2 的温度为 148.4℃，比例 2-10 流程 C1 塔的进料板温度 165℃低 16.6℃。进料温度的改变会引起两塔操作参数的变化，若想维持原来两塔的操作条件不变，可以添加两个换热器分别对物流 F2 冷却和对物流 RECYC2 加热，流程如图 3-2。图 3-2 中 HEAT2 为加热器，简捷计算，设置物流 S1 温度为 165℃；COLD2 为冷却器，简捷计算，设置物流 F2 温度为 72℃。与例 2-10 的流程比较，加热热负荷降低了 5.41%，冷却热负荷降低了 5.18%。

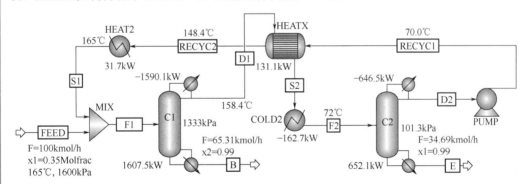

图 3-2　含换热的变压精馏分离乙醇（1）与苯（2）的流程 2

（加热热负荷 2289.2kW，冷却热负荷 2397.2kW）

设置了 HEATX、HEAT2、COLD2 三台换热器后，进入两塔的物流温度未变，故两塔的操作参数也不变。若希望进一步降低图 3-2 流程的能量消耗，可以把 C1 塔的塔釜出料作为换热器 HEAT3 的加热流体，对应的换热流程如图 3-3。图中 HEAT3 换热器简捷计算，设置物流 S1 的出口温度 165℃。入两塔的物流温度未变，故两塔的操作参数也不变。C1 塔釜液的温度经换热后降温 9.2℃。与例 2-10 的流程比较，加热负荷降低了 6.72%，冷却负荷降低了 5.18%。

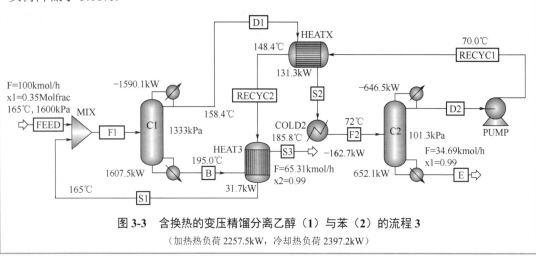

图 3-3　含换热的变压精馏分离乙醇（1）与苯（2）的流程 3

（加热热负荷 2257.5kW，冷却热负荷 2397.2kW）

3.1.2　热集成网络分析

3.1.1 节对变压精馏分离乙醇与苯共沸物的节能模拟计算是基于直觉的观察，若想获得更全面的节能方案，可用 Aspen 能量分析器软件（Aspen Energy Analyzer，AEA）进行热集成网络分析，寻找可能的节能流程。

在大型过程系统中，存在大量需要换热的流股，一些物流需要被加热，一些物流需要被冷却。大型过程系统可以提供的外部公用工程种类繁多，如不同压力等级的蒸汽，不同温度的冷冻剂、冷却水等。为提高能量利用率，节约资源与能源，就要优先考虑系统中各流股之间的换热、各流股与不同公用工程种类的搭配，以实现最大限度的热量回收，尽可能提高工艺过程的热力学效率。

热集成网络的分析与合成，本质上是设计一个由热交换器组成的换热网络，使系统中所有需要加热和冷却的物流都达到工艺流程所规定的出口温度，使得基于热集成网络运行费用与换热设备投资费用的系统总费用最小。AEA 软件采用过程系统最优化的方法进行过程热集成的设计，其核心是夹点技术。它主要是对过程系统的整体进行优化设计，包括冷热物流之间的恰当匹配、冷热公用工程的类型和能级选择；加热器、冷却器及系统中的一些设备如分离器、蒸发器等在网络中的合适配置；节能、投资和可操作性的三维权衡；最终的优化目标是总年度运行费用与设备投资费用之和（总年度费用目标）最小，同时兼顾过程系统的安全性、可操作性、对不同工况的适应性和对环境的影响等非定量的过程目标。

> **例 3-2**　乙醇与苯变压精馏系统的热集成网络分析。
>
> 用 AEA 软件对例 2-10 模拟流程进行热集成网络分析，寻找更佳的节能方案，并根据热集成网络分析结果，推荐优化的乙醇与苯变压精馏节能流程。
>
> **解**　（1）由能耗分析面板查看当前能耗与目标能耗　打开保存的例 2-10 模拟程序，鼠标点击流程模拟界面上方能耗分析工具条 "Available Energy Savings" 的激活按钮 "on"，软件开始节能计算，并在工具条上显示总体节能结果，如图 3-4，显示例 2-10 流程可以节能 1568kW，占总能耗的 31.66%。

鼠标点击图 3-4 空白处，软件显示详细节能计算结果，如图 3-5。在图 3-5 "Savings Summary"页面，列出了例 2-10 流程当前能耗与目标能耗的数据与柱状图。若点击图 3-5 下方"Find Design Changes"按钮，软件会进行新的节能方案计算。新方案可能修改原流程的换热器面积、添加新的换热器、移动原换热器位置等，新方案计算结果会列在图 3-5 的"Design Changes"页面上。点击图 3-5 下方"See Report"按钮，软件会把部分节能计算结果以图表的形式输出到 Excel 表格中，用户可以对此表格进行保存。

图 3-4　总体节能结果

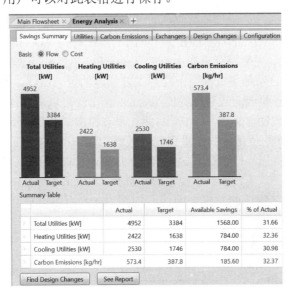

图 3-5　例 2-10 流程当前能耗与目标能耗

在图 3-5 "Utilities"页面，列出了例 2-10 流程公用工程当前消耗值与目标消耗值；在图 3-5 "Carbon Emissions"页面，列出了例 2-10 流程 CO_2 当前排放值与目标排放值；在图 3-5 "Exchangers"页面，列出了各换热器当前热负荷值与目标节能值；在图 3-5 "Configuration"页面，选择过程类型"Chemical"，默认换热器两端温差 10℃，该页面上列出了各换热器冷热流体的进出口温度。

进入"Energy Analysis"界面，在"Project 1|Saving Potentials"页面列出了两项内容：一是软件自动配置的各公用工程介质的当前消耗值与目标消耗值、节能比例与经济效益，如图 3-6（a）；二是各换热器冷热流体名称与进出口温度、目标节能值与换热面积，如图 3-6（b）。

	Energy			Greenhouse Gases			Energy Cost Savings		ΔTmin [C]	Status
	Current [kW]	Target [kW]	Saving Potential [kW]	Current [kg/hr]	Target [kg/hr]	Reduction Potential [kg/hr]	$/Yr	%		
MP Steam	162.8	30.94	131.9	0	0	0	9,155	81.00	10.0	
HP Steam	1607	1607	0	0	0	0	0	0.00	10.0	
LP Steam	652.1	0	652.1	0	0	0	39,100	100.00	10.0	
Total Hot Utilities	**2422**	**1638**	**784**	**0**	**0**	**0**	**48,254**	**27.23**		✓
Air	940.2	688.4	251.8	0	0	0	8	26.78	10.0	
LP Steam Generation	1590	1058	532.2	0	0	0	-31,742	-33.47	10.0	
Total Cold Utilities	**2530**	**1746**	**784**	**0**	**0**	**0**	**-31,734**	**-33.47**		✓

(a) 公用工程类型、当前消耗值与目标消耗值

图 3-6

Heat Exchanger	Status	Type	Base Duty [kW]	Hot Inlet Temp [C]	Hot Outlet Temp [C]	Cold Inlet Temp [C]	Cold Outlet Temp [C]	Recov Duty [kW]	Base Area [sqm]	Overall Heat Tran: Method	Value [cal/s]	Hot Side Fluid	Cold Side Fluid
Reboiler@C2	✓	Heater	652.1	125.0	124.0	81.8	83.1	652.1	5.586	Default ▾	0.1	LP Steam	To Reboiler@C2_TO_E
HEAT	✓	Heater	162.8	175.0	174.0	70.0	165.0	131.9	3.263	Default ▾	0.0	MP Steam	RECYC1_To_RECYC2
Condenser@C2	✓	Cooler	646.4	68.2	67.9	30.0	35.0	0.0	166.6	Default ▾	0.0	To Condenser@C2_TO_D2	Air
Condenser@C1	✓	Cooler	1590	158.4	158.4	124.0	125.0	0.0	10.91	Default ▾	0.1	To Condenser@C1_TO_D1Duplicate	LP Steam Generation
COLD	✓	Cooler	293.7	158.4	72.0	30.0	35.0	0.0	37.05	Default ▾	0.0	D1_To_F2	Air
Reboiler@C1	✓	Heater	1607	250.0	249.0	191.0	195.0	0.0	13.81	Default ▾	0.0	HP Steam	To Reboiler@C1_TO_B

(b) 各换热器冷热流体名称与进出口温度、目标节能值与换热面积

图 3-6　原始换热网络能耗分析

（2）进入 AEA 软件界面　点击图 3-6 页面上方工具栏"Details"图标，软件弹窗提示即将打开 AEA 软件，提醒保存正在运行的 Aspen Plus 文件。点击弹窗中的"Yes"按钮，AEA 软件打开，直接显示热集成网络中冷热工艺物流的组合曲线，如图 3-7。图中两曲线由左至右分别是热物流组合曲线和冷物流组合曲线，由此可以看出优化后热集成网络中需要的冷热公用工程的数量与品位。其中，两曲线垂直包围部分是可以用冷热物流换热达到工艺要求的区域，可换热值是两曲线垂直包围区域的面积；冷物流组合曲线未垂直包围部分需要热公用工程提供加热热负荷，热物流组合曲线未垂直包围部分需要冷公用工程提供冷却热负荷。在界面上方工具条的下拉窗口中选择"Grand Composite Curve"，软件显示热集成网络中冷热工艺物流的总组合曲线，如图 3-8。由图可见，热集成网络的夹点在

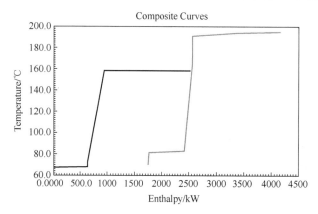

图 3-7　冷、热工艺物流的组合曲线

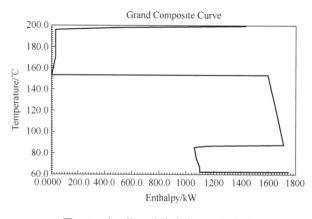

图 3-8　冷、热工艺物流的总组合曲线

154℃；在夹点以上，需要提供热公用工程，温度>200℃，数量为1638kW；在夹点以下，需要提供冷公用工程，温度<60℃，数量为1746kW。

依次点击界面左下方的"Range Targets"按钮和右下方的"Calculate Range Targets"按钮，软件对读入的例2-10流程数据进行计算，结果以图表方式显示换热器温差"Delta Tmin"对热集成网络总年度费用成本指数"Total Cost Index Target"的影响，见图3-9，可见换热器温差在8℃时总年度费用成本指数最小。

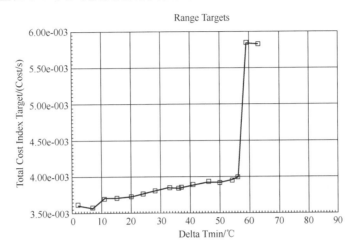

图 3-9　换热器温差对目标函数影响

在页面右侧导航栏"APLUS_Import"文件夹下面的"Scenario 1"子文件夹中，给出了例2-10流程原始换热网络"SimulationBaseCase"（以下简称原始换热网络），如图3-10（a）。图中有四组水平直线，由上往下分别是冷公用工程物流、需要冷却的高温工艺物流、需要加热的低温工艺物流、热公用工程物流。由图3-10（a）可见，在原始换热网络中，只有高温工艺物流向冷公用工程物流传热和热公用工程物流向低温工艺物流供热，并无

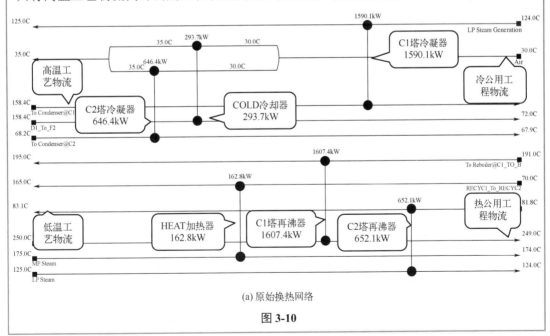

(a) 原始换热网络

图 3-10

Performance	Network Cost Indexes			Network Performance			
		Cost Index	% of Target			HEN	% of Target
Summary	Heating [Cost/s]	5.616e-003	137.4	Heating [kW]		2422	147.9
Heat Exchangers	Cooling [Cost/s]	-3.004e-003	49.69	Cooling [kW]		2530	144.9
Utilities	Operating [Cost/s]	2.611e-003	125.1	Number of Units		6.000	66.67
	Capital [Cost]	1.398e+005	77.19	Number of Shells		7.000	70.00
	Total Cost [Cost/s]	3.781e-003	104.9	Total Area [m2]		237.2	113.4

(b) 成本指数、热负荷当前值与节约目标

Performance	Heat Exchanger		Cost Index [Cost]	Area [m2]	Shells	Load [kW]
Summary	COLD	⬦	2.439e+004	37.05	1	293.7
Heat Exchangers	HEAT	⬦	1.237e+004	3.263	2	162.8
Utilities	Condenser@C	⬦	5.791e+004	166.6	1	646.4
	Reboiler@C1	⬦	1.654e+004	13.81	1	1607
	Condenser@C	⬦	1.541e+004	10.91	1	1590
	Reboiler@C2	⬦	1.317e+004	5.586	1	652.1

(c) 换热器成本指数、换热器面积与热负荷

Performance	Utility		Cost Index [Cost/s]	Load [kW]	% of Target
Summary	Air	⬈	9.402e-007	940.2	136.6
Heat Exchangers	LP Steam Generation	⬈	-3.005e-003	1590	150.3
Utilities	MP Steam	⬈	3.582e-004	162.8	526.2
	HP Steam	⬈	4.019e-003	1607	100.0
	LP Steam	⬈	1.239e-003	652.1	INF

(d) 公用工程成本指数、热负荷当前值与节约目标

图 3-10　原始换热网络与统计数据

冷、热工艺物流之间的相互换热。点击原始换热网络页面下方的"Performance"按钮，列出了原始换热网络的三项统计数据，分别是成本指数、热负荷当前值与节约目标，换热器成本指数、换热器面积与热负荷，公用工程成本指数、热负荷当前值与节约目标，见图 3-10（b）～图 3-10（d）。

　　类似地，可以逐一点击其余按钮，观察原始换热网络的统计数据。需要注意的是，所有的成本估计都是基于 AEA 软件默认的经济参数，用户可以选择导航栏的"Scenario 1"文件夹，点击页面右下方的"Data"按钮，在"Utility Streams"页面和"Economics"页面修改公用工程介质的价格指数和换热器设备的价格指数。

　　（3）推荐近似优化的热集成方案　选择"Scenario 1"子文件夹，点击页面下方"Recommend Designs"按钮，弹出一个对话框，询问需要推荐近似优化热集成方案的数目，默认最大优化方案数目是 10，本题选择 5，如图 3-11。点击"Solve"按钮，软件开始逐个进行近似优化热集成方案模拟计算，结果见图 3-12。新计算出来的 5 个近似优化热集成方案编号为"A_Design2～6"。各热集成方案统计数据见图 3-12 下侧表格，按总成本指数由高到低排列。方案编号右侧红色标识符表明该方案为病态换热网络，含有不可行换热，需要进一步修改；绿色标识符表明为正常换热网络，具有可行性。可见新计算出来的 5 个近似优化热集成方案中只有"A_Design6"方案（以下简称方案 6）为正常换热网络。由图 3-12，方案 6 加热热负荷由原始换热网络的 2422kW 降低到 1770kW，冷却热负荷由 2530kW 降低到 1878kW，操作成本指数略有降低，但设备投资成本指数和总成本指数均高于原始换热网络。方

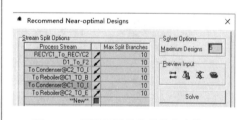

图 3-11　推荐近似优化节能方案数目

案 6 的换热网络见图 3-13（a），对应的模拟流程见图 3-13（b）。该方案利用 C1 塔塔顶汽相潜热，部分为 C2 塔釜液加热，部分用于生产低压蒸汽。

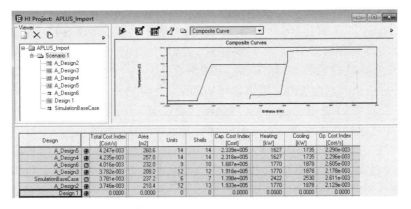

图 3-12　近似优化节能方案计算结果

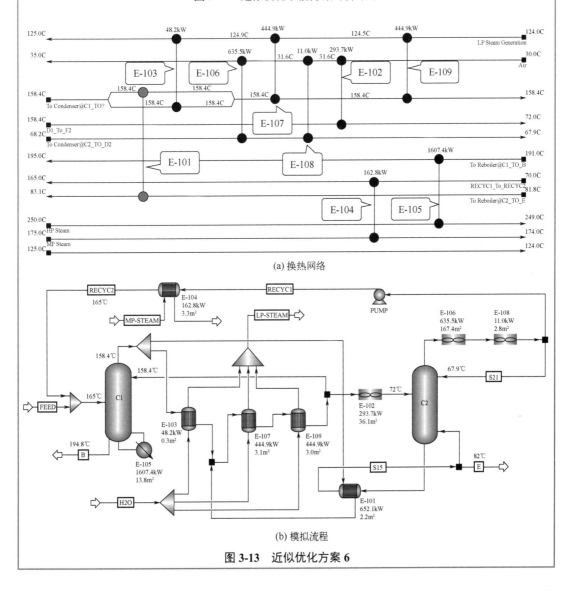

(a) 换热网络

(b) 模拟流程

图 3-13　近似优化方案 6

（4）近似优化方案 6 的改造　与原始换热网络比较，方案 6 的冷热公用工程负荷均大大降低，但方案 6 仍存在一些不合理的设计，需要进行改造。

① 删除小面积换热器　换热器 E-103 换热面积只有 0.3m²，应该删除，可以把 E-103 的热负荷加载到 E-107 或 E-109 换热器上。删除方法：鼠标右击图 3-13（a）上的 E-103，选择"Delete"，即可删除 E-103。由于 E-103 与 E-107、E-109 都是在相同的热源之间工作，当删除 E-103 后，其热负荷自动加载到了 E-109 上，E-109 的热负荷变为 493.1kW。经过 E-103 的 C1 塔塔顶汽相物流分叉管道也可以删除，删除方法：鼠标右击图 3-13（a）上的分叉管道，选择"Delete Branch"，即可删除。经过第一步改造后，方案 6 的冷热公用工程负荷没有变化，但总成本指数由 4.016×10^{-3} 下降到 3.931×10^{-3}。

② 合并在相同两个热源中间工作的平行换热器　方案 6 的 E-106 与 E-108 是两台平行工作的空冷器，从 C2 塔顶移出汽相潜热，可以合并。因为 E-108 热负荷相对小，只有 11kW，换热面积只有 2.8m²，应该删除。删除 E-108 后，其热负荷需要添加到 E-106 上，E-106 的热负荷变为 646.5kW。调整方法：鼠标右击 E-106，选择"View"，出现 E-106 空冷器数据框，人工修改 E-106 的热负荷数值，如图 3-14。经过第二步改造后，方案 6 的换热网络简化为图 3-15，其冷热公用工程负荷没有变化，总成本指数下降到 3.837×10^{-3}。

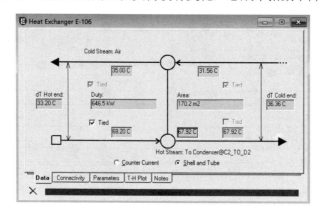

图 3-14　修改 E-106 的热负荷数值

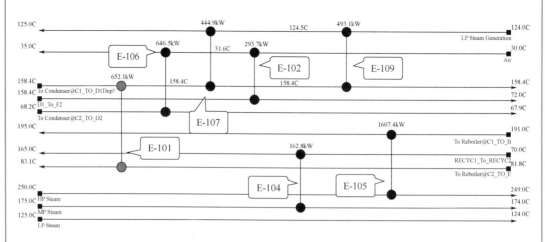

图 3-15　对近似优化方案 6 的第二步改造

③ 消除热集成网络中的环形路径与直通路径　在某些热集成方案中，会出现一个或若干个环形路径（Loops）的换热网络，如图 3-16 所示。所谓环形路径，是由换热网络中

的换热器、工艺物流构成的封闭回路。根据夹点理论产生的以网络运行总年度成本指数最小为综合目标的换热网络综合，会产生一些闭合的环形路径，这些环形路径会产生多于Euler 通用网络理论计算出的最少换热器数目，即存在多余的换热器匹配单元，增加设备投资。换热网络中出现环形路径，也表明换热网络中存在着比网络可控稳定操作多余的系统规定参数，当被控制参量产生波动时，会在回路中产生振荡，影响网络的稳定运行，增加控制难度。

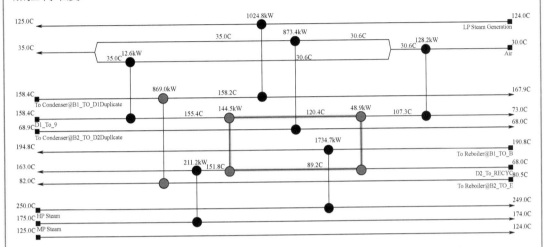

图 3-16　含环形路径的换热网络

在某些热集成网络方案中，会出现一个或若干个直通路径（Paths）的换热网络，如图 3-17。所谓直通路径，是由热公用工程为起点，经换热器、工艺物流到冷公用工程的一条路径。直通路径会产生热量从热公用工程（如蒸汽或加热炉）经换热器、工艺物流到冷公用工程（如循环冷却水）路径的直接传递。在直通路径上，任意一个换热器热负荷的波动都会波及其它的换热器工作，有可能出现加热器的热负荷从热公用工程传递到冷公用工程的冷却器。

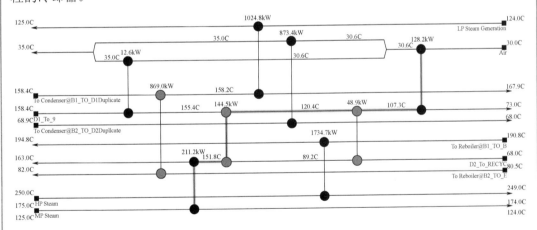

图 3-17　含直通路径的换热网络

在某些热集成网络方案中，会同时出现一个或若干个环形路径与直通路径的换热网络。包含这两种路径的换热网络方案都存在设备投资大、效率低、操作不稳定的问题。检查一个换热网络是否存在环形路径与直通路径，可把鼠标放在换热网络图面空白处右击，弹窗中若出现"Show Loops"，表明存在环形路径；若出现"Show Paths"，表明存在直通路径。对于这类换热网络都需要进行人工改造，把环形路径和直通路径全都消除。

（5）推荐的乙醇与苯变压精馏节能流程　由图3-15，近似优化方案6经过两步改造后，C1塔塔顶汽相潜热除了用于C2塔再沸器加热外，多余的热量还用于E-107和E-109生产低压蒸汽，这两台废热锅炉可以合并。现删除E-107，其热负荷加载到E-109上，其热负荷变化到938kW。经过三步改造后的近似优化方案6的换热网络、经济指标和对应的工艺流程如图3-18。

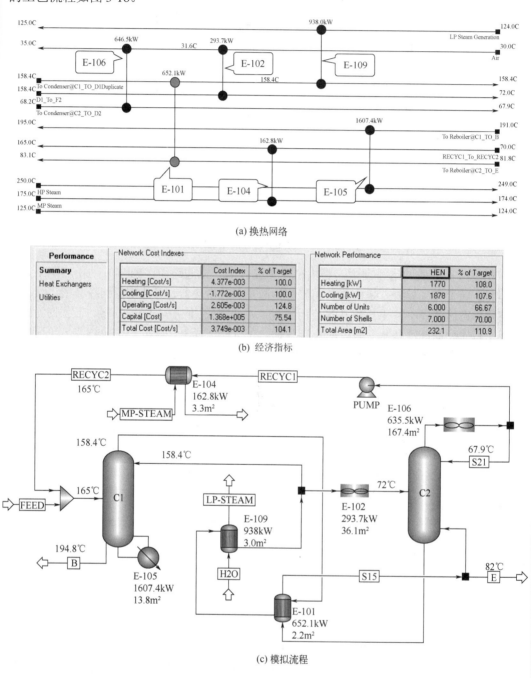

(a) 换热网络

(b) 经济指标

(c) 模拟流程

图3-18　对近似优化方案6的第三步改造

与最初的方案 6 相比，冷热公用工程负荷没有变化，总换热面积不变，换热器减少 3 台。操作成本指数没有变化，设备成本指数 1.368×10^5，降低 18.9%；总年度费用成本指数 3.749×10^{-3}，降低 6.65%，这两项成本指数由改造前的高于原始换热网络变成了低于原始换热网络。

以上本着可行、实用、操作稳定的原则对近似优化方案 6 进行了三步改造，把一个复杂的换热网络流程简化成了一个带废热锅炉的双效精馏流程。与例 2-10 原始换热网络比较，图 3-18 流程换热器的数量相同，换热面积 232.1m²，降低 2.15%；热公用工程负荷 1770 kW，降低了 26.9%，冷公用工程负荷 1878kW，降低了 25.8%，另外还产生了 938kW 的低压蒸汽外供。与图 3-5 能耗分析面板给出的目标能耗（加热热负荷 1638kW，冷却热负荷 1746kW）相比，图 3-18 流程还有进一步节能的空间（热公用工程负荷可降低 8.0%，冷公用工程负荷可降低 7.6%）。

3.2 蒸汽优化配置

蒸汽是企业能源的重要组成部分，合理使用价格昂贵的蒸汽越来越受到重视，合理设计和配置蒸汽能够节约能源、降低生产成本，提高产品竞争力。在化工分离操作中，蒸汽是最广泛使用的能量分离媒介。对于单一分离单元，设计人员一般能够合理使用蒸汽，但对于组合分离单元，蒸汽的合理配置往往不能直接看出，而软件的优化功能则提供了一个有力工具。

例 3-3 汽提蒸汽优化配置。

采用单罐汽提和双罐二级汽提方法降低废水中二氯甲烷（DCM）的浓度，流程如图 3-19。已知废水流率 1.0×10^5kg/h，DCM 浓度 0.014（质量分数，下同），温度 40℃，压力 2bar。汽提蒸汽压力 2bar，末级汽提罐压力不低于 1.2bar。要求净化水中 DCM 浓度 $\leqslant150\times10^{-6}$，比较两种汽提方法的蒸汽消耗量。

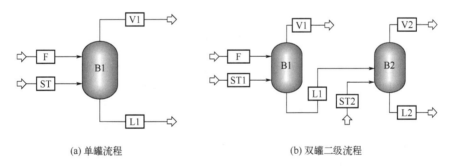

(a) 单罐流程　　　　　　　　　　(b) 双罐二级流程

图 3-19　汽提流程

解　（1）单罐汽提　打开软件，进入"Properties"界面，在组分输入页面添加水、DCM，选择"NRTL"性质方法。进入"Simulation"界面，模拟流程如图 3-19（a）。输入进料物流信息，蒸汽消耗量暂定 10000kg/h，设置汽提罐热负荷为零，压力 1.2bar。在"Flowsheeting Options|Design Specs"子目录，建立一个反馈计算文件"DS-1"，定义汽提罐出口净化水中 DCM 浓度"X1"，如图 3-20；设置收敛要求 X1$\leqslant150\times10^{-6}$、允许误差 1×10^{-6}，如图 3-21；设置蒸汽消耗量搜索范围，如图 3-22，计算结果见图 3-23。当 X1= 150×10^{-6} 时，蒸汽消耗量 22387.3kg/h，相当于 1kg 蒸汽处理 4.47kg 废水，汽提单位质量 DCM 消耗蒸汽 16.18kg。

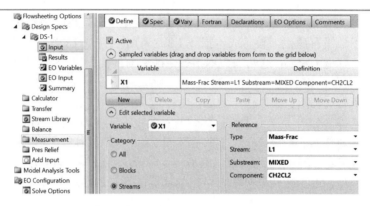

图 3-20　定义出口净化水中 DCM 质量分数

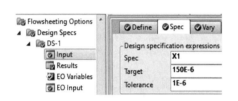

图 3-21　设置收敛要求和容许误差

图 3-22　设置蒸汽消耗量范围

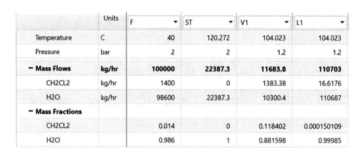

	Units	F	ST	V1	L1
Temperature	C	40	120.272	104.023	104.023
Pressure	bar	2	2	1.2	1.2
− Mass Flows	kg/hr	100000	22387.3	11683.8	110703
CH2CL2	kg/hr	1400	0	1383.38	16.6176
H2O	kg/hr	98600	22387.3	10300.4	110687
− Mass Fractions					
CH2CL2		0.014	0	0.118402	0.000150109
H2O		0.986	1	0.881598	0.99985

图 3-23　单罐汽提计算结果

（2）双罐二级汽提　模拟流程如图 3-19（b）。设置第一罐操作压力 1.3bar，第二罐 1.2bar，两罐同时加入汽提蒸汽，考察第二罐出口净化水浓度达标时两罐汽提蒸汽消耗量。为合理分配加入两罐的蒸汽数量，使用软件的"Optimization"优化功能。删除单罐汽提计算时设置的"DS-1"文件，第二罐汽提蒸汽用量暂时设置为1000kg/h。

①　创建约束文件　在"Model Analysis Tools|Constraint"子目录，建立一个因变量约束对象文件"C-1"，并定义约束变量名称"PPM"，表示第二罐出水中 DCM 浓度，如图 3-24。在"C-1|Input|Spec"页面，定义约束条件，即 PPM $\leqslant$ 150$\times$10^{-6}，允许误差 1$\times$10^{-6}，如图 3-25。

②　创建优化文件　在"Model Analysis Tools|Optimization"页面，建立一个优化对象文件"O-1"，定义两股蒸汽用量"FLOW1"与"FLOW2"，"FLOW1"定义方法如图 3-26。在"O-1|Input| Objective& Constraints"页面，输入目标函数（两股蒸汽消耗量总和最小）和约束文件"C-1"，如图 3-27。在"O-1|Input|Vary"页面，输入两个自变量的优化调节范围，其中第 1 个自变量"ST1"是第一罐蒸汽加入量，搜索范围暂定为 10000～15000kg/h，优化设置方法如图 3-28；第 2 个自变量"ST2"是第二罐蒸汽加入量，搜索范围暂定为

1000～3000kg/h，优化设置方法类似。

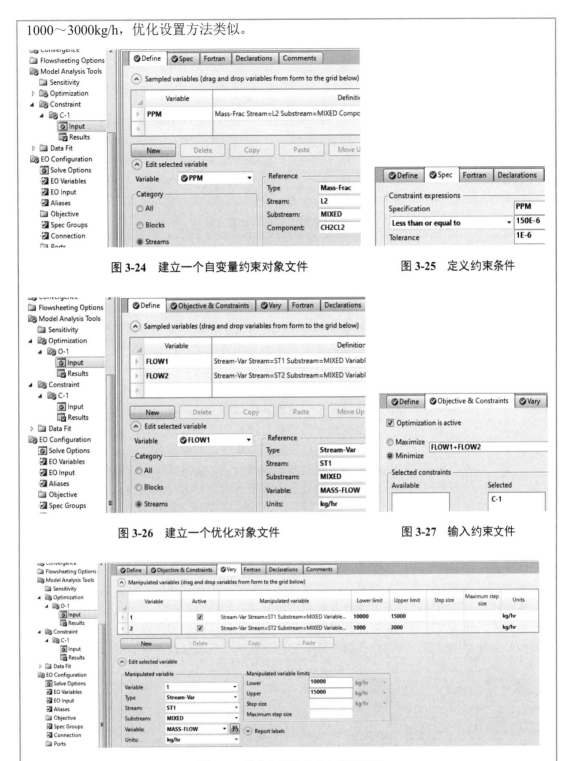

图 3-24　建立一个自变量约束对象文件

图 3-25　定义约束条件

图 3-26　建立一个优化对象文件

图 3-27　输入约束文件

图 3-28　输入自变量的优化调节范围

③ 运行优化程序　计算结果见图 3-29，当 PPM $=150 \times 10^{-6}$ 时，两汽提罐蒸汽消耗总量是 14125.3kg/h，相当于 1kg 蒸汽处理 7.08kg 废水。与单罐汽提结果比较，蒸汽汽提效率提高 58.4%。就两个罐自身比较，因为罐中液相 DCM 浓度不同，汽提单位质量 DCM

消耗的蒸汽量也不同。第一罐汽提单位质量 DCM 消耗的蒸汽量是 9.75kg，第二罐是 14.22kg，可见液相 DCM 浓度越低，越难汽提。

	Units	F	ST1	ST2	V1	L1	V2	L2
Temperature	C	40	120.272	120.272	99.6459	99.6459	104.023	104.023
Pressure	bar	2	2	2	1.3	1.3	1.2	1.2
− Mass Flows	kg/hr	100000	12112.8	2012.52	2118.31	109994	1195.22	110812
CH2CL2	kg/hr	1400	0	0	1241.86	158.143	141.51	16.6331
H2O	kg/hr	98600	12112.8	2012.52	876.457	109836	1053.71	110795
− Mass Fractions								
CH2CL2		0.014	0	0	0.586248	0.00143774	0.118397	0.000150102
H2O		0.986	1	1	0.413752	0.998562	0.881603	0.99985

图 3-29　双罐二级汽提计算结果

3.3　多效蒸发

　　蒸发是用加热的方法，使溶液中部分溶剂汽化并除去，从而提高溶液浓度，促进溶质析出的工艺操作。蒸发过程进行的必要条件是不断地向溶液供给热能和不断地去除所产生的溶剂蒸气。多效蒸发是几个蒸发器连接起来操作，前一蒸发器内蒸发时所产生的二次蒸汽用作后一蒸发器的加热蒸汽。通常第一效蒸发器在一定的表压下操作，第二效蒸发器的压强降低，从而形成适宜的温度差，使第二效蒸发器中的液体得以蒸发。同理，多效蒸发时，多个蒸发器中的温度经过一定时间后，温度差及压力差自行调整而达到稳定，使蒸发能连续进行。由于多次重复利用了热能，因此多效蒸发可以显著降低蒸发过程的能耗。

　　依据二次蒸汽和溶液的流向，多效蒸发的流程可分为：①并流流程，见图 3-30（a），溶液和二次蒸汽同向依次通过各效。由于前效压力高于后效，料液可借压差流动。但末效溶液浓度高而温度低，溶液黏度大，因此传热系数低。②逆流流程，见图 3-30（b），溶液与二次蒸汽流动方向相反，需用泵将溶液送至压力较高的前一效，各效溶液的浓度和温度对黏度的影响大致抵消，各效传热条件基本相同。③错流流程，见图 3-30（c），二次蒸汽依次通过各效，但料液则每效单独进出，这种流程适用于有晶体析出的料液。

　　蒸发器设备结构主要由加热室和蒸发室两部分组成：加热室向液体提供蒸发所需的热量，促使液体沸腾汽化；蒸发室使气液两相完全分离。加热室中产生的蒸气带有大量液沫，到了较大空间的蒸发室后，这些液体借自身凝聚或除沫器等的作用得以与蒸气分离，通常除沫器设在蒸发室的顶部。按溶液在蒸发器中的运动状况，蒸发器设备类型可分为循环型、单

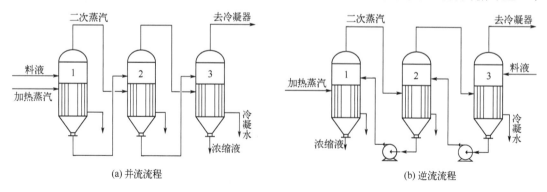

(a) 并流流程　　　　　　　　　　　　　　　(b) 逆流流程

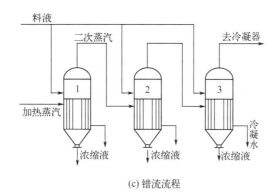

图 3-30　多效蒸发流程简图

程型、直接接触型三类：①循环型。沸腾溶液在加热室中多次通过加热表面，如中央循环管式、悬筐式、外热式、列文式和强制循环式等。②单程型。沸腾溶液在加热室中一次通过加热表面，不作循环流动，即行排出浓缩液，如升膜式、降膜式、搅拌薄膜式和离心薄膜式等。③直接接触型。加热介质与溶液直接接触传热，如浸没燃烧式蒸发器。蒸发装置在操作过程中，要消耗大量加热蒸汽，为节省加热蒸汽，可采用多效蒸发装置和蒸汽再压缩蒸发器。

例 3-4　丙烯腈装置废水双效蒸发。

某丙烯腈装置废水流率 75148.1kg/h，其中含丙烯腈聚合物（以 $C_6H_8N_2O$ 计，简记 ANP）816kg/h，温度 113℃，压力 600kPa。要求把废水中的水分蒸出 83%，使浓缩液中的 ANP 浓度≥0.059（质量分数，下同），冷凝后的净化水作为工艺循环水使用。多效蒸发器的最终压力 20kPa，加热蒸汽为 470kPa 饱和水蒸气。采用强制外循环蒸发器，设备结构如图 3-31（a）。试比较单效、双效蒸发器的能耗。

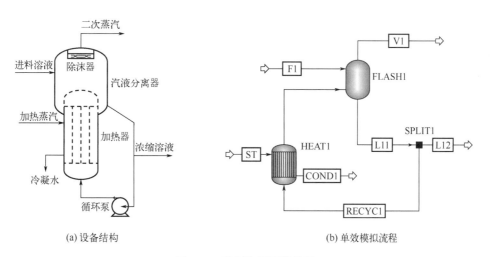

(a) 设备结构　　　　　　　　　　　(b) 单效模拟流程

图 3-31　强制外循环蒸发器

解　因 Aspen 模块库中没有蒸发器，可根据外循环蒸发器的工作原理，通过选用适当的计算模块组合，构成一台蒸发器模拟蒸发过程。若不计设备压降，图 3-31（a）蒸发器可由汽液闪蒸器、换热器、分配器三个模块组合构成，模拟流程如图 3-31（b）。

（1）单效蒸发器模拟　打开软件，进入"Properties"界面，在组分输入页面添加水、

ANP。因软件中缺乏 ANP 与水活度系数方程二元交互作用参数，选择"UNIFAC"性质方法。

① 设置模块信息　进入"Simulation"界面，输入进料物流信息，蒸汽消耗量暂时填入 10000kg/h。闪蒸器热负荷为零，压力 20kPa；设置分配器分流出蒸发系统液体的分配比为 0.1；换热器采用简捷计算，设置蒸汽冷凝液汽化分率为零，不计压降，壳程流体性质方法选用"STEAM-TA"。

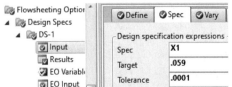

② 调整蒸汽用量　控制浓缩液中的 ANP 浓度 0.059，对目标值的设置如图 3-32，暂定蒸汽用量的搜索范围为 10000～70000kg/h。

③ 模拟计算　结果见图 3-33，可见浓缩液中的 ANP 质量分数达到 0.059，满足蒸发浓缩要求。单效蒸发器消耗蒸汽 60412kg/h，蒸发水分

图 3-32　强制外循环单效蒸发器目标值设置

61540kg/h。对单效蒸发器而言，1kg 蒸汽近似于蒸发 1kg 水分。

	Units	F1	ST	V1	L12
Temperature	C	113	149.599	60.2213	60.2213
Pressure	kPa	600	470	20	20
− Mass Flows	kg/hr	75148.1	60412	61540	13606.4
C6H8N2O	kg/hr	816	0	14.4838	801.507
H2O	kg/hr	74332.1	60412	61525.5	12804.9
− Mass Fractions					
C6H8N2O		0.0108586	0	0.000235356	0.0589067
H2O		0.989141	1	0.999765	0.941093

图 3-33　丙烯腈装置废水单效蒸发器模拟结果

（2）双效蒸发器模拟　在单效蒸发流程基础上再串联一个蒸发器，把第一蒸发器的二次蒸汽作为第二蒸发器的加热蒸汽，构成双效蒸发流程，如图 3-34。

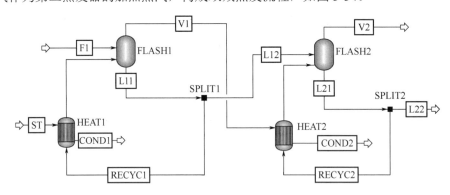

图 3-34　丙烯腈装置废水双效蒸发器模拟流程

① 设置模块信息　第一蒸发器的蒸汽加入量暂时填入 30000kg/h。两级闪蒸器热负荷设置为零，闪蒸压力第一效 66.6kPa，第二效 20kPa；设置两分配器分流出蒸发系统液体的分配比为 0.2；换热器采用简捷计算，设置蒸汽冷凝液汽化分率为零。因 V1 物流中含有 ANP，HEAT2 壳程流体选用"UNIFAC"性质方法。调整蒸汽用量，控制浓缩液中的 ANP 浓度 0.059。

② 模拟计算　结果见图 3-35，可见第二蒸发器浓缩液中的 ANP 浓度 0.059，满足浓缩要求。消耗蒸汽 28689.8kg/h，蒸发水分 61556.2 kg/h，1kg 蒸汽蒸发了 2.15kg 水分。与

单效蒸发流程相比，蒸汽效率提高了一倍以上。

	Units	F1	ST	V1	L11	V2	L22
Temperature	C	113	149.518	88.7236	88.7236	60.2214	60.2214
Pressure	kPa	600	470	66.6	66.6	20	20
− Mass Flows	kg/hr	75148.1	28689.8	30061.3	225434	31494.9	13592.6
H2O	kg/hr	74332.1	28689.8	30053.3	221394	31487.5	12791.1
C6H8N2O	kg/hr	816	0	7.9718	4040.52	7.4175	801.501
− Mass Fractions							
H2O		0.989141	1	0.999735	0.982077	0.999764	0.941034
C6H8N2O		0.0108586	0	0.000265185	0.0179232	0.000235514	0.0589662

图 3-35　丙烯腈装置废水双效蒸发器计算结果

3.4　精馏过程

3.4.1　多效精馏

多效精馏是利用高压塔顶蒸汽的潜热向低压塔的再沸器提供热量，高压塔顶蒸汽同时被冷凝的热集成精馏流程。根据进料与压力梯度方向的一致性，多效精馏可以分为：（a）并流结构，即原料分配到各热集成塔进料；（b）顺流结构，进料方向和压力梯度的方向一致，即从高压塔进料；（c）逆流结构，进料的方向和压力梯度的方向相反，即从低压塔进料；（d）混流结构，从高压塔进料，塔顶冷凝液入低压塔。流程结构如图 3-36。根据操作压力的不同，

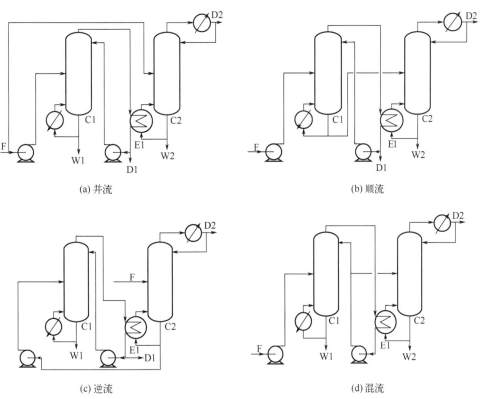

(a) 并流　　　　　　　　　　　　　　　　　(b) 顺流

(c) 逆流　　　　　　　　　　　　　　　　　(d) 混流

图 3-36　不同类型的双效精馏流程简图（C1—高压塔，C2—低压塔）

多效精馏又可分为加压-常压、加压-减压、常压-减压、减压-减压等类型。

多效精馏的效数 N（热集成塔数）与理论节能率 η 的关系如式（3-1），可以算出，双效精馏的理论节能率为 50%，三效的为 66.7%，四效的为 75%。随着效数的增加，节能率的增加幅度下降，如从双效到三效增加 16.7%，而从三效到四效仅增加 8%。

$$\eta = (N - 1) / N \times 100\% \tag{3-1}$$

尽管多效精馏有明显的益处，但其应用仍受到一定的限制。首先，效数受投资的限制。效数增加，塔数增加，设备费用增大。同时，效数增加，第一效塔的压力增加，则塔底再沸器所用的加热蒸汽的品质提高，将削弱因能耗降低而减少的操作成本；同时又使换热器传热温差减小，使换热面积增大，故换热器的投资费用增大。再者，效数受到操作条件的限制。第一效塔中允许的最高压力和温度受系统临界压力和温度、热源的最高温度以及热敏性物料的许可温度等的限制；而压力最低的塔通常受塔顶冷凝器冷却水温度的限制。最后，多效精馏系统操作相对困难，且对设计和控制都有更高的要求。

例 3-5 甲醇-水溶液顺流双效精馏。

分离甲醇-水等摩尔混合物，进料流率 2000kmol/h，压力 730kPa，温度 80℃。要求馏出液中甲醇 ≥0.995（摩尔分数，下同），釜液中甲醇 ≤0.005。比较单塔和顺流双效精馏过程的能耗。设塔板压降 0.7kPa/板，顺流双效流程高压塔压力 700kPa，低压塔常压。

解 （1）单塔精馏 打开软件，进入"Properties"界面，在组分输入页面添加甲醇、水，考虑到后续的加压精馏过程，选择"WILS-RK"性质方法。

① 用"DSTWU"模块估算 进入"Simulation"界面，建立模拟流程，输入进料物流信息。设置回流比是最小回流比的 1.2 倍，甲醇在塔顶的回收率 0.999，水在塔顶的回收率 0.001，塔顶常压，塔釜 130kPa。简捷计算结果表明，需要 27 块理论板，回流比 0.7，进料位置 19 块理论板，馏出液中甲醇含量 0.999，釜液中水含量 0.999。

② 改用"RadFrac"模块核算 在"Configuration"页面填写如图 3-37。结果显示馏出液和釜液中甲醇含量没有达到分离要求。使用"Design Specs"功能把回流比调整到 0.901 后，馏出液和釜液中甲醇含量可达到分离要求，塔釜热负荷 18.9MW。用"Sensitivity"功能把进料位置优化调整为 22 时，塔釜热负荷下降到 18.7MW。

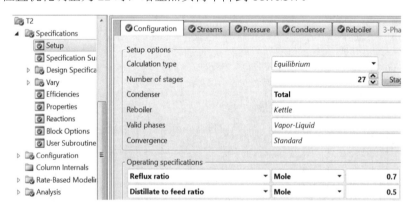

图 3-37 "Configuration"页面参数设定

（2）顺流双效精馏 把图 3-36（b）顺流双效精馏流程改画成模拟流程，如图 3-38。

对两塔系统进行总物料衡算：$F = D1 + D2 + B$

对两塔系统的甲醇进行物料衡算：$X_{FEED}F = X_{D1}D1 + X_{D2}D2 + X_B B$

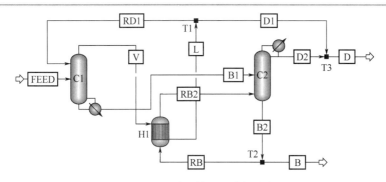

图 3-38 顺流双效精馏模拟流程

代入 X_{FEED}=0.5、X_{D1}=X_{D2} = 0.995、X_B=0.005，解出 B=1000kmol/h，$D1$+$D2$=1000kmol/h。$D1$、$D2$ 的分配比例由 C1 塔汽相出料量 V 确定，汽相 V 释放的潜热应该等于 C2 塔再沸器的热负荷，然后由 C1 塔的回流比确定 $D1$ 流率值，从而得到 $D2$ 流率值。

① 确定两塔工艺参数　借助于一个辅助双塔系统确定 $D1$ 流率值，双塔系统如图 3-39，其中 B1 塔操作压力 700kPa，B2 塔常压操作。要求两塔馏出液的甲醇浓度均为 0.995，低压塔釜液甲醇浓度 0.005。先用 "DSTWU" 模块估算，确定 B1 塔的参数是：理论塔板数 39，回流比 1.38，进料位置 29。改用 "RadFrac" 模块核算，假定 $D1$=500kmol/h，即 D/F=0.25，代入 B1 塔计算，结果 B1 塔馏出液甲醇含量不满足分离要求。经过 "Design

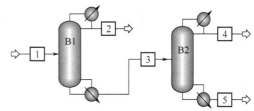

图 3-39 辅助双塔系统

Specs" 功能调整回流比为 1.54，用 "Sensitivity" 功能调整进料位置为 38，核算结果 B1 塔馏出液浓度达到分离要求。

同样方法，用 "DSTWU" 模块估算 B2 塔的操作参数是：理论塔板数 32，回流比 1.06，进料位置 26。改用 "RadFrac" 模块核算，用 "Design Specs" 功能控制馏出液中甲醇浓度 0.995，调整 B2 塔回流比为 1.022，用 "Sensitivity" 功能调整进料位置为 24，塔釜蒸发量 815.4kmol/h，核算结果塔顶、塔釜物流浓度满足分离要求。

② 确定顺流双效精馏流程中 C1 塔汽相流率　在图 3-39 流程中，建立一个反馈计算文件 "DS-1"，定义 B1 塔冷凝器热负荷为 B1QC，定义 B2 塔塔釜再沸器热负荷为 B2QN，调整 B1 塔塔顶采出比使得 B1QC 与 B2QN 的绝对值相等，参数填写如图 3-40，调整 B1 塔塔顶采出比的参数填写如图 3-41，反馈计算结果显示 B1 塔塔顶出料比 D/F 为 0.2119 时，B1 塔冷凝器热负荷 B1QC 绝对值等于 B2 塔再沸器热负荷 B2QN 绝对值，均为 9.180MW。此时，B1 塔塔顶出料量 423.8kmol/h，温度 123.4℃，回流比 1.54，回流量 652.6kmol/h，B1 塔塔顶汽相流率 423.8+652.6=1076.4（kmol/h），这也是图 3-38 顺流双效精馏流程中 C1 塔的汽相出料量，C2 塔塔顶出料量 D_2=1000−423.8=576.2（kmol/h）。

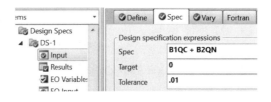

图 3-40 设置 B1QC 与 B2QN 的代数和为 0

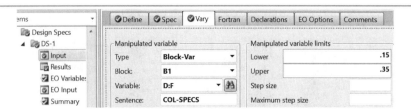

图 3-41　调整 B1 塔塔顶采出比 *D/F*

③ 参数置换　把图 3-39 辅助双塔流程参数代入图 3-38 顺流双效精馏流程，注意 C1 塔无冷凝器，设置 C1 塔塔顶汽相出料量 1076.4kmol/h，设置换热器 H1 热流体出口汽相分率为零，分配器 T1 的设置方式为物流 RD1 流率 652.6kmol/h，分配器 T2 的设置方式为物流 RB 流率 815.4kmol/h。顺流双效精馏流程计算结果如图 3-42，可见两塔馏出液中甲醇含量≥0.995，收率 99.56%；C2 塔釜液水含量≥0.995，水的收率 99.57%，均达到分离要求。C1 塔再沸器热负荷 12.5MW，与单塔精馏消耗加热能量 18.7MW 相比，甲醇-水顺流双效精馏比单塔精馏节省加热能量 33.2%，另外还节省了 C1 塔冷凝器循环冷却水消耗。

	Units	FEED	V	D1	D2	D	B
Temperature	C	80	123.476	123.431	64.5905	90.9584	104.861
Pressure	kPa	730	700	700	101.3	101.3	123
+ Mole Flows	**kmol/hr**	**2000**	**1076.4**	**423.78**	**576.156**	**999.936**	**1000.06**
− Mole Fractions							
METHANOL		0.5	0.995374	0.995374	0.995918	0.995688	0.00437608
H2O		0.5	0.00462582	0.00462582	0.00408194	0.00431244	0.995624

图 3-42　顺流双效精馏流程计算结果

3.4.2　热泵精馏

通过外加功将热量自低温位传至高温位的系统称为热泵系统。热泵以消耗一定量机械功为代价，把低温位热能温度提高到可以被利用的程度。由于所获得的可利用热量远远超过输入系统的能量，因而可以节能。热泵精馏的出发点是提高精馏过程中一部分能量的品位，用于再沸器加热需要。热泵精馏尤其适用于低沸点物质的精馏，即塔顶汽相需要用冷冻水或其它制冷剂冷凝的系统，通常不用于多组分精馏或相对挥发度较大的系统。

根据热泵所消耗的外界能量不同，热泵精馏分为汽相压缩式热泵精馏和吸收式热泵精馏。根据压缩机工质的不同，汽相压缩式热泵精馏又分为塔顶汽相直接压缩式、釜液闪蒸汽化后压缩式和间接蒸汽压缩式三种类型，汽相压缩式热泵精馏流程如图 3-43。

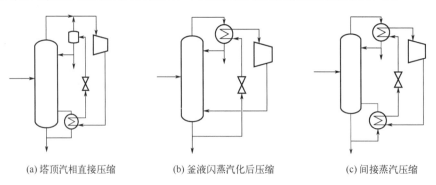

(a) 塔顶汽相直接压缩　　　(b) 釜液闪蒸汽化后压缩　　　(c) 间接蒸汽压缩

图 3-43　汽相压缩式热泵精馏的流程简图

汽相压缩式热泵精馏通常用于塔顶和塔底温差较小的精馏塔、被分离物质沸点相近的难分离系统或低压下精馏时塔顶产品需要用冷冻剂冷凝的系统。塔顶汽相直接压缩式热泵精馏如图 3-43（a），以塔顶汽相为工质，利用压缩作用使汽相温度提高一个能级，从而能够用于釜液加热。釜液闪蒸汽化后压缩式热泵精馏见图 3-43（b），以釜液为工质，经减压阀减压闪蒸降温后与塔顶汽相换热，使之冷凝，同时自身汽化，然后经压缩机压缩到与塔底温度压力相同的状态后送入塔底作为塔釜加热热源。间接蒸汽压缩式热泵精馏见图 3-43（c），利用单独封闭循环的工质（冷剂）工作，塔顶汽相的能量传给工质，工质在塔底将能量释放用于加热釜液，该形式主要适用于精馏介质具有腐蚀性、对温度敏感的情况。

吸收式热泵精馏流程如图 3-44，由吸收器、发生器、冷凝器和蒸发器等设备组成，常用溴化锂水溶液或氯化钙水溶液为工质。当塔顶、塔底温差较大时，使用吸收式热泵具有明显的优势。若以溴化锂水溶液为工质，由发生器送来的浓溴化锂溶液在吸收器中遇到从蒸发器送来的水蒸气，发生强烈的吸收作用，溶液升温且放出热量，该热量即可作为精馏塔塔釜再沸器的热源，实际上吸收式热泵的吸收器即为精馏塔的再沸器。浓溴化锂溶液吸收了水蒸气之后浓度变稀，即泵送发生器增浓。发生器增浓所耗用的热能 $Q_\text{入}$ 是吸收式热泵的原动力。从发生器中蒸发出来的水蒸气在冷凝器中冷却、冷凝成液态水，经节流阀送入蒸发器汽化，汽化热取自塔顶馏出物，使塔顶馏出物被冷

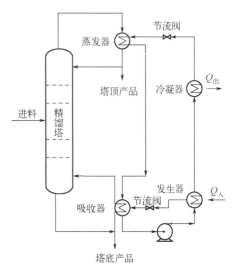

图 3-44　吸收式热泵精馏流程简图

凝，重新蒸发的水汽进入吸收器进行下一个循环。由此可见，吸收式热泵系统的蒸发器也是精馏塔的冷凝器。吸收式热泵的优点是可以利用温度不高的热源作为动力，如工厂废汽、废热。除功率不大的溶液泵外没有转动部件，设备维修方便，耗电量小，无噪声。缺点是热效率低，需要较高的投资，使用寿命不长。因此只有在产热量很大、对温度提升要求不高，并且可用废热直接驱动的情况下，吸收式热泵的工业应用才具有较大的吸引力。

一般地，塔底液体闪蒸式结构在塔压较高时有利，塔顶汽相直接压缩式在塔压较低时有利，二者都比间接式热泵精馏少一个换热器。而吸收式热泵精馏适用于塔顶和塔底温差较大的系统。不同类型的热泵精馏，对于不同的分离物系和热源特点，各有优缺点，实际应用中应根据具体情况选择合适的结构，并对其进行改进，以满足其应用要求。

例 3-6　丙烯-丙烷热泵精馏。

丙烯-丙烷混合物含丙烯 0.6（摩尔分数，下同），流率 250kmol/h，压力 7.7bar，饱和液体，塔顶压力 6.9bar，塔底压力 7.75bar。用釜液闪蒸汽化后压缩式（以下简称釜液闪蒸式）热泵精馏分离成含 0.99 丙烯和含 0.99 丙烷的两股产品。求：（1）单塔精馏时的理论塔板数、进料位置、回流比、再沸器热负荷。（2）与单塔精馏相比釜液闪蒸式热泵精馏节省多少能耗？

解　（1）单塔精馏　打开软件，进入"Properties"界面，在组分输入页面添加丙烷、丙烯，因为是烃类组分，加压操作，选择"PENG-ROB"性质方法。

①用"DSTWU"模块估算　进入"Simulation"界面，建立模拟流程，输入进料物流信息。设定操作回流比是最小回流比的 1.6 倍，丙烯在塔顶的回收率 0.995，丙烷在塔

顶的回收率 0.01，塔顶压力 6.9bar，塔釜 7.75bar。简捷计算结果：回流比 15，理论塔板数 99，进料位置第 59 板，塔顶摩尔采出比 0.601。

②　用"RadFrac"模块核算　使用"Design Specs"功能调整回流比至 15.5、调整塔顶摩尔采出比至 0.602 后达到分离要求。用"Sensitivity"功能调整进料位置至 64，使再沸器能耗最小，计算结果满足分离要求，塔顶与塔底的温差仅 11.2℃，温差很小，可以设置热泵把塔顶汽相压缩升温后作为塔底再沸器的热源，也可以把釜液汽化后压缩升温返回塔底供热，以节省能耗。另外，单塔精馏时，冷凝器热负荷−10.79MW，釜液蒸发比 25.1，再沸器热负荷 10.77MW。

（2）釜液闪蒸式热泵精馏　参照图 3-43（b）画出釜液闪蒸式热泵精馏模拟流程图，如图 3-45。参照单塔计算结果设置精馏塔参数：无冷凝器、无再沸器，塔顶回流液 RECYCV 送入第 1 塔板，釜液回流 RECYCL 送入第 99 塔板，原料 FEED 送入第 64 塔板。由单塔计算结果，釜液蒸发比 25.1，计算出闪蒸器 FLASH 的汽相分率 0.9618；由单塔计算结果，塔底温度 17℃，也设置闪蒸温度 17℃。由单塔计算结果，回流比 15.5，计算出分流器 SPLIT 产品物流 D 的分流比为 0.0606，也可根据单塔计算结果设置产品物流 D 流率为 150.51kmol/h。用"Design Specs"功能调整闪蒸器 FLASH 的汽化分率使釜液流率达到 99.49kmol/h，从而达到全流程物料平衡。节流阀 VALVE 出口压力参数设置主要考虑换热器能否正常操作，一般设计换热器时，热端温差不能小于 20℃，冷端温差不能小于 5℃。根据单塔计算结果，塔顶汽相物流温度 5.8℃，塔底液相物流温度 17℃，可以尝试设置节流阀出口压力 2.5bar，节流后温度−19.5℃，与 5.8℃的塔顶汽相物流换热，升温到−0.3℃。这样冷端温差 6.1℃，热端温差 25.4℃，比较合适。换热器采用简捷计算方式，热流体出口汽相分率设置为零。循环泵和压缩机出口压力参数均设置为 7.75bar。把 RECYCV 和 RECYCL 这两股循环流设置为撕裂流，撕裂流的收敛方法选择"Broyden"，把撕裂流最大迭代次数改为 100。

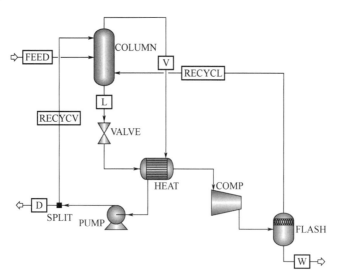

图 3-45　釜液闪蒸式热泵精馏模拟流程

至此，所有模块参数设置均已完成，可以进行运算。但由于同时存在两股循环物流 RECYCV 和 RECYCL，难以一次收敛，可先把精馏塔塔顶汽相断开，新建一辅助物流与换热器相连，把单塔计算结果中第二塔板上的汽相数据直接赋予辅助物流参与运算，等塔顶汽相结果稳定后再删除辅助物流，把塔顶汽相物流 V 与换热器连接运算，也可以对这两股循环流进行分步收敛。丙烯-丙烷釜液闪蒸式热泵精馏计算结果见图 3-46，可见丙烯、丙烷两股产品纯度均达到 0.99，满足分离要求。

	Units	FEED	V	L	D	W
Temperature	C	11.7995	5.7844	17.0125	5.86316	17
Pressure	bar	7.7	6.9	7.75	7.75	7.74287
− Mole Flows	kmol/hr	**250**	**2489.44**	**2600.94**	**150.5**	**99.4993**
C3H6-2	kmol/hr	150	2466.43	28.503	149.109	0.889532
C3H8	kmol/hr	100	23.0111	2572.43	1.39114	98.6098
− Mole Fractions						
C3H6-2		0.6	0.990757	0.0109587	0.990757	0.00894008
C3H8		0.4	0.00924348	0.989041	0.00924348	0.99106

图 3-46　丙烯-丙烷釜液闪蒸式热泵精馏计算结果

釜液闪蒸式热泵精馏的能耗由三部分组成：第一是压缩机，假设其多方压缩效率72%，电耗为 2.612MW；第二是循环泵，假设效率 100%，电耗为 0.006MW，两部分总电耗是 2.618MW；第三是闪蒸器，冷却能耗为-2.633MW。机械能和电能是比热能价值更高的一种能量形式，根据目前我国火力发电的水平，国家统计局规定我国电力的当量热值是 3.596MJ/(kW·h)，等价热值是 11.826MJ/(kW·h)，电热转换系数约为 3.29。因此，图 3-45 流程的总电耗 2.618MW 折算的能耗为 2.618×3.29=8.614(MW)。已知单塔精馏加热能耗为 10.77MW，与单塔精馏相比，釜液闪蒸式热泵精馏加热能耗节省 20.0%；单塔精馏冷却能耗为-10.79MW，与单塔精馏相比，釜液闪蒸式热泵精馏冷却能耗节省 75.6%。

3.4.3　热耦精馏

热耦精馏是通过汽液相的互逆流动接触而直接进行物料输送和能量传递的流程结构，即从某一个塔内引出一股液相物流直接作为另一塔的塔顶回流，或引出汽相物流直接作为另一塔的塔底汽相回流，从而实现直接热耦合。热耦精馏流程通常用于三组分物系分离（假设三组分不形成共沸物，相对挥发度顺序为 $\alpha_A > \alpha_B > \alpha_C$），其中最有代表性的是 Petlyuk 热耦精馏流程，如图 3-47（a）。Petlyuk 热耦精馏流程由一个主塔和一个副塔组成，副塔起预分馏作用。由于组分 A 与组分 C 的相对挥发度大，在副塔内可实现完全的分离，中间组分 B 在副塔的塔顶与塔底物流中均存在。副塔无冷凝器和再沸器，两塔用流向互逆的四股汽液物流连接。主塔的上段是共用精馏段，主塔的下段是共用提馏段，主塔的中段是 B 组分的提纯段。在主塔的塔顶与塔底分别得到纯组分 A 与 C，组分 B 可以按任意纯度要求从主塔中段的某块塔板侧线采出。

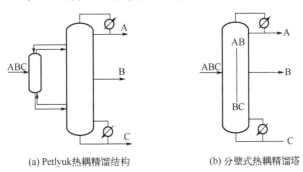

(a) Petlyuk热耦精馏结构　　　　　(b) 分壁式热耦精馏塔

图 3-47　热耦精馏结构

分壁式热耦精馏塔是对应 Petlyuk 热耦精馏结构的改进，如图 3-47（b）。工业上采用的分壁式塔结构是将 Petlyuk 结构中的两个塔放在一个塔壳内，用一个隔板分开。图 3-47（a）与图 3-47（b）的精馏结构在热力学上是等价的，由于塔内返混程度减少，分离过程的热力学效率提高而节能。

除了图 3-47 的 Petlyuk 塔结构外，还有其它若干热耦精馏结构，如图 3-48 所示。在图 3-48（a）流程中，进料入副塔，副塔将进料中的组分 A 与其它两个组分分离，在主塔中再将组分 B、C 分离。图 3-48（b）流程是与图 3-48（a）流程的对应方案，副塔底分出 C，主塔中分出 A、B。图 3-48（c）流程中，进料入主塔，从主塔提馏段抽出 B、C 混合物入副塔，副塔顶分出 B，主塔中分出 A、C。图 3-48（d）流程是与图 3-48（c）流程的对应方案，副塔底分出 B，主塔中分出 A、C。

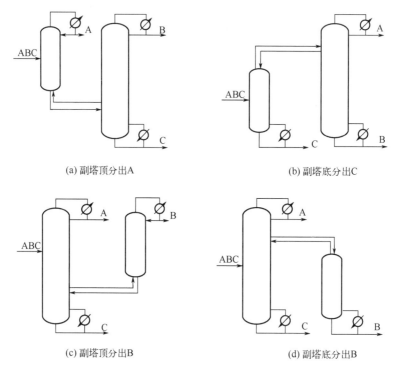

(a) 副塔顶分出A　　　　　　　　　　　　　　(b) 副塔底分出C

(c) 副塔顶分出B　　　　　　　　　　　　　　(d) 副塔底分出B

图 3-48　多种热耦精馏结构方案

热耦精馏在热力学上是一种较为理想的结构，既可以节省设备投资，又节省能耗。一般地，热耦精馏比两个常规塔精馏结构可节省 20%～30%的能耗。

例 3-7　乙醇-正丙醇-正丁醇热耦精馏。

用精馏塔分离乙醇-正丙醇-正丁醇溶液，进料流率 100kmol/h，压力 1.1atm，饱和液体，乙醇：正丙醇：正丁醇摩尔比 1∶3∶1；常压操作，不计塔压降。试用双塔精馏（图 3-49）和分壁塔精馏（图 3-50）两种方法把混合物分离成为 3 个醇产品，要求含量均不低于 0.97（摩尔分数，下同），试比较能耗大小。

解　（1）双塔精馏　打开软件，进入"Properties"界面，在组分输入页面添加乙醇、丙醇、丁醇，采用"WILSON"性质方法。进入"Simulation"界面，建立模拟流程，输入进料物流信息。先用"DSTWU"模块估算两塔的理论级数、进料位置、回流比等参数，再用"RadFrac"模块核算。用"Design Specs"功能调整回流比，使 C1 塔馏出液中乙醇浓度、C2 塔馏出液中丙醇浓度≥0.97；用 "Sensitivity" 功能求进料位置，使两塔再沸器能耗最小，计算结果满足分离要求，两塔计算参数和换热器负荷见表 3-1，总加热能耗2905.6kW。

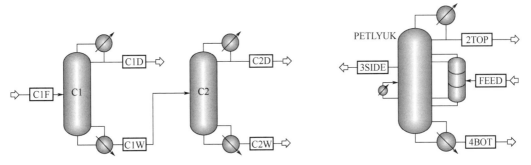

图 3-49　双塔精馏模拟流程　　　　　图 3-50　分壁塔精馏模拟流程

表 3-1　双塔精馏计算参数

塔号	N	N_F	回流比	蒸发比	馏出液流率/(kmol/h)	再沸器负荷/kW
C1	27	12	5.21	1.40	20	1304.6
C2	26	16	1.3	6.66	60	1601.0

（2）分壁塔精馏　从 "MultiFrac" 模块库中选择 "PETLYUK" 模块，连接进出口物流，构成图 3-50 模拟流程。常压操作，不计塔压降，设主塔理论级 35，在 "Configuration" 页面的参数填写如图 3-51。其中塔釜热负荷数值可由三股产品的纯度要求通过 "Sensitivity" 功能确定。在 "Estimates" 页面，填写估计的塔顶温度 78℃，塔釜 118℃。在 "PETLYUK| Columns" 目录下添加副塔 2，常压操作，不计塔压降。设副塔理论级 16，在 "Configuration" 页面的参数填写如图 3-52。在 "Estimates" 页面，填写估计的塔顶温度 93℃，塔釜 100℃。原料进入副塔的第 8 块塔板，从主塔的塔顶、侧线、塔底分别引出 3 股产品物流，出口物流的相态、流率与位置如图 3-53 所示。在其它参数不变条件下，进料位置、侧线出料位置可由 "Sensitivity" 功能确定。从主塔塔底到副塔的汽相物流可取公共段汽相上升流率的 1/2，约 100kmol/h，如图 3-54。从主塔到副塔塔顶的液相物流可取公共段液相下降流率的 1/3，约 60kmol/h，如图 3-55。从副塔塔顶到主塔的汽相物流、从副塔塔底到主塔的液相物流不填具体数值，由软件通过物料衡算与相平衡计算获得，这两股物流的设置方式如图 3-56、图 3-57。

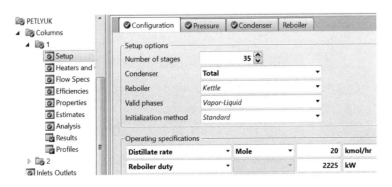

图 3-51　主塔计算参数

计算结果见图 3-58，可见三个醇产品纯度均大于 0.97，达到分离要求。Petlyuk 塔再

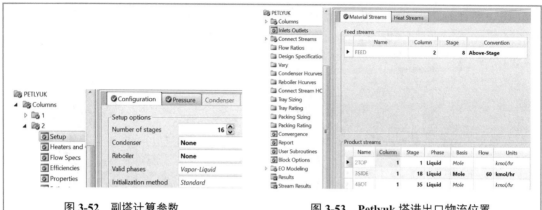

图 3-52　副塔计算参数　　　　　　　图 3-53　Petlyuk 塔进出口物流位置

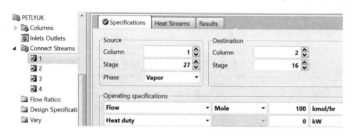

图 3-54　从主塔到副塔的汽相物流

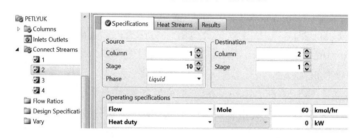

图 3-55　从主塔到副塔的液相物流

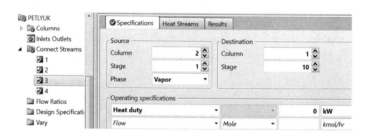

图 3-56　从副塔到主塔的汽相物流

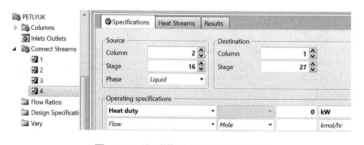

图 3-57　从副塔到主塔的液相物流

	Units	FEED	2TOP	3SIDE	4BOT
Temperature	C	97.2025	78.6023	97.1116	116.812
Pressure	kPa	110	101.3	101.3	101.3
+ Mole Flows	kmol/hr	**100**	**20**	**60**	**20**
− Mole Fractions					
ETHANOL		0.2	0.974868	0.00837696	1.14181e-06
C3H8O-1		0.6	0.0251317	0.981874	0.0292709
C4H10O-1		0.2	6.59201e-08	0.00974858	0.970728

图 3-58 Petlyuk 塔进出物流

沸器热负荷 2225kW，比双塔精馏节能 23.4%。Petlyuk 塔温度分布见图 3-59，主塔上段与下段的温度分布变化剧烈，说明精馏段与提馏段的分离作用明显，可以获得高纯度产品；主塔中段温度变化平缓，说明正在进行多组分的分离，物流组成的变化也比较平缓。副塔与主塔的温度分布接近但不重合，说明副塔与主塔中段的物流组成分布近似。由于副塔与主塔的温度分布接近，副塔与主塔耦合在一个塔内操作不会因为温度差异而相互影响。Petlyuk 塔的组成分布见图 3-60，在副塔，乙醇浓度在塔顶最高，塔底最低，正丁醇浓度刚好相反，塔顶最低，塔底最高，乙醇与正丁醇在副塔进行了预分离。在主塔，正丙醇在塔中部 18 塔板上浓度最高，故在此塔板上抽出正丙醇产品。

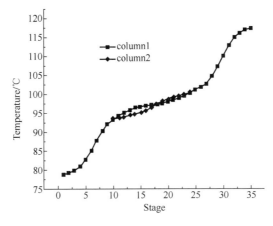

图 3-59 Petlyuk 塔的温度分布

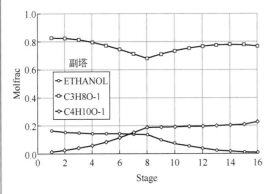
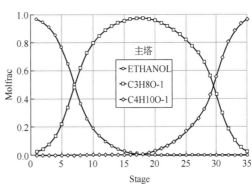

图 3-60 Petlyuk 塔的组成分布

图 3-50 的 "PETLYUK" 模块可以用两个普通的 "RadFrac" 模块组合构成，如图 3-61，其中 B2 塔无冷凝器与再沸器。图 3-61 与图 3-50 的精馏结构在热力学上等价，但图 3-61

流程收敛难度小一些。

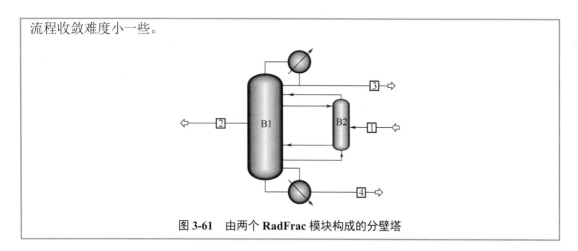

图 3-61　由两个 RadFrac 模块构成的分壁塔

3.4.4　中段换热精馏

一般而言，精馏过程是从再沸器加入热量 Q_R （温度 T_R），从冷凝器移出热量 Q_c（温度 T_c）。若环境温度为 T_0，精馏过程的净功消耗可用式（3-2）计算。在普通精馏塔内，塔顶温度最低，塔釜温度最高，温度自塔顶向塔底逐渐升高。如果塔底和塔顶的温差较大，在塔中部设置中间冷凝器（图 3-62），可以采用较高温度的冷却剂，则带中间冷凝器精馏过程的净功消耗可用式（3-3）计算。式中 T_{c2} 为中间冷凝温度，Q_{c2} 为中间冷凝器热负荷。设置中间冷凝器以后，塔顶冷凝器热负荷相应减少，由于 $T_{c2}>T_c$，对比式（3-2）与式（3-3）可见，这将降低分离过程的净功消耗。由于利用较廉价冷源，可节省冷公用工程费用。

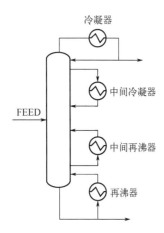

图 3-62　含中间冷凝器与中间再沸器的精馏

$$-W=T_0(Q_c / T_c - Q_R / T_R) \tag{3-2}$$

$$-W=T_0(Q_c / T_c + Q_{c2} / T_{c2} - Q_R / T_R) \tag{3-3}$$

如果在塔的中部设置中间再沸器（图 3-62），可以代替一部分原来从塔釜加入的热量。由于中间再沸器所处的温度比塔釜的温度低，所以在中间再沸器中可以用比塔釜加热温度低的热源来加热，带中间再沸器精馏过程的净功消耗量可以用式（3-4）计算。式中 T_{R2} 为中间再沸温度，Q_{R2} 为中间再沸器热负荷。设置中间再沸器以后，塔釜再沸器热负荷相应减少，由于 $T_{R2}<T_R$，对比式（3-2）与式（3-4）可见，这亦将降低分离过程的净功消耗，提高精馏过程的热力学效率，同时可以节省热公用工程费用。

$$-W=T_0(Q_c / T_c - Q_R / T_R - Q_{R2} / T_{R2}) \tag{3-4}$$

另一方面，对于二元精馏塔，中间冷凝器和中间再沸器的使用，会使塔顶冷凝器和塔底再沸器热负荷降低，这将产生三个不同效应：一是精馏段回流比和提馏段蒸发比减小，使操作线向平衡线靠拢，虽然提高了塔内分离过程的可逆程度，但完成一定分离任务需要的理论板数要相应增加；二是在中间再沸器和中间冷凝器下面的塔段，因为热负荷减小，可以减小板间距或塔径，降低塔设备成本；三是中间再沸器和中间冷凝器往往设置在传热推动力比较大的位置，可使换热器的总换热面积减小。

用 RadFrac 模块模拟精馏塔时，有多种方法可以实现中段换热：①添加换热器模块，用塔板上物流连接精馏塔与换热器，实现中段换热；②利用 RadFrac 模块中的"Heaters Coolers"

功能，对特定塔板进行加热或冷却；③利用 RadFrac 模块中的"Pumparounds"功能，在规定中段回流时进行中间换热器的设置。

例 3-8 设置氯乙烯精馏塔中间再沸器。

在例 2-12 二氯乙烷裂解制氯乙烯流程中，氯乙烯精馏塔共 12 块理论板，进料板在第 7 块，进料板温度 105℃，塔釜温度 166.2℃，塔釜热负荷 15.6MW。由于塔釜温度高，再沸器加热蒸汽温度一般应该比釜温高出 20℃，因此需要用高压蒸汽给塔釜加热。因高压蒸汽价格高，加热成本较高。为减少氯乙烯精馏塔的加热成本，可考虑设置中间再沸器，使用部分中压蒸汽代替高压蒸汽。假设两种蒸汽参数：①中压蒸汽，0.8MPa，170.4℃，180 元/t，汽化热 2052.7kJ/kg；②高压蒸汽，4.0MPa，250.3℃，300 元/t，汽化热 1706.8kJ/kg。试比较设置中间再沸器前后加热成本的大小。

解 例 2-12 氯乙烯精馏塔的温度分布如图 3-63，在第 5～9 塔板区间温度上升较快，可以在提馏段的第 8 板（131.2℃）、第 9 板（151.6℃）上设置中间再沸器，使用中压蒸汽作为加热热源。

（1）使用 RadFrac 模块+Heater 模块　在例 2-12 的基础上进行，模拟流程如图 3-64。在提馏段的第 8 板、第 9 板上各设置一个中间再沸器（H1、H2），采用"Heater"模块。"H1"模块从第 8 板上抽取 500kmol/h 液相加热汽化 90%后入第 9 板；"H2"模块从第 9 板上抽取 700kmol/h 液相加热汽化 90%后入第 10 板。"H1"模块的参数设置如图 3-65，"H2"模块的参数设置类似。添加中间再沸器后，为了在能耗相同的条件下保持相同的分离效率，需要在提馏段增加 4 块塔板，进出料位置不变，侧线进出料参数设置相应修改如图 3-66。

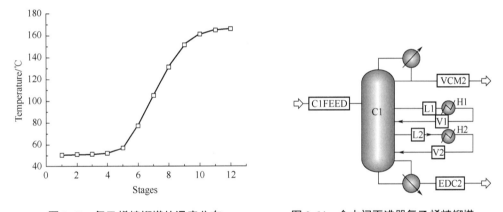

图 3-63　氯乙烯精馏塔的温度分布　　　　图 3-64　含中间再沸器氯乙烯精馏塔

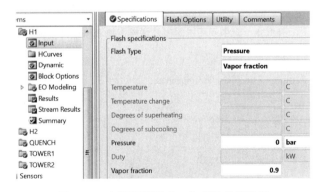

图 3-65　中间再沸器"H1"模块参数设置

图 3-66　含中间再沸器氯乙烯精馏塔参数设置

把物流 L1 和 L2 设置为撕裂流，用 Broyden 方法收敛，计算结果如图 3-67～图 3-69。由图 3-67，塔顶、塔底产品组成与例 2-12 基本相同，冷凝器热负荷−19.95MW，与例 2-12 结果相同；由图 3-68，含中间再沸器氯乙烯精馏塔再沸器热负荷 6.39MW；由图 3-69，两个中间再沸器热负荷之和 9.18MW，合计 15.57MW，与例 2-12 再沸器热负荷 15.59MW 相当。

	Units	C1FEED	VCM2	EDC2
Temperature	C	145.8	50.5944	166.25
Pressure	bar	25.3	7.93	7.93
+ Mole Flows	kmol/hr	3643	2003.65	1639.35
− Mole Fractions				
EDC		0.449173	8.18967e-06	0.998153
HCL		0.00102301	0.00186003	1.63221e-12
VCM		0.549804	0.998132	0.00184713

图 3-67　含中间再沸器氯乙烯精馏塔物流组成

Reboiler / Bottom stage performance

Name	Value	Units
Temperature	166.249	C
Heat duty	6.39438	MW
Bottoms rate	1639.35	kmol/hr
Boilup rate	815.381	kmol/hr
Boilup ratio	0.497381	

图 3-68　含中间再沸器氯乙烯精馏塔再沸器热负荷

Outlet temperature	155.154	C
Outlet pressure	7.93	bar
Vapor fraction	0.9	
Heat duty	3.8856	MW
Net duty	3.8856	MW

(a) 第 8 板中间再沸器

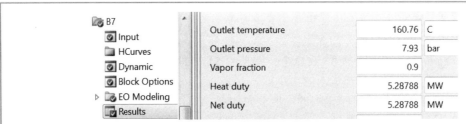

(b) 第 9 板中间再沸器

图 3-69　中间再沸器热负荷

设置中间再沸器前后蒸汽用量与加热成本的比较见表 3-2，普通氯乙烯精馏塔的蒸汽用量 32.9t/h，蒸汽成本 9870 元/h；设置中间再沸器后，因为中压蒸汽汽化热大于高压蒸汽，故蒸汽用量总量 29.6t/h，蒸汽成本 6960 元/h。设置中间再沸器后蒸汽用量降低 10.0%，加热成本降低 29.5%。但设置中间再沸器后，设备的投资成本将有所增加。

表 3-2　设置中间再沸器前后蒸汽用量与加热成本比较

项　　目	普通氯乙烯精馏塔				含中间再沸器氯乙烯精馏塔			
	热负荷 /MW	蒸汽用量 /(t/h)	蒸汽价格 /(元/t)	蒸汽成本 /(元/h)	热负荷 /MW	蒸汽用量 /(t/h)	蒸汽价格 /(元/t)	蒸汽成本 /(元/h)
中间再沸器 1					3.81	6.7	180	1206
中间再沸器 2					5.29	9.3	180	1674
塔底再沸器	15.59	32.9	300	9870	6.46	13.6	300	4080
合计	15.59	32.9		9870	15.56	29.6		6960

（2）使用"Pumparounds"功能　RadFrac 模块中的"Pumparounds"功能可以处理从任意级到同一级或其它任意级的中段回流，可以进行中间再沸器的设置。第 8 板中间再沸器的参数设置如图 3-70，第 9 板中间再沸器的参数设置类似，计算结果与用 RadFrac 模块+Heater 模块计算结果完全相同。

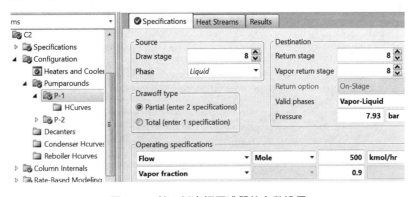

图 3-70　第 8 板中间再沸器的参数设置

例 3-9　设置氯化氢精馏塔中间冷凝器。

在例 2-12 二氯乙烷裂解制氯乙烯流程中，氯化氢精馏塔共 17 块理论板，进料板在第 8 块，进料板温度 42.6℃，塔顶温度-1.57℃，塔顶冷凝器热负荷-13.9MW。由于塔顶温度低，冷凝器冷却介质温度一般应该比塔顶温度低 5℃，因此需要用冷冻盐水给塔顶汽相冷凝冷却。因冷冻盐水价格高，冷却成本较高。为减少氯化氢精馏塔的冷却成本，可考虑设置中间冷凝器。精馏塔中段温度较塔顶高，可以使用冷冻淡水作为冷却介质，以减少冷凝器冷冻盐水用量。假设两种冷却介质参数：①冷冻淡水，0.4MPa，5~15℃，10 元/t，比热容 4.2kJ/(kg·℃)；②冷冻盐水，0.4MPa，−15~−5℃，20 元/t，比热容 3.2kJ/(kg·℃)。试比较设置中间冷凝器前后冷却成本的大小。

解 例 2-12 流程中氯化氢精馏塔的温度分布如图 3-71，原料入第 8 板，第 7 板往上温度下降较快，可以在精馏段第 7~8 板上设置中间冷凝器，使用冷冻淡水作为冷却介质。

（1）使用 RadFrac 模块+Heater 模块 在例 2-12 的基础上进行，模拟流程如图 3-72。设置中间冷凝器后，精馏段回流比减小，使操作线向平衡线靠拢，为了在理论塔板数相同的条件下保持相同的分离效率，需要增加能耗以完成精馏段分离任务。维持第 8 块进料板位置不变，在精馏段第 7~8 板之间设置一个中间冷凝器（COLD），采用"Heater"模块。COLD 模块从第 8 板抽取 1900kmol/h 汽相，冷凝冷却后入第 7 板，温度 19.4℃，可以使用冷冻淡水（5~15℃）作为冷却介质，COLD 模块的参数设置如图 3-73。为保证塔顶出料组成不变，使用"Design Specs"功能通过调整塔釜热负荷的方法控制塔顶温度（−1.57℃）不变。

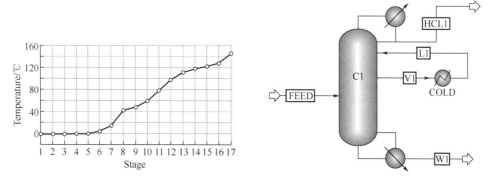

图 3-71 氯化氢精馏塔的温度分布　　　　图 3-72 设置中间冷凝器

物流 L1 设置为撕裂流，用 Broyden 方法收敛，计算结果见图 3-74~图 3-76。由图 3-74，含中间冷凝器氯化氢精馏塔的塔顶、塔底产品物流组成与例 2-12 结果基本相同。由图 3-75，含中间冷凝器氯化氢精馏塔冷凝器热负荷−9.80MW，再沸器热负荷 26.9MW。由图 3-76，中间冷凝器热负荷−6.57MW，故冷凝热负荷合计为−16.4MW。由例 2-12，氯化氢精馏塔的冷凝器热负荷−13.9MW，再沸器热负荷 24.4MW。含中间冷凝器氯化氢精馏塔在理论级

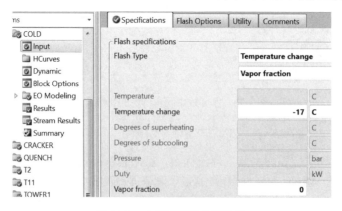

图 3-73 中间冷凝器参数设置

	Units	FEED ▼	HCL1 ▼	W1 ▼
Temperature	C	48.5	-1.57	145.631
Pressure	bar	26.65	25.3	25.3
+ Mole Flows	**kmol/hr**	**5639.32**	**1995.39**	**3643.93**
− Mole Fractions				
EDC		0.290166	5.81529e-15	0.449058
HCL		0.354647	0.999807	0.0013643
VCM		0.355187	0.000193052	0.549577

图 3-74　含中间冷凝器氯化氢精馏塔物流组成

数不变时，要维持相同的分离效果，冷凝器热负荷、再沸器热负荷比例 2-12 计算结果均增加了 2.5MW，但冷却介质的品位有所降低。

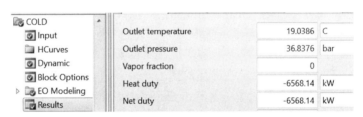

Condenser / Top stage performance		
Name	Value	Units
▶ Temperature	-1.57	C
Subcooled temperature		
Heat duty	-9797.26	kW
Subcooled duty		
Distillate rate	1995.39	kmol/hr

(a) 塔顶

Reboiler / Bottom stage performance		
Name	Value	Units
▶ Temperature	145.631	C
Heat duty	26853.8	kW
Bottoms rate	3643.93	kmol/hr
Boilup rate	5307.17	kmol/hr
Boilup ratio	1.45644	

(b) 塔釜

图 3-75　含中间冷凝器氯化氢精馏塔塔顶、塔釜热负荷

COLD		
Input	Outlet temperature	19.0386	C
HCurves	Outlet pressure	36.8376	bar
Dynamic	Vapor fraction	0	
Block Options	Heat duty	-6568.14	kW
EO Modeling	Net duty	-6568.14	kW
Results			

图 3-76　氯化氢精馏塔中间冷凝器热负荷

　　冷却介质用量由式（3-5）计算。设置中间冷凝器前后，氯化氢精馏塔冷却介质用量与冷却成本的比较见表 3-3。普通氯化氢精馏塔的冷冻盐水用量是 1564t/h，冷却成本 31280元/h；设置中间冷凝器后，使用部分冷冻淡水代替冷冻盐水，因为分离能耗有所增加，冷却介质总量增加到 1669t/h，但冷却介质品位降低，冷却成本降低到 27750 元/h，降低 11.3%。但设置中间冷凝器后，设备的投资成本将会有所增加。

$$w = Q / (c_p \Delta t) \tag{3-5}$$

表 3-3　设置中间冷凝器前后氯化氢精馏塔冷却介质用量与冷却成本比较

项目	热负荷/MW	冷却介质名称	冷却介质用量/(t/h)	冷却介质价格/(元/t)	冷却介质成本/(元/h)
普通氯化氢精馏塔					
塔顶冷凝器	13.9	冷冻盐水	1564	20	31280
合计	13.9		1564		31280
含中间冷凝器氯化氢精馏塔					
中间冷凝器	6.57	冷冻淡水	563	10	5630
塔顶冷凝器	9.83	冷冻盐水	1106	20	22120
合计	16.4		1669		27750

（2）使用"Pumparounds"功能 RadFrac 模块中的"Pumparounds"功能可以处理从任意级到同一级或其它任意级的中段回流，可以进行中间冷凝器的设置。在第 7～8 板中间冷凝器的参数设置如图 3-77，计算结果与用 RadFrac 模块+Heater 模块计算结果完全相同。

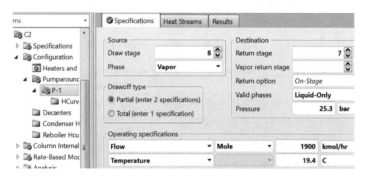

图 3-77　第 7～8 板中间冷凝器的参数设置

习题

3-1. 芳烃混合物双塔分离。

原料含苯 1272kg/h，甲苯 3179kg/h，邻二甲苯 3383kg/h，正丙苯 321kg/h，温度 50℃，压力 3bar。两塔塔顶压力分别是 1.5bar 与 1.4bar，塔板压降均为 1.0kPa。要求第一塔馏出物中甲苯≤0.0005（质量分数，下同），釜液中苯≤0.005；要求第二塔馏出物中二甲苯≤0.0005，甲苯质量收率≥98%。求：（1）各塔理论板数、进料位置、回流比、再沸器能耗；（2）各塔最优再沸器能耗；（3）两塔综合最优再沸器能耗。

3-2. 以苯酚为萃取溶剂分离等摩尔甲苯-甲基环己烷的混合物。

分离体系同第 2 章习题 2-18。求：（1）要求把溶剂再生塔釜液返回到萃取精馏塔循环使用之前与原料换热回收一部分热量，问可以回收多少热量（kW）？（2）用 AEA 软件进行热集成网络分析，寻找优化节能流程。

3-3. 以甲乙酮（MEK）为萃取溶剂分离丙酮与甲醇混合物。

原料温度 145℃，压力 13atm，流率 40mol/s，含丙酮 0.75（摩尔分数，下同）。溶剂 MEK 温度 145℃，压力 13atm，流率 60mol/s。要求丙酮产品与甲醇产品含量均≥0.95。萃取精馏操作参数见习题 3-3 附表。求：（1）两塔总加热能耗与总冷却能耗；（2）用 AEA 软件寻找优化节能流程，比较节能大小。

习题 3-3 附表　两塔主要操作参数

项目	理论塔板数	进料板	摩尔回流比	操作压力/atm
萃取精馏塔	60	30，50	8	12
溶剂回收塔	40	10	5	1

3-4. 三级汽提处理二氯甲烷废水。

二氯甲烷废水组成、汽提蒸汽规格、净化水要求均同例 3-3。采用三级汽提流程，第一级汽提罐操作压力 1.4bar，以后逐级降低 0.1bar。求蒸汽消耗量并与二级汽提结果比较。

3-5. 丙烷-异丁烷精馏过程的最大经济效益。

原料含丙烷 0.4（摩尔分数，下同），流率 1kmol/s，压力 20atm，温度 322K。分离要求：丙烷产品中异丁烷<0.02，异丁烷产品中丙烷<0.0025。已知精馏塔理论塔板数 32，进料板 14，摩尔回流比 3，塔顶压力 14atm，塔板压降 0.7kPa。若丙烷产品价格 0.528 \$/kg，原料与异丁烷价格均为 0.264 \$/kg，再沸器加热能源价格 4.7×10^{-9} \$/J。求：（1）产品产量与组成；（2）此分离过程的最大经济效益（\$/s）。

3-6. 酸性废水的汽提。

废水流率 10t/h，其中 NH_3、H_2S、CO_2 含量均为 0.001（质量分数，下同），其余为水。废水温度 25℃，压力 2bar，饱和蒸汽温度 105℃。汽提塔有 10 块理论塔板，塔顶压力 105kPa。分离要求：（1）净化水中 NH_3 含量 5μg/g；（2）为减少水的蒸发，塔顶温度≤90℃。求汽提蒸汽用量。

3-7. 正丁醇水溶液精馏。

一股有机废水流率 20 t/d，其中含正丁醇 0.05（质量分数，下同），其余为水，用精馏塔回收其中的正丁醇。要求产品正丁醇含量≥0.985，正丁醇质量回收率≥0.95。试设计节能的双塔分离流程，规定水塔无再沸器，用表压 0.4MPa 的蒸汽直接入塔汽提，求蒸汽用量。

3-8. 丙烯腈装置废水三效蒸发。

同例 3-4，采用三效蒸发方法浓缩丙烯腈装置废水。废水、蒸汽条件不变，浓缩要求不变，操作压力可参考习题 3-8 附表，求单位质量蒸汽可以蒸发的水量。

习题 3-8 附表　三效蒸发器的操作条件

设备	第一效蒸发器	第二效蒸发器	第三效蒸发器
压强/kPa	146.5	66.6	20

3-9. 甲醇-水并流双效精馏。

采用并流双效精馏重新计算例 3-5，求：（1）两塔设置参数；（2）计算结果分析。

3-10. 乙醇与苯双效精馏。

采用双效精馏重新计算例 2-10，把 C1 塔冷凝器与 C2 塔再沸器耦合，可添加若干物流换热器。求：（1）原始条件不变，分离要求不变，可以节能多少？（2）用 AEA 软件进行热集成网络分析的模拟结果。

3-11. 丙烯-丙烷塔顶汽相压缩式热泵精馏。

原料与分离要求同例 3-6，改用塔顶汽相压缩式热泵精馏。与单塔精馏相比，塔顶汽相压缩式热泵精馏节省多少能量？

3-12. 用热泵精馏从醚后 C_4 烃中提纯 1-丁烯。

在第一塔（脱异丁烷塔，塔顶压力 620kPa）通过共沸精馏方法将异丁烷及一些轻烃从塔顶脱除，塔底的 C_4 烃进入第二塔（丁烯-1 精馏塔，塔顶压力 550kPa）继续精馏，从塔顶得到 1-丁烯产品。由于丁烯-1 精馏塔的塔顶与塔底温差较小，可以设置热泵精馏以节能。若要求 1-丁烯产品纯度大于 0.993（质量分数），质量收率大于 0.95，求分离过程的总能耗。醚后 C_4 烃的组成见习题 3-12 附表，温度 55.5℃，压力 680kPa。

习题 3-12 附表　醚后 C_4 烃的组成

组分	流率/(kg/h)	组分	流率/(kg/h)	组分	流率/(kg/h)
丙烷	2.5	乙炔	6.5	1,3-丁二烯	0.5
环丙烷	11.5	反-2-丁烯	934	甲醇	2.0
丙二烯	2.0	1-丁烯	3245	合计	7070
异丁烷	475	异丁烯	1.0		
正丁烷	1999	顺-2-丁烯	391		

3-13. 用两座汽提塔对废水脱 H_2S、脱 H_3N。

废水温度 40℃，压力 6bar，流率 60000kg/h，含 NH_3（质量分数，下同）0.0013，CO_2 0.0014，H_2S 0.0018。第一塔脱 CO_2、H_2S，12 块理论板，无冷凝器，塔顶压力 5bar；第二塔脱 NH_3，14 块理论板，分凝器，进料第 7 板，常压操作。要求净化水中 $H_2S \leqslant 2\mu g/g$、$NH_3 \leqslant 60\mu g/g$，水的回收率 0.995。求两塔能耗。

3-14. 分壁塔精馏提纯甲基叔丁基醚（MTBE）。

已知某 MTBE 粗品温度 128℃，压力 7.8bar，组成见习题 3-14 附表。用分壁塔提纯 MTBE，操作压力 4bar。要求 MTBE 产品含量 ≥0.999（质量分数），收率 ≥0.99，求分离能耗。

习题 3-14 附表　MTBE 粗品的组成

组分	流率/(kg/h)	组分	流率/(kg/h)
正丁烷	1.3524	1,3-丁二烯	0.0003
反-2-丁烯	7.4815	MTBE	8314.5
1-丁烯	4.9501	2,4,4-三甲基-1-戊烯	81.348
异丁烯	0.0510	合计	8455.68
顺-2-丁烯	45.994		

3-15. 采用中间再沸器的苯酚溶剂再生塔模拟计算。

在例 2-9 中，以苯酚为萃取溶剂的溶剂再生塔釜温 188.0℃，再沸器热负荷 1.34MW，需要高品位蒸汽加热。若采用中间再沸器，可使用低品位蒸汽加热，节省部分高品位蒸汽。已知蒸汽的规格为：

① 低压蒸汽，0.23MPa，125℃，120 元/t，汽化热 2191.8kJ/kg；

② 中压蒸汽，0.8MPa，170.4℃，180 元/t，汽化热 2052.7kJ/kg；

③ 高压蒸汽，4.0MPa，250.3℃，300 元/t，汽化热 1706.8kJ/kg。

若采用中间再沸器以后，溶剂再生塔塔板数不变，分离要求不变，求：（1）中间再沸器的设置数量与位置；（2）溶剂再生塔的能耗与加热成本比较。

3-16. 含中间冷凝器与中间再沸器的乙烯精馏塔模拟计算。

原料温度 16.5℃，压力 25.11bar，组成见习题 3-16 附表。乙烯精馏塔理论级 120，进料级 95，塔顶压力 18.96bar，塔釜压力 20.72bar；分凝器热负荷 0.14MW，塔顶汽相出料流率 13.5kmol/h；第 2 级设置中间冷凝器，热负荷 28.2MW；第 95 级设置中间再沸器，抽出 2850kmol/h，加热至汽化分率 0.9，返回第 96 级。乙烯从侧线第 10 级上液相抽出，要求乙烯回收率 >0.99，乙烯含量 >0.999（摩尔分数）。求：乙烯精馏塔冷、热公用工程消耗。

习题 3-16 附表　乙烯精馏塔的原料组成

组分	甲烷	乙烯	乙烷	丙烯	合计
流率/(kmol/h)	0.4	2557.3	597.5	0.6	3155.8

参考文献

[1] AspenTech. Aspen Energy Analyzer V12 Help[Z]. Cambridge: Aspen Technology, Inc., 2020.

[2] 李泽龙, 李悦原. Aspen Energy Analyzer 软件在凝析油蒸馏装置改造的应用[J]. 石油化工设计, 2016, 33(4): 38-41, 7.

[3] 范会芳，包宗宏. 双效精馏结构的运行成本核算与比较[J]. 计算机与应用化学，2009，26 (3): 315-318.

[4] Yildirim O, Kiss A A, Kenig E Y. Dividing wall columns in chemical process industry: a review on current activities[J]. Separation and Purification Technology, 2011, 80: 403-417.

[5] 汪丹峰，梁珊珊，季伟，等. 分壁式精馏塔分离醇类三元物系的模拟研究[J]. 上海化工，2010, 35(10): 18-23.

[6] Díez E, Langston P, Ovejero G, et al. Economic feasibility of heat pumps in distillation to reduce energy use[J]. Applied Thermal Engineering, 2009, 29(5-6): 1216-1223.

[7] 张静，包宗宏，顾学红，等. 甲基异丁基酮分离过程中精馏-渗透汽化集成工艺的研究[J]. 现代化工，2012(5): 106-110.

[8] 吴鹏，包宗宏. 异戊二烯两段式萃取精馏分离工艺的改进[J]. 化学工程, 2013, 41(12): 65-69.

[9] 丁良辉，陈俊明，李乾军，等. 基于中间再沸器的氯化苄热泵精馏工艺模拟[J]. 化学工程, 2016, 44(1): 23-27.

第4章

设备工艺计算

化工流程设计、物料衡算、能量衡算完成之后，化工设计的另一重要工作是进行设备的工艺计算、选型与核算，为车间布置设计、施工图设计及非工艺设计项目提供依据。设备的工艺计算、选型与核算知识和方法在多门化工专业基础课程中都有介绍，这些知识将有助于工程师们更好地使用 Aspen 软件进行化工设备的工艺计算。

4.1 塔设备

塔器是气（汽）-液、液-液间进行传热、传质分离的主要设备，在化工、制药和轻工业中，应用十分广泛，甚至成为化工装置的一种标志。在气体吸收、液体精馏（蒸馏）、萃取、吸附、增湿、离子交换等过程中更离不开塔器，对于某些工艺来说，塔器甚至就是关键设备。随着时代的发展，出现了各种各样型式的塔，而且还不断有新的塔型出现。虽然塔型众多，但根据塔内部结构，通常分为板式塔和填料塔两大类。

Aspen 软件中的板式塔估算（Interactive Sizing）功能，估算给定板间距下的塔径。有 5 类 16 种塔板可供选用，它们是泡罩（Bubble Cap）、筛板（Sieve）、条形浮阀（Nutter Float Valve）、重盘浮阀（Glitsch Ballast）、弹性浮阀（Koch Flexitray）和自定义塔板（Custom）等。Aspen 软件中的板式塔核算（Rating）功能，计算给定结构参数塔板的负荷性能。塔板估算与塔板核算配合使用，可以完成板式塔的选型和工艺参数计算。

Aspen 软件中的填料塔估算（Interactive Sizing）功能，计算选用某种填料时的塔径。有 60 多种填料可供选用，包括 5 种典型的散堆填料和 5 种典型的规整填料。5 种典型的散堆填料是：拉西环（RASCHIG）、鲍尔环（PALL）、阶梯环（CMR）、矩鞍环（INTX）、超级环（SUPER RING）等。5 种典型的规整填料是：带孔板波纹填料（MELLAPAK）、带孔网波纹填料（CY）、带缝板波纹填料（RALU-PAK）、陶瓷板波纹填料（KERAPAK）、格栅规整填料（FLEXIGRID）等。Aspen 软件中的填料塔核算（Rating）功能，计算给定结构参数填料的负荷情况。填料估算与填料核算配合使用，可以完成填料塔的选型和工艺参数计算。

> **例 4-1** 芳烃分离工艺中的苯塔设备计算。
>
> 用双塔精馏分离一股芳烃混合物，其中含苯 1272kg/h、甲苯 3179kg/h、邻二甲苯 3383kg/h、正丙苯 321kg/h，温度 50℃，压力 3bar。第一塔为苯塔，塔顶出苯馏分，塔顶压力 1.5bar，塔底 2bar；第二塔为甲苯塔，塔顶出甲苯馏分，塔底出芳烃混合物。要求苯塔馏出液中甲苯含量≤0.0005（质量分数，下同），釜液中苯≤0.005。求：（1）苯塔的理论塔板数、进料位置、回流比、再沸器能耗；（2）如果精馏段的默弗里效率（Murphree Efficiency）0.65，提馏段 0.75，试求满足分离要求所需的理论塔板数、加料板位置、回流

比、再沸器能耗;(3)填料塔设计,使用 SULZER 公司的 MELLAPAK-250X 型波纹板规整填料,进行填料塔设计计算,设等板高度 0.5m,求两段塔径、压降和塔板上的水力学数据;(4)筛板塔设计,设筛孔直径 8mm,板间距 500mm,堰高 50mm,降液管底隙 50mm,求两段塔径、压降和塔板上的水力学数据。

解 (1)全局性参数设置 打开软件,进入"Properties"界面,在组分输入页面添加苯、甲苯、邻二甲苯和正丙苯,选用"CHAO-SEA"性质方法。

(2)理论板数计算 进入"Simulation"界面,绘制苯塔模拟流程,输入进料物流信息。首先用"DSTWU"模块对苯塔进行估算。参数设置为:操作回流比为最小回流比的 1.1 倍,苯在塔顶回收率 0.975,甲苯在塔顶回收率 0.00015,塔顶压力 1.5bar,塔釜 2bar。计算结果表明,塔顶苯馏分中甲苯 0.000384,釜液中苯 0.00460,达到分离要求;苯塔理论级数 39,进料位置 28,回流比 2.29,塔顶采出比(D/F)为 0.1861。其次用"RadFrac"模块核算。把简捷计算结果输入"RadFrac"模块"Input"的三个页面,在"Configuration"页面数据填写如图 4-1,核算结果显示不能达到分离要求。用一个"Design Specs"功能调整回流比,控制馏出液中的甲苯含量,得到回流比是 2.92;用一个"Design Specs"功能调整馏出液的摩尔采出比(D/F),控制釜液中的苯含量,得到采出比 $D/F=0.1857$;用一个"Sensitivity"功能以再沸器热负荷最小为目标函数选择最佳进料位置,得到最佳进料位置是 22,此时回流比为 2.44,塔釜热负荷 883.5kW。

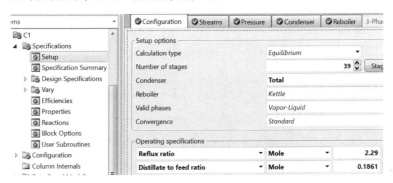

图 4-1 苯塔"RadFrac"模块参数设置

为了观察改变进料位置引起的苯塔热效率的变化,利用"RadFrac"模块的"Thermal Analysis"功能进行计算。在苯塔"Analysis"文件夹的"Analysis Options"页面,勾选"Include column targeting thermal analysis",进行热力学分析。运行后,在苯塔模块"Profiles|Thermal Analysis"页面,可以看到各块理论塔板上的焓亏值(Enthalpy Deficit)、㶲亏值(Exergy Loss)、卡诺因子(Carnot Factor)等数据。在保持塔顶、塔釜产品满足分离要求的前提下,进料位置分别为简捷计算的 28 板与 22 板所引起的㶲亏见图 4-2。可见进料板 28 时的㶲亏为 35.5kW,进料板 22 时的㶲亏下降为 32.8kW,苯塔热效率有所提高。进一步分析可以发现,㶲亏主要是冷料进塔所引起,若改为泡点进料,㶲亏可以大幅降低到 6kW 左右。苯塔严格计算结果见图 4-3,馏出液中甲苯含量、釜液中苯含量均满足分离要求。

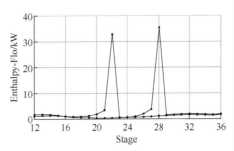

图 4-2 苯塔不同进料位置的㶲亏

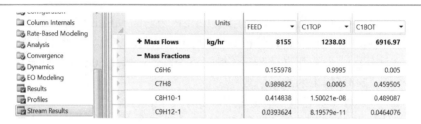

图 4-3　苯塔严格计算结果

（3）设置默弗里效率　在苯塔的"Efficiencies|Options"页面，选择默弗里效率的设置方式，如图 4-4（a），两段塔板默弗里效率的设置如图 4-4（b），冷凝器、再沸器不设置效率。在分离要求不变时，含两段塔板不同默弗里效率的苯塔计算结果如图 4-5，可见塔釜加热能耗为 1097.2kW。与理论塔板相比，加热能耗增加了 24.2%。在两段塔板存在不同默弗里效率的情况下，最佳进料位置也发生变化。重新应用"Sensitivity"功能，以最小再沸器热负荷选择最佳进料位置，此时最佳进料位置是 25。修改图 4-4（b）两段塔板默弗里效率的位置，精馏段 2~24 板，提馏段 25~38 板。模拟结果摩尔回流比 3.61，再沸器热负荷 1045.5kW。与理论塔板相比，加热能耗增加了 18.3%。

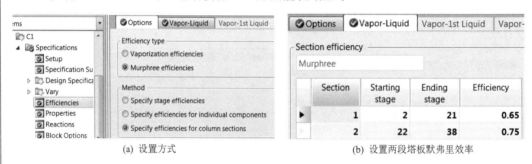

(a) 设置方式　　　　　　　　　　　(b) 设置两段塔板默弗里效率

图 4-4　苯塔默弗里效率的设置

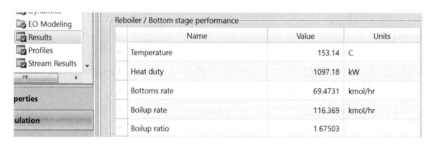

图 4-5　含两段塔板不同默弗里效率的加热能耗

（4）填料塔设计　首先进行塔板水力学计算。在"Analysis"文件夹的"Analysis/Analysis Options"页面，勾选"Include column targeting hydraulic analysis"，如图 4-6（a），准备进行水力学分析。在"Report/Property Options"页面，勾选"Include hydraulic parameters"，要求输出水力学计算结果，如图 4-6（b）。运行后，在苯塔"Profiles"文件夹的"Hydraulics"页面，可见塔板上的详细水力学数据。

其次进行塔径估算。在苯塔"Column Internals"文件夹，点击"Add New"按钮，建立一个填料塔计算文件"INT-1"。在"INT-1|sections"页面，点击"Add New"按钮，创建一个精馏段填料计算数据集"CS-1"，选择"Interactive sizing"交互估算模式，输入填

料位置、选用填料型号、规格、等板高度等信息。类似地，创建提馏段填料计算数据集"CS-2"，信息填写如图 4-7。Aspen 软件中包含了各种类型填料详细数据，以及生产商提供的传质与水力学计算方法。数据输入完毕，软件即刻显示估算结果。由图 4-7，在液泛系数 0.8 的前提下，两段填料估算直径分别为 0.60m 和 0.84m。

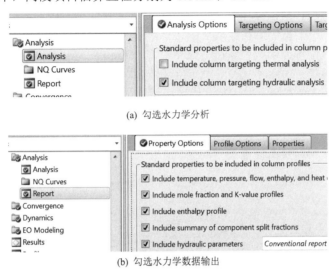

(a) 勾选水力学分析

(b) 勾选水力学数据输出

图 4-6 塔板水力学计算

Name	Start Stage	End Stage	Mode	Internal Type	Tray/Packing Type	Tray Details		Packing Details			Tray Spacing/Section Packed Height		Diameter	
						Number of Passes	Number of Downcomers	Vendor	Material	Dimension				
CS-1	2	24	Interactive sizing	Packed	MELLAPAK			SULZER	STANDARD	250X	11.5	meter	0.60298	meter
CS-2	25	38	Interactive sizing	Packed	MELLAPAK			SULZER	STANDARD	250X	7	meter	0.836675	meter

图 4-7 填料塔估算信息设置

　　然后进行塔径核算。在图 4-7 中选择"Rating"核算模式，塔径圆整为 0.66m 和 0.90m，数据填写如图 4-8（a）。运行后，在"INT-1"文件夹的"Column Hydraulic Results"页面，可查看核算结果，部分结果截图如图 4-8（b）。当两段填料直径为 0.66m 和 0.90m 时，对应填料段的填料压降分别是 1.53kPa 和 0.95kPa，最大液泛系数分别是 66.5% 和 69.0%，位置为第 2 板和第 37 板；更详细的填料核算结果可在"INT-1|CS-1|Results"和"INT-1|CS-2|Results"页面上看到。

Name	Start Stage	End Stage	Mode	Internal Type	Tray/Packing Type	Tray Details		Packing Details			Tray Spacing/Section Packed Height		Diameter	
						Number of Passes	Number of Downcomers	Vendor	Material	Dimension				
CS-1	2	24	Rating	Packed	MELLAPAK			SULZER	STANDARD	250X	11.5	meter	0.66	meter
CS-2	25	38	Rating	Packed	MELLAPAK			SULZER	STANDARD	250X	7	meter	0.9	meter

(a) 设置核算信息

	Start Stage	End Stage	Diameter		Section Height		Internals Type	Tray Type or Packing Type	Section Pressure Drop		% Approach to Flood	Limiting Stage
CS-1	2	24	0.66	meter	11.5	meter	PACKING	MELLAPAK	1.5343	kPa	66.5145	2
CS-2	25	38	0.9	meter	7	meter	PACKING	MELLAPAK	0.952568	kPa	68.9823	37

(b) 核算结果

图 4-8 苯塔填料核算数据

在"INT-1"计算文件的"Hydraulic Plots"页面，可以看到苯塔填料段水力学核算结果的图形展示，如图 4-9。该图形包括三部分，分别是左侧的全塔鸟瞰图、右侧上方的塔板填料负荷性能图和右侧下方的滚动填料负荷性能简图。全塔鸟瞰图"Stages View"包含三个页面：在"Stages"页面，显示精馏塔的进出口位置、各层塔板直径与高度的相对尺寸。若塔径设计合理，精馏操作点（Operating point）在合理范围内，塔板位置显示蓝色；若塔径设计错误，精馏操作点在合理范围之外，塔板位置显示红色；若精馏操作点接近合理范围边界，塔板位置显示黄色。在"Vapor"和"Liquid"页面，显示精馏塔汽液相流率的合理范围和计算值，如图 4-10。图中蓝色区域为汽液相流率的合理范围，黑点为汽液相流率的计算值。图 4-9 右侧上方为某一块塔板填料的负荷性能图示，可通过点击图面上方三角箭头或拖动右侧下方填料负荷性能简图的滑块选择需要观察的塔板。负荷性能图可显示任意一块塔板填料设计操作点在图中的位置。由图 4-9 可见，本例题填料塔各块塔板的设计操作点均位于填料负荷性能图中间区域。由图 4-10 可见，各块塔板的汽、液相流率

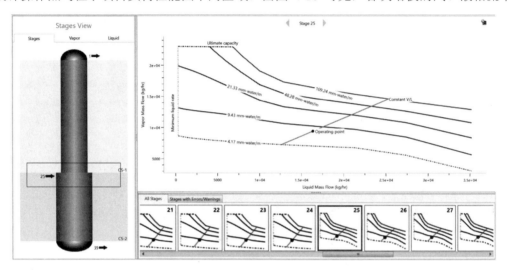

图 4-9　苯塔填料段水力学核算结果图形

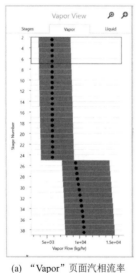

(a)　"Vapor"页面汽相流率

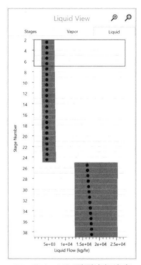

(b)　"Liquid"页面液相流率

图 4-10　苯塔汽液相流率范围与计算值

设计值均在合理范围内，故全塔鸟瞰图塔身全部显示蓝色。为观察填料塔内汽相流率分布是否合适，也可借助 RadFrac 模块的"Hydraulic Analysis"分析功能。在苯塔"Profiles|Hydraulics Analysis"页面，列出了各块塔板上汽相流率的最小值、最大值和实际计算值，如图 4-11，可见苯塔设计的汽相流率介于热力学理想的最小值与水力学最大值之间。

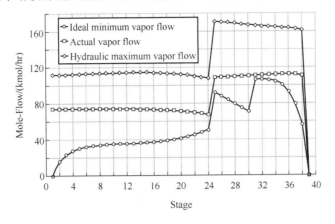

图 4-11　填料塔内汽相流率分布

（5）筛板塔设计　首先进行塔径估算。在苯塔"Column Internals"页面，点击"Add New"按钮，建立一个筛板计算文件"INT-2"。在此文件"Sections"页面上，点击"Add New"按钮，创建一个精馏段筛板计算数据集"CS-1"，选择"Interactive sizing"交互估算模式，输入筛板位置、流道数、板间距等信息。类似地，创建提馏段筛板计算数据集"CS-2"，信息填写如图 4-12。估算结果显示，两段筛板需要的直径分别是 0.67m 和 0.89m。

Name	Start Stage	End Stage	Mode	Internal Type	Tray/Packing Type	Tray Details		Packing Details			Tray Spacing/Section Packed Height	Diameter
						Number of Passes	Number of Downcomers	Vendor	Material	Dimension		
CS-1	2	24	Interactive sizing	Trayed	SIEVE	1					0.5 meter	0.674013 meter
CS-2	25	38	Interactive sizing	Trayed	SIEVE	1					0.5 meter	0.89048 meter

图 4-12　筛板塔估算信息设置

其次进行塔径核算。在"CS-1|Geometry"页面，选择"Rating"核算模式。在筛板结构图上，输入精馏段筛板的筛孔直径、板间距、堰高、降液管底隙等数据，如图 4-13。类似地，在"CS-2|Geometry"页面，输入提馏段筛板的结构数据。在"INT-2|Sections"页面，筛板直径圆整为 0.7m 和 0.9m，如图 4-14（a）。在"INT-2"计算文件的"Column Hydraulic Results"页面，可查看本例题筛板塔的核算结果，部分截图如图 4-14（b）。当两段塔径分别为 0.7m 和 0.9m 时，对应塔段的塔板压降分别是 17kPa 和 10.6kPa，最大液泛系数分别是 73.37%和 78.16%，位置为第 2 板和第 37 板。更详细的筛板核算结果可在"INT-2|CS-1|Results"和"INT-2|CS-2|Results"页面上查看。

在"INT-2"计算文件的"Hydraulic Plots"页面，可以看到苯塔筛板水力学核算结果的图形展示，如图 4-15。该图形包括四部分，分别是左侧上方的全塔鸟瞰图、左侧下方的降液管负荷图与筛板堰负荷图、右侧上方的筛板负荷性能图和右侧下方的滚动筛板负荷性能简图。图 4-15 中的全塔鸟瞰图、筛板负荷性能图和滚动筛板负荷性能简图的意义与图 4-9 类似，都是以图示方式显示筛板塔设计结果是否在合理范围内。在图 4-15 的降液管负荷图上，以柱状图的方式显示某一块筛板降液管内液位的相对高度，用两条横线标注

了 80%和 100%降液管液泛的边界。在图 4-15 的筛板堰负荷图上，也是以柱状图的方式显

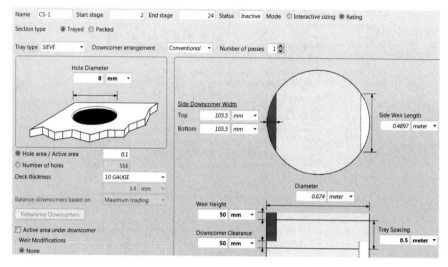

图 4-13　输入精馏段筛板结构数据

Name	Start Stage	End Stage	Mode	Internal Type	Tray/Packing Type	Tray Details		Packing Details			Tray Spacing/Section Packed Height		Diameter	
						Number of Passes	Number of Downcomers	Vendor	Material	Dimension				
CS-1	2	24	Rating	Trayed	SIEVE	1					0.5	meter	0.7	meter
CS-2	25	38	Rating	Trayed	SIEVE	1					0.5	meter	0.9	meter

(a) 核算信息设置

	Start Stage	End Stage	Diameter		Section Height		Internals Type	Tray Type or Packing Type	Section Pressure Drop		% Approach to Flood	Limiting Stage
CS-1	2	24	0.7	meter	11.5	meter	TRAY	SIEVE	17.0006	kPa	73.3687	2
CS-2	25	38	0.9	meter	7	meter	TRAY	SIEVE	10.5988	kPa	78.162	37

(b) 核算结果

图 4-14　苯塔筛板核算数据

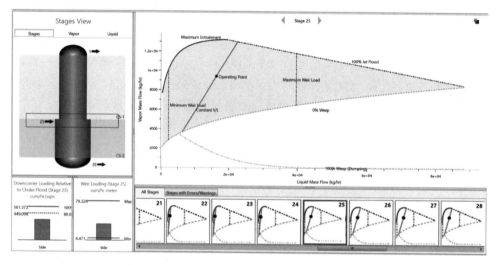

图 4-15　苯塔筛板水力学核算结果图形

示某一块筛板堰负荷的相对大小，用两条横线标注了堰负荷的最小与最大边界。由图 4-15 可见，本例题筛板塔各块筛板的设计操作点、降液管液位、筛板堰负荷均在合理范围内，故塔身全部显示蓝色。应用软件水力学分析功能，可计算出各块筛板上汽相流率分布，并可绘制出类似图 4-11 的汽相流率分布图，可以看到苯塔两段筛板上的汽相流率也是介于热力学理想的最小值与水力学最大值之间。

4.2 换热器

化工生产中传热过程十分普遍，物料的加热、冷却、蒸发、冷凝、蒸馏等都需要通过换热器进行热交换，故换热器是应用最广泛的设备之一。Aspen 软件中有 4 种换热器模块：①单一物流换热器简捷计算模块（Heater）；②两股物流换热器简捷与严格计算模块（HeatX）；③多股物流换热器简捷与严格计算模块（MHeatX）；④热传递计算模块（HXFlux）。这些换热器模块广泛应用于工艺流程模拟过程中。

AspenONE 工程套件中的"Exchanger Design & Rating, EDR"软件中有 7 种换热器模块：①管壳式换热器工艺设计模块（Aspen Shell & Tube Exchanger）；②管壳式换热器机械设计模块（Aspen Shell & Tube Mechanical）；③空气冷却器工艺设计模块（Aspen Air Cooled Exchanger）；④板翅式换热器工艺设计模块（Aspen Plate Fin Exchanger）；⑤燃烧炉工艺设计模块（Aspen Fired Heater）；⑥板式换热器工艺设计模块（Aspen Plate Exchanger）；⑦绕管式换热器工艺设计模块（Aspen CoilWound Exchanger）。用 EDR 软件设计换热器需要提供的条件比 Aspen Plus 多，但计算结果也更多，能够给出换热器设备数据表和装配图，可以为工艺设计提供更多信息。

EDR 软件中采用的换热器标准为美国的 TEMA 标准，国内设计换热器时应参照我国的换热器标准。因此，在用软件进行换热器选型核算时，应随时查阅相关的国家标准。另外，对于换热器的两侧污垢热阻的设置也需要根据具体情况查阅相关的设计手册或从生产实践中获取。

4.2.1 管壳式

管壳式换热器又称列管式换热器，是以封闭在壳体中管束的壁面作为传热面的间壁式换热器，其结构简单、操作可靠，能在高温高压下使用，是目前应用最广的类型。由于管壳式换热设备应用广泛，大部分已经标准化、系列化。已经形成标准系列的管壳式换热器有：①浮头式热交换器系列（GB/T 28712.1—2023）；②固定管板式热交换器系列（GB/T 28712.2—2023）；③U 形管式热交换器系列（GB/T 28712.3—2023）；④立式热虹吸式重沸器系列（GB/T 28712.4—2023）等。在管壳式换热器设计计算时，应该优先选用标准系列的换热器，然后利用软件的强大计算功能与软件数据库的强大信息容量对选择的管壳式换热器进行反复核算。对换热器的选型一般不能一蹴而就，往往需要多次选择、多次核算才能完成。

4.2.1.1 冷凝器

冷凝器是用于蒸馏塔顶汽相物流的冷凝或者反应器汽相物流冷凝循环回流的设备，包括分凝器和全凝器。分凝器用于多组分的冷凝，当最终冷凝温度高于混合组分的泡点，仍有一部分组分未冷凝，以达到再一次分离的目的。分凝器亦用于含有惰性气体的多组分冷凝，排出的气体含有惰性气体和未冷凝组分。全凝器的最终冷凝温度等于或低于混合组分的泡点，所有组分全部冷凝。一般地，冷凝器水平布置，汽相通过冷凝器的壳程，冷却介质（最常见是循环冷却水）通过冷凝器的管程。

例 4-2 苯塔 AES 型冷凝器工艺计算。

对例 4-1 中苯塔的冷凝器进行工艺计算与设备选型。确定冷凝器主要结构形式为前端平盖管箱（A 型），中间单程壳体（E 型），后端钩圈式浮头（S 型）。设循环冷却水进出口温度为 33~43℃，压力为 4bar。

解 冷凝器工艺计算分 3 个阶段进行：简捷计算、设备选型、EDR 软件核算。

（1）简捷计算 打开保存的例 4-1 ".bkp" 文件，添加组分"水"。从模块库中选择"HeatX"模块置于精馏塔顶部上方作为冷凝器，命名为"CONDEN"。进入冷凝器的汽相物流相当于 C1 塔第 2 块塔板上升汽相。为把此股物流引入冷凝器，可从 C1 塔中部引出一股虚拟物流（Pseudo Stream）并拖动到冷凝器顶部，对虚拟物流定义后作为塔顶汽相物流。把虚拟物流与冷凝器的热端入口相连接，然后再连接冷却水，见图 4-16。输入冷却水温度和压力，流率暂时填写 50000kg/h。在冷凝器模块的"Block Options|Properties"页面，为冷却水选择"STEAM-TA"性质方法。对从精馏塔引出的虚拟物流进行定义，在 C1 塔的"Report|Pseudo Streams"页面，定义虚拟物流的相态与引出位置，如图 4-17。在冷凝器模块"Setup| Specifications"页面的"Model fidelity"栏目中，选择"Shortcut"计算模型，指定热流体走壳层，逆流换热；在"Culculaion mode"栏目中，选用"Design"计算模式进行简捷计算；在"Exchanger Specification"栏目中，设置进入冷凝器蒸汽全部冷凝。在"Setup|Pressure Drop"页面，填写壳层和管层的估计压降分别为 10kPa 和 15kPa；在"Setup|U Methods"页面，填写总传热系数（Constant U value）估计值 $600W/(m^2 \cdot k)$。在"Flowsheeting Options|Design Specs"文件夹，创建一个反馈计算文件"DS-1"，调整冷却水进口流率，控制冷却水出口温度 43℃，计算结果中冷却水的流率为 53472.5kg/h。冷凝器简捷计算结果见图 4-18。图 4-18（a）显示了两股流体温度、压力、相态的变化和冷凝器热负荷；由图 4-18（b），当冷凝器总传热系数为 $600W/(m^2 \cdot K)$ 时，需要的换热面积为 $18.8m^2$。

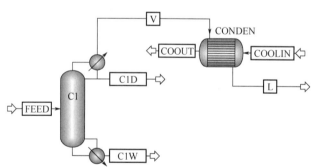

图 4-16 冷凝器与精馏塔连接

	Name	Pseudo Stream Type	Stage	Internal Phase	Reboiler Phase	Reboiler Conditions	Pumparound ID	Pumparound Conditions	Flow	Units
V		Internal	2	Vapor		Outlet		Outlet		kmol/hr

图 4-17 对虚拟物流进行定义

（2）设备选型 从浮头式热交换器系列（GB/T 28712.1—2023）中选用浮头式冷凝器 AES 426-2.5/1.6-20.9-3/19-2 I，壳体为钢管制圆筒，外径 426mm，换热面积 $20.9m^2$，换热管 $\phi19mm \times 2mm$，管长 2m，管数 120 根，三角形排列，管心距 25mm，单壳程双管程。

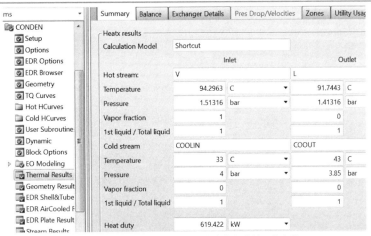

(a) 两股流体的温度、压力、相态变化与冷凝器热负荷

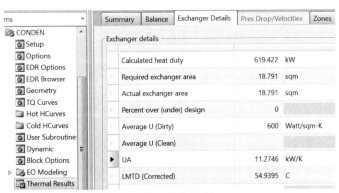

(b) 热负荷与换热面积

图 4-18　冷凝器简捷计算结果

（3）EDR 软件核算

① 向 EDR 软件传递数据　在冷凝器模块 "Setup|Specifications|" 页面的 "Model fidelity" 栏目中，点击 "Shell & Tube"，Aspen Plus 软件弹出向 EDR 软件传递数据的询问窗口，如图 4-19。直接点击 "Convert" 按钮，把冷凝器模块简捷计算结果向 EDR 软件传递。数据传递完成后，EDR 软件弹出图 4-20 窗口，询问是否要求 EDR 软件进行冷凝器的尺寸估算，若点击 "Size" 按钮，EDR 软件将进行冷凝器尺寸估算。估算结束后将会给出若干个估算结果，并选择一个换热器在图 4-20 的图面上展示。在本例题中，已经选择了国家标准系列的换热器，因此不需要 EDR 软件的尺寸估算，直接点击 "Save" 按钮，以 "4-2.edr" 文件名保存。

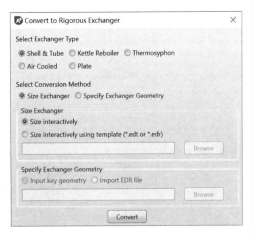

图 4-19　向 EDR 软件传递数据询问窗口

② EDR 数据检查　把冷凝器简捷计算结果传递给 EDR 软件的数据包括工艺流程数据和流体物性数据。打开保存的冷凝器 EDR 软件程序 "4-2.edr"，查看传递的数据是否正

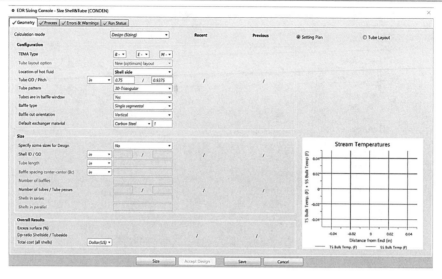

图 4-20　EDR 软件询问窗口

确。换热器的工艺流程数据储存在"Input|Problem Definition"文件夹，共有三个页面。在"Headings/Remarks"页面，可填写该换热器核算的描述性说明。在"Application Options"页面，设置该换热器的总体计算信息，包括：a.计算模式（设计，核算，模拟，最大热阻）、热流体的走向、选择因次集与计算方法；b.热流体的换热方式（液体无相变，气体无相变，汽相冷凝）、冷凝方式（常规冷凝，Knockback reflux 冷凝）；c.冷流体的换热方式（液体无相变，气体无相变，汽化）。对于"4-2.edr"，换热器的计算模式设置为核算模式"Rating/checking"，热流体的走向选择"Shell side"，因次集与计算方法分别选择"SI"与"Advanced method"。热流体的换热方式设置"Condensation"，冷凝方式选择"Normal"；冷流体的换热方式可以设置为"Liquid, no phase change"或不用设置。

在"Process Data"页面，集中了换热器的全部工艺流程数据，包括冷热两股流体的名称、流率、温度、压力、相态、换热量、换热管两侧的允许压降、实际压降、污垢系数等。查化工工艺设计手册，热流体侧污垢系数取 0.00018m²·K/W，冷流体侧取 0.00026m²·K/W，本例题冷凝器的工艺流程数据页面如图 4-21（a）。换热器冷热流体的物性数据储存在"Property Data"文件夹，共有四个子文件，分别是存放冷热流体的流率与组成、选择的物性计算方法、冷热流体在各个换热微元区的物性数据等。如果换热器数

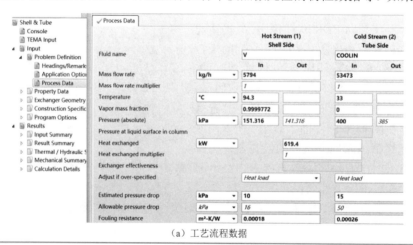

（a）工艺流程数据

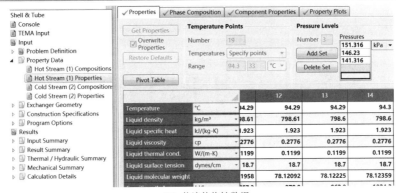

（b）热流体物性数据

图 4-21 数据传递部分页面

据是通过 Aspen Plus 软件传递给 EDR 软件的，则此四个子文件均不需要手动添加，本例冷凝器热流体物性数据页面的部分截图如图 4-21（b）。

换热器的机械结构数据储存在"Exchanger Geometry"文件夹，共有 7 个子文件。其中第 1 个子文件"Geometry Summary"是机械结构数据汇总，其余 6 个子文件是换热器的部件数据文件。本例冷凝器选用国标换热器，把其机械结构数据输入到"Geometry Summary|Geometry"页面，如图 4-22。

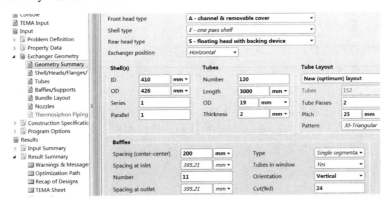

图 4-22 冷凝器机械结构数据

在子文件"Baffles/Supports"的"Tube Supports"页面，指定浮头端全直径支撑板后端长度 SI，如图 4-23（a）。对于浮头式换热器，该长度是管板厚度的两倍加 100mm。本例题中默认的管板厚度是 35.525mm，故该长度为 171.05mm，数据填写如图 4-23（b）。

在子文件"Nozzles"的"Shell Side Nozzles"页面和"Tube Side Nozzles"页面，分别填写冷凝器壳程、管程的进出口直径。可以按最经济管径的算式（4-1）计算壳程、管程进出口直径，式中 G 为流量（kg/s），ρ 为密度（kg/m³）。由冷凝器管程和壳程进出口物流流量、密度数据，计算需要的管口直径并圆整，由化工设计手册中的常用无缝钢管表选择管口直径数据，填入"Nozzles"页面，同时设置管口的安装取向。在本例中，壳层进口为蒸汽，取管径 $DN200$；出口为冷凝水，取管径 $DN32$。管层为冷却水，无相变，取进出口管径 $DN100$。

$$D_{\text{opt}} = 282G^{0.52}\rho^{-0.37} \tag{4-1}$$

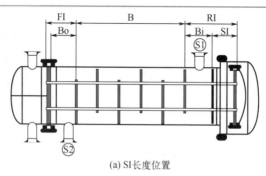

(a) SI长度位置

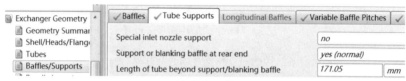

(b) 指定 SI 值

图 4-23　指定全直径支撑板后端长度

③ 运行核算程序　EDR 软件的核算结果将会给出比 Aspen Plus 简捷计算结果更多的错误与警告，可在仔细阅读后调整输入数据，以消除错误或减少警告。本例题运算结果有 2 个输入警告、2 个运行警告、5 个提示与建议。1 个输入警告提示若热流体属于危险物质或有材质相容性问题，建议热流体走管层；另 1 个输入警告提示管板上可以布置 152 根传热管，但是输入数据为 120 根，EDR 软件用 120 根传热管参与运算。因为 120 根传热管是换热器国家标准所规定，不可更改，所以忽略此警告。1 个运行警告提示流致振动分析结果表明无流体弹性不稳定性警告，但存在共振评价警告。另 1 个警告是汽相冷凝后只有 15% 的管束浸没在液相中。5 个提示与建议包括：迭代计算 29 次收敛；输入的汽相物流温度、压力、汽化分率三者数值不匹配，EDR 软件重新设置汽相进口温度为 94.3℃；对热流体出口参数的说明；对冷流体出口参数的说明；建议考虑使用去共振板，尤其是存在旋涡脱落频率或湍流抖振频率与声频率和固有频率共振的场合。

EDR 软件计算结果在文件夹"Results"中列出，共有 5 个子文件夹，分层次给出详细结果。子文件夹"Input Summary"是输入数据汇总；子文件夹"Result Summary"是输出数据汇总；子文件夹"Thermal/Hydraulic Summary"输出热学与水力学数据；子文件夹"Mechanical Summary"输出换热器结构数据；子文件夹"Calculation Details"输出详细换热数据。

在"Results Summary"文件夹的"Optimization Path"页面，列出了冷凝器主要核算结果，如图 4-24。在"Tube Length"栏，显示冷凝器换热面积富裕 48%。在"Pressure Drop"栏，显示壳层与管层的压降比均<1。在"Operational Issues"栏，显示"Vibration=No"，说明振动问题可以忽略；显示"Rho-V-Sq=No"，说明冷凝器物流入口处流体的 ρv^2 值符合 TEMA 标准；显示"Unsupported tube length=No"，说明换热管未支撑长度符合 TEMA 标准。

Item	Shell	Tube Length		Area ratio	Pressure Drop				Baffle		Tube		Units		Total	Operational Issues		
	Size	Actual	Reqd.		Shell	Dp Ratio	Tube	Dp Ratio	Pitch	No.	Tube Pass	No.	P	S	Price	Vibration	Rho-V-Sq	Unsupported tube length
	mm ▾	m ▾	m ▾		kPa ▾		kPa ▾		mm ▾						Dollar(US) ▾			
1	410	3	2.0316	1.48	9.938	0.62	14.4	0.29	200	11	2	120	1	1	22607	No	No	No
1	410	3	2.0316	1.48	9.938	0.62	14.4	0.29	200	11	2	120	1	1	22607	No	No	No

图 4-24　冷凝器核算结果汇总

在"Results Summary"文件夹的"TEMA Sheet"页面，给出了冷凝器设备数据表，见图 4-25。由核算结果，本例题选型冷凝器换热面洁净时的总传热系数是 1447.9W/(m² · K)，换热面非洁净时的总传热系数是 833.4W/(m² · K)，平均传热温差 54.91℃。壳程平均流速 4.42m/s，最大流速 15.27m/s，壳程压降 9.94kPa；管程平均流速 1.41m/s，最大流速 1.45m/s，管程压降 14.4kPa。根据化工设计手册数据，一般情况下，操作压力在 0.7～10bar 的范围内，换热器的允许压降不超过 0.35bar。本例题所选换热器两侧的压降小于 0.2bar，壳程、管程压降均很小。一般情况下，汽液混合物在壳程内的适宜流速是 3～6m/s，冷却水在管程内的常见流速是 0.7～3.5m/s。本例题所选换热器壳程汽液混合物平均流速是 4.42m/s，管程平均流速是 1.41m/s，在正常范围内。在"Results Summary"文件夹的"Overall Summary"页面，可见壳程进出口流体的雷诺数分别是 81831 与 2700；管程进出口流体的雷诺数分别是 28803 与 33124，都达到湍流状态，冷凝器选型可行。

6	Size:	410 - 3000	mm		Type:	AES	Horizontal		Connected in: 1	parallel	1	series
7	Surf/unit(eff.)		20	m²	Shells/unit	1			Surf/shell(eff.)		20	m²
8					PERFORMANCE OF ONE UNIT							
9	Fluid allocation						Shell Side			Tube Side		
10	Fluid name						V			COOLIN		
11	Fluid quantity, Total			kg/h			5794			53472		
12	Vapor (In/Out)			kg/h	5794		0		0		0	
13	Liquid			kg/h	0		5794		53472		53472	
14	Noncondensable			kg/h	0		0		0		0	
15												
16	Temperature (In/Out)			℃	94.3		91.74		33		43	
17	Bubble / Dew point			℃	94.29 /	94.3	91.76 /	92.61	/		/	
18	Density	Vapor/Liquid		kg/m³	4.01 /	798.59	/	801.49	/	994.94	/	991.23
19	Viscosity			cp	0.0094 /	0.2776	/	0.2847	/	0.7493	/	0.6181
20	Molecular wt, Vap				78.12							
21	Molecular wt, NC											
22	Specific heat			kJ/(kg-K)	1.368 /	1.923	/	1.914	/	4.171	/	4.172
23	Thermal conductivity			W/(m-K)	0.0164 /	0.1199	/	0.1207	/	0.6199	/	0.6344
24	Latent heat			kJ/kg	379.9		381.5					
25	Pressure (abs)			kPa	151.316		141.378		400		385.6	
26	Velocity (Mean/Max)			m/s			4.42 / 15.27			1.41 / 1.45		
27	Pressure drop, allow./calc.			kPa	16		9.938		50		14.4	
28	Fouling resistance (min)			m²-K/W			0.00018		0.00026	0.00033 Ao based		
29	Heat exchanged	619.4		kW				MTD (corrected)		54.91		℃
30	Transfer rate, Service	564.4				Dirty	833.4		Clean	1447.9		W/(m²-K)

图 4-25 冷凝器设备数据表截图

在"Thermal/Hydraulic Summary"文件夹的"Performance|Overall Performance"页面，给出了冷凝器的传热阻力分布，如图 4-26，可见管壁的热阻很小，污垢热阻与对流传热热阻是主要的传热阻力，管程的污垢热阻大于壳程。

图 4-26 冷凝器的传热阻力分布

在"Mechanical Summary"文件夹的"Setting Plan & Tubesheet layout|Setting Plan"页面，给出了冷凝器装配图与布管图，装配图见图 4-27。在"Mechanical Summary"文件夹的"Cost/Weights"页面，给出了冷凝器的质量与成本数据。冷凝器的筒体、前封头、后封头、管束质量分别是 490.8kg、137.3kg、51.4kg、426.6kg，总质量是 1106.1kg，充水总重 1569.6kg。在制作成本方面，人工成本 17420 美元，管束成本 1029 美元，其它材料成本 4158 美元，总成本 22607 美元，其中人工成本占 77.1%。

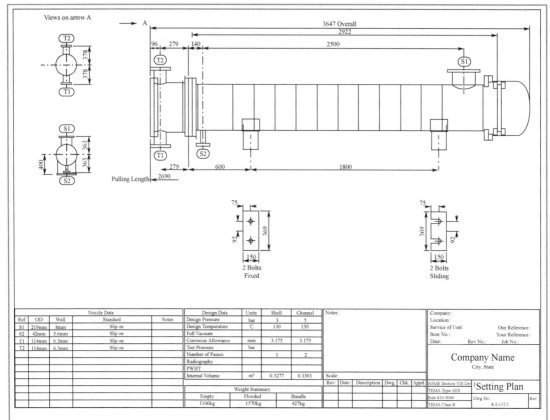

图 4-27　冷凝器装配图

在"Calculation Details"文件夹的"Analysis along Shell|Plot"页面，可以绘制壳程的各种参数分布，壳程温度分布如图 4-28（a），可见壳程流体入口温度 94.3℃，出口温度略有降低。壳程污垢表面温度低于流体温度，高于传热管壁温度。在"Analysis along Tubes|Plot"页面，可以绘制管程的各种参数分布，管程温度分布如图 4-28（b），双管程冷凝器的第一管程流体温度从入口 33℃上升到 38℃，第二管程流体温度从 38℃上升到出口温度 43℃，可见管程流体温度分布近似线性分布。

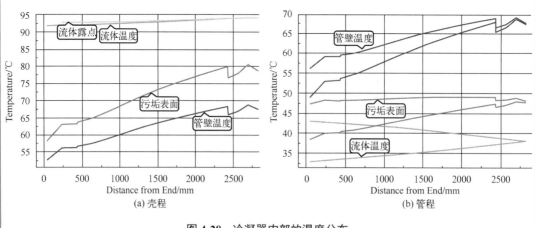

图 4-28　冷凝器内部的温度分布

本例冷凝器采用了单壳程双管程的结构形式，但在其它工艺中也可能需要多壳程的情况，比如采用壳程的串联或并联运行以达到增加或降低壳程流体流速的目的。至于壳程串联或并联运行的数量限制，则与换热器壳体的结构有关，读者可参看有关的换热器专著或EDR软件的帮助系统。在EDR软件中设置壳程的串联（series）或并联（parallel）结构，可以在图4-22的"Shell（s）"栏目中填写。若本例题冷凝器采用壳程的串联或并联运行，则换热流程和核算结果如图4-29。若以单壳程+双管程冷凝器的计算结果为基准，对于双壳程双管程并联的换热器结构，壳程和管程的流体流速减半；对于双壳程双管程串联的换热器结构，壳程和管程的流体流速不变。

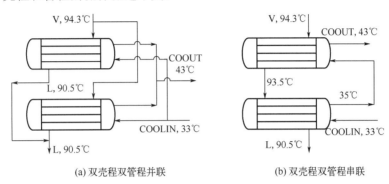

(a) 双壳程双管程并联　　　　　(b) 双壳程双管程串联

图 4-29　双壳程双管程冷凝器流程节点温度

（4）输出计算结果　在下拉菜单"File|Export|Export"页面，有4种输出格式可供选择。若选择"Word"格式，软件弹窗显示输出内容供选择，如图4-30。若全部点选，则软件输出一个17页的"Word"文档，包含冷凝器的所有计算信息。

图 4-30　选择输出内容

4.2.1.2　再沸器

再沸器用于使精馏塔釜液部分汽化，从而实现精馏塔内汽液两相间的热量及质量传递，为精馏塔正常操作提供动力。再沸器的类型有热虹吸式、强制循环式、釜式、内置式等。其中热虹吸式再沸器是被蒸发的物料依靠液位压差自然循环蒸发，强制循环式再沸器的釜液是用泵进行循环蒸发。虹吸式再沸器又有多种形式，以安装方式分类，有立式和卧式之分；按进料方式分类，有一次通过式和循环式之分；循环式又有带隔板和不带隔板的不同类型。各种虹吸式再沸器均可通过Aspen软件的模块组合构成，"RadFrac"模块中有釜式和热虹吸式两种，软件默认釜式再沸器。

例 4-3　苯塔虹吸式再沸器工艺计算。

采用8bar饱和水蒸气作为加热蒸汽，对例4-1中苯塔进行虹吸式再沸器的工艺计算与设备选型。

解　对例4-1中的苯塔，选择液体循环不带隔板的再沸器形式，工艺计算过程分3个阶段进行：简捷计算、设备选型、EDR软件核算。

（1）简捷计算　打开例 4-1 ".bkp" 苯塔计算文件，添加组分"水"。在 C1 塔模块 "Setup|Configurations"页面，把再沸器 "Reboiler"选项改为虹吸式 "Thermosiphon"。进入 C1 塔模块的 "Setup|Reboiler"页面，在 "Thermosiphon Reboiler Options"栏目中选择 "Specify reboiler outlet conditions"；在 "outlet conditions"栏目，选择 "Molar vapor fraction"，虹吸式再沸器出口循环物料的汽化率一般小于 0.20，此处填写 0.15；再沸器操作压力按题目中给的数据填写 2bar。

①　流程设置　点击苯塔模块 "Setup|Reboiler"页面的 "Reboiler Wizard"按钮，打开一个虹吸再沸器的设置向导窗口，填写必要数据如模块名称、计算类型与计算模式等。软件用一个加热器和一个闪蒸器的组合，模拟一个液体循环不带隔板的虹吸式再沸器。首先对加热器进行设置，取名为 "REBOILER"，计算类型选择简捷计算 "Shortcut"，计算模式选择设计型 "Design"。接着为闪蒸器取名 "FLASH"，数据填写如图 4-31（a），点击 "OK"退出设置向导。

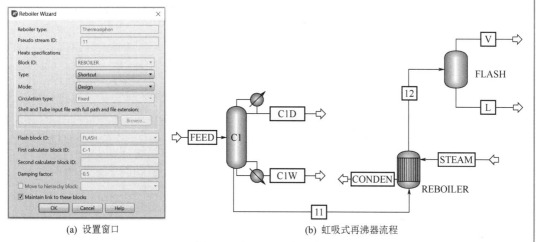

(a) 设置窗口　　　　　　　　　　　　(b) 虹吸式再沸器流程

图 4-31　设置虹吸式再沸器

回到 C1 塔模拟流程窗口，看到图面上自动增加了一个加热器模块和一个闪蒸器模块，且塔身的虚拟流体出口处自动引出了一股由 $N-1$ 板下降的液相物流（物流号 11）与加热器管程的物料进口相连接。对自动生成的虹吸式再沸器流程进行修饰、物流重新命名后如图 4-31（b）。入再沸器流体属于从 $N-1$ 板下降流入再沸器（第 N 板）的液相物流，在 C1 塔 "Specifications|Setup| Streams"页面的 "Pseudo Streams"栏目，可见软件已经自动对入再沸器液体的属性进行了定义。这股液相被加热器模块加热后进入闪蒸器分为汽液两相，汽相作为上升到 $N-1$ 板的蒸汽，部分液相作为釜液出料，从而模拟了虹吸式再沸器的工作过程。

②　选择水蒸气性质方法与添加水蒸气参数　在加热器模块的 "Block Options| Properties"页面，为水蒸气选择 "STEAM-TA"性质方法。根据塔底温度，采用 8bar 饱和水蒸气作为加热蒸汽，蒸汽流率暂时填写 1800kg/h，后用 "Design Specs"功能调整。

③　设置模块信息　在加热器模块的 "Setup|U Methods"页面，选择 "Constant U value"栏目，填写估计的总传热系数 450W/(m² · K)。在 "Flowsheeting Options|Calculator"文件夹，软件自动生成了一个计算器文件 "C-1"，该文件强令加热器模块的热负荷与 C1 塔再沸器热负荷相等。

④　调整水蒸气的用量　在 "Flowsheeting Options|Design Specs"文件夹，创建一个反馈计算文件 "DS-1"，调整加热水蒸气用量，控制冷凝水温度比水蒸气温度低 1℃，即

169.4℃，或控制冷凝水的汽相分率 0.0001，设置加热水蒸气用量的搜索区间为 1000～2000kg/h。

再沸器简捷计算结果见图 4-32，当再沸器总传热系数为 450W/(m²·K)时，需要的换热面积为 144.7m²。在再沸器模块的"Stream Results"页面，显示加热水蒸气流率为 1850.6kg/h。

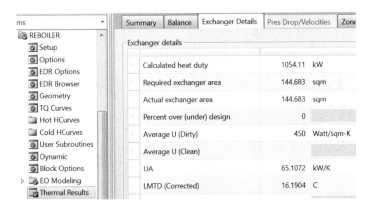

图 4-32　再沸器简捷计算结果

（2）设备选型　从立式热虹吸式重沸器国家标准（GB/T 28712.4—2023）中选择标准系列再沸器 BEM1200-1.0/1.6-165-2/25-1 Ⅰ，壳径 1200mm，换热面积 165m²，换热管 φ25mm×2.5mm，管长 2m，管数 1115 根，三角形排列，管心距 32mm，单管程单壳程。

（3）EDR 软件核算

① 向 EDR 软件传递数据　在加热器模块"Setup|Specifications"页面的"Model fidelity"栏目中，点击"Shell & Tube"按钮，Aspen Plus 软件弹出修改虹吸式再沸器设置向导的询问窗口，点击"OK"按钮确认。Aspen Plus 软件弹出向 EDR 软件传递再沸器数据的询问窗口，如图 4-33。在"Select Exchanger Type"栏目，点选热虹吸式"Thermosyphon"，再点击"Convert"按钮，把再沸器简捷计算结果向 EDR 软件传递。数据传递完成后，EDR 软件弹出类似图 4-20 窗口，询问是否要求 EDR 软件进行再沸器的尺寸估算，因为已经选择了国家标准系列的再沸器，不需要 EDR 软件的尺寸估算，直接点击"Save"按钮，以"4-3.edr"文件名保存。

② 数据检查　打开"4-3.edr"文件，对传递数据进行检查。由于再沸器简捷计算不区分管程与壳程流体，因此先告诉 EDR 软件再沸器冷热流体的走向及流体在管程、壳程的运动相态等信息，如图 4-34（a）；再沸器工艺过程数据见图 4-34（b）；传递到 EDR 软件的釜液物性数据见图 4-34（c）。把已经选型的标准系列再沸器 BEM1200-1.0/1.6-165-2/25-1 Ⅰ 结构数据输入到再沸器机械结构文件夹的"Geometry Summary|Geometry"页面，如图 4-35。

图 4-33　向 EDR 软件传递再沸器数据询问窗口

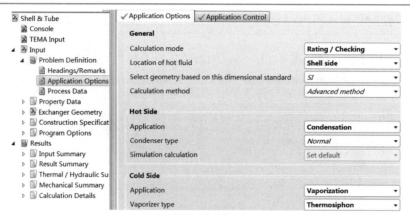

(a) 设置冷热流体走向

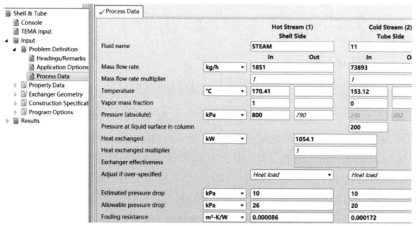

(b) 工艺过程数据

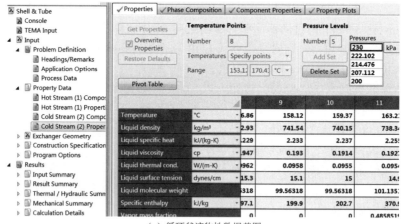

（c）循环釜液物性数据截图

图 4-34　传递到 EDR 的部分数据页面

　　按最经济管径的计算公式（4-1）计算壳程、管程进出口尺寸并进行圆整，同时设置管口的安装取向。壳程进口水蒸气，取管径 DN125，出口冷凝水，取管径 DN32；管程进口循环釜液，取管径 DN250，出口汽液混合物，取管径 DN450。进出口尺寸在"Input|Exchanger Geometry|Nozzles"文件夹的"Shell Side Nozzles"页面和"Tube Side

Nozzles"页面填写。

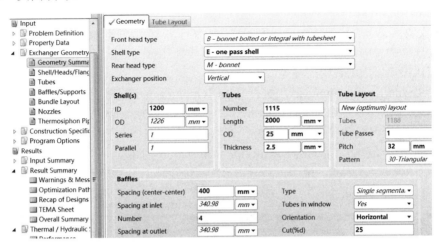

图 4-35　再沸器的机械结构数据

③ 确认安装尺寸　在再沸器机械结构文件夹的"Thermosiphon Piping|Thermosiphon Piping"页面，根据再沸器的估计高度，调整并确认虹吸式再沸器安装尺寸，如图 4-36。一般要求再沸器汽液相返塔管嘴底部与塔釜最高液面的距离≥300mm，以防止塔釜液面过高时产生严重的雾沫夹带。汽液相返塔管嘴顶部与最底层塔板（或最底层填料支撑格栅）的距离最好≥400mm，以防止该段距离过小时气体携带过多的液体返回至最底层塔板引起液泛。

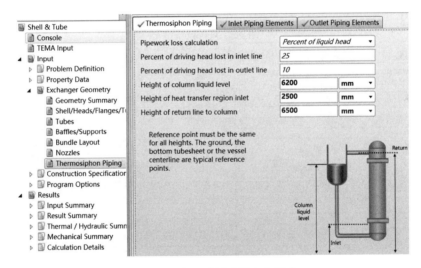

图 4-36　虹吸式再沸器安装尺寸

④ 运行核算程序　运算结果存放在"Result Summary"下方 5 个文件夹中。在"Warnings &Messages"页面，共有 4 个警告，6 个提示与建议。其中一个输入数据警告，提示管板上可以布置 1188 根传热管，但是输入数据为 1115 根传热管，EDR 用 1115 根传热管进行所有的传热计算，因为 1115 根传热管是换热器国家标准所规定，不必更改，忽略此警告。一个计算结果警告提示虹吸循环回路存在 10.96kPa 的压降，建议用"Thermosiphon Stability Analysis"进一步分析。一个运行警告提示管程顶部 Wallis 无因次

气速<0.5，可能存在液体返流，建议增加管程流速；另一个运行警告提示管程顶部 Wallis 液泛值<1.0，可能存在管程顶部液泛，建议增加管程流速。6 个提示与建议包括：迭代计算 13 次收敛；关于壳程流体出口温度的说明；关于管程流体出口温度的说明；关于虹吸流体最大压降的说明；因壳程蒸汽压力较大，建议加热蒸汽走管层，以减薄壳体厚度；关于管程流体出口压力的说明；等等。

在"Results|Results Summary"文件夹的"Optimization Path"页面，列出了再沸器主要计算结果，如图 4-37。在"Tube Length"栏，显示再沸器换热面积富裕 29%。在"Pressure Drop"栏，显示壳层与管层的压降比均<1。在"Operational Issues"栏，显示"Vibration=No"，说明振动问题可以忽略；显示"Thermosiphon Instability=No"，说明热虹吸操作无失稳问题；显示"Rho-V-Sq=No"，说明再沸器物流入口处流体的 ρv^2 值符合 TEMA 标准；显示"Unsupported tube length=No"，说明换热管未支撑长度符合 TEMA 标准。

	Shell	Tube Length			Pressure Drop				Baffle		Tube		Units		Total	Operational Issues			
Item	Size	Actual	Reqd.	Area ratio	Shell	Dp Ratio	Tube	Dp Ratio	Pitch	No.	Tube Pass	No.	P	S	Price	Vibration	Thermosiphon Instability	Rho-V-Sq	Unsupported tube length
	mm	m	m		kPa ▾		kPa ▾		mm ▾						Dollar(US) ▾				
1	1200	2	1.5456	1.29	0.586	0.02	6.634	0.38	400	4	1	1115	1	1	79012	No	No	No	No
2																			
3	1	1200	2	1.5456	1.29	0.586	0.02	6.634	0.38	400	4	1	1115	1	1	79012	No	No	No

图 4-37　再沸器设计结果汇总

在"TEMA Sheet"页面，列出了再沸器的设备数据表，如图 4-38。壳程蒸汽冷凝，平均流速 0.53m/s，压降 0.586kPa；管程液相部分汽化，平均流速 0.79m/s，压降 6.634kPa。总传热系数（污垢/洁净）为 577.9/699.6W/(m²·K)。

6	Size:	1200 - 2000	mm	Type:	BEM	Vertical		Connected in: 1	parallel	1	series
7	Surf/unit(eff.)	164.8	m²	Shells/unit	1			Surf/shell(eff.)	164.8		m²
8				PERFORMANCE OF ONE UNIT							
9	Fluid allocation					Shell Side			Tube Side		
10	Fluid name					STEAM			11		
11	Fluid quantity, Total		kg/h			1851			73893		
12	Vapor (In/Out)		kg/h		1851		5		0	10520	
13	Liquid		kg/h		0		1846		73893	63373	
14	Noncondensable		kg/h		0		0		0	0	
15											
16	Temperature (In/Out)		°C		170.11		168.13		153.14	154.87	
17	Bubble / Dew point		°C		168.16 / 169.92		168.12 / 169.89		155.16 / 162.91	153.73 / 161.51	
18	Density　　　　Vapor/Liquid		kg/m³		4.11 /		4.12 / 899.22		/ 747	5.79 / 745.83	
19	Viscosity		cp		0.0147 /		0.0147 / 0.1614		/ 0.1996	0.0098 / 0.1992	
20	Molecular wt, Vap				18.02		18.02			96.83	
21	Molecular wt, NC										
22	Specific heat		kJ/(kg-K)		2.469 /		2.457 / 4.361		/ 2.216	1.711 / 2.224	
23	Thermal conductivity		W/(m-K)		0.0347 /		0.0347 / 0.6769		/ 0.0972	0.0238 / 0.097	
24	Latent heat		kJ/kg		2049.5		2049.6		332.7	333.6	
25	Pressure (abs)		kPa		790.586		790		209.345	202.711	
26	Velocity (Mean/Max)		m/s		0.53 / 1.52				0.79 / 1.51		
27	Pressure drop, allow./calc.		kPa		26		0.586		17.624	6.634	
28	Fouling resistance (min)		m²-K/W		9E-05				0.00017	0.00022 Ao based	
29	Heat exchanged	1054.1	kW					MTD (corrected)	14.32		°C
30	Transfer rate, Service	446.6			Dirty	577.9		Clean	699.6		W/(m²-K)

图 4-38　再沸器设备数据表截图

在"Overall Summary"页面，可以看到更详细的核算数据。在"Thermal/Hydraulic Summary"文件夹的"Performance|Overall Performance"页面，给出了再沸器传热阻力分布，可见管程的污垢热阻与对流传热热阻是主要的传热阻力。在"Mechanical Summary"文件夹的"Setting Plane & Tubesheet layout"页面，给出了再沸器装配图和布管图，装配图如图 4-39。在"Mechanical Summary"文件夹的"Cost/Weights"页面，给出了再沸器

的质量与成本。再沸器的筒体、前后封头、管束质量分别是 1029kg、567.4kg、741.6kg、4001.8kg，总质量 6339.8kg。在制作成本方面，人工成本 56673 美元，管束成本 10536 美元，其它材料成本 11803 美元，总成本 79012 美元，其中人工成本占 71.7%。在 "Results| Calculation Details" 文件夹，给出了再沸器壳程、管程各种参数的详细分布数据，再沸器内各部件的温度分布情况见图 4-40。

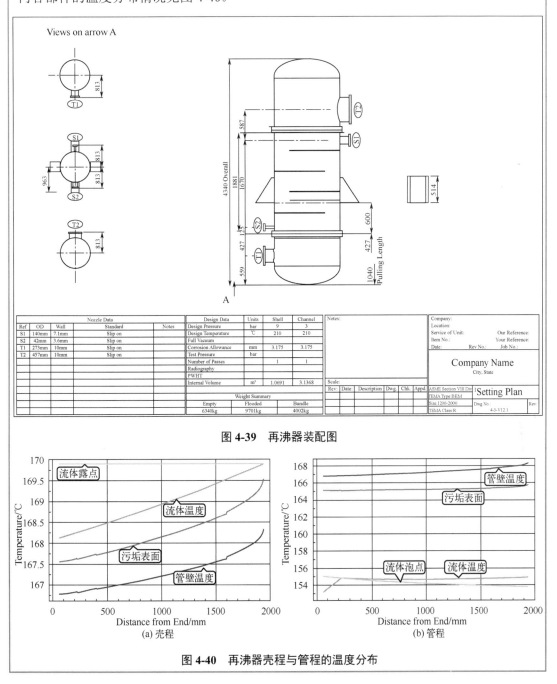

图 4-39　再沸器装配图

图 4-40　再沸器壳程与管程的温度分布

4.2.2　板翅式

板翅式换热器（Plate Fin Heat Exchanger）是一种以翅片为主要传热元件的换热器，结构紧凑、传热效率高、体积小、重量轻、可进行两股及以上流体换热，目前在化工行业的主要应用领域为空气分离、乙烯分离、合成气氨氮洗和油田气回收中的低温换热等。能同时在单体换热器中进行多股流体换热，能量高度集成，其冷热流体总数可达 12 种以上，比表面积可达 $1000m^2/m^3$ 以上，远大于传统的壳管式换热器（$200m^2/m^3$）；传热系数为列管式换热器的 5～10 倍，且单位体积传热量也高出 1～2 个数量级。

板翅式换热器的芯体单元由隔板、翅片及封条组成。在两块隔板间夹入各种形状的金属翅片，两边以封条进行密封形成密闭通道，这样就构成了一个芯体换热基本单元，如图 4-41（a）。若干个芯体换热基本单元按照一定顺序进行叠积，从而形成两组或多组相对独立的通道，并以钎焊固定，就构成了换热器的核心部件芯体。将芯体与封头、法兰及接头焊接为一体，即构成一个完整的板翅式换热器，如图 4-41（b）。

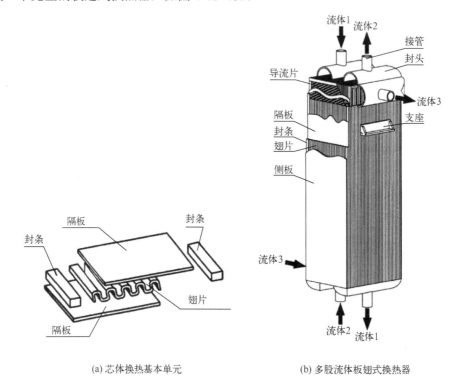

(a) 芯体换热基本单元　　　　　　(b) 多股流体板翅式换热器

图 4-41　板翅式换热器

EDR 软件可以对各种形式的板翅式换热器进行模拟计算，包括简单的两股流体换热器或者多股流体换热器，换热形式包括轴向流动换热或错流流动换热。在轴向流动换热器中，物流以顺流或逆流方式流动换热。EDR 软件假定轴向流动换热器内的温度沿一维方向分布，错流流动换热器内的温度沿二维方向分布。错流流动板翅式换热器常用于室温及以上温度范围的气-气换热，轴向流动板翅式换热器常用于低温条件下的气-气换热。

对于错流流动板翅式换热器，EDR 软件提供了一种严格模拟的计算模式（Stream by stream simulation），但需要预先估计换热器的基本结构参数。对于轴向流动板翅式换热器，EDR 软件提供了初步设计（Design）、严格模拟（Stream by stream simulation）、逐层扫描（Layer by layer simulation）、校验（Checking/Rating）等 4 种计算模式。初步设计模式仅适用于流体轴向流动换热，需要指定物流进出口条件，不需要指定换热器基本结构参数。计算结果包括完成指定热负荷需要的换热器芯体尺寸、每一流体的换热通道层数、换热器总通道层数、翅片类型与数量、分配器与封头的尺寸和位置等。严格模拟模式是在初步设计结果基础上，按指定的换热通道叠积层数对各换热物流进行严格的换热模拟。它基于一个沿换热器长度方向隔板壁面统一温度分布的假设，计算各换热物流的出口参数。换热器换热通道的叠积方式可选，但要指定叠积层数，严格模拟结果是对初步设计结果的修正。逐层扫描模式是在严格模拟基础上，不更改换热器芯体尺寸，对每一换热通道内的流体换热情况进行逐层模拟，获取流体出口参数与热负荷数据，以判断换热通道布置是否合理。校验模式是 EDR 软件为板翅式换热器新提供的一种计算模式，其功能是对换热器各物流的热负荷与换热面面积因子、出口温度与压力、换热器总面积因子进行一次校验计算。面积因子是实际换热面积与需要换热面积的比值，体现了换热器设计换热面积的富裕度。对于只有 2 股物流的换热器，冷、热物流的面积因子等同于换热器的面积因子；对于多股物流换热器，换热器的总面积因子由全部物流的面积因子加权平均得到。校验计算不更改换热器芯体尺寸，该方法也可作为严格模拟过程不收敛时的备用核算方法。

以上各种计算模式在输出换热器图像时，EDR 软件只能输出板翅式换热器外观示意图与芯体尺寸图。下面以一个空气深冷换热器的工艺设计为例，介绍 EDR 软件在轴向流动板翅式换热器工艺设计中的使用方法。

例 4-4 空气深冷分离板翅式换热器工艺设计。

设计一台空气-氮气-氮气 3 股物流换热的板翅式换热器，以一股热空气流股与两股冷氮气流股逆流换热，原始工艺条件如表 4-1，其中热空气流股的质量流率由热量衡算确定。

表 4-1　换热器设计条件

物流	Air（1）	N_2（1）	N_2（2）
质量流率/(kg/h)		15000	12000
进口温度/K	300	120	210
出口温度/K	125	200	290
进口压力/bar	10	3	2.5
容许压降/bar	0.5	0.3	0.3

解　（1）初步设计

① 建立换热器案例设计文件　打开 EDR 软件，点击"New"按钮，在弹出的换热器类型窗口中选择"Plate Fin"，点击窗口下方的"Create"按钮，从而创建一个板翅式换热器案例设计文件，以"4-4.edr"文件名保存。

② 选择计算模式　在数据输入文件夹的"Application Options"页面，选择"Design"计算模式，填写进口物流数 3，翅片数 0，如图 4-42。

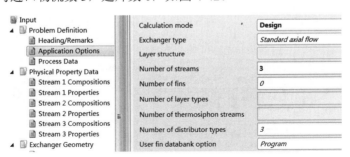

图 4-42　选择板翅式换热器计算模式

③ 输入换热器工艺数据　在数据输入文件夹的"Process Data|Process"页面，填写题

目中给的换热器物流数据，如图 4-43。热流股的流率不用填写，软件会根据冷热流体的热量平衡计算。各个流股的进出口相态可以不填写，软件会根据输入的温度和压力值计算。由于板翅式换热器通常处理清洁流体，因此假定污垢系数为零。同样，也无须输入热负荷，软件将根据流股流率和出入口温度计算。

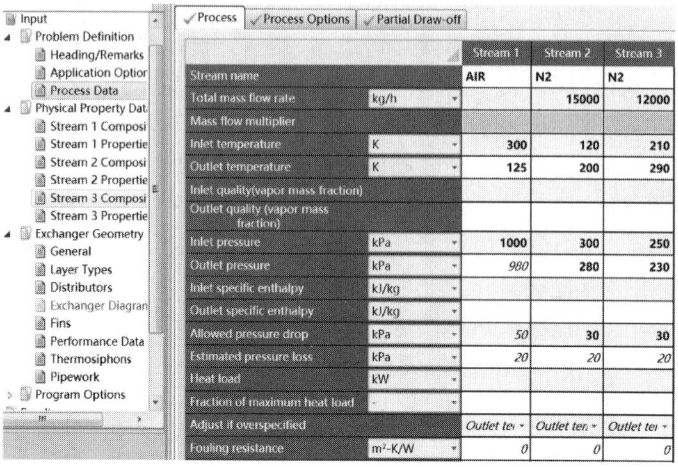

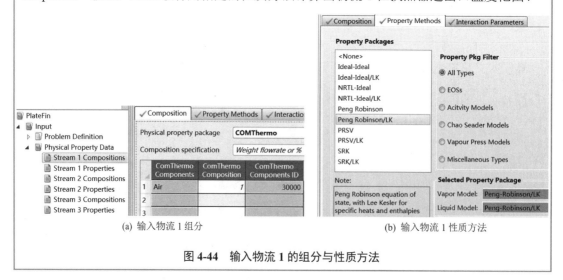

图 4-43　输入换热器工艺物流数据

④　输入物流性质　EDR 软件提供了 5 种流体物性输入方法，前 3 种是软件自带的物性数据包，分别是"Aspen Properties"、"COMThermo"和"B-JAC"，后 2 种是用户指定的流体物性。对于组成简单的流股，建议使用软件自带的物性数据包。对于组成复杂的流股，建议从流程模拟软件获取物流性质数据。EDR 可以直接导入 Aspen Plus、Aspen HYSYS 换热器模拟文件的物性数据。本例物流成分简单，选用"COMThermo"物性数据包。

添加物流 1 的信息。在物性输入文件夹的"Stream 1 Compositions|Composition"页面，选择"COMThermo"物性数据包；点击页面下方"Search Databank…"按钮，添加组分"Air"，如图 4-44（a）。在"Property Methods"页面，选择"Peng Robinson/LK"性质方法，如图 4-44（b）。在物性输入文件夹的"Stream 1 Properties|Properties"页面，点击"Get Properties"按钮，EDR 软件用指定的性质方法计算出物流 1 在换热器进出口温度范围、

(a) 输入物流 1 组分　　　　　　　　　　　(b) 输入物流 1 性质方法

图 4-44　输入物流 1 的组分与性质方法

22 个温度子区间内的各种物性，如图 4-45。类似地，为物流 2 和物流 3 选择同样的物性数据包、添加组分、选择性质方法、计算进出口温度范围内的各种物性。

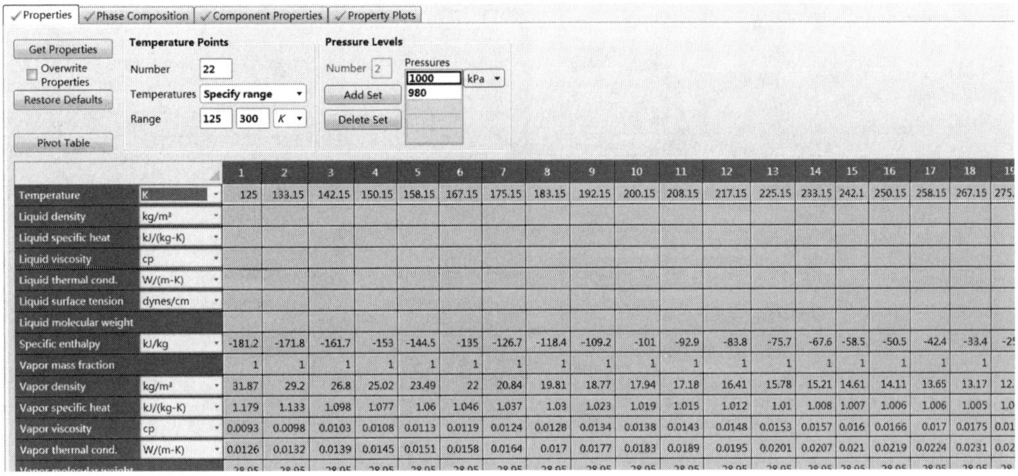

		1	2	3	4	5	6	7	8	9	10	11	12	13	14	15	16	17	18	19
Temperature	K	125	133.15	142.15	150.15	158.15	167.15	175.15	183.15	192.15	200.15	208.15	217.15	225.15	233.15	242.1	250.15	258.15	267.15	275.
Liquid density	kg/m³																			
Liquid specific heat	kJ/(kg-K)																			
Liquid viscosity	cp																			
Liquid thermal cond.	W/(m-K)																			
Liquid surface tension	dynes/cm																			
Liquid molecular weight																				
Specific enthalpy	kJ/kg	-181.2	-171.8	-161.7	-153	-144.5	-135	-126.7	-118.4	-109.2	-101	-92.9	-83.8	-75.7	-67.6	-58.5	-50.5	-42.4	-33.4	-25
Vapor mass fraction		1	1	1	1	1	1	1	1	1	1	1	1	1	1	1	1	1	1	1
Vapor density	kg/m³	31.87	29.2	26.8	25.02	23.49	22	20.84	19.81	18.77	17.94	17.18	16.41	15.78	15.21	14.61	14.11	13.65	13.17	12.
Vapor specific heat	kJ/(kg-K)	1.179	1.133	1.098	1.077	1.06	1.046	1.037	1.03	1.023	1.019	1.015	1.012	1.01	1.008	1.007	1.006	1.006	1.005	1.0
Vapor viscosity	cp	0.0093	0.0098	0.0103	0.0108	0.0113	0.0119	0.0124	0.0128	0.0134	0.0138	0.0143	0.0148	0.0153	0.0157	0.0166	0.017	0.0175	0.01	
Vapor thermal cond.	W/(m-K)	0.0126	0.0132	0.0139	0.0145	0.0151	0.0158	0.0164	0.017	0.0177	0.0183	0.0189	0.0195	0.0201	0.0207	0.021	0.0219	0.0224	0.0231	0.02

图 4-45　计算物流 1 的物性截图

⑤ 进行设计计算　点击"Run"按钮进行计算，简捷计算结果列在"Results"文件夹中，其中包含了 4 个子文件夹，逐步分层次展示估算结果。子文件夹"Results Summary"是输出数据汇总；子文件夹"Thermal/Hydraulic Summary"输出热学与水力学数据；子文件夹"Mechanical Summary"输出换热器结构数据；子文件夹"Calculation Details"输出详细的换热计算数据。

在"Results Summary"子文件夹的"Warnings & Messages"页面，给出了 3 条提示，列出了 3 股物流的出口温度、相态、热负荷，提示热空气流股的进口流率是 12468kg/h。在"Results Summary"子文件夹的"Overall Summary"页面，给出了换热器的总体估算数据和以物流为基础的估算数据，见图 4-46。图 4-46（a）列出了换热器的热负荷、面积比、平均温差、换热器外观几何尺寸、换热通道层数、翅片数等参数，共需要 2 种翅片、49 层板翅通道换热。图 4-46（b）显示了 3 股流体在流道内的走向、每一流体的通道层数与热负荷、进出口温度与压力等参数。由图可见，空气热流股需要 18 层板翅通道换热，两股氮气冷流股需要 31 层板翅通道换热，氮气流股在相同板翅通道空间的不同区域内流动，热流股与冷流股的合计换热层数是 49 层。

在子文件夹"Mechanical Summary"下面又包含了 3 个子文件夹，分别给出了板翅式换热器的外观几何图形、主要部件尺寸、翅片类型数量与尺寸、换热器材质与换热器质量等数据。在子文件夹的"Exchanger Diagram"页面，显示了板翅式换热器的外观示意图与芯体尺寸图，如图 4-47，图中标绘了冷、热流体的进出口位置和流动方向。

（2）严格模拟　由于在"Design"计算结果中已经包含了换热器需要的换热通道叠积层数，此处模拟时可不必再次指定。

① 更改计算模式　在图 4-48 页面的"Calculation mode"栏目，选择"Stream by stream simulation"计算模式，这时软件弹出转换计算模式的询问窗口，点击窗口的"Use Current"按钮，表示将在换热器"Design"计算结果的基础上进行严格模拟计算，计算模式更改后如图 4-48，换热通道采用标准翅片，3 股换热物流，2 种翅片，2 种传换热通道，3 种分配器类型。此时，在文件夹"Exchanger Geometry"的各个子文件夹中，可看到换热器的芯

体尺寸、流道数据、分配器数据、翅片数据等初步设计结果。

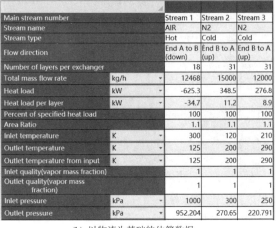

PlateFin Summary

Calculation mode		Design
Exchanger type		Standard axial flow
Layer structure		Standard fins
Overall heat transfer calculated	kW	625.3
Overall surface area ratio		1.1
Mean temperature difference	K	10.15
UA value of calculated duty	kW/K	61.6
Core length	mm	3185.8
Core width	mm	451.01
Number of layers per exchanger		49
Number of fins		2
Core depth(stack height)	mm	494.1
Number of exchangers in parallel		1

Main stream number		Stream 1	Stream 2	Stream 3
Stream name		AIR	N2	N2
Stream type		Hot	Cold	Cold
Flow direction		End A to B (down)	End B to A (up)	End B to A (up)
Number of layers per exchanger		18	31	31
Total mass flow rate	kg/h	12468	15000	12000
Heat load	kW	-625.3	348.5	276.8
Heat load per layer	kW	-34.7	11.2	8.9
Percent of specified heat load		100	100	100
Area Ratio		1.1	1.1	1.1
Inlet temperature	K	300	120	210
Outlet temperature	K	125	200	290
Outlet temperature from input	K	125	200	290
Inlet quality(vapor mass fraction)		1	1	1
Outlet quality(vapor mass fraction)		1	1	1
Inlet pressure	kPa	1000	300	250
Outlet pressure	kPa	952.204	270.65	220.791

(a) 总体估算数据   (b) 以物流为基础的估算数据

图 4-46　换热器 "Design" 模拟结果

图 4-47　换热器外观示意图与芯体尺寸图　　图 4-48　更改为 "Stream by stream simulation" 计算模式

② 进行严格模拟　点击 "Run" 按钮进行计算，软件弹出数据输入警告窗口，提示物流 3 传热通道入口端分配器长度 219.1mm 超出合理范围（225.35～225.55mm）。修改为 225.45mm 后重新计算，软件再次弹出数据输入警告窗口，提示物流 3 传热通道入口端封条宽度 11.5mm 超出合理范围（0～6.15mm）。修改为 6mm 后再次计算，迭代 55 次收敛。换热器部件参数修改后如图 4-49。在 "Results Summary" 子文件夹的 "Overall Summary"

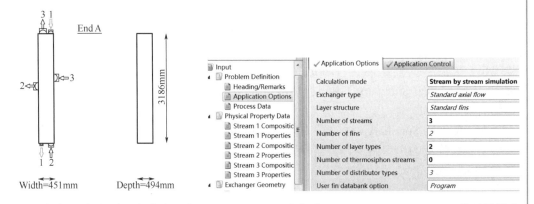

图 4-49　修改换热器部件参数

页面，给出了换热器的总体估算数据和以物流为基础的估算数据，见图 4-50。把图 4-50（a）与图 4-46（a）比较，严格模拟结果在热负荷、面积比、平均传热温差、UA 值等均有变化，对换热器芯体尺寸也有很小的修改，但可以忽略，可认为换热器芯体尺寸不变。换热器热负荷的变化是由物流 1 和物流 3 出口温度的变化引起，出口压力也有少量的改变。

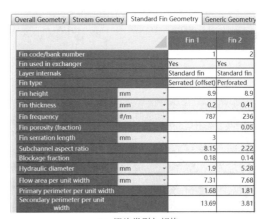

PlateFin Summary

Calculation mode		Stream by stream simulation
Exchanger type		Standard axial flow
Layer structure		Standard fins
Overall heat transfer calculated	kW	629.7
Overall surface area ratio		1
Mean temperature difference	K	8.83
UA value of calculated duty	kW/K	71.3
Core length	mm	3185.8
Core width	mm	451.01
Number of layers per exchanger		49
Number of fins		2
Core depth(stack height)	mm	494.1
Number of exchangers in parallel		1

(a) 总体模拟数据

Main stream number		Stream 1	Stream 2	Stream 3
Stream name		AIR	N2	N2
Stream type		Hot	Cold	Cold
Flow direction		End A to B (down)	End B to A (up)	End B to A (up)
Number of layers per exchanger		18	31	31
Total mass flow rate	kg/h	12468	15000	12000
Heat load	kW	-629.7	348.4	281.3
Heat load per layer	kW	-35	11.2	9.1
Percent of specified heat load		100.7	99.97	101.61
Area Ratio		1	1	1
Inlet temperature	K	300	120	210
Outlet temperature	K	123.92	199.97	291.28
Outlet temperature from input	K	125	200	290
Inlet quality(vapor mass fraction)		1	1	1
Outlet quality(vapor mass fraction)		1	1	1
Inlet pressure	kPa	1000	300	250
Outlet pressure	kPa	953.098	270.709	220.559

(b) 以物流为基础的模拟数据

图 4-50　换热器 "Stream by stream simulation" 模拟结果

　　严格模拟所确定的板翅式换热器各部件规格尺寸可以在文件夹 "Mechanical Summary" 的 3 个子文件夹中看到，如图 4-51。在其子文件夹"Exchanger|Overall Geometry" 页面，列出了换热器的芯体尺寸和部件尺寸，如图 4-51（a）；在 "Standard Fin Geometry" 页面，列出了换热器的翅片尺寸，如图 4-51（b）。本例题换热器选用了两种翅片，在换热区域用锯齿状翅片（Serrated Fin），在分布器区域用有排孔翅片（Perforated Fin）。

Overall Geometry	Stream Geometry	Standard Fin Geometry	Generic Geometry

Number of exchangers in parallel		1
Number of exchangers per unit		1
Number of layers per exchanger		49
Orientation		Vertical, end A at top
Core length	mm	3185.8
Core width	mm	451.01
Core depth(stack height)	mm	494.1
Number of X-flow passes		0
Number of layer groups		1
Distributor length - end A	mm	161.3
Main heat transfer length	mm	2863.2
Distributor length - end B	mm	161.3
Internal (effective) width	mm	428.01
Side bar width	mm	11.5
Parting sheet thickness	mm	1
Cap sheet thickness	mm	5
Exchanger metal		Aluminum

(a) 芯体尺寸和部件尺寸

Overall Geometry	Stream Geometry	Standard Fin Geometry	Generic Geometry

		Fin 1	Fin 2
Fin code/bank number		1	2
Fin used in exchanger		Yes	Yes
Layer internals		Standard fin	Standard fin
Fin type		Serrated (offset)	Perforated
Fin height	mm	8.9	8.9
Fin thickness	mm	0.2	0.41
Fin frequency	#/m	787	236
Fin porosity (fraction)			0.05
Fin serration length	mm	3	
Subchannel aspect ratio		8.15	2.22
Blockage fraction		0.18	0.14
Hydraulic diameter	mm	1.9	5.28
Flow area per unit width	mm	7.31	7.68
Primary perimeter per unit width		1.68	1.81
Secondary perimeter per unit width		13.69	3.81

(b) 翅片类型与规格

图 4-51　换热器各部件规格尺寸

　　（3）逐层扫描

　　① 更改计算模式　在图 4-48 页面的 "Calculation mode" 栏目，选择 "Layer by layer simulation" 计算模式，软件将在换热器严格模拟的基础上进行逐层扫描计算。

　　② 流道设置　逐层扫描时不仅要指定换热器换热流道的叠积层数，还要设置冷热流

体流道的叠积方式。在文件夹"Exchanger Geometry|General"的"Layer Pattern"页面，设置 18 层热流体和 31 层冷流体的流道布置方式，把 49 层冷热流体的流道尽可能均匀地分布起来，如图 4-52。图中"A"代表热流体的流道，"B"代表冷流体的流道。"BABBABBA"是 1 个重复单元，该单元有 8 个冷热流体流道的叠积，包含了 3 个热流体流道和 5 个冷流体流道。由于冷流体流道数量多于热流体流道的，故有部分冷流体流道需要重复叠积布置。在 1 个重复单元中，有 2 个冷流体流道是重复叠积。"BABBABBA/3"表示有 3 个重复单元顺序叠积。图 4-52 的流道布置表示以 1 个冷流体流道为对称中心，两边各有 3 个流道重复单元。故该换热器有 6 个重复单元，共有 18 个热流体流道、31 个冷流体流道，合计 49 层冷热流体的换热流道。在图 4-52 下方的"Layer pattern symmetry"栏目，选择"Full pattern for exchanger"，通知软件按照设置的流道布置方式进行逐层模拟。在图 4-52 下方的"Number of layers"栏目中，设置热流体布置在 A 流道（18 层），冷流体布置在 B 流道（31 层）。软件把重复叠积布置的流道数量与该种流体的总流道数量比值称为双层分数（Fraction double banked）。在图 4-52 的流道布置中可以看到，冷流体共有 12 个双 B 层（24 层），7 个单 B 层。因为两端的 B 层紧邻 1 个单 A 层，软件把一侧紧邻 A 层的 B 层看成双层，故两端的单 B 层也被看成双层。这样，本例题换热器双 B 层有 26 层，故 B 流道的双层分数为 26/31=0.83871。

③ 进行逐层扫描计算　点击"Run"按钮进行计算，迭代 69 次收敛。在"Results Summary"子文件夹的"Overall Summary"页面，给出了换热器的总体估算数据和以物流为基础的估算数据，见图 4-53。把图 4-53（a）与图 4-50（a）比较，逐层扫描结果在热负荷、平均传热温差、UA 值等均有变化。对比图 4-53（b）与图 4-50（b）可知，物流 1 和物流 3 出口参数有少许变化，热负荷也相应变化。

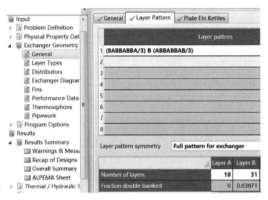

图 4-52　流道结构设置

PlateFin Summary

Calculation mode		Layer by layer simulation
Exchanger type		Standard axial flow
Layer structure		Standard fins
Overall heat transfer calculated	kW	627.9
Overall surface area ratio		1
Mean temperature difference	K	9.37
UA value of calculated duty	kW/K	67
Core length	mm	3185.8
Core width	mm	451.01
Number of layers per exchanger		49
Number of fins		2
Core depth(stack height)	mm	494.1
Number of exchangers in parallel		1

(a) 总体模拟数据

Main stream number		Stream 1	Stream 2	Stream 3
Stream name		AIR	N2	N2
Stream type		Hot	Cold	Cold
Flow direction		End A to B (down)	End B to A (up)	End B to A (up)
Number of layers per exchanger		18	31	31
Total mass flow rate	kg/h	12468	15000	12000
Heat load	kW	-627.9	348.4	279.5
Heat load per layer	kW	-34.9	11.2	9
Percent of specified heat load		100.41	99.99	100.97
Area Ratio		1	1	1
Inlet temperature	K	300	120	210
Outlet temperature	K	124.36	199.99	290.77
Outlet temperature from input	K	125	200	290
Inlet quality(vapor mass fraction)		1	1	1
Outlet quality(vapor mass fraction)		1	1	1
Inlet pressure	kPa	1000	300	250
Outlet pressure	kPa	952.926	270.632	220.585

(b) 以物流为基础的模拟数据

图 4-53　换热器"Layer by layer simulation"模拟结果

在"Thermal/Hydraulic Summary"文件夹的"Thermal Performance"子文件夹各个页

面上，给出了详细的逐层计算数据。在"Temperature Graphs"页面，显示换热器3股物流的温度分布，如图4-54。该图横坐标是换热器翅片的长度方向距离，纵坐标是流体温度。热空气（物流1）从换热器A端进入后，首先与从换热器中间进入的冷氮气（物流3）逆流换热，自身从300K降低到220K；冷氮气（物流3）从210K升高到290K后从换热器A端流出。热空气（物流1）经过一段过渡距离后继续与从B端进入的冷氮气（物流2）逆流换热，自身从220K降低到125K后从换热器B端流出，冷氮气（物流2）从120K升高到200K后从换热器中间出口流出。在冷热流体温度线之间，用虚线表示换热隔板壁面的平均温度。

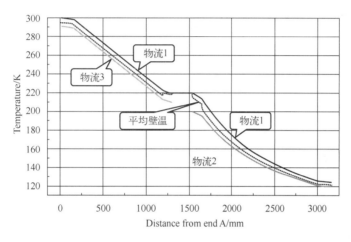

图4-54　物流的温度分布

在"Zigzag Diagram"页面，显示换热器各换热流道热负荷分布图，如图4-55。图中横坐标是流道编号，纵坐标是流道的相对平均热负荷。在换热过程中，冷流体吸收热量，热负荷为正值；热流体放出热量，热负荷为负值。在布置换热流道时，往往把冷热流道交替布置。当把各流道的相对平均热负荷值标绘在图上时，就会在纵坐标的零点上下分布，形成"Z"字形图形，即"Zigzag"图。当同一物流的流道重复叠积布置时，两层流道的热负荷叠加，就会在"Zigzag"图上出现较大值或较小值。若换热器流道设计良好，则各层冷热流体的热负荷应该在纵坐标零点上下均匀分布。若冷热流体的热负荷在换热流道间配置不平衡，则"Zigzag"曲线相对于纵坐标零点就会出现偏移。若偏移量过大，则在换热器的局部会出现热量的过剩或亏损，严重时换热器工况恶化。在极端情况下，由此产生的热应力会威胁换热器结构的完整。图4-55（a）是换热器整体的"Zigzag"图，从直观上来看，"Zigzag"节点基本上是在纵坐标零点上下分布的，说明此换热器冷热流体的相对平均热负荷在各层的分布是比较均匀的。进一步地，还可以显示每个翅片层的实际热负

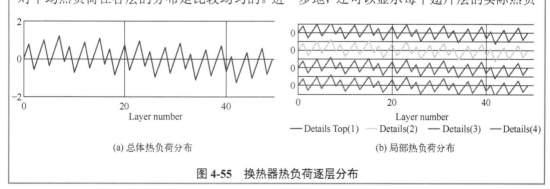

(a) 总体热负荷分布　　　　　　　　　　(b) 局部热负荷分布

图4-55　换热器热负荷逐层分布

荷"Zigzag"图，而不是显示平均热负荷，也可以显示换热器局部区域的"Zigzag"图。因为即使换热器整体的"Zigzag"图是好的，也需要观察换热器局部区域的"Zigzag"图，以防备换热器在局部区域存在潜在的操作问题。图4-55（b）是换热器长度方向上的四个等长度单独区域的"Zigzag"图，直观上看，四个区域的"Zigzag"图也是沿纵坐标零点上下均匀分布的。

（4）校验计算

① 更改计算模式　在图4-48页面的"Calculation mode"栏目，选择"Checking/Rating"计算模式，软件将对换热器各物流的出口参数进行校验计算。

② 校验计算结果　若校验计算是在初步设计（Design）的基础上进行，可能需要根据警告或提示，修改相关部件参数后才能计算收敛。若校验计算是在严格模拟（Stream by stream simulation）或在逐层扫描（Layer by layer simulation）的基础上进行，则不需要任何参数设置或修改就可以直接计算收敛。本次校验计算在逐层扫描的基础上进行，部分校验计算结果见图4-56。与前三种计算模式的结果比较，各物流的热负荷、出口温度与压力值等均有少量变化。在"Results Summary|Overall Summary"子文件夹，可见总体校验结果，如图4-56（a）。换热器热负荷为625.3kW，总面积因子为1.15，平均传热温差为10.13K。在"Thermal/Hydraulic Summary|Thermal Performance"子文件夹，可见以物流为基础的校验结果，如图4-56（b）。1号空气物流放热625.3kW，2号和3号氮气物流分别吸热348.5kW和276.8kW。对于1号空气物流传热区域，每层热负荷34.7kW，平均传热系数552.9W/(m^2·K)；对于2号和3号氮气物流传热区域，每层热负荷分别是11.2kW和8.9kW，平均传热系数分别是401.2W/(m^2·K)和394.7W/(m^2·K)。此例若采用列管式换热器，估计传热系数只有板翅式换热器的十分之一。

Streams	Temperature Details	Temperature Graphs	Performance Data	Layer Heat

PlateFin Summary			
Calculation mode			Checking/Rating
Exchanger type			Standard axial flow
Layer structure			Standard fins
Overall heat transfer calculated	kW		625.3
Overall surface area ratio			1.15
Mean temperature difference	K		10.13
UA value of calculated duty	kW/K		61.7
Core length	mm		3185.8
Core width	mm		451.01
Number of layers per exchanger			49
Number of fins			2
Core depth(stack height)	mm		494.1
Number of exchangers in parallel			1

(a) 总体校验结果

Main stream number		Stream 1	Stream 2	Stream 3
Stream name		AIR	N2	N2
Flow direction		End A to B (down)	End B to A (up)	End B to A (up)
Total mass flow rate	kg/h	12468	15000	12000
Heat load	kW	-625.3	348.5	276.8
Heat load per layer	kW	-34.7	11.2	8.9
Inlet temperature	K	300	120	210
Outlet temperature	K	125	200	290
Bubble point	°C			
Dew point	°C			
Inlet quality(vapor mass fraction)		1	1	1
Outlet quality(vapor mass fraction)		1	1	1
Inlet specific enthalpy	kJ/kg	-0.3	-186.2	-92
Outlet specific enthalpy	kJ/kg	-180.9	-102.5	-9
Fouling resistance	m²-K/W	0	0	0
Minimum [T-Twall]	K	1.44	1.27	4.7
Mean [T-Twall]	K	5.42	-6.13	-5.22
Mean heat transfer coefficient	W/(m²-K)	552.9	401.2	394.7

(b) 以物流为基础的校验结果

图4-56　换热器"Checking/Rating"模拟结果

4.2.3　绕管式

绕管式换热器（Coil Wound Heat Exchanger）主要由管板、芯筒（Mandrel）、壳体、换热管（数目可达几千根）、隔条、封头等部件组成。两端为管板，多层换热管按螺旋状依次逐层缠绕在壳体中间的芯筒上，相邻两层换热管的螺旋方向相反，并用隔条使之保持一定的间距，换热管两端收集于管板内，换热管间的间隙构成了壳程通道，如图4-57（a）。换热管内可以通过一种介质，构成单通道型绕管式换热器；也可通过几种不同的介质，每种介质所通过的换热管均汇集于各自的管板上，构成多通道型绕管式换热器，如图4-57（b）。同一管束中的管子具有相同的长度和螺旋角，同一管层管子具有相同的大圆直径。同一管层相邻管子的纵向间距相同，相邻管层管子的横向间距相同。绕管式换热器不存在传热死区，结构紧凑，单位体积传热面积大，可进行多股物流间的换热，且可实现换热管热膨胀的自补偿，可用于气体分离、低温高压场合下的深冷装置等。

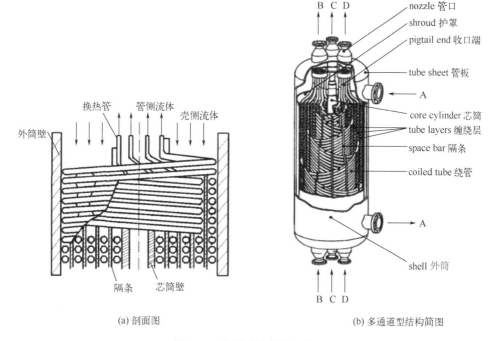

(a) 剖面图 (b) 多通道型结构简图

图 4-57　绕管式换热器示意图

　　EDR 软件从 V11 版本后增加了绕管式换热器的计算功能。EDR V12 版本中绕管式换热器的计算模式有模拟计算（Simulation）和校验计算（Checking）两种。严格地说，它们应称作绕管式换热器的热负荷模拟模式和热负荷核算模式。热负荷模拟模式是在换热器结构一定时，根据物流的进口条件计算物流的出口条件，也可以反过来根据物流的出口条件计算物流的进口条件。热负荷核算模式用于换热器比例因子计算，对于单通道型绕管式换热器，比例因子对每个物流都相同，且等于面积比。若比例因子>1，表明换热器能力大于需要的热负荷。对于多通道型绕管式换热器，每一物流都需要计算一个比例因子，并且希望每一物流的比例因子都大于 1。

　　在用 EDR 软件进行绕管式换热器的工艺计算之前，先要对绕管式换热器的结构参数进行人工估算，然后通过 EDR 软件对人工估算的结构参数进行模拟与核算，根据软件模拟结果对人工估算参数反复调整，最终完成绕管式换热器的工艺设计任务。对于绕管式换热器结构参数的人工估算方法，目前并没有标准统一的算法，读者可查阅相关期刊文章或专著。以上两种 EDR 软件计算模式在输出换热器结构图像时，只能输出绕管式换热器外观示意图。下面以一个天然气深冷液化换热器的工艺设计为例，介绍 EDR 软件在绕管式换热器工艺设计中的使用方法。

例 4-5　天然气深冷液化多通道型绕管式换热器工艺计算。

该换热器有 1 个管层、两个上下叠加的芯筒和壳层。换热物流为 4 股制冷剂物流和 1 股天然气物流，其中物流 1 走上壳层，物流 4 走下壳层，物流 2、3、5 走管层。物流的组成、进出口温度、进口压力与允许压降、物流走向安排见表 4-2，换热器结构的估计参数见表 4-3。不计物流的污垢系数，试用 EDR 软件对该绕管式换热器进行模拟与核算。

表 4-2　物流的组成、进出口条件与走向安排

物 流 号		1	2	3	4	5
物流名称		制冷剂	制冷剂	天然气	制冷剂	制冷剂
摩尔分数	甲烷	0.7	0.7	0.95	0.52	0.34
	乙烷	0.22	0.22	0.032	0.37	0.53
	丙烷	0.02	0.02	0.002	0.07	0.12
	正丁烷			0.0006		
	N_2	0.06	0.06	0.0102	0.04	0.01
	O_2			0.0002		
	CO_2			0.005		
质量流率/(kg/s)		12	12	8.4	24	12
进口温度/℃		−161.15	−33.15	−33.15	−113.15	−33.15
出口温度/℃		−113.15	−158.63	−158.15	−46.64	−103.15
进口压力/bar		4.3	38.4	40	4.1	40
允许压降/bar		0.5	4	2.5	0.5	0.5
上壳层管子数			170	170		
下壳层管子数			170	170		438
物流位置		壳层	管层	管层	壳层	管层
上壳层物流		是	是	是	否	否
下壳层物流		否	是	是	是	是

表 4-3　绕管式换热器结构估计参数

项　　目	上壳层	下壳层
管束外径(Bundle outside diameter)/mm	1098	1634
芯筒直径(Mandrel diameter)/mm	400	600
管束高度(Bundle height)/mm	2500	3000
不锈钢换热管总数(外径 19mm，壁厚 1mm)	340	778
换热管螺旋角(Helix angle)/(°)	5	5
换热管横向层间距[Transverse (layer) pitch]/mm	14	14
换热管纵向管间距[Longitudinal (tube) pitch]/mm	15	15

解　（1）模拟计算

① 建立换热器案例设计文件　打开 EDR 软件，点击"New"按钮，在弹出的换热器类型窗口中选择"Coil Wound"，点击窗口下方的"Create"按钮，从而创建一个绕管式换热器案例设计文件，选择"SI"单位制，以"4-5.edr"文件名保存。

② 选择计算模式　在数据输入文件夹的"Application Options"页面，选择"Simulation"计算模式，填写进口物流数 5，壳层数 2，如图 4-58。

③ 输入物流走向安排　点击"Next"，在"Occupancy"页面，按照表 4-2 规定，输入 5 股物流的走向安排，如图 4-59。在输入数据的同时，图 4-59 右侧换热器示意图上出现各物流的走向标记。

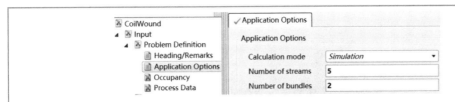

图4-58 选择绕管式换热器计算模式

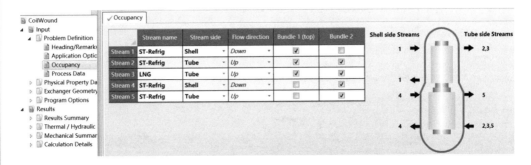

图4-59 输入物流走向

④ 输入换热器工艺物流数据 点击"Next"按钮，在"Process Data|Process"页面，填写物流流率、进出口温度和进口压力，如图4-60。

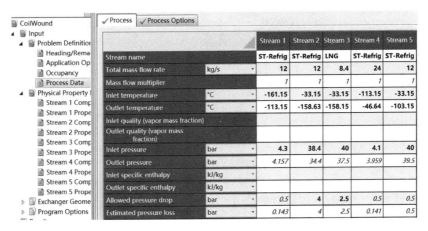

图4-60 输入换热器工艺物流数据

⑤ 输入物流性质 点击"Next"按钮，进入物流数据填写页面。在"Physical Property Data"文件夹，输入各物流的组成、浓度和选用的性质方法。本例题中5股物流均采用"Aspen Properties"物性数据包计算物流性质。首先添加物流1的信息，在"Stream 1 Compositions| Composition"页面，选择"Aspen Properties"物性数据包，浓度单位选择摩尔分数。点击页面下方"Search Databank…"按钮，添加表4-2中的所有组分，填写各组分的浓度，如图4-61（a）。在"Property Methods"页面，软件自动选择了"PENG-ROB"性质方法，对于本题此处不必修改，若是其它的应用场合，可以根据组分的特点选择合适的性质方法。在"Stream 1 Properties|Properties"页面，在"Pressures"栏目输入物流1的进出口压力值，点击"Get Properties"按钮，EDR软件立即用指定的性质方法计算出物流1在换热器进出口温度、压力范围及24个温度子区间内的各种物性，如图4-61（b）。类似地，为其余4股物流选择同样的物性数据包、添加组成、选择性质方法、计算进出口温

度和压力范围内的各种物性。

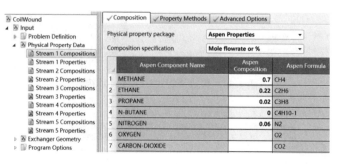

(a) 输入物流 1 的组成与选择性质方法

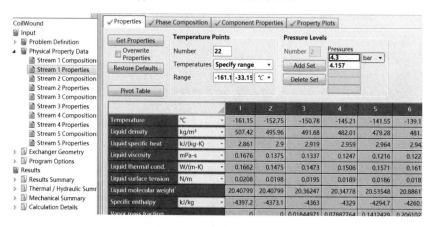

(b) 物流 1 的计算物性截图

图 4-61　物流 1 的组成与性质

⑥ 输入换热器结构数据　点击 "Next" 按钮，进入换热器结构数据填写页面。在 "Exchanger Geometry" 文件夹的 "Bundle Geometry" 子文件夹，有 3 个页面需要填写换热器结构数据，分别是管束结构数据、管层结构数据和换热管在管束中的分配数据，其中管束结构表页和管层结构表页的几何尺寸数据不能空缺，换热器结构参数填写内容见图 4-62，图中粗体字是人工输入数据，斜体字是软件根据输入数据自动计算的值。图 4-62 （b）中的 "Spacer thickness/diameter (between layers)" 是指相邻管层之间的隔条尺寸，其数值等于换热管横向层间距减去管子外径。有时软件不能自动计算时，可以人工输入此值。由图 4-62（c），上壳层总换热面积 367.666m²，其中物流 2 与物流 3 各 183.834m²；下壳层总换热面积 1009.569m²，其中物流 2、3、5 的换热面积分别是 220.6m²、220.6m² 和 568.37m²。

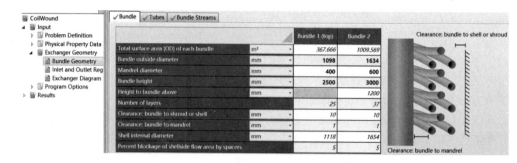

(a) 管束结构

		Bundle 1 (top)	Bundle 2
Total number of tubes		340	778
Tube outside diameter	mm	12	12
Tube wall thickness	mm	1	1
Tube material		Stainless steel	Stainless steel
Helix angle (degrees)		5	5
Length of each tube in bundle	m	28.6843	34.4212
Transverse (layer) pitch	mm	14	14
Longitudinal (tube) pitch	mm	15	15
Spacer thickness/diameter (between layers)	mm	2	2
Number of tubes in innermost layer		7.59	11.25
Number of tubes in outermost layer		19.9	29.72

		Stream 1	Stream 2	Stream 3	Stream 4	Stream 5
Stream name		ST-Refrig	ST-Refrig	LNG	ST-Refrig	ST-Refrig
Surface area (OD) in bundle 1	m²	367.666	183.834	183.834		
Number of tubes in bundle 1			170	170		
Surface area (OD) in bundle 2	m²		220.6	220.6	1009.569	568.37
Number of tubes in bundle 2			170	170		438
Total surface area (OD)	m²	367.666	404.434	404.434	1009.569	568.37

(b) 管层结构　　　　　　　　　　(c) 换热管在管束中的分配

图 4-62　输入换热器结构参数

⑦ 进行模拟计算　点击"Run"按钮进行计算，模拟计算结果列在"Results"文件夹中。在"Warnings & Messages"页面，给出了 3 条警告，软件认为物流 2、3、5 的出口温度输入值与该物流其它的物性值不协调，软件对它们修改后参与运算。在"Overall Summary"页面，给出了换热器总体模拟结果，如图 4-63，列出了换热器总热负荷、总面积比、平均温差和 UA 值。

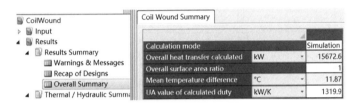

图 4-63　"Simulation"模式总体计算结果

在"Thermal Performance|Streams"页面，列出了 5 股物流的热负荷、出口温度、传热系数等详细模拟数据，如图 4-64。软件计算的出口温度与表 4-2 的估计出口温度有 2～11℃的误差，5 股流体流经换热区域的传热系数在 1500～4600W/(m² · K)之间，可见比常规列管式换热器的传热系数大得多。

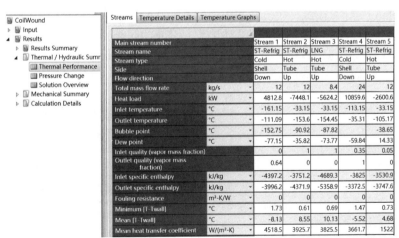

图 4-64　"Simulation"模式以物流为基础的计算结果

在"Thermal Performance|Temperature Graphs"页面，给出了 5 股物流的温度分布，如图 4-65。图中纵坐标是温度，横坐标是换热器从顶部到底部的距离，物流 1 是上壳层流

体，其换热区域是换热器上部 2500mm；物流 4 是下壳层流体，其换热区域是换热器下部 3000mm，中间是上下壳体的过渡区域。在"Exchanger Diagram"页面，显示了绕管式换热器的外观示意图，如图 4-66。在"Exchanger Geometry"子文件夹，给出了壳层与管层机械结构的模拟结果。在"Bundle"页面，给出上壳层流通面积 $0.2m^2$，下壳层流通面积 $0.3m^2$。在"Tubes"页面，给出上壳层管束中换热管长度 28.6843m，下壳层管束中换热管长度 34.4212m，换热管长度是管束长度的 11.47 倍，体现了绕管式换热器结构紧凑、单位体积传热面积大的特性。

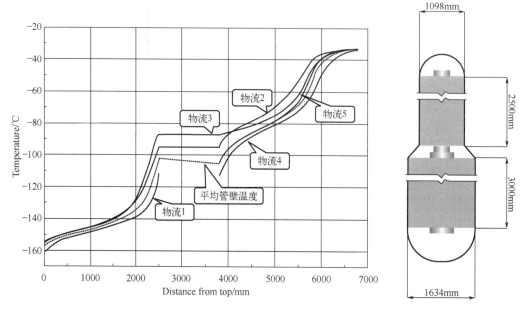

图 4-65　物流的温度分布

图 4-66　换热器外观示意图

（2）校验计算

① 更改计算模式　在图 4-58"Application Options"页面的"Calculation mode"栏目，选择"Checking"计算模式，物流数和壳层数不作修改，软件将对换热器进行校验计算。

② 校验计算结果　校验计算是在模拟模式（Simulation）的基础上进行的，不需要任何参数设置或修改就可以直接计算。点击"Run"按钮进行计算，在"Results Summary"子文件夹的"Overall Summary"页面，给出了换热器的总体模拟结果，见图 4-67。由

Coil Wound Summary

Calculation mode		Checking
Overall heat transfer calculated	kW	15075.8
Overall surface area ratio		2.22
Mean temperature difference	℃	20.19
UA value of calculated duty	kW/K	746.8

(a) 总体计算结果

Main stream number		Stream 1	Stream 2	Stream 3	Stream 4	Stream 5
Stream name		ST-Refrig	ST-Refrig	LNG	ST-Refrig	ST-Refrig
Stream type		Cold	Hot	Hot	Cold	Hot
Side		Shell	Tube	Tube	Shell	Tube
Flow direction		Down	Up	Up	Down	Up
Total mass flow rate	kg/s	12	12	8.4	24	12
Heat load	kW	4699.9	-7231.9	-5434.8	10375.9	-2408.9
Percent of specified heat load		100	100	100	100	100
Area Ratio		2.55	1.96	2.11	2.07	3.25
Inlet temperature	℃	-161.15	-33.15	-33.15	-113.15	-33.15
Outlet temperature	℃	-112.79	-147.34	-147.75	-46.66	-98.99
Outlet temperature from input	℃	-113.15	-158.63	-158.15	-46.64	-103.15
Inlet quality (vapor mass fraction)		0	1	1	0.35	0.05
Outlet quality (vapor mass fraction)		0.63	0	0	1	0
Inlet pressure	bar	4.3	38.4	40	4.1	40
Outlet pressure	bar	4.28674	34.35227	37.61043	3.94428	39.75002

(b) 物流为基础的计算结果

图 4-67　"Checking"模式计算结果

图 4-67（a），换热器的总面积比、平均温差和 UA 值与模拟模式计算结果比较均有明显变化。由图 4-67（b），各物流的面积比在 1.96～3.25 之间，说明此换热器能够胜任规定的换热任务。与模拟模式计算结果比较，物流热负荷、出口温度均有程度不等的变化。在"Thermal/Hydraulic Summary"子文件夹的"Thermal Performance|Streams"页面，可见 5 股流体的传热系数变化范围与模拟模式计算结果比较有所收窄，在 1500～4400W/(m² · K) 之间。

4.3 反应器

对于存在化学反应的化工过程，反应器是整个化工流程的核心，是化工装置的关键设备，反应物在反应器内通过化学反应转化为目标产物。由于化学反应种类繁多、机理各异，反应器的类型和结构也差异很大。反应器操作性能的优良与否，与设计过程息息相关。反应工程课程对反应器的基础理论、设计方程等均进行了详细的介绍。这些基础理论不仅是手工设计反应器的依据，也是编制各种模拟软件的依据。由于涉及反应器的各种设计方程异常繁复，手工计算往往令人望而却步，或用简化方法计算。现在各种模拟软件的普及，为反应器的严格设计计算提供了条件。Aspen 软件中有 3 大类 8 种反应器模块，包括生产能力类反应器（化学计量反应器 RStoic，产率反应器 RYield）、平衡类反应器（平衡反应器 REquil，Gibbs 反应器 RGibbs）、动力学类反应器（全混流反应器 RCSTR，平推流反应器 RPlug，流化床反应器 Fluidized Bed Reactor，间歇反应器 BatchOp）。每种模块采用一种计算方法，适应一种反应器设计需求。下面对三种动力学类反应器模块的使用方法作一介绍，间歇反应器模块的使用方法介绍见第 6 章。

4.3.1 釜式反应器

釜式反应器内物料假定为理想混合，整个反应器体积的组成和温度均匀，并等于反应器出口物流的组成和温度。釜式反应器通用性好，造价低，用途广，可以连续操作也可以间歇操作。间歇操作时，只要设计好搅拌，可以使釜温均一，浓度均匀，反应时间可长可短，可以常压、加压、减压操作，范围较大。反应结束后出料容易，清洗方便。连续操作时，可以多釜串联反应，物料一端进料，另一端出料，形成连续流动，停留时间可有效控制。多釜串联时，可以认为近似活塞流，反应物浓度和反应速度恒定，反应釜还可以分段控制。

例 4-6 合成乙酸乙酯的釜式反应器工艺计算。

以乙醇（A）与乙酸（B）为原料，液相均相反应合成乙酸乙酯（C）和水（D）。正、逆反应方程式见式（4-2），反应速率方程为式（4-3）和式（4-4）。式中，k_1、k_{-1} 为正、逆反应速率常数，m³/(kmol · s)；$-r_1$、$-r_{-1}$ 为正、逆反应速率，kmol/(m³ · s)；正、逆反应活化能均为 59500kJ/kmol；C_A、C_B、C_C、C_D 为反应物和产物浓度，kmol/m³。

$$CH_3CH_2OH + CH_3COOH \underset{k_{-1}}{\overset{k_1}{\rightleftharpoons}} CH_3COOCH_2CH_3 + H_2O \qquad (4-2)$$

$$-r_1 = k_1 C_A C_B = 1.9 \times 10^8 \exp[-59500/(RT)] C_A C_B \qquad (4-3)$$

$$-r_{-1} = k_{-1} C_C C_D = 5 \times 10^7 \exp[-59500/(RT)] C_C C_D \qquad (4-4)$$

原料流率 400kmol/h，其中水含量 0.025（摩尔分数，下同），乙醇与乙酸均为 0.4875。原料与反应温度均为 70℃，常压，反应釜体积 140L。求：（1）乙醇的转化率为多少？

（2）若要求乙醇转化率达到 0.65，反应釜体积需要多大？（3）若反应釜体积 140L 不变，反应温度在 65～75℃ 范围内变化，乙醇转化率如何变化？

解 （1）求乙醇的转化率 打开软件，进入 "Properties" 界面，在组分输入页面添加水、乙醇、乙酸、乙酸乙酯，考虑乙酸的缔合性质，选择 "NRTL-HOC" 性质方法。进入 "Simulation" 界面，选择 "RCSTR" 模块，构建模拟流程，如图 4-68，输入进料物流信息。

在 "Reactions| Reactions" 目录中，创建一个反应方程式 "R-1" 文件夹，因是液相均相反应，选择指数型动力学方程式 "POWERLAW"。输入式（4-3）和式（4-4）对应的反应方程式和动力学数据，正反应动力学数据输入方式如图 4-69。在 B1 模块 "Setup|Specifications" 页面，填写主要的反应条件，如图 4-70。在 B1 模块的 "Setup|Reactions" 页面，把反应方程式文件夹 "R-1" 选入反应体系。计算结果见图 4-71、图 4-72。由图 4-71，

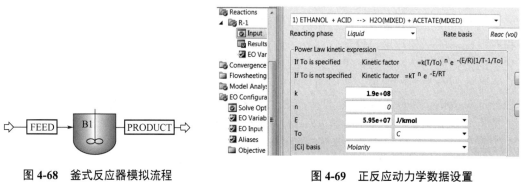

图 4-68　釜式反应器模拟流程　　　　　图 4-69　正反应动力学数据设置

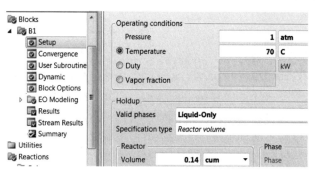

图 4-70　反应条件设置

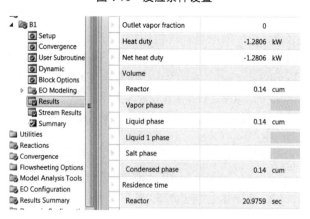

图 4-71　反应器输出参数

在给定反应条件下，反应放出热量-1.28kW，物料在反应器内的停留时间为21s。由图4-72，反应生成乙酸乙酯123.152kmol/h，折算乙醇转化率为63.15%。

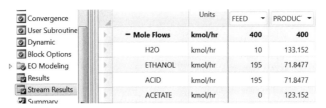

图 4-72　进出口物流信息

（2）求乙醇转化率达到 0.65 的反应釜体积　在"Flowsheeting Options| Design Specs"目录下，创建一个反馈计算文件夹"DS-1"，在其"Define"页面上定义一个因变量 X，用来表示生成的乙酸乙酯的流率，如图 4-73（a）。转化率 0.65 相当于乙酸乙酯的流率为 195× 0.65=126.75(kmol/h)，在"DS-1|Input|Spec"页面上给出因变量 X 的值和误差如图4-73（b）。自变量为反应器体积，在"DS-1|Input|Vary"页面上定义反应器体积变化范围，如图 4-73（c）。乙醇转化率达到 0.65 时的计算结果见图4-74，乙醇转化率从 63.15% 增加到65%时，反应器体积从 0.14m³ 迅速增大到 1.26m³，停留时间从 21s 增大到 189s，释放的反应热略有增加，由此可以见到全混流反应器的一个特点。

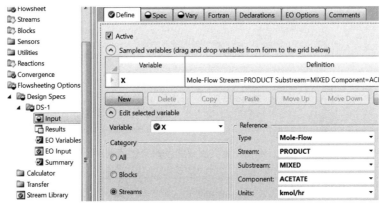

(a) 定义乙酸乙酯的流率

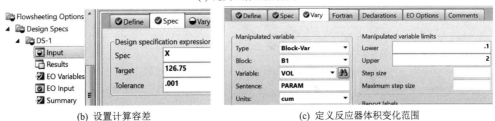

(b) 设置计算容差　　　　　　　(c) 定义反应器体积变化范围

图 4-73　创建反馈计算文件

（3）求反应温度变化对乙醇转化率的影响　先关闭或隐藏反馈计算文件夹"DS-1"。在"Model Analysis Tools|Sensitivity"目录下，创建一个灵敏度分析文件夹"S-1"。在其"Input|Define"页面上定义一个变量 X，用来表示生成的乙酸乙酯摩尔流率，乙醇的摩尔转化率则为 $X/195$。在"Input|Vary"页面上定义温度的变化范围，如图 4-75。在"Input|Tabulate"页面上，输出 X 和 $X/195$ 的值。灵敏度分析计算结果见图4-76，可见温

度变化 10℃，乙酸乙酯的生成速率从 121.85kmol/h 增加到 124.123kmol/h，乙醇转化率从 0.625 增加到 0.637，变化不大。

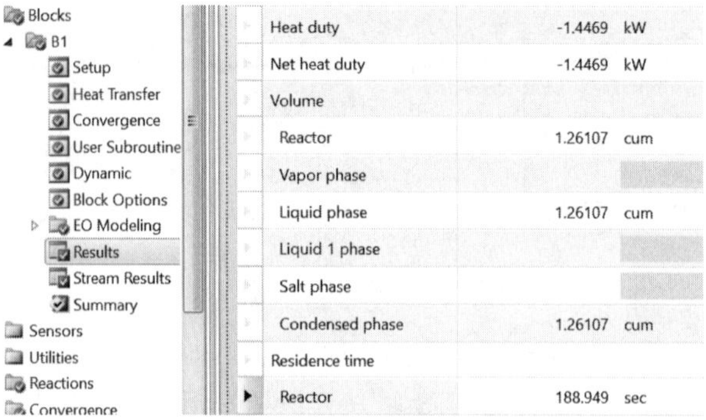

图 4-74　乙醇转化率达到 0.65 时的计算结果

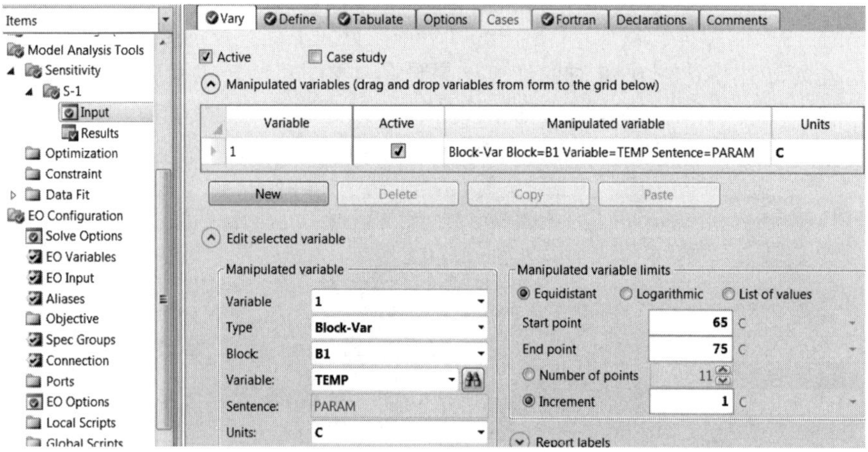

图 4-75　定义反应温度的变化范围

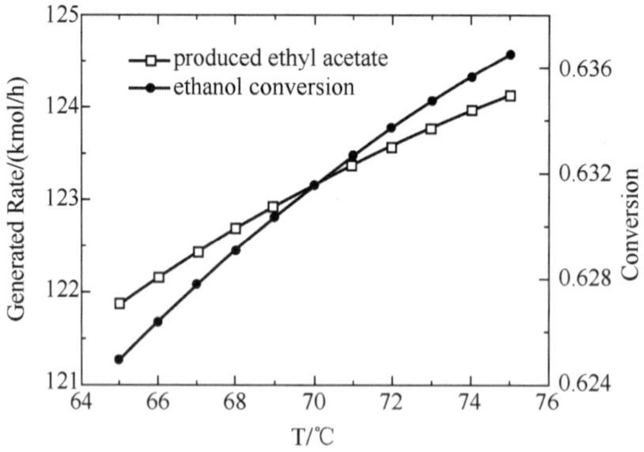

图 4-76　乙酸乙酯的生成速率与乙醇转化率趋势

4.3.2　管式反应器

管式反应器的特点是传热面积大，传热系数较高，反应可以连续化，流体流动快，物料停留时间短，可以控制一定的温度梯度和浓度梯度。根据不同的化学反应，可以有直径和长度千差万别的型式。相对于反应釜,管式反应器直径较小,因而能耐高温高压。由于管式反应器结构简单,产品质量稳定,应用范围越来越广。管式反应器可以用于连续生产,也可以用于间歇操作。反应器内的化学反应类型可以是均相反应,也可以是非均相催化反应。管长和管径是管式反应器的主要指标,由于管径比很大,一般认为反应物不返混。反应时间是管长的函数,管径取决于物料的流量。对于连续工艺过程,在管长轴线上,反应物与产物的浓度梯度分布不随时间变化。

例 4-7 乙烯环氧化气固非均相催化反应器的工艺计算。

乙烯与氧气在管式反应器列管内充填的含银固体催化剂表面上反应生成环氧乙烷(EO),主副反应方程式如式(4-5)和式(4-6)所示,两反应速率方程如式(4-7)和式(4-8)所示,反应速率单位 $kmol/(m^3 \cdot s)$。反应速率方程分子项的反应速率常数如式(4-9)和式(4-10),单位 $kmol/(m^3 \cdot h \cdot Pa^2)$;活化能单位 $kJ/kmol$;浓度单位以组分的气相分压(Pa)表示。

$$C_2H_4 + 0.5O_2 \xrightarrow{\ k_1\ } C_2H_4O \tag{4-5}$$

$$C_2H_4 + 3O_2 \xrightarrow{\ k_2\ } 2CO_2 + 2H_2O \tag{4-6}$$

$$r_1 = k_1 p_{C_2H_4} p_{O_2} / (1 + K_2 p_{O_2}^{0.5} + K_3 p_{O_2} + K_4 p_{C_2H_4} p_{O_2}^{0.5} + K_5 p_{CO_2} + K_6 p_{H_2O}) \tag{4-7}$$

$$r_2 = k_2 p_{C_2H_4} p_{O_2} / (1 + K_2 p_{O_2}^{0.5} + K_3 p_{O_2} + K_4 p_{C_2H_4} p_{O_2}^{0.5} + K_5 p_{CO_2} + K_6 p_{H_2O})^2 \tag{4-8}$$

$$k_1 = 8.55 \times 10^{-6} \exp[-82576/(RT)] \tag{4-9}$$

$$k_2 = 1.70 \times 10^{-3} \exp[-110850/(RT)] \tag{4-10}$$

反应速率方程式的分母项为气体反应物在固体催化剂表面的吸附表达式,吸附平衡常数由式(4-11)计算,其中参数 A_i、B_i 由吸附实验数据回归获得,详见表 4-4,反应器进料温度190℃,压力 2.1MPa,进料组分流率见表 4-5。反应器由管长 9m、内径 35mm 的15843 根无缝钢管构成。管外用 230℃、3MPa 液态水并流撤热,通过少量水的汽化移除乙烯环氧化反应热。设反应器冷热流体总传热系数是 $300W/(m^2 \cdot K)$,求:(1)若要求壳程冷却水的汽化率不超过 0.04(质量分数),其进口流率是多少?(2)反应器管程和壳程流体的温度分布、反应器各个截面上乙烯的转化率分布与环氧乙烷的选择性分布。

$$K_i = \exp(A_i + B_i/T) \qquad (i = 1, 2, \cdots, 6) \tag{4-11}$$

表 4-4 吸附平衡常数

i	1	2	3	4	5	6
A	0	−14.629	−33.530	−16.436	−24.011	−52.757
B	0	−13584.32	−11085.04	−1585.16	−6286.62	−7853.62

表 4-5 反应器进料组分流率

组分	C_2H_4	O_2	CH_4	C_2H_6	N_2
流率/(kg/h)	206358	68014	240124	13012	3088
组分	Ar	EO	H_2O	CO_2	合计
流率/(kg/h)	131912	0	1695	12629	676832

解 (1)全局性参数设置 打开软件,进入"Properties"界面,在组分输入页面添加表 4-5 中 9 个组分。考虑到加压下的气相化学反应,选择"PR-BM"性质方法。进入"Simulation"界面,选择"RPlug"模块,绘制模拟流程,如图 4-77。输入进料物流信息,冷却水流率暂时填写 $2.4 \times 10^6 kg/h$。

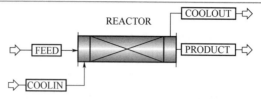

图 4-77　管式反应器模拟流程

（2）求冷却水流率

① 设置反应方程式信息　在"Reactions|Reactions"目录中，创建一个反应方程式"R-1"文件夹。因是气固非均相催化反应，选择含有吸附项的动力学方程式"LHHW"（Langmuir-Hinshelwood-Hougen-Watson）。把式（4-5）和式（4-6）两个反应方程式输入，如图4-78。输入式（4-9）和式（4-10）两个反应速率常数参数值，如图 4-79。输入反应速率方程式（4-7）和式（4-8）的驱动力项表达式参数值，如图4-80和图4-81。输入反应速率方程式

(a) 主反应　　　　　　　　　　　　　　　　(b) 副反应

图 4-78　输入反应方程式

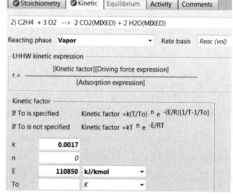

(a) 主反应　　　　　　　　　　　　　　　　(b) 副反应

图 4-79　输入反应速率常数

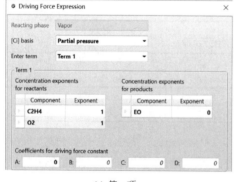
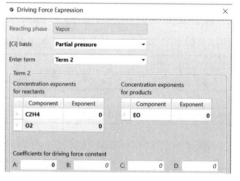

(a) 第一项　　　　　　　　　　　　　　　　(b) 第二项

图 4-80　输入反应速率方程式（4-7）的驱动力项

（4-7）的吸附项表达式参数值，如图 4-82。式（4-8）吸附项表达式与式（4-7）不同的是其分母项指数为 2，因此只需把图 4-82 的 "Adsorption expression exponent" 栏目中的数值修改为 2，即完成式（4-8）反应速率方程吸附项表达式的输入。

(a) 第一项

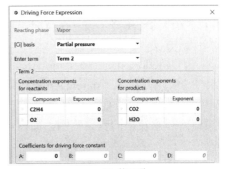
(b) 第二项

图 4-81　输入反应速率方程式（4-8）的驱动力项

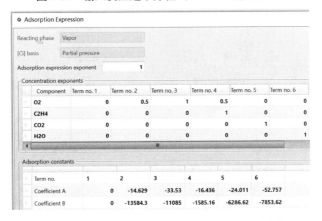

图 4-82　输入反应速率方程式（4-7）的吸附项表达式参数

② 设置反应器模块信息　有 5 个页面需要填写。在反应器模块 "Setup|Specifications" 页面，选择反应条件为并流换热反应（Reactor with co-current thermal fluid），填入总传热系数，如图 4-83（a）。在 "Configuration" 页面，填写反应器尺寸，如图 4-83（b）。在 "Reactions"

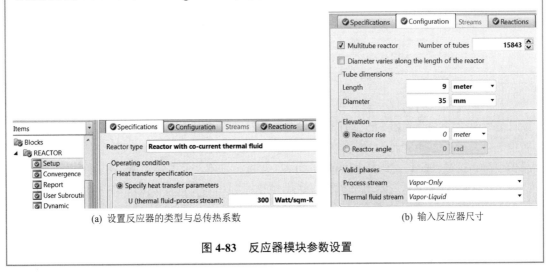

(a) 设置反应器的类型与总传热系数　　　　　　(b) 输入反应器尺寸

图 4-83　反应器模块参数设置

页面，把前面创建的反应方程式文件夹"R-1"选入反应体系。在"Pressure"页面，在"Pressure at reactor inlet"栏目内，填写反应器管程和壳程的进口压力；在"Pressure drop through reactor"栏目内，选择"Use frictional correlation to calculate process stream pressure drop"，由软件自带的摩擦系数关联式计算反应流体的压降；"Pressure drop"栏目内，填写反应器壳程冷却水的估计压降1bar。在反应器模块"Block Options|Properties"页面，为冷却水物流选择性质方法"STEAM-TA"。

③ 调整冷却水用量　在"Flowsheeting Options|Design Specs"目录，创建一个反馈计算文件"DS-1"。在其"Input|Define"页面，定义一个因变量"VF"，记录冷却水出口汽化分率；在"Spec"页面，填写"VF"的目标值和允许误差；在"Vary"页面，填写自变量即进口冷却水流率的变化范围，如图4-84。

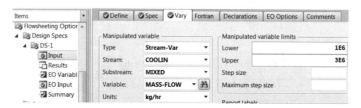

图4-84　进口冷却水流率的变化范围

模拟计算结果见图4-85，冷却水进口流率1.99×10^6kg/h时，出口冷却水的汽化分率为0.04（质量分数），环氧乙烷的生成速率是32237kg/h。

		Units	COOLIN	FEED	COOLOUT	PRODUCT
	Phase		Liquid Phase	Vapor Phase		Vapor Phase
	Temperature	C	230	190	231.993	249.943
	Pressure	MPa	3	2.1	2.9	2.09995
	Molar Vapor Fraction		0	1	0.0399988	1
—	Mass Flows	kg/hr	1.99092e+06	676832	1.99092e+06	676832
	C2H4	kg/hr	0	206358	0	182321
	O2	kg/hr	0	68014	0	44303.9
	CH4	kg/hr	0	240124	0	240124
	C2H6	kg/hr	0	13012	0	13012
	N2	kg/hr	0	3088	0	3088
	AR	kg/hr	0	131912	0	131912
	EO	kg/hr	0	0	0	32237
	H2O	kg/hr	1.99092e+06	1695	1.99092e+06	6199.8
	CO2	kg/hr	0	12629	0	23633.8

图4-85　冷却水流率1.99×10^6kg/h时的计算结果

（3）求反应器内的诸参数分布　把冷却水需求量计算结果赋值给进口物流，然后把反馈计算文件"DS-1"隐藏。设置计算语句，以便计算反应器内各个截面上乙烯的转化率分布值与环氧乙烷的选择性分布值。在"Model Analysis Tools|Sensitivity"目录，创建一个灵敏度分析文件"S-1"。在其"Input|Define"页面，定义3个考察变量，如图4-86。其中，"FC2IN"和"FC2OUT"分别记录反应器进口物流和出口物流中乙烯的摩尔流率，"FEO"记录反应器出口物流中环氧乙烷的摩尔流率。

在"S-1|Input|Vary"页面，设置反应器管长变化范围，如图4-87。在"S-1|Input| Fortran"页面，编写环氧乙烷选择性Y和乙烯转化率Z的计算语句，如图4-88。在"Input| Tabulate"

页面,设置环氧乙烷选择性 Y 和乙烯转化率 Z 输出格式。模拟计算结果见图 4-89 和图 4-90。图 4-89 给出了反应器管程和壳程的流体温度分布。在反应器进口端,水温高于反应物温度,壳程的冷却水为反应物加热,引发乙烯环氧化反应;在反应器 1.5m 以后,反应物温度高于水温,壳程的冷却水限制反应物温度升高,稳定反应过程。图 4-90 给出了反应器不同截面上环氧乙烷的摩尔选择性和乙烯的摩尔转化率。在反应器进口端,反应温度低,转化率低,选择性高;随着反应温度升高,副反应加剧,转化率增加,选择性降低;在反应器出口端,环氧乙烷的摩尔选择性为 0.854,乙烯的摩尔转化率为 0.116。

Variable	Definition
FC2IN	Mole-Flow Stream=FEED Substream=MIXED Component=C2H4 Units=kmol/hr
FC2OUT	Mole-Flow Stream=PRODUCT Substream=MIXED Component=C2H4 Units=kmol/hr
FEO	Mole-Flow Stream=PRODUCT Substream=MIXED Component=EO Units=kmol/hr

图 4-86　定义考察变量

图 4-87　设置反应器管长变化范围

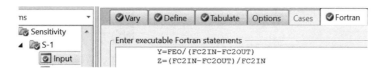

图 4-88　选择性和转化率计算语句

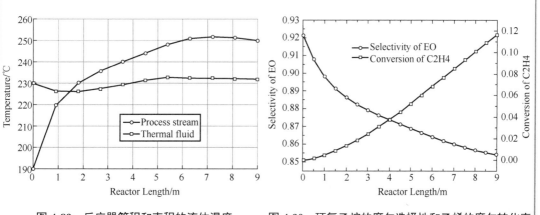

图 4-89　反应器管程和壳程的流体温度　图 4-90　环氧乙烷的摩尔选择性和乙烯的摩尔转化率

4.3.3 流化床反应器

流化床是流态化过程的关键设备，流化床反应器是一种利用气体或液体通过颗粒状固体层而使固体颗粒处于悬浮运动状态，并进行气固相反应或液固相反应的设备，在用于气固系统时，又称沸腾床反应器。目前，流态化技术已被广泛应用于炼油、化工、冶金、轻工、动力等工业部门，包括输送、混合、分级、干燥、吸附等物理过程以及燃烧、煅烧和许多催化反应过程。

流化床上部有扩大段，用以降低气速、减少固体颗粒被气体带走的数量，顶部安装旋风分离器用以回收气体夹带的固体颗粒，底部设置原料进口管和气体分布板；中部为反应段，装有冷却水管和导向挡板，用以控制反应温度和改善气固接触条件。

例 4-8　硅粉-氯甲烷流化床反应器制备二甲基二氯硅烷 [(CH₃)₂SiCl₂，简记为 DDS]。

DDS 是有机硅产品的基本原料，用以生产有机硅中间体、硅油、硅橡胶和硅树脂等产品。以硅粉和氯甲烷为原料，选择固体铜基催化剂，采用流化床反应器制备 DDS，模拟流程如图 4-91。流化床内反应复杂，现考虑 6 个主要反应，反应方程式、动力学方程式见表 4-6。采用指数型动力学方程，指前因子 k 和活化能 E 亦见表 4-6，其中第一行主反应的反应速率式中"CU"为铜基催化剂浓度。流化床反应器"FB-REACT"高度 4m，下部圆筒直径 1.5m，高度 2m，上部圆筒直径 2m，高度 1m，中间梯形圆筒高度 1m，下部排渣口距离底部 0.1m。底部筛板气体分布器布孔 6000 个，孔径 2mm。流化床反应器温度 573K，床层压降 6kPa。反应后的气相混合物进入直径 0.6m 的旋风分离器"CYCLONE"，分离出的固体颗粒返回流化床反应器，脱除固体颗粒的气相"OFFGAS"进入后续产品提纯工段。

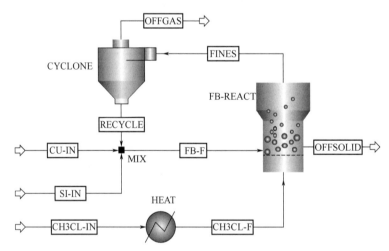

图 4-91　硅粉-氯甲烷气固反应器模拟流程

表 4-6　硅粉-氯甲烷气固反应方程式、反应速率方程式、指前因子与活化能

No.	反应方程式	反应速率/[kmol/(m³·s)]	指前因子 k	活化能 E/(kJ/kmol)
1	Si + 2CH₃Cl ⟶ (CH₃)₂SiCl₂	$k_1 C_{Si} C_{CH_3Cl} CU^{0.2}$	3200	0.1
2	2Si + 4CH₃Cl ⟶ (CH₃)₃SiCl + CH₃SiCl₃	$k_2 C_{Si} C_{CH_3Cl}$	1250	5

No.	反应方程式	反应速率/[kmol/(m³·s)]	指前因子 k	活化能 E/(kJ/kmol)
3	$Si + 3CH_3Cl \longrightarrow (CH_3)_3SiCl + Cl_2$	$k_3 C_{Si} C_{CH_3Cl}$	1125	3
4	$Si + 2Cl_2 \longrightarrow SiCl_4$	$k_4 C_{Si} C_{Cl_2}$	2500	2
5	$2CH_3Cl \longrightarrow C_2H_4 + 2HCl$	$k_5 C_{CH_3Cl}$	0.01	25
6	$Si + 3HCl \longrightarrow SiHCl_3 + H_2$	$k_6 C_{Si} C_{HCl}$	950	7

设粉体材料粒径范围 0.1～1000μm（软件中记为 mu），按对数函数划分成 100 个粒径间隔。铜基催化剂进料量 0.1kmol/h，温度 293.15K，常压，粒度遵从 RRSB 分布，均匀性指数 2，特征粒径 $D63$ 为 200μm。硅粉进料量 54kmol/h，温度 480K，常压，粒度遵从 RRSB 分布，均匀性指数 2，特征粒径 $D63$ 为 85μm。氯甲烷进料量 108kmol/h，温度 293.15K，常压，经加热器"HEAT"预热到 473.15K 后进入流化床反应器。暂定旋风分离器回收的颗粒遵从 Normal 分布，颗粒 $D50$ 粒径 2.4μm，标准偏差 2μm。问题：（1）假定流化床反应器内仅发生表 4-6 中的第 1 个反应，问气相物流"OFFGAS"中的 DDS 流率、原料氯甲烷的转化率、流化床底部与顶部的表观气速、流化床内原料与产品组成分布、流化床内颗粒的粒径与体积分数分布；（2）铜基催化剂进料量 0.3kmol/h，流化床反应器内发生表 4-6 中的全部反应，问结果又如何？

解 先求解问题（1），问题（2）留作课后练习。

（1）全局性参数设置 选择含固体过程的公制计量单位模板，输入表 4-6 中的组分，把硅、铜的组分属性设置为"Solid"，采用"SOLIDS"性质方法。进入"Simulation"界面，绘制图 4-91 模拟流程。在"Setup|Stream class|Flowsheet"页面，可见固体模板已经把物流类型设置为"MIXCIPSD"，说明物流中存在常规固体粒子的粒径分布。在"Solids|PSD|Mesh"页面，填写划分粒径间隔方法、粉体材料粒径范围，点击"Create PSD Mesh"按钮，完成粒径间隔设置，如图 4-92。

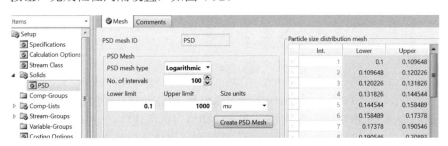

图 4-92 设置粒径分布间隔

（2）设置物流参数

① 铜基催化剂"CU-IN" 在物流的"CI Solid"页面，输入温度、压力、流率，如图 4-93（a）；展开"Particle Size Distribution"栏目，选择粒度分布函数，输入分布函数参数，点击"Calculate"按钮，软件计算出各粒径间隔颗粒质量分数与累积质量分数的值，如图 4-93（b），同时显示累积质量分数与粒径分布图。

② 硅粉"SI-IN" 在物流的"CI Solid"页面，输入温度 480K、压力 1atm、流率 54kmol/h；在"Particle Size Distribution"栏目，输入分布函数参数，点击"Calculate"按钮，软件计算出颗粒质量分数与累积质量分数的值，如图 4-94，同时显示累积质量分数与粒径分布图。

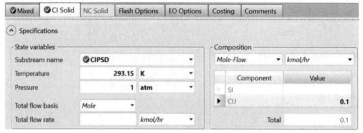

(a) 摩尔流率

(b) 粒径间隔颗粒质量分数与累积质量分数

图 4-93　输入铜基催化剂进料物流信息

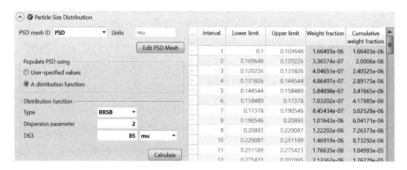

图 4-94　输入硅粉进料物流信息

③ 氯甲烷"CH3CL-IN"　按常规方法输入进料 108kmol/h,温度 293.15K,压力 1atm。

④ 循环物流 "RECYCLE"　对循环物流赋初值可以促进收敛。在物流的 "CI Solid"
页面,输入温度 573K,压力 1.9atm,估计的硅粉流率 1.0kmol/h、铜基催化剂流率 0.2kmol/h;
在 "Particle Size Distribution" 栏目,填写粒度分布参数如图 4-95。

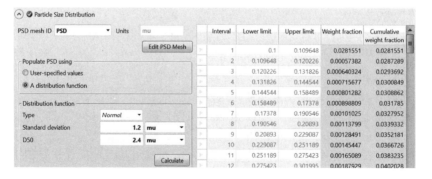

图 4-95　循环物流粒度分布信息

（3）设置反应动力学参数　在"Reactions"文件夹，创建一个反应动力学参数文件"R-1"，填写表4-6中第1反应化学计量系数与反应速率的浓度指数如图4-96（a），填写指前因子与活化能如图4-96（b），点击图中的"Solids"按钮，选择浓度计算时与颗粒相关相态的反应如图4-96（c）。类似地，填写表4-6中其它反应的相关参数。

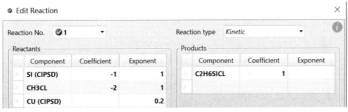

(a) 化学计量系数与浓度指数

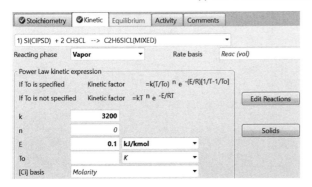

(b) 指前因子与活化能

(c) 计算与颗粒相关相态的反应

图 4-96　输入表 4-6 中第 1 反应式的参数

（4）设置模块参数　设置混合器"MIX"出口压力2atm。设置加热器"HEAT"出口温度473.15K，不计压降。旋风分离器"CYCLONE"参数设置如图4-97。在流化床反应器的"Input|Specifications"页面，填写床层压降、最小流化速率和分离高度计算参数，如图4-98（a）。在"Operation"页面，填写反应温度573K。在"Geometry"页面，填写床

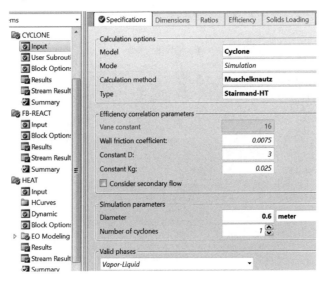

图 4-97　设置旋风分离器参数

层高度、固渣排出位置与床层直径参数，如图 4-98（b）。流化床模块高度以底面为基准面，标注为 0，顶面标注为 1，中间各段的直径按高度比例标注。在"Gas Distributor"页面，填写气体分布板尺寸，如图 4-98（c）。在"Reactions"页面，把反应动力学参数文件"R-1"移动到"Selected reaction sets"栏目。在"PSD"页面，选择颗粒生长的计算方法，如图 4-98（d）。流化床模块提供了若干种方法计算产品的粒径分布。本例中，固体粒子是反应物硅粉和铜基催化剂，图 4-98（d）的选项假定颗粒不会生成也不会破坏，但会因温度变化而引起密度变化、会基于化学反应物质的增减而收缩或生长，各种类型颗粒的收缩或

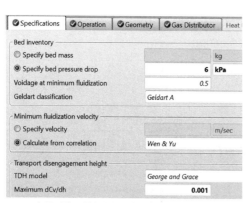

(a) 床层压降、最小流化速率和分离高度计算参数

(b) 床层高度、固渣排出位置与床层直径参数

(c) 气体分布板尺寸

(d) 颗粒生长参数

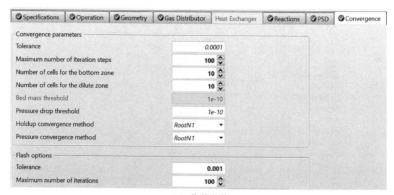

（e）收敛参数

图 4-98　流化床反应器参数

生长与化学反应的得失及密度变化成正比。在"Convergence"页面，填写与计算收敛相关的参数，如图 4-98（e）。图中，假设流化床的密相段（浓相区）和稀相段（分离区）均是由 10 个薄层微元体串联构成，假定流化床内气体为活塞流、每个薄层微元体内气固理想混合。

（5）计算氯甲烷的转化率　在"Flowsheeting Options|Calculator"文件夹，建立一个计算器文件"C-1"，在其中定义三个变量"FEEDFLOW"、"PRODFLOW"和"CONV"，分别表示进料中的氯甲烷流率、流化床排出气相中的氯甲烷流率和氯甲烷转化率。其中前两个变量为输入变量"Import variable"，后一个变量为输出变量"Export variable"，如图 4-99。在"Calculate"页面，编写 CONV=1−PRODFLOW/FEEDFLOW，计算氯甲烷的转化率。

Define Variables

	Variable	Information flow	Definition
▶	FEEDFLOW	Import variable	Mole-Flow Stream=CH3CL-IN Substream=MIXED Component=CH3CL Units=kmol/hr
▶	PRODFLOW	Import variable	Mole-Flow Stream=FINES Substream=MIXED Component=CH3CL Units=kmol/hr
▶	CONV	Export variable	Parameter Parameter no.=1 Initial value=0

图 4-99　定义转化率计算变量

（6）模拟结果　在"Convergence"文件夹，把物流"RECYCLE"设置为循环流，收敛误差设置为 0.001，运行模拟程序。模拟结果可在各模块的"Results"等文件夹中看到，流化床反应器"Results|Summary"页面数据如图 4-100。可见流化床内密相段高度 0.49m，稀相段高度 3.51m，计算分离区高度 1.80m，基于固体体积分数分布的分离区高度 2.46m，流化床内固体颗粒质量 1058.7kg。

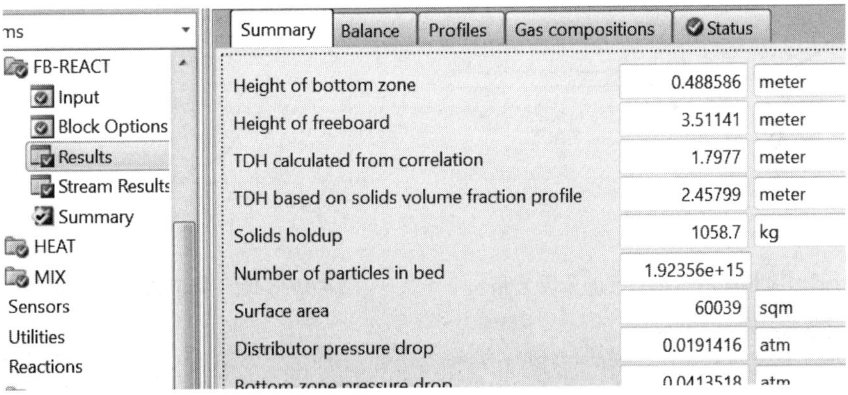

Summary	Balance	Profiles	Gas compositions	✅ Status
Height of bottom zone			0.488586	meter
Height of freeboard			3.51141	meter
TDH calculated from correlation			1.7977	meter
TDH based on solids volume fraction profile			2.45799	meter
Solids holdup			1058.7	kg
Number of particles in bed			1.92356e+15	
Surface area			60039	sqm
Distributor pressure drop			0.0191416	atm
Bottom zone pressure drop			0.0413518	atm

图 4-100　流化床反应器"Results"页面数据

为便于观察各模块的模拟结果，可以设置一个自定义表格，把分散在各模块的一些重要数据集中到一个表格中。设置方法：在"Flowsheet|Custom Tables"页面，点击"New"按钮，创建一个自定义表格"Tab 1"，命名为"PARAM"，然后把各模块的一些重要数据拷贝后粘贴到"PARAM"中。为便于阅读，可以修改"PARAM"中数据的解释性文字。点击"Tab 1"页面上方"Place table on flowsheet"按钮，这个自定义表格就出现在模拟流程界面上，与模拟流程并列显示。当对任一模块的输入数据进行修改后运行，自定义表格中的数据也会同步修改。现把题目要求的几个模拟结果数据集中到自定义表格中，如

图 4-101，可见生成了 DDS 产品 37.66kmol/h，氯甲烷摩尔转化率 69.74%。因为化学反应体积缩小，流化床气相表观流速由底部 0.40m/s 下降到顶部 0.15m/s。

Name	Units	Value
SI FEED FLOW	kmol/hr	54
CH3CL FEED FLOW	kmol/hr	108
CU FEED FLOW	kmol/hr	0.1
FB-REACT.TEMP	K	573
CH3CL FB OFFGAS	kmol/hr	32.6811
C2H6SICL FB OFFGAS	kmol/hr	37.6594
Superficial gas velocity (BOTTOM)	m/sec	0.402959
Superficial gas velocity (TOP)	m/sec	0.152176
CH3CL CONVERSION %		69.7397

图 4-101　流化床反应器模拟流程自定义表格

在流化床模块的"Results|Profiles"页面，可以看到流化床内各种参数的分布，部分参数分布如图 4-102～图 4-105。由图 4-102，从流化床底部向上至 1m 处，原料氯甲烷浓度迅速降低，产物 DDS 浓度迅速增加并趋于稳定。由图 4-103，由于化学反应消耗以及固渣排放，从流化床底部固渣排出口向上，流化床内固体颗粒的体积分数逐渐降低。由图 4-104，流化床顶部气相物流"FINES"中颗粒粒度较小，流化床底部外排物流"OFFSOLID"的粒度分布比较集中。由图 4-105，旋风分离器内进出物流的粒度分布比较接近。

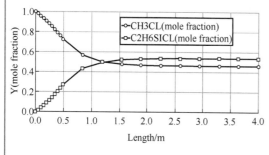

图 4-102　流化床内气相组分的浓度分布

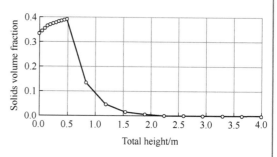

图 4-103　流化床内固体颗粒的体积分数

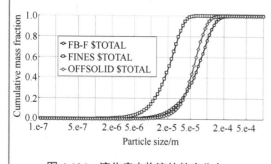

图 4-104　流化床内物流的粒度分布

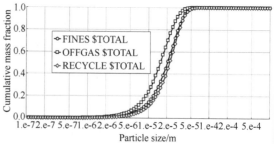

图 4-105　旋风分离器内物流的粒度分布

4.4 流体输送设备

化工设计过程中常见的流体输送设备是泵和压缩机。泵是化工厂最常用的液体输送设备，具有构造简单、便于维修、易于排除故障、造价低、系列化生产等优点。在 Aspen 软件模拟泵过程中，常用来指定出口压力（Discharge Pressure），并给定泵的水力学效率（Pump Efficiency）和驱动机效率（Driver Efficiency），计算得到出口流体状态和所需的轴功率与驱动机电功率。

> **例 4-9** 输送液态苯用离心泵工艺计算。
>
> 用一离心泵输送一股常压、40℃、100kmol/h 的液态苯。已知泵的特性曲线如表 4-7，电机效率为 0.9。求：泵的出口压力、泵提供给流体的功率、泵所需要的轴功率以及电机消耗的电功率各是多少？
>
> 表 4-7　泵特性曲线
>
> | 项目 | 流量/(m³/h) | | | |
> | --- | --- | --- | --- | --- |
> | | 20 | 10 | 5 | 3 |
> | 扬程/m | 40 | 250 | 300 | 400 |
> | 效率/% | 0.6 | 0.62 | 0.61 | 0.6 |
> | NPSHR/m | 8 | 7.8 | 7.5 | 7 |
>
> **解**　（1）全局性参数设置　打开软件，进入"Properties"界面，在组分输入页面添加组分苯，选择"RK-SOAVE"性质方法。
>
> （2）绘制模拟流程　进入"Simulation"界面，在模块库的"Pressure Changers"栏目中，选择"Pump"模块，连接进出口物流线，构建模拟流程，输入进料物流信息。
>
> （3）设置模块信息　在泵模块"Setup|Specifications"页面，计算模式选择"Pump"；在出口规定"Pump outlet specification"栏目中选择"Use performance curve to determine discharge conditions"，表示用泵的特性曲线计算流体出口状态；在"Efficiencies"栏目内填写电机效率 0.9，如图 4-106。
>
>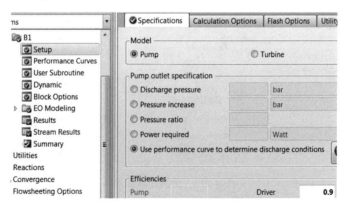
>
> 图 4-106　泵出口规定设置
>
> 在泵模块"Performance Curves"文件夹中，有 4 个页面需要填写。在"Curve Setup"页面，泵特性曲线选择表格数据输入"Tabular data"，流量变量选择体积流率"Vol-Flow"，曲线数量选择单根特性曲线"Single curve at operating speed"。在"Curve Data"页面，压

头选择水柱高度"meter"，流量选择体积流率"m³/h"，把泵特性曲线数据填入，如图 4-107。在"Efficiencies"页面，把泵效率曲线数据填入，如图 4-108。在"NPSHR"页面，填入允许汽蚀余量数据，如图 4-109。

图 4-107　输入泵特性曲线数据　　　　图 4-108　输入泵效率曲线数据

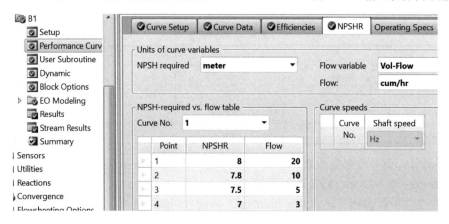

图 4-109　输入允许汽蚀余量数据

（4）模拟计算　计算结果见图 4-110，泵的出口压力 21.8bar，泵提供给流体的功率 5.52kW，泵所需要的轴功率 8.92kW，电机消耗的电功率 9.91kW。有效汽蚀余量 9.20m，允许汽蚀余量 7.77m。

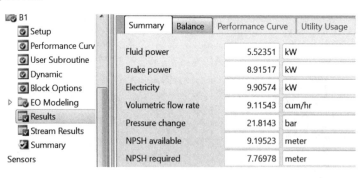

图 4-110　选泵计算结果

习题

4-1. 芳烃分离工艺中的甲苯塔塔设备工艺计算。

从例 4-1 苯塔釜液中分离出甲苯，要求甲苯馏分中二甲苯质量分数不超过 0.0005，甲苯质量收率不低于 98%。求：（1）若甲苯塔的操作回流比为最小回流比的 1.1 倍，则甲苯塔的总理论塔板数、进料位置、回流比、再沸器能耗分别是多少？（2）如果精馏段的默弗里效率为 0.65，提馏段的默弗里效率为 0.75，总理论塔板数不变，求满足分离要求所需的进料位置、回流比、再沸器能耗分别是多少？（3）填料塔设计。在（2）题的基础上，使用 SULZER 公司的 MELLAPAK-250X 型波纹板规整填料，设等板高度 0.5m，求甲苯塔的两段塔径、压降和塔板上的水力学数据。（4）筛板塔设计。在（2）题的基础上，进行甲苯塔的筛板设计计算，设筛孔直径 8mm，板间距 500mm，堰高 50mm，降液管底隙 50mm，求两段塔径、压降和塔板上的水力学数据。

4-2. 乙烯-丙烯精馏塔塔设备工艺计算。

用筛板塔分离压力为 5.8bar 的乙烯-丙烯等摩尔气体混合物 400kmol/h，要求产品乙烯、丙烯的摩尔分数达到 0.9999 和 0.987，求塔径和塔板水力学数据。

4-3. 芳烃分离甲苯塔冷凝器工艺计算。

对习题 4-1 中甲苯塔的冷凝器进行设计选型，设循环冷却水进、出口温度为 33～43℃，求：需要的冷却水流率；需要的冷凝器换热面积；冷凝器的规格参数。

4-4. 芳烃分离甲苯塔再沸器工艺计算。

对习题 4-1 甲苯塔进行虹吸式再沸器的设计选型，设采用 15bar 中压蒸汽加热。求：需要的中压蒸汽流率；需要的再沸器换热面积；再沸器的规格参数。

4-5. 某废热锅炉工艺计算。

进入废热锅炉的气体流率 1.4×10^5 kg/h（以 N_2 计），温度 450℃，压力 300kPa，出口气体温度 260℃。入废热锅炉软水温度 25℃，产生 3.0MPa 的饱和水蒸气，求废热锅炉的规格参数。

4-6. 某乙烯冷箱板翅式换热器工艺计算。

设计一台乙烯/丙烯两股物流换热的板翅式换热器，以一股热丙烯流股与一股冷乙烯流股换热。原始工艺条件如习题 4-6 附表，丙烯流股质量流率 103034 kg/h，乙烯流股的质量流率由热量衡算确定，求该板翅式换热器规格。

习题 4-6 附表　板翅式换热器的设计条件

物流名称	进口温度/℃	出口温度/℃	进口压力/bar	允许压降/bar	进口气相分率	出口气相分率
C_3H_6	40	1.5	17.1	0.07	0	0
C_2H_4	5.35	30.7	36.3	0.07	1	1

4-7. 乙烯-丙烯精馏塔冷凝器工艺计算。

为习题 4-2 乙烯-丙烯精馏塔设计一台塔顶冷凝器，冷源为一股含甲烷 0.9（质量分数）的甲烷-乙烷混合物，压力 4.5bar，饱和液体，等压汽化吸收冷凝热，求冷凝器的规格参数。

4-8. 天然气深冷液化多通道型绕管式换热器工艺设计。

该绕管式换热器有 1 个管层、3 个重叠的芯筒和两个重叠的壳层。换热物流为 4 股制冷剂物流和 1 股天然气物流，其中物流 1 走上壳层，物流 4 走中壳层和下壳层，物流 2、3、5 走管层。物流的组成、进出口温度、进口压力与允许压降、物流走向安排见习题 4-8 附表 1，换热器结构的估计参数见习题 4-8 附表 2。不计物流的污垢系数，试用 EDR 软件对该绕管式换热器进行模拟与核算。

4-9. 以甲醛和氨为原料，用釜式反应器常压合成乌洛托品（六亚甲基四胺）的工艺计算。

氨（A）和甲醛（B）按照以下化学反应方程式生成乌洛托品（C）和水（D）：

物　流　号		1	2	3	4	5
物流名称		制冷剂	制冷剂	天然气	制冷剂	制冷剂
摩尔分数	甲烷	0.7	0.7	0.95	0.52	0.34
	乙烷	0.22	0.22	0.032	0.37	0.53
	丙烷	0.02	0.02	0.002	0.07	0.12
	正丁烷			0.0006		
	N_2	0.06	0.06	0.0102	0.04	0.01
	O_2			0.0002		
	CO_2			0.005		
质量流率/(kg/s)		50	50	90	200	150
进口温度/℃		−159.44	−33.44	−36.11	−130	−34.44
出口温度/℃		−128.89	−142.78	−148.33	−35.56	−123.33
进口压力/bar		4.48	42.75	45	3.45	42.75
允许压降/bar		0.5	9.85	5.72	0.55	2.75
上壳层管子数			141	276		
中壳层管子数			126	350		494
下壳层管子数			390	950		660
物流位置		壳层	管层	管层	壳层	管层
上壳层物流		是	是	是	否	否
中壳层物流		否	是	是	是	是
下壳层物流		否	是	是	是	是

项目	上壳层	中壳层	下壳层
管束外径(Bundle outside diameter)/mm	2438.4	3352.8	4267.2
芯筒直径(Mandrel diameter)/mm	889	1270	1524
管束高度(Bundle height)/mm	3352.8	3657.6	7620
总管子数	417	970	2000
换热管外径/mm	19.05	19.05	19.05
换热管壁厚/mm	1	1	1
换热管材质	铝合金	铝合金	铝合金
换热管螺旋角(Helix angle)/(°)	4	4	5
换热管横向层间距[Transverse (layer) pitch]/mm	23.11	23.11	25.4
换热管纵向管间距[Longitudinal (tube) pitch]/mm	25.4	25.4	27.94

$$4NH_3(A) + 6HCHO(B) \xrightarrow{k} (CH_2)_6N_4(C) + 6H_2O(D)$$

反应速率方程式为：
$$-r_A = kC_A C_B^2 \qquad [kmol/(s \cdot m^3)]$$

反应速率常数为（活化能单位 kJ/kmol）：$k = 1420\exp[-25700/(RT)]$　$[m^6/(kmol^2 \cdot s)]$

反应器容积为 $5m^3$，装填系数为 0.6，输入氮气作为保护气体，输入氮气量应该使出釜物料的气相分率保持在 0.001 左右。原料氨水的浓度为 $4.1kmol/m^3$，流量为 $32.5m^3/h$。原料甲醛水溶液的浓度为 $6.3kmol/m^3$，流量为 $32.5m^3/h$。两股原料均为常压、35℃。反应器常压操作，反应温度 35℃。求乌洛托品的产量和输入氮气流量，并分析反应温度在 20~60℃范围内对甲醛转化率的影响。

4-10. 以丁二烯和乙烯为原料在管式反应器中气相合成环己烯的工艺计算。

以丁二烯（A）和乙烯（B）为原料在管式反应器中气相合成环己烯（C），化学反应方程式为：

$$C_4H_6(A)+C_2H_4(B)\xrightarrow{k_1}C_6H_{10}(C)$$

反应速率方程式为：
$$-r_A = kC_AC_B \qquad [kmol/(s \cdot m^3)]$$

反应速率常数（活化能单位 J/kmol）为：$k = 3.16 \times 10^7 \exp[-1.15 \times 10^8/(RT)]$ $[m^3/(kmol \cdot s)]$

反应器长 5m、内径 0.5m，压降可忽略。加料为丁二烯和乙烯的等摩尔混合物 1.0kmol/h，温度为 440℃，压力 10bar。如果反应在绝热条件下进行，试求：（1）反应器常压，丁二烯的转化率；（2）图示反应器压力 1~10bar 时环己烯的产量；（3）若要求丁二烯的转化率达到 12% 时的进料流率。

4-11. 甲烷高温偶联脱氢制乙烯的工艺计算。

甲烷在管式反应器中进行高温偶联脱氢制乙烯，主要化学反应方程式为：

$$2CH_4 \xrightarrow{k_1} C_2H_4+2H_2 , \quad C_2H_4 \xrightarrow{k_2} C_2H_2 + H_2$$

反应速率[kmol/(s · m³)]表达式如下（分压的计量单位为 Pa）：

$$-r_{CH_4} = k_1 p_{CH_4}, \qquad -r_{C_2H_4} = k_2 p_{C_2H_4}$$

反应速率常数为（活化能单位 J/kmol）：

$$k_1 = 2.35 \times 10^{-7}(T/1273.15)^{-1} \exp\{-2.5 \times 10^8/[R(1/T - T/1273.15)]\}$$

$$k_2 = 1.14 \times 10^{-7}(T/1273.15)^{-1} \exp\{-1.3 \times 10^8/[R(1/T - T/1273.15)]\}$$

化学反应在 250 根内径 25mm 的反应管内进行，反应管外用 2000℃ 的高温燃气加热，传热系数为 200W/(m² · K)。由于制造反应管的材料限制，反应管内最高温度不得超过 1200℃，最大压强不得超过 0.3MPa，反应管长度不得超过 10m。原料甲烷的流量为 10000kg/h，压力 0.3MPa。求：（1）乙烯的最大产率（kg/h）与所需反应管长度；（2）反应器进料温度和压强对乙烯最大产率的影响。

4-12. 乙苯脱氢制苯乙烯的工艺计算。

乙苯（A）脱氢制苯乙烯（B）和氢气（C）的反应方程式：

$$C_6H_5C_2H_5(A) \xrightleftharpoons{k} C_6H_5CHCH_2(B) + H_2(C)$$

反应速率方程为：$\quad -r_A = k(p_A - p_B p_C/K_p) \qquad [kmol/(s \cdot m^3)]$

式中，p_A、p_B、p_C 是三组分的分压，Pa；在反应条件下的反应速率常数 $k=1.176\times10^{-7}$ kmol/（m³ · s · Pa）；反应平衡常数 $K_p=3.727\times10^4$ Pa。反应于 $T=898K$ 下在列管式反应器中等温进行，列管反应器由 260 根长 5m、内径 50mm 的圆管构成，管内填充催化剂，管内的流动模式可视为平推流，流体流经反应器的压降为 0.02MPa。进料流量为 128.5kmol/h，压力 $p=0.14MPa$，其中乙苯浓度为 0.05（摩尔分数），其余为水蒸气。求反应器出口物料中乙苯转化率为 60% 时所需的反应管长度。

4-13. 甲醇和异丁烯合成甲基叔丁基醚的工艺计算。

以混合 C₄ 烃中的异丁烯（IB）和甲醇（MEOH）为原料，在管式反应器内合成甲基叔丁基醚（MTBE），副反应产物是异丁烯二聚体（DIB）。主、副反应方程式为：

$$CH_3OH+CH_3CCH_2CH_3(IB) \xrightleftharpoons[k_2]{k_1} (CH_3)_3COCH_3(MTBE)$$

$$2CH_3CCH_2CH_3(IB) \xrightarrow{k_3} (CH_3)_3CCH_2CCH_2CH_3(DIB)$$

正、逆反应速率[kmol/(s · m³)]方程式为：

$$-r_1 = k_1 a_{IB}/a_{MEOH}, \quad -r_2 = k_2 a_{MTBE}/a_{MEOH}^2, \quad -r_3 = k_3 a_{IB}$$

式中，浓度单位为活度；反应速率常数为（活化能单位 kJ/kmol）：

$$k_1 = 0.01395 \exp\{-92400/[R(1/T - 1/333)]\} \quad [\text{kmol}/(\text{m}^3 \cdot \text{s})]$$
$$k_2 = 0.0002218 \exp\{-92400/[R(1/T - 1/333)]\}$$
$$k_3 = 0.00002286 \exp\{-66700/[R(1/T - 1/333)]\}$$

反应器进料温度 62℃，压力 0.8MPa，组成见习题 4-13 附表。反应器由管长 5m、内径 25mm 的 1000 根圆管构成。管外用冷却水并流换热，冷却水进口温度 60℃、压力 0.4MPa。冷热流体总传热系数是 300W/(m^2·K)，要求反应物出口温度不超过 76℃，求目标产品 MTBE 的收率与冷却水流率。

习题 4-13 附表　反应器进料流率与组成

组分	丙烷	环丙烷	丙二烯	异丁烷	正丁烷	乙炔	反-2-丁烯
进料流率/(kg/h)	2.5	11.25	2	475	2000	6.25	941.25
组分	1-丁烯	异丁烯	顺-2-丁烯	1,3-丁二烯	水	甲醇	合计
进料流率/(kg/h)	3250	5375	436.25	0.5	0.001	3131	15631.001

4-14. 循环流化床最小进气量的确定。

循环流化床是指固体颗粒在流化床内被气流夹带，经旋风分离器分离后又返回流化床，固体颗粒在流化床与旋风分离器之间循环，这种流化床称为循环流化床。工业上的用途有重油催化裂化、燃煤洁净燃烧、烟气干法脱硫等。现用一循环流化床对 Al$_2$O$_3$ 颗粒进行流态化处理。流化床高 6m，直径 1m，排渣口距离底部 0.1m，稳态运行时流化床内固体颗粒总量 1000kg。气体分布器为筛板，布孔 4000 个，孔径 2mm。进料空气 80℃、1.2bar 进入流化床底部，夹带 Al$_2$O$_3$ 颗粒离开流化床后进入旋风分离器，旋风分离器直径 0.4m。分离出的 Al$_2$O$_3$ 颗粒经分配器"SPL"均分为两份，一份外送，一份与原料 Al$_2$O$_3$ 颗粒混合后返回流化床，模拟流程如习题 4-14 附图。设 Al$_2$O$_3$ 颗粒粒径范围 1～800μm，均分成 100 个粒径间隔。Al$_2$O$_3$ 颗粒进料流率 5000kg/h，20℃，1bar，粒度遵从 RRSB 分布，特征粒径 D_{63} 为 250mm，分散指数 3。问该流化床最小进料空气流率是多少？

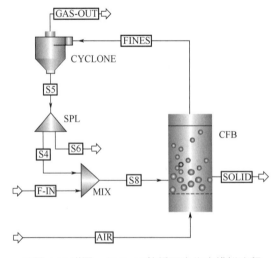

习题 4-14 附图　Al$_2$O$_3$ 颗粒循环流化床模拟流程

4-15. 以 Al(OH)₃ 为原料经流化床反应器制备 Al₂O₃。

反应方程式为：$2Al(OH)_3 \longrightarrow Al_2O_3 + 3H_2O$

反应速率（活化能单位 kJ/kmol）为：

$$-r_A = k_1 C_{Al_2O_3} = 0.39 \exp[-30369.92 / (RT)] \, C_{Al_2O_3} \quad [kmol / (m^3 \cdot s)]$$

流化床反应器"FB"高度 2.5m，直径 0.4m，下部排渣口距离底部 0.75m。底部筛板气体分布器布孔 40 个，孔径 10mm，流化床内固体颗粒总量 50kg。反应生成的水分由流化床顶部排出，Al_2O_3 颗粒由流化床底部排出，模拟流程如习题 4-15 附图。设粉体材料粒径范围 1～10mm，均分成 10 个粒径间隔。$Al(OH)_3$ 进料流率 275kg/h，25℃，11bar，粒度遵从 GGS 分布，最大粒径 10mm，分散指数 1.5。空气进料流率 4150kg/h，25℃，经压缩机等熵压缩至 11bar 后进入流化床底部。求：离开流化床反应器两股物流的流率、原料 Al (OH)₃ 的转化率、流化床底部与顶部的表观气速、流化床内颗粒的体积分数分布。

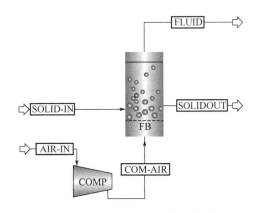

习题 4-15 附图　由 Al(OH)₃ 经流化床制备 Al₂O₃

4-16. 离心泵选型计算。

用一水泵将压强为 1.5bar 的水加压到 6bar，水的温度为 25℃，流量为 100m³/h。已知泵的特性曲线如习题 4-16 附表，泵的效率为 0.68，驱动电机的效率为 0.95。求：泵的出口压力、泵提供给流体的功率、泵所需的轴功率以及电机消耗的电功率各是多少？

习题 4-16 附表　泵特性曲线

项目	流量/(m³/h)			
	70	90	109	120
扬程/m	59	54.2	47.8	43
效率	0.645	0.69	0.69	0.66
NPSHR/m	4	4.5	5.2	5.5

参考文献

[1] AspenTech. Aspen Exchanger Design and Rating V12 Help[Z]. Cambridge: Aspen Technology, Inc., 2020.

[2] 运萌, 张伟杰, 赵雪莉, 等. 板翅式换热器在空分中的应用[J]. 低温与特气, 2019, 37(2):10-13.

[3] 周家成, 古红星, 孙翔, 等. 乙烯装置大型板翅式换热器国产化应用[J]. 乙烯工业, 2020, 32(1):29- 31.

[4] 丁超, 胡海涛, 丁国良, 等. 运行工况对 LNG 绕管式换热器壳侧换热特性的影响[J]. 化工学报, 2018, 69(6): 2417-2423.

[5] 吴志勇, 陈杰, 浦晖, 等. LNG 绕管式换热器结构与流通参数计算[J]. 煤气与热力, 2014(3): 42-47.

[6] AspenTech. Reaction in fluidized beds: guide to the fluidized bed reactor demo[Z]. Bedford: Aspen Technology, Inc., 2013.

[7] Debtera B, Ramesh R, Neme I. Fluidized bedreactor modeling and simulation with Aspen Plus for alumina(Al_2O_3) production systems[J]. European Journal of Molecular & Clinical Medicine, 2021,8(2): 2627-2639.

[8] 中国石化集团上海工程有限公司. 化工工艺设计手册[M]. 5 版. 北京: 化学工业出版社, 2018.

[9] 刘成军. 热虹吸式重沸器循环回路的设计探讨[J]. 化工设计, 2008, 18(6): 24-27.

[10] Luyben W L. Chemcal reactor design and control[M]. Hoboken: John Wiley & Sons, Inc., 2007.

[11] Luyben W L. Distillation design and control using ASPEN simulation[M]. Hoboken: John Wiley & Sons, Inc., 2013.

第5章

过程的动态控制

　　化工装置操作参数的稳定是正常生产的前提，但非稳态过程也是经常出现的，而且必须面对并妥善处理，以实现装置的高效运行。生产装置的非稳态过程有时是预知的，如生产负荷的调整、原料种类与批次的变化、开车过程、计划停车过程等；有时是突然出现的，如上游设备操作参数变化、发生事故或设备故障、环境因素的变化、操作员误操作等。所以化工过程的稳态运行是相对的，非稳态运行是常见的。合格的化工装置操作者不仅能对装置进行稳态操作，也能对非稳态过程进行快速判断，应对有据。工程师在设计一化工过程时，不仅要进行流程的稳态设计，也要进行非稳态设计。通过在流程中设置各种控制仪表，不仅能维持流程操作参数的稳定，还能推测不同扰动因素对化工过程运行的影响程度，以及在一定扰动强度下化工过程参数回复稳定的方向与时间。

　　化工过程的稳态模拟本质上是求解一组非线性代数方程组，而动态模拟时增加了一个时间变量，需要求解一组非线性微分方程组，故动态模拟计算工作量呈几何级增加。然而动态模拟与稳态模拟又是密不可分的，稳态模拟为动态模拟提供了必要的基础与初值，动态模拟为稳态模拟结果的实现提供了保障。

　　稳态模拟常用的软件是 Aspen Plus，动态模拟软件是 Aspen Plus Dynamics，后者是一款面向过程动态模拟与控制的软件。应用 Aspen Plus Dynamics 进行动态模拟，可以考察过程控制方案的可行性与有效性，考察选用的设备尺寸、阀门规格对工艺过程稳定性的影响。对于化工项目的工艺设计而言，Aspen Plus 模拟结果为物料热量流程图（PFD）提供了基本数据，而 Aspen Plus Dynamics 模拟结果则为管道仪表流程图（PID）的确定提供了依据。

　　在 Aspen Plus Dynamics 中，流体流动的驱动方式有两种，一种是流动驱动（Flow Driven），另一种是压力驱动（Pressure Driven）。流动驱动方式与 Aspen Plus 一致，设备出口物流的压力与流动速率只与本设备的参数设置有关，不受下游设备操作条件的影响。压力驱动方式规定设备进出口物流的压力，但不能规定物流流动速率，物流流动速率由设备之间的压力参数计算获得。因此，压力驱动方式需要提供的参数要多一些，当然模拟结果更接近真实情形，也更准确。在本章的所有动态模拟例题与习题中，均采用压力驱动方式。

　　Aspen Plus Dynamics V12 软件工作界面如图 5-1 所示。左侧是导航栏（Exploring-Simulation），导航栏上半部分含有若干动态模拟文件夹（All Items），导航栏下半部分是各动态模拟文件夹的操作模块（Contents of Simulation）；界面右侧是过程控制结构设计操作窗口（Process Flowsheett Window），界面右侧中下方是显示动态模拟过程的信息栏（Simulation Messages），界面下方是含各种控制器模块的模块库。

图 5-1　Aspen Plus Dynamics V12 软件工作界面

5.1　常用控制器模块

Aspen Plus Dynamics 操作界面下方的模块库中除了具有与 Aspen Plus 相同的各种设备模块外，还含有两栏过程控制器模块（模块库标签分别为 Controls、Controls2）。这些控制器模块的图标如图 5-2 所示，其中部分常用控制器模块的性质与功能见表 5-1，其余控制器模块的功能介绍参见 Aspen Plus Dynamics 的帮助系统。

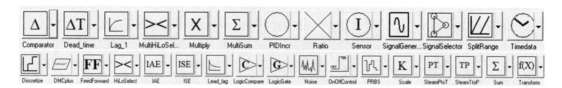

图 5-2　控制器模块图标

表 5-1　部分常用控制器模块的性质与功能

序号	模块名称	图标	输入信号数量	功能
1	Comparator	Δ	2	计算两信号的差值并输出
2	Dead_time	ΔT	1	把输入信号延迟指定时间后输出
3	Lag_1		1	对输入信号进行一阶滞后处理后输出
4	MultiHiLoSelect		2 或多	把输入信号进行比较，按指定要求输出其中最高或最低信号
5	Multiply	X	2	把两输入信号相乘后输出

序号	模块名称	图标	输入信号数量	功能
6	MultiSum	Σ	2 或多	计算输入信号的和并输出
7	PIDIncr	○	1 或 2	对输入信号进行比例-积分-微分（PID）处理后输出
8	Ratio	╳	2	计算两信号的商并输出
9	Scale	K	1	把输入信号按设定比例输出

5.2 储罐的液位控制

　　种类繁多、形状各异的储罐是化工流程中最常见的设备，用来储存各种液体（或气体）原料、中间物料以及最终成品。从广义上讲，化工流程中的各种汽/液或汽/液/液分相器也属于储罐类设备。生产过程中储罐液位的控制稳定，对化工装置的稳定操作、企业生产的正常运作发挥着重要作用。在稳态模拟时，原料与产品的储罐在模拟流程中并不出现，分相器虽然以储罐形式出现，但不需要设置储罐规格尺寸，仅仅做相平衡计算。在动态模拟中，储罐的规格尺寸、封头类型、安装方式等数据则需要详细输入，以便准确计算工艺操作参数波动对储罐液位的影响。

　　在 Aspen Plus Dynamics 中，对储罐的封头类型（平板形、标准椭圆形、半球形）、安装方式（垂直安装与水平安装）、设备尺寸（直径、高度）等参数都需要输入，详细说明见表 5-2。

表 5-2 储罐规格的描述方法

安装方式	平板形封头	标准椭圆形封头	半球形封头
垂直安装			
水平安装			

5.2.1 常规液位控制结构

　　常见的液位控制结构是用储罐液相出口管道阀门的开度控制储罐内液位高度。这种控制方式结构简单，控制仪表投资成本低，适用于液位波动小的场合。

例 5-1 汽液闪蒸罐的常规液位控制结构。
　　一股轻烃混合物经减压阀节流后进入立式闪蒸罐进行绝热闪蒸，原料的温度、压力、流率与组成见图 5-3，不计热损失。闪蒸罐直径 0.75m，高度 1.5m，椭圆形封头。若进料流率有 ±30% 的扰动，考察常规液位控制方案下该闪蒸罐液位的波动情况。

解 首先用 Aspen Plus 进行稳态模拟，收敛后进行动态模拟的准备操作，然后把稳态模拟结果传输到 Aspen Plus Dynamics 中，再添加各种控制模块，建立闪蒸罐的液位控制结构，考察其对进料流率扰动的响应。

（1）稳态模拟 打开 Aspen Plus V12 软件，进入"Properties"界面，在组分输入页面添加进料所有组分，选用"CHAO-SEA"性质方法。进入"Simulation"界面，建立图 5-3 稳态模拟流程，模拟结果如图 5-4。

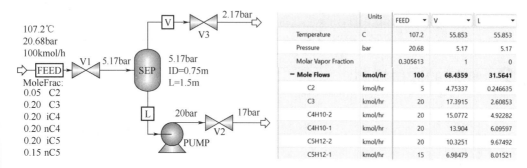

	Units	FEED ▾	V ▾	L ▾
Temperature	C	107.2	55.853	55.853
Pressure	bar	20.68	5.17	5.17
Molar Vapor Fraction		0.305613	1	0
− Mole Flows	kmol/hr	100	68.4359	31.5641
C2	kmol/hr	5	4.75337	0.246635
C3	kmol/hr	20	17.3915	2.60853
C4H10-2	kmol/hr	20	15.0772	4.92282
C4H10-1	kmol/hr	20	13.904	6.09597
C5H12-2	kmol/hr	20	10.3251	9.67492
C5H12-1	kmol/hr	15	6.98479	8.01521

图 5-3 稳态闪蒸模拟流程　　　　　　图 5-4 稳态闪蒸模拟结果

（2）向动态模拟软件传递数据 在 Aspen Plus 软件"Setup|Specifications|Global"页面的"Global settings"栏内，把"Input mode"选项修改为"DYNAMIC"，如图 5-5。

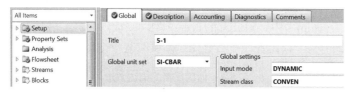

图 5-5 选择动态模拟模式

在 Aspen Plus 软件闪蒸罐模块的"Dynamic|Vessel"页面，输入闪蒸罐的安装方式、封头式样、直径与高度。安装方式有"Instantaneous"、"Vertical"和"Horizontal"三种。前一种安装方式适用于流动驱动模式，不需要输入闪蒸罐尺寸，但动态模拟结果不能输出液位信号。后两种安装方式适用于压力驱动模式，需要输入闪蒸罐尺寸，动态模拟结果能输出液位信号，本例选择垂直安装。封头式样有"Elliptical"、"Hemispherical"和"Flat plate"三种，本例选择椭圆形封头，其高度是直径的四分之一，闪蒸罐设备数据填写如图 5-6。

对于动态模拟，物流的压力必须与进入设备的操作压力相等。因此，对进料物流管道阀门的压力与相态要进行准确设置。由稳态闪蒸模拟结果可知，阀门 V1 的进料物流"FEED"是汽液混合物，故设置阀门 V1 的有效相态是"Vapor-Liquid"，数据填写如图 5-7。另外，对闪蒸罐的汽、液相出口管道阀门 V3 和 V2 的有效相态也要分别设置为"Vapor-Only"和"Liquid-Only"。

运行稳态模拟程序直至收敛。在下拉菜单"Dynamic"中，点击"Pressure Checker"按钮" "，进行压力驱动检测。若无错误，则弹窗显示通过压力驱动检测提示语"The flowsheet is configured to be fully pressure driven."。若有错误，则需要按照错误提示逐条修改。

保存 Aspen Plus 模拟文件并把稳态模拟结果输出到 Aspen Plus Dynamics 软件中。在下拉菜单"File"中点击"Export"按钮，保存文件的类型选择"P Driven Dyn Simulation（*.dynf; *dyn.appdf）"，如图 5-8。点击"Save"后，Aspen Plus 软件的稳态模拟结果输

出到 Aspen Plus Dynamics 软件中，同时按照动态模拟要求对稳态模拟流程的设备参数自动进行检查并显示检查报告，如图 5-9。

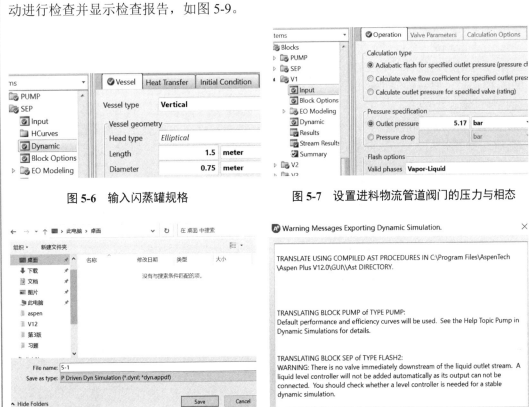

图 5-6　输入闪蒸罐规格

图 5-7　设置进料物流管道阀门的压力与相态

图 5-8　选择保存动态模拟文件的类型

图 5-9　对设备参数的检查报告

图 5-9 中有两条警告信息：一是液体输送泵模块 PUMP 没有设置泵性能曲线和效率曲线，软件将采用默认值代替；二是闪蒸罐模块 SEP 液相出口物流管道上缺少阀门，Aspen Plus Dynamics 软件不能在该物流管道上自动添加液位控制器。就本题而言，流体输送泵没有实际选型之前，泵的性能曲线和效率曲线均不知道，可以采用软件的默认值，因此第一条警告可以忽略；闪蒸罐液相出口物流管道连接了液体输送泵，泵的出口管道上连接有阀门，可以人工添加液位控制阀门，第二条警告也可以忽略。对于比较复杂的工艺流程，在把稳态模拟结果输出到 Aspen Plus Dynamics 软件中时，往往会出现多条错误或警告提示，需要逐条仔细阅读，并对 Aspen Plus 软件的稳态模拟流程参数进行相应修改，然后重新向 Aspen Plus Dynamics 软件传递稳态模拟结果。应该尽量把错误或警告消除到最少状态，以利于后续动态模拟过程的运行。

稳态模拟结果输出完毕后，在文件保存目录中可以看到新增加了两个文件"5-1.dynf"和"5-1dyn.appdf"，前者是闪蒸罐液位控制的动态模拟程序，后者是闪蒸罐系统的物性数据文件。这两个文件是一个整体，要同时保存或同时转移，缺一不可。至此，完成了从 Aspen Plus 软件稳态模拟到 Aspen Plus Dynamics 软件动态模拟的链接过程。

（3）常规液位控制结构的建立　打开动态模拟文件 5-1.dynf，Aspen Plus Dynamics V12 软件自动生成的闪蒸罐液位控制结构如图 5-10。相对于稳态模拟流程，图 5-10 添加了一个压力控制器"SEP_PC"。显然，图 5-10 控制方案过于简单，尚缺少进料的流率控制与闪蒸罐的液位控制，需要进行人工添加。

① 添加进料流率控制器　为图面简洁，删除图 5-10 图面上的流率、浓度、尺寸等注释性文字，适当修饰图面。用鼠标选取模块库中的 PID 控制器"○"拖放到进料物流附近，右击更改模块名称为"FC"，说明是进料物流控制器，如图 5-11。点击模块库左侧标签为"Material stream"图标"⊷▯"的下拉箭头，选取信号连接线"ControlSignal"图标"⊶"，鼠标移动到进料物流"FEED"附近，这时图面上出现许多可以连接信号线的箭头，如图 5-12（a）。把鼠标与进料物流"FEED"的信号输出箭头连接后，弹出该物流信息内容选择对话框，如图 5-12（b）。对于进料物流，有 40 余个信息可以输出，此处选取进料总摩尔流率"Total mole flow"，然后点击"OK"按钮，这时页面弹出控制器输入信息属性对话框，如图 5-12（c）。此处选择"FC.PV"，标明是进料物流控制器"FC"输入的过程变量"Process variable"，再点击"OK"按钮，完成进料物流与控制器的接入过程。然后把鼠标连接控制器"FC"的信号输出箭头，页面弹出控制器输出信号属性对话框，如图 5-12（d）。此处选择"FC.OP"，标明是控制器"FC"的输出信号。再点击"OK"按钮，把鼠标与进料阀门"V1"相连接。这样，进料物流"FEED"与流率控制器"FC"的连接过程全部完成，添加了进料物流控制器的动态模拟流程如图 5-13。

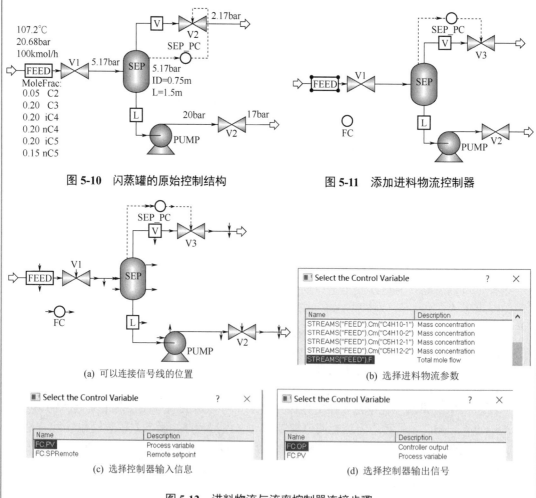

图 5-10　闪蒸罐的原始控制结构　　　　图 5-11　添加进料物流控制器

(a) 可以连接信号线的位置

(b) 选择进料物流参数

(c) 选择控制器输入信息

(d) 选择控制器输出信号

图 5-12　进料物流与流率控制器连接步骤

双击进料流率控制器"FC"图标，页面弹出该控制器空白面板，如图 5-14（a）。控制器面板上的"SP"是参数设定值，"PV"是参数当前值，"OP"是控制器输出值。控制器根据参数当前值与参数设定值的差异，按内置的算法对被控制元件输出控制信号。点击流率控制器面板上的按钮""，弹出控制器结构参数对话框，点击下方初始化参数按钮"Initialize Values"，把稳态模拟结果的初始值显示在流率控制器面板上，如图 5-14（b）。

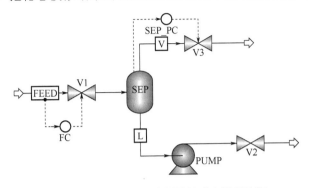

图 5-13　含进料流率控制器的动态模拟流程

 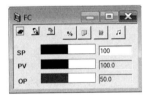

（a）空白面板　　　　　　　　　　　　（b）读入初始值

图 5-14　进料流率控制器面板

在"FC"流率控制器"Tuning"页面的"Tuning parameters"对话框，增益"Gain"一般取 0.5，积分时间"Integral time"取 0.3min，微分时间"Derivative time"取 0min。另外，流率控制器的输出信号与输入信号的大小应该相反，当流率增加时，阀门开度应该减小，以维持流率稳定，故在"Tuning"页面的"Controller action"对话框中选择反作用"Reverse"，这样就设置了该控制器输出信号与输入信号的大小相反，"Tuning"页面的数据填写如图 5-15（a）。流率控制器"Ranges"页面的初始参数是输入信号与输出信号的数据波动范围，对于流率调节一般不需要调整，如图 5-15（b）。但对于温度、组成等参数的控制，为使控制器的参数调节精细有效，往往需要对控制器输入信号与输出信号的数据波动范围进行限定，相关的内容将在后续的例题中逐步介绍。在控制器"Filtering"页面，取滤波时间常数 0.1min，如图 5-15（c）。

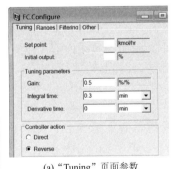  

（a）"Tuning"页面参数　　　　（b）"Ranges"页面参数　　　　（c）"Filtering"页面参数

图 5-15　进料流率控制器参数设置步骤

至此，闪蒸罐进料流率控制器的参数设置完毕。为了检查对控制器参数修改操作有无明显错误和保存已经修改的参数值,在屏幕顶部工具栏中下拉三角箭头选择"Initialization ▾",点击运行按钮" ▶ ",完成数据的初始化检查。若无明显错误,页面弹窗显示初始化检查结束语"The run has completed"。

在操作界面顶部工具栏中选择图标" 🖰 "并点击,打开快照管理器(Snap-shots),可看到刚刚运行、未报错的初始化动态模拟数据文件"Initialization Run",如图5-16,可以对此文件改名并保存。若在后续的调试过程中出现任何不可逆的报错,则可调用这个已经保存的初始化数据文件,并在此基础上重新开始动态模拟。

一般而言,所有控制器的参数设置都要经过以上步骤。对于温度控制、组成控制的控制器,还要增加控制器增益"Gain"和积分时间"Integral time"两参数整定的环节。在后续的叙述过程中,对于控制器参数设置,若无新的内容则一笔带过,涉及新内容的步骤则详细介绍。

② 添加闪蒸罐液位控制器 闪蒸流程图5-13中的闪蒸罐还需要设置一个液位控制器才能正常运行。仿照进料流率控制器"FC"的设置方法,在图5-13上添加闪蒸罐液位控制器"LC",如图5-17。

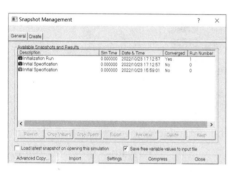

图5-16 初始化动态模拟数据文件　　　　图5-17 添加液位控制器的动态模拟流程

液位控制器"LC"的输入信号是闪蒸罐的液位">BLOCKS("SEP").level",输出信号是闪蒸罐液相出口管道上的阀门"V2"的开度">LC.OP"。双击图5-17上的液位控制器"LC"图标,弹出参数面板。在液位控制器"Tuning"页面,填写增益"Gain"2、积分时间"Integral time"9999min、微分时间"Derivative time"0min。液位控制器的增益和积分时间参数也可以取默认值,即增益1、积分时间10min,或通过整定方法确定。此处积分时间取9999min,为无限长时间,体现了控制器对液位的弱控制作用,由整定得到的参数值是对液位的强控制作用。在复杂工艺流程中,弱控制作用常用于其它工艺参数的控制。另外,闪蒸罐液位高度与出口管道阀门开度应该呈正相关,液位越高,阀门开度应该越大,故在"Controller action"对话框中选择正作用"Direct",表明闪蒸罐内液位越高,控制器作用下的阀门开度将会越大,"LC"液位控制器"Tuning"页面参数填写如图5-18(a)。对于液位控制而言,"Ranges"页面的初始参数一般不需要修改,"Filtering"页面的信号过滤时间常修改为0.1min。然后对图5-17流程控制器参数进行数据的初始化检查,若无报错,则完成液位控制器的参数设置,液位控制器面板初始值见图5-18(b)。由图5-18(b),液位控制器设定液位和当前液位均是0.9375m,控制器输出出料管道阀门V2开度50%。Aspen Plus Dynamics默认初始液位是容器高度的50%。对于本例题来说,初始液位是椭圆形封头高度加上一半容器高度,即$L=0.75/4+1.5/2=0.9375$(m),与图5-18(b)示数相同。

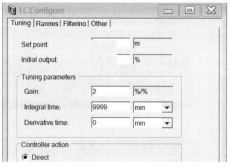
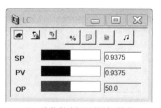

(a) 液位控制器"Tuning"页面参数　　　　　　　(b) 液位控制器面板初始值

图 5-18　液位控制器参数设置与面板初始值

　　闪蒸罐压力控制器"SEP_PC"由软件自动生成，在本例题中"SEP_PC"通过调节汽相出口管道阀门"V3"的开度控制闪蒸罐压力，其"Tuning"页面和"Ranges"页面的初始参数均不需要修改，把"Filtering"页面的信号过滤时间常数修改为 0.1min 即可。至此，闪蒸罐动态模拟流程中的控制器添加与参数设置均已完成，进入动态模拟数据采集阶段。

　　③ 设置动态模拟数据显示图表　创建一个进料流率、闪蒸罐液位和液相出口管道阀门 V2 开度的三合一动态数据显示图。点击操作界面顶部工具栏上的图标"🔧"，弹出一个动态模拟数据图表设置窗口，如图 5-19（a），要求给动态数据显示图表命名，此处命名为"Fig1"，默认动态模拟数据以简单图形的形式显示，然后点击"OK"按钮，出现的动态数据显示图外观如图 5-19（b）。

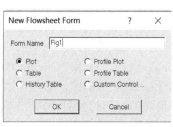
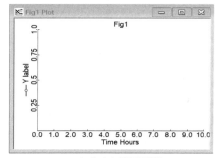

(a) 图表设置窗口　　　　　　　　　　　　　(b) 初始动态数据图结构

图 5-19　设置动态数据图

　　双击图 5-17 上的进料物流"FEED"，弹出物流数据表如图 5-20（a），以鼠标左键选中物流的总摩尔流率信号"Total mole flow"，拖放到图 5-19（b）的纵坐标上再释放，这样动态模拟过程中进料物流随时间的变化信号会在图 5-19（b）中以图形方式呈现；双击图 5-17 上的闪蒸罐图标，弹出闪蒸罐数据表如图 5-20（b），把闪蒸罐液位信号"Liquid level"拖放到图 5-19（b）的纵坐标上再释放，这样闪蒸罐液位随时间的变化信号会以图形方式在图 5-19（b）中呈现；同样，双击图 5-17 上的液相出口管道阀门 V2 图标，弹出出口阀门数据表，把液相出口阀门开度信号"Actual value position"拖放到图 5-19（b）的纵坐标上再释放，这样液相出口管道阀门开度随时间的变化信号也会以图形方式在图 5-19（b）中呈现。双击图 5-19（b）的横坐标，弹出图形横坐标修改窗口，把横坐标时间长度修改为 0~4h，间隔 0.5h，如图 5-20（c）；修改后的动态数据曲线图外观如图 5-20（d）。动态数据图横坐标时间长度的设置一般与动态模拟体系有关，时间长度的设置要能反映考察参数动态变化情况，参数变化缓慢波动周期长，动态数据图横坐标时间长度就设置长一些，否则就短一些。类似地，可以采用同样方法修改纵坐标。

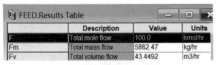

(a) 选择进料物流流率信号

(b) 选择闪蒸罐液位信号

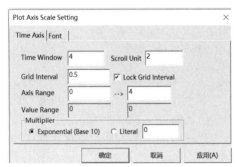

(c) 图表设置窗口

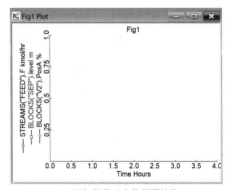

(d) 添加信号动态数据图结构

图 5-20　修改动态数据图

Aspen Plus Dynamics 的动态数据曲线图外观可以人为方便地修改。把鼠标在图 5-20 (d) 中间空白处右击，选择"Properties"，弹出一个曲线图外观修改对话框，如图 5-21 (a)。该对话框有 9 个页面用来对曲线图外观参数进行修改，除了修改坐标轴的长短，还可以修改曲线的线型、标记与颜色，不同的曲线使用同一坐标轴或不同的坐标轴，曲线数据的添加、删除、排序、字体修改、曲线标注、网格设置等，读者在学习过程中可以逐步熟悉与熟练。图 5-20 (d) 只有三条曲线，可以使用不同的纵坐标轴，既可方便观察曲线变化趋势，又不致图面过于复杂。在图 5-21 (a) 的"AxisMap"页面，点击"One for Each"按钮，再点击"确定"按钮，图 5-20 (d) 成为具有三个独立纵坐标的图，如图 5-21 (b)。若希望在图面上添加网格，以便于阅读数据，在"Grid"页面的"Grid"栏目中，点击"Mesh"，如图 5-21 (c)，点击"确定"按钮，则可在图面上添加网格，如图 5-21 (d)。为区别三条曲线，可在"Attribute"页面的"Variable"栏目中选择线条名称，在"Color"栏目中选择线条颜色，在"Line"栏目中选择线条线型。至此，完成建立图 5-17 闪蒸罐常规液位控制结构的任务。

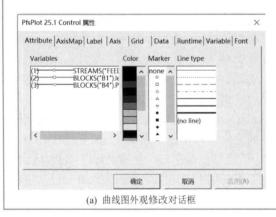

(a) 曲线图外观修改对话框

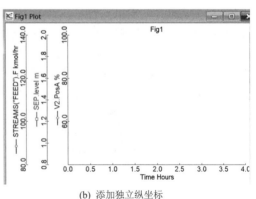

(b) 添加独立纵坐标

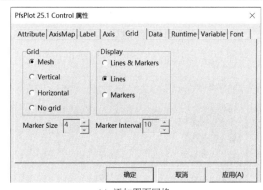

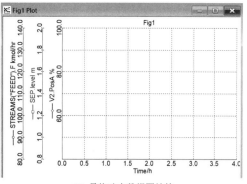

(c) 添加图面网格   (d) 最终动态数据图结构

图 5-21 完善动态数据图

（4）动态模拟过程的准备　在进行动态模拟之前，需要进行以下必需的准备工作。

① 首先是存盘　由于动态模拟的准备阶段工作量大、时间长，及时保存数据非常重要。在动态模拟过程的任何阶段，都可以且需要及时存盘。

② 其次是桌面图标布置整理　为使动态模拟过程有序进行，把桌面图标进行布置整理，如图 5-22。对于复杂的动态模拟流程，桌面上的控制器面板很多，若桌面图标整洁，会使人赏心悦目，可以提高动态模拟过程的工作效率。

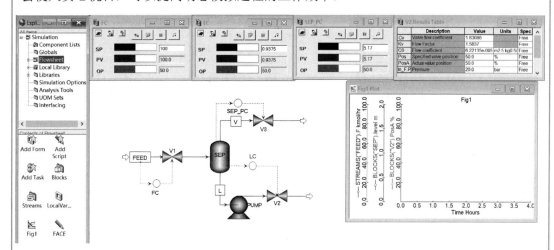

图 5-22 桌面图标布置

③ 保存桌面布置　Aspen Plus Dynamics 的存盘操作只能保存数据，不能保存桌面布置，但有另外的途径可以保存整理好的桌面图形。在下拉菜单"Tools"中点击"Capture Screen Layout"选项，弹出保存桌面布置文件的命名对话框，此处用"FACE"命名桌面布置文件，如图 5-23，点击"OK"按钮保存。在图 5-22 左侧导航栏"Exploring"窗口的"Flowsheet"文件夹中，可以看到保存的动态数据图示文件"Fig1"的图标和桌面布置文件"FACE"的图标。每当重新打开此动态模拟文件时，可以双击此文件图标，从而把这两个文件调出使用，这样可以大大节省动态模拟过程的准备时间。

④ 动态运行时间单位的选择　在下拉菜单"Run"中点击"Run Options"选项，弹出动态运行时间单位的选择对话框，如图 5-24。Aspen Plus Dynamics 默认的动态模拟时间单位是"Hours"，采集数据间隔是 0.01h。一般情况下不需要修改，直接运行。有时候

模拟过程参数变化比较平缓，为了加快模拟进度，可以增加模拟时间间隔。当模拟过程参数变化比较剧烈时，时间单位"Hours"显得太大，可以把时间单位修改为"Seconds"，采集数据间隔也可缩小，这种情况常出现在含剧烈化学反应的动态反应器模拟过程中。

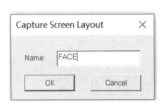

图 5-23　命名桌面布置文件

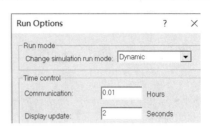

图 5-24　选择运行时间单位

（5）动态模拟数据的采集与分析　首先确定扰动方案。约定在 0.2h 之前进料流率稳定，使得考察变量走出一段直线，作为参数波动的比较基准。0.2h 之后，进料流率阶跃+30%达到 130kmol/h，2.5h 恢复到 100kmol/h，4h 模拟结束。

其次执行扰动方案。有两种方法可以执行扰动方案：一是使用人机对话功能"Pause At..."，动态模拟时软件在设定的时间点上暂停，等操作者按扰动方案修改工艺参数后继续运行；二是使用软件的任务设定功能"Add Task"，用 Aspen Custom Modeler 语言把扰动方案逐一编写为可执行语句，经编译、激活后由软件依次执行。下面采用第一种方法执行扰动方案，采用任务设定功能执行扰动方案的内容在 5.7 节中介绍。在动态模拟过程中记录参数波动趋势并绘图，基本步骤叙述如下。

① 设置动态模拟过程在 0.2h 暂停　在下拉菜单"Run"中点击"Pause At..."选项，弹出暂停对话框，如图 5-25，在"Pause at time"栏内填写 0.2，再点击"OK"按钮完成设置。这时屏幕右下角的状态栏内出现"Dynamic at 0.00 of 0.2 Hours"的提示语。

② 开始动态模拟　在屏幕顶部工具栏中选择" Dynamic "，点击运行按钮，软件开始运行并在 0.2h 处暂停。

③ 设置扰动　把模拟暂停时间修改为 2.5h。进料流率开始为 100kmol/h，阶跃+30%后成为 130kmol/h。把此阶跃值直接复制到进料物流控制器"FC"面板的设定值"SP"栏中，按回车键确认，如图 5-26。点击运行按钮，软件继续运行，在 2.5h 处模拟暂停。然后把进料流率修改回 100kmol/h，直接在进料物流控制器"FC"面板设定值"SP"栏中修改，按回车确认；再把下一次模拟结束时间修改为 4h，点击运行按钮，软件继续运行直至 4h 结束。

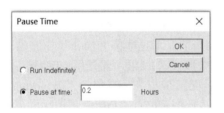

图 5-25　设置动态模拟过程暂停

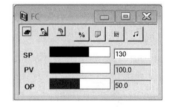

图 5-26　设置进料流率干扰

进料流率、闪蒸罐液位和液相出口阀门开度 3 条信号曲线的波动过程如图 5-27（a）。图中三条曲线使用各自的纵坐标，共用一条时间横坐标。在 0.2h 之前，三条曲线均为水平线，代表稳态模拟值。在 0.2h 之后进料流率阶跃到 130kmol/h，以此数值运行到 2.5h

处又回到100kmol/h直至模拟结束。闪蒸罐液位在0.2h之前是0.9375m；0.2h之后，液位快速上升，到0.8h处液位达到1.8329m，直至2.5h处模拟暂停，闪蒸罐液位一直维持1.8329m没有增加，说明在0.8h处闪蒸罐液体已经溢出罐体。2.5h后进料流率回到稳态值，闪蒸罐液位也逐渐降低到稳态液位。再看液相出口阀门开度，0.2h之前是50%；0.2h之后，液相出口阀门开度快速增加，到0.5h处液相出口阀门开度达到100%，直至2.5h处模拟暂停，液相出口阀门开度一直维持在100%。2.5h后进料流率回到稳态值，液相出口阀门开度在2.84h后才逐渐降低到稳态值。

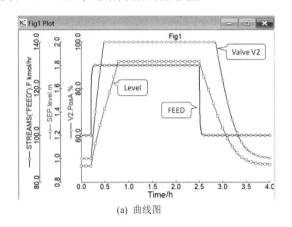

| (a) 曲线图 | (b) 数据表 |

图5-27　进料流率阶跃+30%的动态模拟结果

若图面上的曲线较多，观察各曲线变化趋势比较困难。这时可以把图面曲线数据拷贝到第三方绘图软件中，分别绘制出各自的曲线供详细研究。在图5-27（a）空白处右击鼠标，点击"Show as History"选项，这时图面转换为动态过程的参数波动数据表，如图5-27（b），可把这些数据拷贝后用第三方绘图软件分别绘制单个参数的曲线图，也可以直接把图5-27的"Fig1"拆分成3个独立的曲线图。

由图5-18的液位控制器面板，液位控制高度设定值是0.9375m；由图5-27，在0.5~2.5h区间，尽管液相出口管道阀门开度早已达100%，但闪蒸罐液位还是上升并维持在1.8329m，这说明图5-17的常规液位控制结构早已达到积分饱和状态，不能满足本例题闪蒸罐的液位控制要求。

④ 系统还原　在动态模拟模式下，点击工具栏中的时间还原按钮"⊮"，系统回到时间起始点，按同样的方法设置进料流率-30%的阶跃干扰。0.2h之后，进料流率阶跃-30%降至70kmol/h，2.5h恢复到100kmol/h，4h模拟结束，模拟结果见图5-28。进料流率-30%，0.6h后闪蒸罐液位就降低到0.717m，液相出口阀门开度维持在26.2%；2.5h进料流率恢复到100kmol/h后液位逐渐上升至稳态值，直至4h模拟结束。

若把进料流率±30%动态模拟结果显示在同一张图面上，可把图5-27（b）和图5-28（b）的数据拷贝到Origin绘图软件中，分别绘制出闪蒸罐液位和液相出口管道阀门V2开度与时间的变化关系曲线，如图5-29。由图5-29可知，图5-17中调节液相出口管道阀门开度的简单液位控制结构，能够满足闪蒸罐-30%负荷的液位控制，但不能满足+30%负荷的液位控制，要完成本例题闪蒸罐液位控制结构的设计任务，还得采用其它控制结构设计。

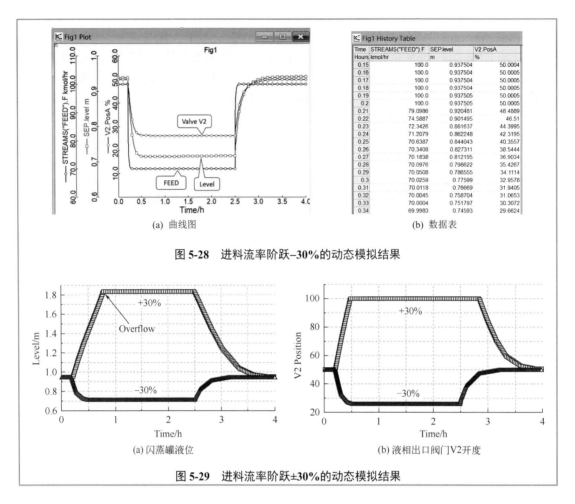

图 5-28 进料流率阶跃–30%的动态模拟结果

(a) 曲线图　　　　　　　(b) 数据表

(a) 闪蒸罐液位　　　　　　　(b) 液相出口阀门V2开度

图 5-29 进料流率阶跃±30%的动态模拟结果

5.2.2 越权液位控制结构

闪蒸罐液位的稳定在于进料流率与出料流率的平衡，进料流率大于出料流率，液位就会升高，反之亦然。例 5-1 中进料负荷+30%后，简单液位控制结构不能稳定控制闪蒸罐液位的原因，是进料流率远大于出料流率，进料信号与闪蒸罐的液位信号没有关联，尽管液位已经很高，液相出口阀门早已全开，液位控制器已达到积分饱和状态，但进料流率并没有被控制减小，以致闪蒸罐液体溢出。改进控制效果的方法之一是采用"越权"控制结构，即实时采集闪蒸罐液位信号，经过处理后反馈到进料阀门上，使得进料管道阀门开度与闪蒸罐液位相关联。当液位低时，进料阀门由进料流率控制器"FC"控制；当液位达到一定高度时，进料阀门由液位反馈控制器"ORC"越权控制，从而避免液位控制器达到积分饱和状态，使得闪蒸罐液位控制在一个设定的最高液位以下。

> **例 5-2**　闪蒸罐的越权液位控制结构。
>
> 把例 5-1 的常规液位控制结构改造为越权液位控制结构，考察越权液位控制方案下该闪蒸罐液位的波动情况，与例 5-1 常规液位控制结构的动态模拟结果进行比较。
>
> **解**　（1）建立越权液位控制结构　首先断开图 5-13 常规液位控制结构中控制器"FC"对进料阀门的控制线，在图面上添加一个信号筛选模块"⋈"和一个 PID 控制模块"○"，如图 5-30。修改两模块名称为"LS"和"ORC"。把"FC"、"LS"、"ORC"和进料阀门等控制模块用信号线连接，如图 5-31，图中进料流率控制器"FC"的输出信号并不直接

作用于进料管道阀门 V1，而是作为信号"Input1"输入信号筛选模块"LS"，后经筛选后才作用于 V1 阀门。

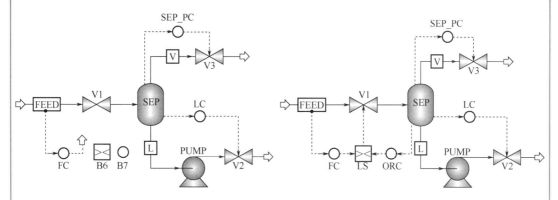

| 图 5-30   对简单液位控制结构进行改造 | 图 5-31   闪蒸罐液位的越权控制结构 |

闪蒸罐的液位信号引出线有两条，一条经液位控制器"LC"作用于出口管道阀门 V2，另一条输入越权液位控制器"ORC"。因为"ORC"控制器是液位控制器，故其增益与积分时间与"LC"控制器相同。设置闪蒸罐液位高度与 V1 阀门开度为反作用"Reverse"，即当闪蒸罐液位升高时，"ORC"的输出信号使进料阀门 V1 开度减小，见图 5-32（a）。设置越权液位控制器"ORC"模块输入信号（闪蒸罐液位）变化范围和输出信号（V1 阀门开度）变化范围，见图 5-32（b）。其中闪蒸罐液位的高限值可以根据需要人工调整，以使输出信号能够控制闪蒸罐液位在设定值附近。图 5-32（b）中液位的高限值设置为 1.875m，是闪蒸罐筒体和上下两椭圆封头的总高度。

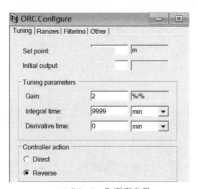

(a) "Tuning"页面参数

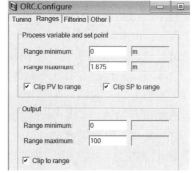

(b) "Ranges"页面参数

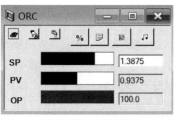

(c) "ORC"控制器面板

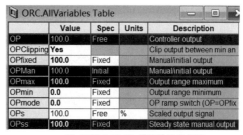

(d) 设置"ORC"模块输出信号值

图 5-32   越权控制器"ORC"面板与控制参数

若规定闪蒸罐液位不得突破设备高度的 80%，则闪蒸罐的最高控制液位 $L=1.5 \times 0.8+$

0.75/4=1.3875（m），此数值对应于进料管道阀门开度 100%。把最高控制液位值 1.3875m 作为设定值直接输入到"ORC"越权液位控制器的面板上，如图 5-32（c）。鼠标右击"ORC"模块，在弹出的菜单中选择"Forms"，在次级菜单中点击"AllVariables"，显示"ORC"模块的初始参数，把初始输出信号和最大输出信号均设置为 100%，如图 5-32（d）。在屏幕顶部工具栏中选择"Initialization"，点击运行按钮，完成数据的初始化检查并保存输入数据。

越权液位控制器"ORC"的输出信号是进料阀门开度，作为第 2 信号"Input2"输入信号筛选模块"LS"。"LS"模块的功能是对输入的两个或多个信号进行比较，按照预设指令选择最小信号或最大信号输出到执行模块上。在本例题中，设定输出最小信号。用鼠标右击"LS"模块，在弹出的菜单中选择"Forms"，在次级菜单中点击"AllVariables"，显示"LS"模块的初始参数，如图 5-33。其中，"Input_（1）"是进料流率控制器"FC"的输出信号，"Input_（2）"是液位控制器"ORC"的输出信号。把输入信号数量改为 2，把信号筛选方法改为输出最小值信号"Low"。这时，"LS"模块的输出信号为两个输入信号中的最小值。经过参数修改和数据初始化后的"LS"模块参数表如图 5-34。

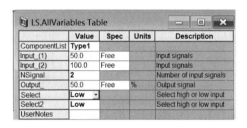

ComponentList	Value	Spec	Units	Description
ComponentList	Type1			
Input_(1)	0.0	Free		Input signals
Input_(2)	0.0	Free		Input signals
Input_(3)	0.0	Fixed		Input signals
NSignal	3			Number of input signals
Output_	1.0	Free	%	Output signal
Select	High			Select high or low input
Select2	High			Select high or low input

图 5-33 信号筛选模块初始参数

ComponentList	Value	Spec	Units	Description
ComponentList	Type1			
Input_(1)	50.0	Free		Input signals
Input_(2)	100.0	Free		Input signals
NSignal	2			Number of input signals
Output_	50.0	Free	%	Output signal
Select	Low			Select high or low input
Select2	Low			Select high or low input
UserNotes				

图 5-34 初始化后信号筛选模块参数

（2）动态模拟结果　本例题仅考察进料流率+30%扰动对闪蒸罐液位的影响，流率变化过程修改为：0.2h 阶跃到 130kmol/h，2.5h 恢复到 100kmol/h，4h 模拟结束。为便于观察闪蒸罐越权液位控制结构的动态性能，添加信号筛选模块"LS"的两个输入信号图和一个输出信号图，闪蒸罐进料流率与时间的关系图单独设置，闪蒸罐液位和 V2 阀门开度与时间的关系合为一张图，闪蒸罐越权液位控制结构的动态模拟结果如图 5-35。

在动态模拟开始时，信号筛选模块"LS"输出的是进料控制器"FC"的输出信号，随着进料流率增加，闪蒸罐液位升高，控制器"ORC"的输出信号逐渐降低，当其数值小于"FC"输出信号时，进料阀门由"ORC"越权控制，使得闪蒸罐液位不超过设定的最高液位。由图 5-35（a）、（b），在 0.4h 之前，进料阀门 V1 开度由进料流率控制器"FC"控制，最高值在 65%左右；在 0.4h 之后，越权控制器"ORC"的输出信号降低到 65%以下，这时进料阀门 V1 开度由越权控制器"ORC"控制，"ORC"信号在 56%左右直至 2.6h；在 2.5h 时进料流率恢复到正常水平，闪蒸罐液位迅速降低，按反作用原理，越权控制器"ORC"输出信号升高，进料流率控制器"FC"输出信号很快恢复到 50%，进料阀门 V1 开度重新由进料流率控制器"FC"控制直至 4h 模拟结束。由图 5-35（c），进料流率在 0.2h 时阶跃到 130kmol/h，在 0.4h 左右即迅速降低到 113kmol/h 左右并维持到 2.5h。由图 5-35（d），在 0.2h 后闪蒸罐液位从 0.9375m 升高到 1.34m 的限制液位附近并持续到 2.6h 左右；V2 阀门开度从 50%迅速升高到 93.5%并持续到 2.55h，然后下降到 50%。在整个动态模拟过程中，根据闪蒸罐液位高低不同，进料阀门开度由两个控制器交替控制，避开了"FC"液位控制器在积分饱和状态时对进料阀门的控制，使得闪蒸罐液位始终控制在设定的最高液位以下。

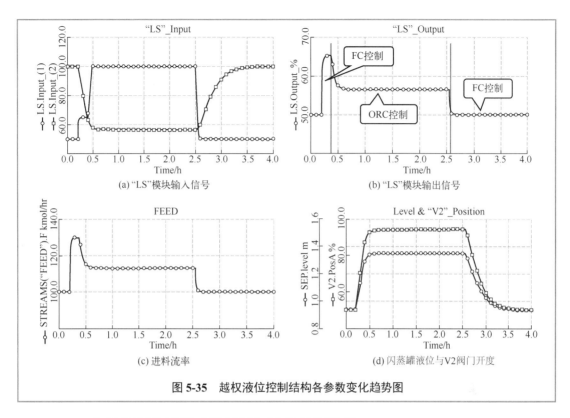

(a) "LS"模块输入信号

(b) "LS"模块输出信号

(c) 进料流率

(d) 闪蒸罐液位与V2阀门开度

图 5-35　越权液位控制结构各参数变化趋势图

5.2.3　含外部复位反馈功能的越权液位控制结构

从图 5-35 可见，闪蒸罐液位的越权控制结构简单有效，能够满足一般储罐液位控制的需求，不足之处是两个控制器切换比较突兀，液位的升降变化剧烈，液位控制精度不高。若要求对液位实现平缓、精确的液位控制，可对图 5-31 越权液位控制结构进行进一步改造，添加具有外部复位反馈功能的组合控制模块。

例 5-3　含外部复位反馈功能的越权液位控制结构。

对例 5-2 的越权液位控制结构进行改造，添加具有外部复位反馈功能的组合控制模块，考察该控制方案下闪蒸罐液位的波动情况，与例 5-2 的越权液位控制结构进行比较。

解　（1）建立具有外部复位反馈功能的越权液位控制结构

① 修改图 5-31 越权液位控制结构　首先删除图 5-31 越权液位控制结构中的"FC"和"ORC"两个 PID 控制器，用 5 个控制模块构建外部复位反馈信号回路，用另两个控制模块构建越权控制信号回路，进料流率与闪蒸罐液位之间关系的调控不使用 PID 控制器，而是用 7 个控制模块组合而成。完整的含外部复位反馈功能的越权液位控制结构如图 5-36，图中 7 个控制模块和一条外部信号线的参数设置如图 5-37。

② 各控制模块的功能简述　在图 5-36 的外部复位反馈信号回路中，名称为"SP FC"的信号线是外部物流信号线，其功能是提供进料物流阶跃信号的固定值。右击信号线，取消信号线名称的隐藏，对此信号线命名为"SP FC"。再用鼠标选择"SP FC"信号线右击，在弹出的菜单中选择"Forms"，在次级菜单中点击"AllVariables"，显示"SP FC"信号线面板如图 5-37，在"Value"栏目中填写基准值 100kmol/h，信号属性设置为"Fixed"。

名称为"comp"的图标" $\boxed{\Delta}$ "是信号比较模块，执行"Input1−Input2"的差值运算。两信号中一个是固定值信号，一个是可变值信号，"comp"模块输出两信号的差值。在本

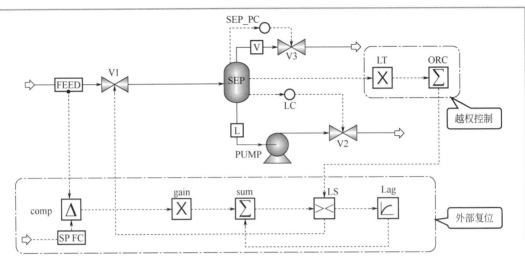

图 5-36 含外部复位反馈功能的越权液位控制结构

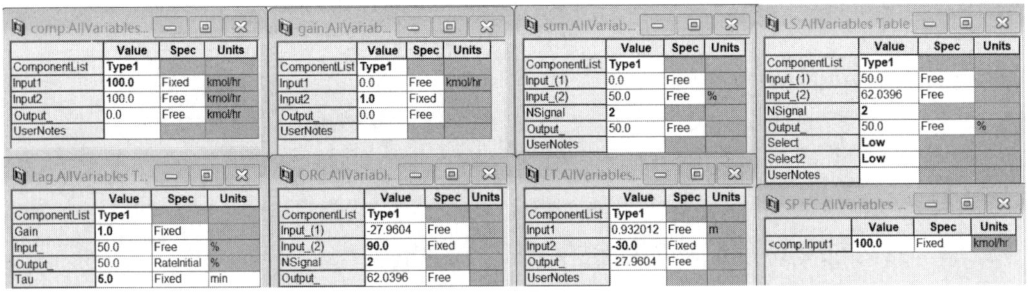

图 5-37 含外部复位反馈功能的越权液位控制结构的模块参数设置

例题中，外部物流信号"SP FC"设置为"Input1"，属性设置为"Fixed"；"FEED"物流信号设置为"Input2"，属性设置为"Free"。在稳态模拟时，两信号相同，差值为零；动态模拟时，外部物流信号"SP FC"设置为阶跃信号值，"FEED"物流信号值受进料阀门控制，两信号差值不为零。

名称为"gain"的图标"区"是信号相乘模块，输入的信号是"Input1"，属性为"Free"，人工设置的增益值是"Input2"，属性为"Fixed"。增益值由控制系统决定，正增益值相当于反作用控制器。当工艺变量信号增加时，控制器的输出信号相应减小。在本例题中，采用模块默认增益值 1。

名称为"sum"的图标"Σ"是信号相加模块，其功能是把输入的信号相加并输出。在本例题中，"sum"模块接收两个信号，一是"gain"模块的输出信号，二是"Lag"延迟模块的输出信号，两信号值相加后输送给低选模块"LS"。

名称为"Lag"的图标"Ｌ"是信号延迟模块，其功能是对输入信号进行一阶滞后处理。"一阶"是指输入信号与输出信号按固定比例变化，即输入与输出信号变化率相等，输出信号滞后 1 个时间常数。在本例题中，"Lag"模块的信号变化率 Gain 设置为 1.0，输出信号延迟 5min，两信号的属性均设置为"Fixed"。"Lag"模块接收低选模块"LS"的输出信号，一阶滞后处理后再输出到"sum"模块。

低选模块"LS"对"sum"模块输出信号和越权液位控制结构输出信号进行比较，把低值信号输出到进料阀门上控制进料阀门 V1 开度。

名称为"LT"的模块也是一个乘法模块。在本例题中，"LT"模块承担液位信号转换任务，其一个输入信号是液位，另一个是人工设置的乘数"–30"，信号属性"Fixed"。"LT"模块输出一个适度大小的负值，当液位升高时，这个负值的绝对值就会增加。

名称为"ORC"的模块也是一个信号相加模块。在本例题中，"ORC"模块接收"LT"模块输出信号，另一个信号是人工设置的固定值"90"，信号属性"Fixed"，两者相加后"ORC"模块输出一个60%左右的出口管道阀门V2的开度值。

（2）动态模拟结果　在动态模拟中，仅考察进料流率+30%扰动对闪蒸罐液位的影响。流率变化过程为：0.2h阶跃到130kmol/h，2.5h恢复到100kmol/h，4h模拟结束。阶跃信号可以直接在外部物流信号线"SP FC"的参数面板中设置，也可以在"comp"模块参数面板的"Input1"固定信号值栏目中设置，按回车确定，模拟结果见图5-38。

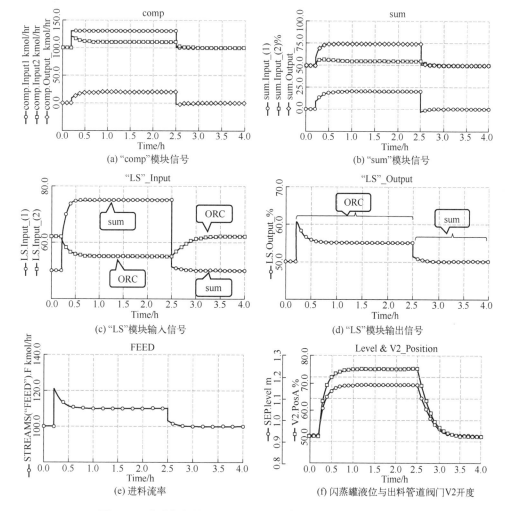

图 **5-38**　含外部复位反馈功能的越权液位控制结构的模拟结果

由图5-38（a），当进料流率为稳态值时，"comp"模块的输出信号为零；当外部物流信号线"SP FC"提供进料物流阶跃信号后，"comp"模块输出"FEED"与"SP FC"两物流的差值约20kmol/h；进料流率恢复到稳态值后，"comp"模块输出信号又恢复为零。由于本例题中"gain"模块的增益值是1，因此"gain"模块的输出信号与"comp"模块相同。由图5-38（b），在0～0.2h和2.5～4h的稳态模拟阶段，"sum"模块接收"gain"模块输出的零信号值和"Lag"模块输出的50%信号值，输出50%的信号值；在0.2～2.5h

的动态模拟阶段，"sum"模块接收"gain"模块输出的约 20%信号值和"Lag"模块输出的约 55%信号值，输出约 75%的信号值。

由图 5-38（c）、（d），在 0～0.2h 和 2.5～4h 的稳态模拟阶段，"LT"模块输出值是基准液位 0.9375 与–30 的积–28.125，"ORC"模块的输出值是–28.125 与常数 90 的和 90+(–28.125)=61.875>50，故低选模块"LS"的输出信号是 50%，作用于进料管道阀门 V1。在 0.2～2.5h 的动态模拟阶段，"sum"模块的输出信号快速增加到 75%左右；由于闪蒸罐液位升高，"LT"模块输出值达到–35，"ORC"模块的输出值降低到 55%左右，小于 75%。液位越高，ORC 输出信号越低，故低选模块"LS"的输出信号在 55%左右作用于进料管道阀门 V1。

图 5-38（e）给出了进料流率分布，在 0.2～2.5h 的动态模拟阶段，进料流率短暂达到 120kmol/h，随后迅速控制在 110kmol/h 左右。图 5-38（f）给出了闪蒸罐液位与出料管道阀门 V2 开度分布，在 0.2～2.5h 的动态模拟阶段，闪蒸罐液位最高升到 1.17m 左右，V2 阀门开度最高升到 75%左右。

控制进料管道阀门 V1 的两组控制模块在不同的时间段向低选模块"LS"输送了不同的信号值，"LS"模块向进料管道阀门 V1 输出的是低位信号，限制了阀门 V1 开度，从而控制了闪蒸罐液位的过度升高。三种液位控制方法的比较见图 5-39。在进料流率阶跃阶段和进料流率恢复阶段，含外部复位反馈功能的越权液位控制结构在进料流率控制、闪蒸罐液位控制方面，控制参数的过渡比较平缓，因而液位的控制更为准确。需要说明的是，含外部复位反馈功能的越权液位控制结构的"gain"模块、"Lag"模块、"LT"模块、"ORC"模块的固定参数均可以进行人工调整，以满足具体设备的特殊液位控制要求。

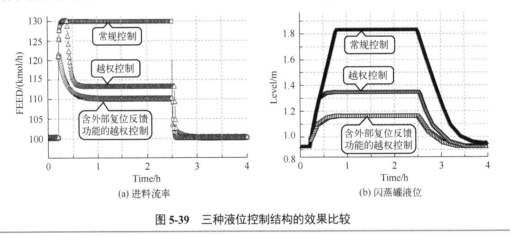

图 5-39　三种液位控制结构的效果比较

5.3 反应器的换热控制

通常认为反应器是化工装置的核心设备，在化工生产中反应器的安全操作至关重要。反应器的控制设计在许多教材、手册、专著中都有著述，但往往偏重数学方程、控制原理的介绍，用动态模拟方法考察控制方案的可行性、实用性则较少见到。本节介绍如何用 Aspen Plus Dynamics V12 软件对反应器的控制方案进行动态模拟，观察各扰动因素对反应器安全操作的影响。

一般而言，应用普遍的反应器可以分为三大类，即全混流反应器、平推流反应器和间歇反应器。本节介绍前两类反应器的动态模拟，后一类反应器的动态模拟放在第6章介绍。

5.3.1 全混流反应器

全混流反应器（CSTR）一般用于液相反应，也可用于液气、液固等多相反应。化学反应一般伴随着热量的输入或输出，反应器热负荷的大小与反应类型、反应物数量、反应进行程度有关。反应器与环境的热量交换视反应热效应的大小，一般由反应器外部的夹套和内部的盘管移除。对于稳态反应过程，只需要规定反应温度或者规定反应热负荷，软件计算反应器与环境的热交换量或者反应过程可以达到的程度。对于动态过程，还需要考察反应器与环境热交换的速率。

在 Aspen Plus Dynamics 动态模拟中，CSTR 反应器与环境热交换速率的计算方式与换热方式有关，共有 6 种，分别是设定热负荷（Constant Duty）、设定介质温度（Constant Temperature）、设定对数平均温差（LMTD）、换热介质冷凝（Condensing）、换热介质汽化（Evaporating）、动态模拟方法（Dynamic）。设计人员可以根据反应器与换热介质的实际情况，选择一种传热速率的计算方法。

例 5-4 设定冷却水流率的 CSTR 反应器换热控制结构。

乙烯（E）与苯（B）在一 CSTR 反应器中液相反应合成乙苯（EB），副产物是二乙苯（DEB）。化学反应方程式如式（5-1）～式（5-3），反应动力学表达式如式（5-4）～式（5-6），式中浓度单位为 $kmol/m^3$，反应速率单位为 $kmol/(m^3 \cdot s)$，活化能单位为 kJ/kmol。设两反应物为纯组分，苯的进料流率是乙烯的两倍，以抑制二乙苯的生成。进料参数、反应器工艺操作条件、反应器尺寸和夹套换热面积见图 5-40，反应放出的热量通过夹套、外置换热器等设备由冷却水移除。已知夹套换热面积 $100.5m^2$，冷却水进口温度 400K。求：①需要换热面积多少？②若反应物进料流率波动 $\pm20\%$，冷却水流率不变，要维持反应温度 430K 不变，冷却水温度如何调整？

$$C_2H_4(E) + C_6H_6(B) \xrightarrow{k_1} C_8H_{10}(EB) \tag{5-1}$$

$$C_2H_4(E) + C_8H_{10}(EB) \xrightarrow{k_2} C_{10}H_{14}(DEB) \tag{5-2}$$

$$C_{10}H_{14}(DEB) + C_6H_6(B) \xrightarrow{k_3} 2C_8H_{10}(EB) \tag{5-3}$$

$$-r_1 = k_1 C_E C_B = 1.528 \times 10^6 \exp[-71129/(RT)] C_E C_B \tag{5-4}$$

$$-r_2 = k_2 C_E C_{EB} = 2.778 \times 10^4 \exp[-83690/(RT)] C_E C_{EB} \tag{5-5}$$

$$-r_3 = k_3 C_{DEB} C_B = 0.4167 \exp[-62760/(RT)] C_{DEB} C_B \tag{5-6}$$

解 （1）稳态模拟 本例题中，反应物和产物均为烃类组分，选用"CHAO-SEA"性质方法。反应器操作条件设置如图 5-41（a），主反应动力学参数设置如图 5-41（b），副反应动力学参数设置方法类似。模拟结果见图 5-42，以乙烯进料量为基准，乙烯的转化率是 (0.2–0.0069157)/0.2=0.9654，乙苯的收率是 0.192889/(0.2–0.0069157)=0.9990。在准备动态模拟时，设置反应器垂直安装，球形封头，直径 4m，数据填写如图 5-43（a），反应器高度由软件根据体积、直径计算；传热速率计算方式为指定冷却水温度 400K，如图 5-43（b）。

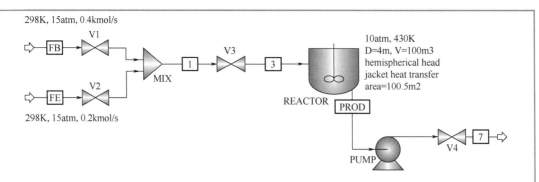

298K, 15atm, 0.4kmol/s

298K, 15atm, 0.2kmol/s

10atm, 430K
D=4m, V=100m3
hemispherical head
jacket heat transfer
area=100.5m2

图 5-40　乙烯与苯反应合成乙苯稳态模拟流程

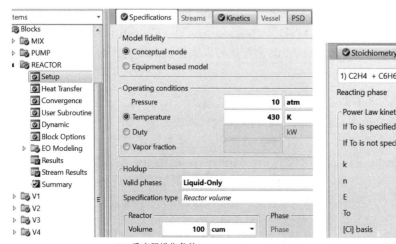

(a) 反应器操作条件

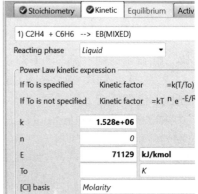

(b) 反应动力学参数

图 5-41　反应器参数与动力学参数设置

	Units	FE	FB	PROD
− Mole Flows	kmol/sec	0.2	0.4	0.406916
C2H4	kmol/sec	0.2	0	0.0069157
C6H6	kmol/sec	0	0.4	0.207013
EB	kmol/sec	0	0	0.192889
DEB	kmol/sec	0	0	9.74002e-05

图 5-42　合成乙苯稳态模拟结果

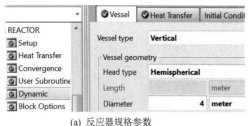

(a) 反应器规格参数

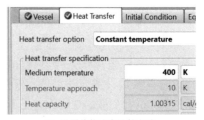

(b) 设置传热速率计算方法

图 5-43　设置动态模拟准备参数

（2）建立控制结构　把稳态模拟结果向 Aspen Plus Dynamics 软件传递完成后，打开软件自动生成的原始动态控制结构文件，删除注释文字，选择"SI"单位制。建立 CSTR 反应器换热控制结构包含以下 5 个步骤。

① 添加进料流率控制器和反应器液位控制器　在流程图上首先添加 3 个 PID 控制模块，分别作为乙烯和苯两股进料物流的流率控制器"FEC"、"FBC"和反应器液位控制器"LC"，如图 5-44，这 3 个控制器参数按常规方法设置。

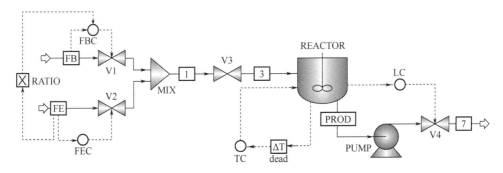

图 5-44　乙烯与苯反应合成乙苯 CSTR 动态模拟流程

② 添加两股进料比例控制模块　题目规定苯的进料流率是乙烯的两倍，故这两股物流必须按同一比例变化，需要添加一个控制模块，以调节两股进料流率的比例。可在两个进料流率控制器之间连接一个信号相乘模块"Multiply"，更名为"RATIO"，见图 5-44。在"RATIO"模块中，输入信号"Input1"为乙烯的进料流率信号，输入信号"Input2"为固定乘数 2，输出信号"Output"作用于苯进料流率控制器"FBC"。点击"FBC"模块控制面板上的串级操作图标"⬚"，使其转入串级模式"Cascade"运行。这时，"FBC"控制器不能自动运行，它受"RATIO"模块的串级控制。这样，苯的进料流率将随乙烯的进料流率变化而呈 2 倍变化，控制器"FEC"、"FBC"和"RATIO"模块参数面板如图 5-45。

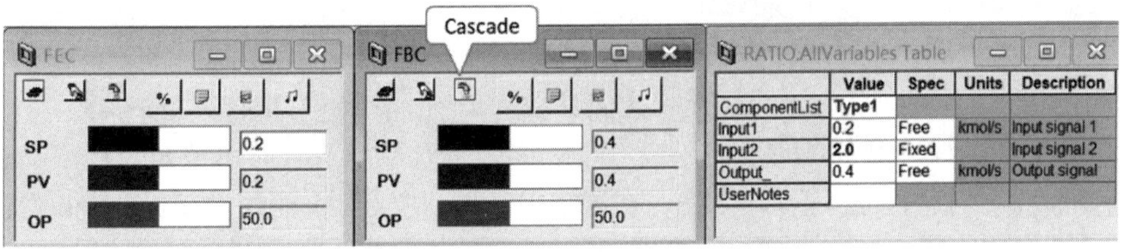

图 5-45　两股进料比例控制器参数面板

③ 添加反应器冷却水温度控制器　已知进料流率波动时，冷却水流率不变，为了控制反应器内部物料温度 430K 不变，需要一个控制器调节冷却水温度。可在图 5-44 反应器左下角添加一个 PID 控制器模块，命名为"TC"。在"TC"控制器参数面板"Tuning"页面的"Controller action"栏中选择反作用"Reverse"，如图 5-46（a）。当反应器内物料温度升高时，"TC"控制器将调节冷却水温度降低。该页面的增益"Gain"和积分时间"Integral time"两项参数稍后整定。在"TC"控制器参数面板的"Ranges"页面，把输入信号反应器内物料温度和输出信号冷却水温度的变化范围均限制在稳态值的±50K 内，如图 5-46（b）。在"TC"控制器参数面板的"Filtering"页面，把输入信号的过滤时间常数取 0.1min。鼠标右击"TC"模块，在弹出的菜单中选择"Forms"，在次级菜单中点击"AllVariables"，显示控制器"TC"模块的初始参数，把冷却水初始输出信号设置为 400K，如图 5-46（c）。经过参数设置后的"TC"控制器参数面板如图 5-46（d）。

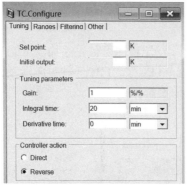

(a) 设置为反作用

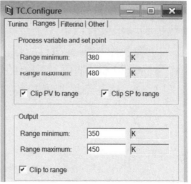

(b) 设置输入输出信号变化范围

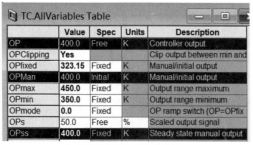

(c) 设置温控器初始输出信号

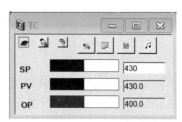

(d) 温度控制器参数面板

图 5-46　设置温度控制器参数

④ 添加死时间模块　由于温度信号达到控制器有一定的时间差，需要在反应器与温

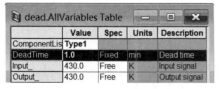

图 5-47　设置 1min 死时间

度控制器"TC"模块之间插入一个死时间模块，命名为"dead"，见图 5-44。鼠标右击"dead"模块，在弹出的菜单中选择"Forms"，在次级菜单中点击"AllVariables"，显示"dead"模块的参数面板，设置固定死时间 1min，如图 5-47。

⑤ 对温度控制器进行参数整定　点击"TC"控制器面板上的"Tune"图标"♫"，在弹出对话框"Test"页面的"Test method"栏，选择闭环测试"Closed loop ATV"，如图 5-48（a）。点击"TC"控制器面板上的"Plot"

(a) 选择闭环测试

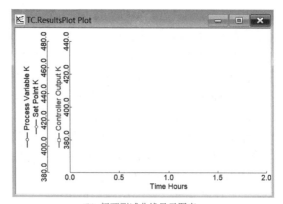

(b) 闭环测试曲线显示图表

图 5-48　准备闭环测试

图标"🖼",弹出闭环测试曲线空白图表,如图 5-48(b)。选择运行模式"Dynamic",点击运行按钮"▶",当显示一段稳定直线后点击"Test"页面左下角的"Start test"按钮开始测试,当显示 4~6 个波形后,点击"Tune"页面的"Finish test"结束测试,测试曲线如图 5-49(a)。进入"TC"控制器面板的"Tuning parameters"页面,点击左下角的"Calculate"按钮,计算出"TC"控制器的增益"Gain"和积分时间"Integral time"两项参数值,如图 5-49(b);继续点击"Tuning parameters"页面下方的"Update controller"按钮,置换"Tuning"页面的原始参数值,如图 5-49(c),至此完成"TC"控制器的参数整定。从获得的整定数据来看,"TC"控制器的增益大小适当,积分时间较短,预计可以对反应器实施较好的温度控制。选择运行模式"Initialization",点击运行按钮,保存"TC"控制器的已整定数据。

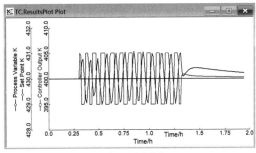

(a) 闭环测试曲线

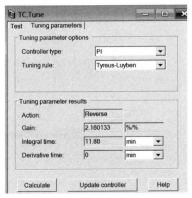

(b) 计算整定参数

(c)置换为整定参数

图 5-49 闭环测试结果

(3)动态模拟结果与分析 首先进行动态模拟准备工作:一是把动态模拟数据采集时间间隔设置为 0.02h;二是设置动态模拟数据显示图。

① 求需要的换热面积 右击流程图的反应器模块,在弹出的菜单中选择"Forms",在次级菜单中点击"Manipulate",弹出反应器的控制参数,如图 5-50。其中"UA"是总传热系数与换热面积的积,若取 Aspen Plus 默认的总传热系数值 850W/(m² · K),取稳态时的温差 30K,则需要换热面积 $A=415700/850=489$(m²)。已知夹套换热面积 100.5m²,所以需要配置一个 388.5m² 的外置换热器,考虑到进料流率增加,外置换热器面积也要相应增加。

② 调整冷却水温度 进料流率扰动过程为:在 0.2h 乙烯进料流率阶跃±20%,达到 0.24kmol/s 或 0.16kmol/s,2h 后曲线走稳,停止动态模拟,记录进料流率、反应器内物料

温度、反应器热负荷、调整后的冷却水温度等数据。设置动态模拟数据图见图 5-51（a），乙烯进料流率+20%动态模拟数据见图 5-51（b）。

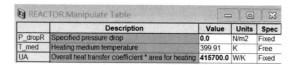

Description		Value	Units	Spec
P_dropR	Specified pressure drop	0.0	N/m2	Fixed
T_med	Heating medium temperature	399.91	K	Free
UA	Overall heat transfer coefficient * area for heating	415700.0	W/K	Fixed

图 5-50 反应器控制参数

类似地，进行乙烯进料流率–20%动态模拟。把两次动态模拟数据用 Origin 软件绘图后如图 5-51（c）～（f）。由图 5-51（c），当乙烯进料流率变化时，苯的进料流率同步按比例变化，说明比例进料控制器"RATIO"工作正常；由图 5-51（d），进料流率阶跃±20%后，反应器内物料温度有±2K 的波动，且在 1.3h 后恢复稳态值，说明控制器"TC"能有效控制反应器内物料温度；由图 5-51（e），反应器热负荷的波动趋势与进料流率波动趋势

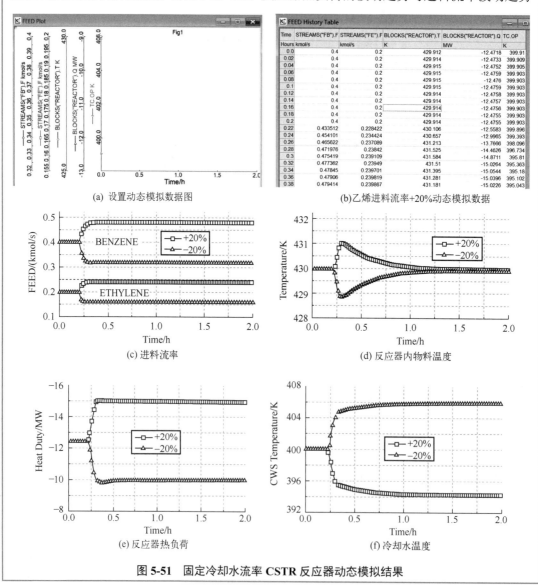

(a) 设置动态模拟数据图

(b) 乙烯进料流率+20%动态模拟数据

(c) 进料流率

(d) 反应器内物料温度

(e) 反应器热负荷

(f) 冷却水温度

图 5-51 固定冷却水流率 CSTR 反应器动态模拟结果

近似；由图 5-51（f），为维持反应器内物料温度稳定，冷却水温度要有±6K 的波动，波动趋势与进料流率相反，流率增加时，冷却水温度需要降低 6K，流率减少时，冷却水温度需要升高 6K。

例 5-5 设定对数平均温差（LMTD）的 CSTR 反应器换热控制结构设计。

题目同例 5-4。冷却水进口温度 294K，设定冷却水温度与反应器内物料温度的对数平均温差（LMTD）为 10K，冷却水比热容 4.2kJ/(kg·K)。若反应物进料流率波动±20%，要维持反应温度 430K 不变，问冷却水流率该如何调整？

解　（1）稳态模拟　把例 5-4 稳态模拟程序中的传热速率计算方法修改为控制 LMTD，填写冷却水进口温度、LMTD、冷却水比容，如图 5-52，运行后稳态模拟数据输入到 Aspen Plus Dynamics 中。

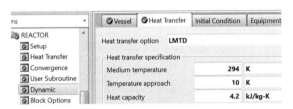

图 5-52　设置对数平均温差 LMTD

（2）建立控制结构　打开软件自动生成的原始动态控制结构文件，选择"SI"单位制。右击流程图的反应器模块，在弹出的菜单中选择"Forms"，在次级菜单中点击"Manipulate"，在反应器的初始变量中找到稳态模拟时需要的冷却水流率为 23.5657kg/s，如图 5-53。添加两股进料流率控制器、进料比例模块、液位控制器、死时间模块、温度控制器，建立的反应器控制结构外观上与例 5-4 相同，但本例题温度控制器"TC"输出信号是控制冷却水流率，如图 5-54。按例 5-4 方法对除温控器"TC"以外的控制器和控制模块进行参数设置。

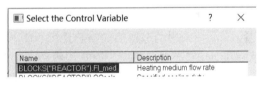

图 5-53　稳态模拟时冷却水流率　　　　图 5-54　选择温控器输出信号

鼠标右击控制器"TC"模块，在弹出的菜单中选择"Forms"，在次级菜单中点击"AllVariables"，把输出信号冷却水流率设置为 23.5657kg/s，如图 5-55（a）。在"TC"模块的"Ranges"页面，把温控器输入信号反应器内物料温度的变化范围限制在稳态值的±50K 内，即 380～480K；把温控器输出信号冷却水流率的变化范围设置为稳态值的 2 倍，即 0～47kg/s。经过参数设置后的温度控制器"TC"参数面板如图 5-55（b）。对温度控制器参数进行整定。控制器的作用方式选择正作用"Direct"，反应温度升高，冷却水流率增加，反之亦然，以维持反应温度稳定。整定后，温控器增益 5.26，积分时间 10.56min。可见通过调节冷却水流率控制反应器内物料温度，增益值较大，积分时间较短，预计反应器内物料温度控制较好。运行"Initialization"，完成整定数据的确认并保存输入数据。

（3）动态模拟结果　进料流率扰动过程为：在 0.2h，进料流率阶跃±20%，记录进料流率、反应器内物料温度、反应器热负荷、冷却水流率数据，用 Origin 软件绘图。其中进料流率、反应器热负荷曲线与例 5-4 相同，反应器内物料温度和冷却水流率的变化曲线如图 5-56。进料流率波动±20%时，反应器内物料温度波动约±2K，且在 1h 左右恢复到稳态温度值，恢复时间比例 5-4 控制冷却水温度的控制结构短,冷却水流率的波动范围为23%～28%。

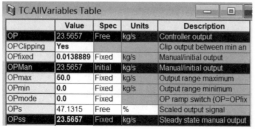

(a) 设置温控器输出信号

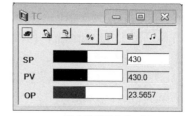

(b) 温度控制器参数面板

图 5-55　设置温控器参数

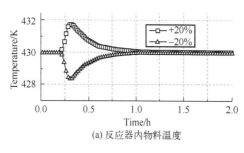

(a) 反应器内物料温度

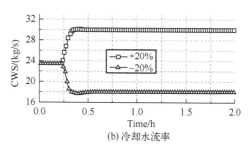

(b) 冷却水流率

图 5-56　固定 LMTD 反应器换热控制结构模拟结果

例 5-6　动态换热的 CSTR 反应器换热控制结构设计。

题目同例 5-4。冷却水进口温度 294K，规定冷热流体温差 30K，冷却水比热容 4.2kJ/(kg·K)，估计反应器夹套和外置换热器中冷却水的持液量是 6100kg。假设冷却水也是全混流，采用动态换热的换热速率计算方法。若反应物进料流率波动±20%，要维持反应温度 430K 不变，问：①冷却水流率该如何调整？②三种传热速率计算方法的比较。

解　（1）稳态模拟　把例 5-4 稳态模拟程序中的传热速率计算方法修改为动态换热方法，填写冷却水进口温度、冷热流体温差、冷却水比热容、换热器冷却水持液量等，如图 5-57，运行后把稳态模拟数据输入到 Aspen Plus Dynamics 软件中。

（2）建立控制结构　打开软件自动生成的原始动态控制结构文件，选择"SI"单位制。右击流程图的反应器模块,在弹出的菜单中选择"Forms"，在次级菜单中点击"Manipulate"，在反应器的初始变量中找到稳态模拟时的冷却水流率为 28.0121kg/s，如图 5-58，高于例 5-5 中的冷却水流率 23.5657kg/s。说明采用动态换热的换热速率计算方法考虑的因素较多，较接近于实际情况。

添加两股进料流率控制器、进料比例模块、液位控制器、死时间模块、温度控制器，建立的本例题反应器控制结构外观上与例 5-4 相同，但温度控制器输出信号是控制冷却水流率。按例 5-4 方法对除温控器以外的控制器和控制模块进行参数设置。鼠标右击控制器"TC"模块，在弹出的菜单中选择"Forms"，在次级菜单中点击"AllVariables"，输入温控器初始输出信号冷却水流率 28.0121kg/s，如图 5-59（a）。在"TC"模块的"Ranges"

页面，设置温控器输入信号反应器内物料温度的变化范围为380~480K，设置温控器输出信号冷却水流率的变化范围为0~56kg/s，经过参数设置后的温度控制器"TC"参数面板如图 5-59（b）。对温度控制器"TC"的参数进行整定。控制器的作用方式选择正作用"Direct"，整定后增益 2.53，积分时间 21.12min。与例5-5相比，温度控制器的增益减小，积分时间增加，反应器内物料温度控制效果将要降低。运行"Initialization"，确认整定数据并保存输入数据。

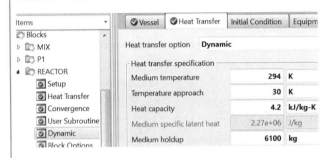

图 5-57 设置动态换热的传热速率计算参数

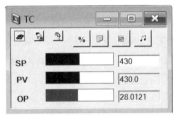

图 5-58 稳态模拟冷却水流率

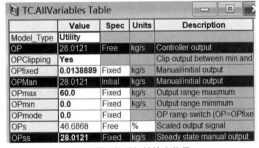

(a) 设置温控器初始输出信号

(b) 温度控制器面板

图 5-59 动态传热速率计算方法的温度控制器参数设置

（3）动态模拟结果 进料流率扰动过程为：在 0.2h 进料流率阶跃±20%，记录反应器内物料温度、反应器热负荷、冷却水流率数据并绘图，其中进料流率、反应器热负荷曲线与图 5-51 相同，反应器内物料温度和冷却水流率的变化曲线如图 5-60。可见反应器进料流率波动±20%时，反应器内物料温度波动接近 4K，远高于例5-4 和例5-5 的波动范围，恢复到稳态温度值需要近 2h，远大于前两例。需要的冷却水流率 22~36kg/s，波动范围 21%~29%，这两项指标都高于例5-5。

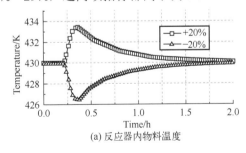

(a) 反应器内物料温度

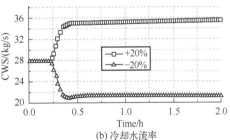

(b) 冷却水流率

图 5-60 动态换热方法计算传热速率反应器换热控制结构模拟结果

（4）三种传热速率计算方法比较 不同传热速率计算方法的反应器内物料温度比较

见图 5-61（a），需要的冷却水流率比较见图 5-61（b）。对于相同的进料流率波动，由图 5-61（a），动态换热速率计算的反应器温控误差最大，恢复稳态温度的时间最长；由图 5-61（b），动态换热速率计算的冷却水需求量也最大，说明动态换热方法计算传热速率较贴近真实情况。

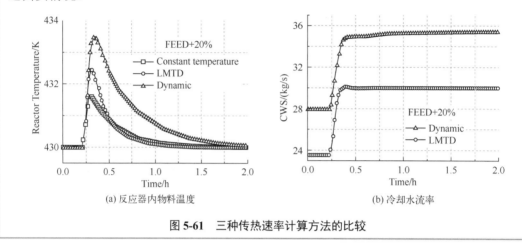

(a) 反应器内物料温度　　　　　　　　(b) 冷却水流率

图 5-61　三种传热速率计算方法的比较

5.3.2　平推流反应器

平推流反应器常称为管式反应器。在稳态模拟中，管式反应器类型与环境热交换方式有关，包括指定温度（Reactor with specified temperature）、绝热（Adiabatic reactor）、指定换热介质温度（Reactor with constant thermal fluid temperature）、顺流换热（Reactor with co-current thermal fluid）、逆流换热（Reactor with counter-current thermal fluid）、指定换热介质温度分布（Reactor with specified thermal fluid temperature profile）、指定外部热负荷分布（Reactor with specified external heat flux profile）七种。其中，等温反应器的规定与动态模拟参数波动矛盾，因此等温反应器稳态模拟结果不能导入到 Aspen Plus Dynamics 软件中。

在动态模拟中，除了指定管式反应器与环境的热交换方式，还要指定反应器内非均相催化剂热量传递的有关参数，如催化剂与反应物的温差、催化剂比热容、比表面、总传热系数等。

固定床反应器动态模拟的本质是对反应器尺寸作网格化处理后微元体上偏微分方程的求解。网格的稀疏对稳态模拟结果没有影响，但对动态模拟结果有明显的影响。显然网格越密，模拟结果越接近真实情形。网格的设置可以是一维方向上的均匀设置，也可以是多维方向上的非均匀设置。Aspen Plus 软件默认的网格数是 10，对动态模拟一般要增加到 20～30 才能满足常规准确度要求，当然这将大大增加计算工作量。

例 5-7　指定冷剂温度管式反应器的温度控制结构。

丙烯与氯气在管式反应器内进行气相氯化反应，反应方程式如式（5-7）、式（5-8），反应动力学表达式如式（5-9）、式（5-10）。式中计量单位为：分压 Pa，活化能 kJ/kmol，反应速率 $kmol/(m^3 \cdot s)$。进料的温度与压力、流率与组成、反应器直径、充填催化剂的管子数量与长度、反应器操作压力与压降等数据见图 5-62。催化剂密度 $2000kg/m^3$，床层孔隙率 0.5，比热容 0.5kJ/(kg·K)。已知氯化反应是不可逆放热反应，指定冷剂温度 400K，假设催化剂与反应物温度相同。为了便于说明反应器热点温度控制结构的设计原理，反应器床层的总传热系数取一个不切合实际的数值 $14.2W/(m^2 \cdot K)$，以使得反应器热点位置偏离反应器进口端。要求通过调节冷剂温度以维持床层温度稳定，试给出反应器热点温度的控制结构。若以下参数波动，求床层热点温度波动状况与恢复稳定需要的时间。①反应物进料流率波动±20%；②反应物进料中氯气摩尔分数波动±0.05；③反应物进料温度波动±20K。

$$C_3H_6 + Cl_2 \xrightarrow{\ k_1\ } C_3H_5Cl + HCl \tag{5-7}$$

$$C_3H_6 + Cl_2 \xrightarrow{\ k_2\ } C_3H_6Cl_2 \tag{5-8}$$

$$-r_1 = k_1 p_{C_3} p_{Cl_2} = 8.992 \times 10^{-8} \exp[-63266.7/(RT)] p_{C_3} p_{Cl_2} \tag{5-9}$$

$$-r_2 = k_2 p_{C_3} p_{Cl_2} = 5.107 \times 10^{-12} \exp[-15955.9/(RT)] p_{C_3} p_{Cl_2} \tag{5-10}$$

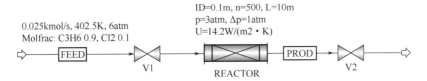

图 5-62　丙烯氯化反应流程

解　床层充填的催化剂质量为：

$$W = (\pi/4)D^2 nL\rho\varepsilon = (3.14/4) \times 0.1^2 \times 500 \times 10 \times 2000 \times 0.5 = 39250(\mathrm{kg})$$

（1）稳态模拟　选用"PENG-ROB"性质方法，部分参数设置如图 5-63。反应器床层长度 10m，设置网格数 30，每米床层对应 3 个网格微元体。稳态模拟结果的部分参数分

(a) 换热方式设置　　　　　　　　　(b) 反应器结构设置

(c) 催化剂参数设置

(d) 网格参数设置

图 5-63

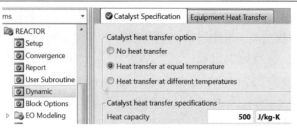

(e) 催化剂传热状态与比热容参数设置

图 5-63　反应器参数设置

布见图 5-64。由图 5-64（a），反应器温度分布曲线有 31 个点，热点温度在进口端接近 2m 处；由图 5-64（b），反应物中氯丙烯浓度较低，在出口处氯丙烯浓度最高，摩尔分数达到 0.0035。

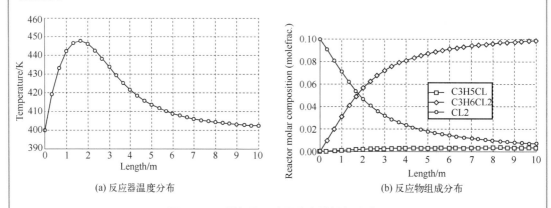

(a) 反应器温度分布　　　　　　　　　　(b) 反应物组成分布

图 5-64　丙烯氯化反应器稳态模拟部分结果

（2）建立控制结构　打开软件自动生成的原始动态控制结构文件，删除注释文字，选择"SI"单位制，在流程图上添加两个 PID 控制模块，分别作为进料流率控制器"FC"和反应器热点温度控制器"TCPEAK"，如图 5-65，两控制器参数按照常规方法设置。

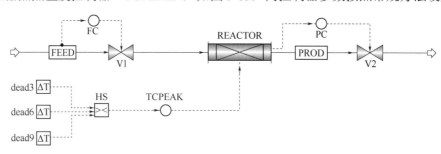

图 5-65　指定冷剂温度管式反应器的控制结构

① 引出反应器床层热点处微元体温度信号　温度控制器"TCPEAK"的输入参数是床层热点温度，由图 5-64（a），热点在反应器进口端 2m 左右。考虑到工艺参数波动时床层热点可能偏移，故把床层 1m、2m、3m 处的温度信号 $T(3)$、$T(6)$、$T(9)$ 都引出来，送入信号高选器"HS"，其中最高温度信号输入温度控制器"TCPEAK"。"TCPEAK"的输出信号是调节冷剂温度，以维持床层温度稳定。为近似实际情形，温度信号 $T(3)$、$T(6)$、$T(9)$ 引出时添加了延迟 1min 输出的死时间模块"dead3""dead6"、"dead9"。

② 对微元体温度信号进行编译　在本例题中，反应器内床层温度不能直接引入到"dead"模块中，需要采用 Aspen Plus Dynamics 的流程约束语句（Flowsheet Constraints），把温度信号赋值到 3 个"dead"模块中。在导航栏"Exploring Simulation|All Items"窗口，选择"Flowsheet"，双击"Contents of Flowsheet"窗口中的"Flowsheet"图标"🗐"。在弹出的"Constraints-Flowsheet"对话框中，用 Aspen Plus Dynamics 规定的格式编写流程约束语句。在本例题中，是把温度信号 $T(3)$、$T(6)$、$T(9)$ 赋值到死时间模块"dead3""dead6"、"dead9"中，死时间模块赋值语句编写如图 5-66。Aspen Plus Dynamics 后台计算默认的温度单位是摄氏度，引出温度时加 273.15 转化为热力学温度。该流程约束语句需要编译无误后方可执行，可在图 5-66 空白处右击，在弹出的菜单中点击"Compile"进行编译。若流程约束语句编写没有错误，在信息栏"Simulation Massages"会显示"Compilation completed. 0 error(s). 0 warning(s)."提示语，若存在编译错误，则需要根据错误提示信息修改流程约束语句。

```
Constraints - Flowsheet
1    CONSTRAINTS
2      // Flowsheet variables and equations...
3      BLOCKS("DEAD3").INPUT_ = BLOCKS("REACTOR").T(3) + 273.15;
4      BLOCKS("DEAD6").INPUT_ = BLOCKS("REACTOR").T(6) + 273.15;
5      BLOCKS("DEAD9").INPUT_ = BLOCKS("REACTOR").T(9) + 273.15;
6    END
```

图 5-66　编写死时间模块赋值语句

由于 3 个死时间模块没有信号线接入，Aspen Plus Dynamics 自动把输入信号的属性定义为"Fixed"，实际上 3 个死时间模块输入信号是动态变量，必须人工修改为"Free"，如图 5-67。这时，观察屏幕下方状态栏"Paused"的右侧显示绿色小方块，表示动态模拟系统自由度设置达到平衡。

dead3.AllVariables Table	Value	Spec	Units	Description
ComponentLis	Type1			
DeadTime	0.0	Fixed	min	Dead time
Input_	442.229	Free		Input signal
Output_	442.229	Free		Output signal

dead6.AllVariables Table	Value	Spec	Units	Description
ComponentLis	Type1			
DeadTime	0.0	Fixed	min	Dead time
Input_	446.013	Free		Input signal
Output_	446.013	Free		Output signal

dead9.AllVariables Table	Value	Spec	Units	Description
ComponentLis	Type1			
DeadTime	0.0	Fixed	min	Dead time
Input_	433.754	Free		Input signal
Output_	433.754	Free		Output signal

图 5-67　修改输入信号属性

③ 对温度控制器参数进行整定　鼠标右击"TCPEAK"模块，在弹出的菜单中选择"Forms"，在次级菜单中点击"AllVariables"，输入温控器初始输出信号冷却水温度 400K，如图 5-68（a）。控制器"TCPEAK"设置为反作用，把温度控制器输入信号范围设置为400～500K，输出信号范围设置为 350～450K。点击运行按钮进行动态模拟，待三条温度线走水平后进行温度控制器参数整定，结果为增益 10.1，积分时间 13.2min。温度控制器

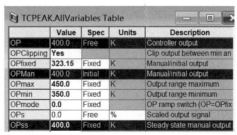

TCPEAK.AllVariables Table	Value	Spec	Units	Description
OP	400.0	Free	K	Controller output
OPClipping	Yes			Clip output between min an
OPfixed	323.15	Fixed	K	Manual/initial output
OPMan	400.0	Initial	K	Manual/initial output
OPmax	450.0	Fixed	K	Output range maximum
OPmin	350.0	Fixed	K	Output range minimum
OPmode	0.0	Fixed		OP ramp switch (OP=OPfix
OPs	0.0	Free	%	Scaled output signal
OPss	400.0	Fixed	K	Steady state manual output

(a) 输入温控器初始输出信号冷却水温度

图 5-68

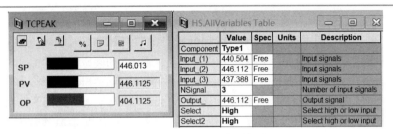

(b) 温控器和信号高选模块参数面板

图 5-68 温度控制器参数设置

"TCPEAK"和信号高选器"HS"的参数面板如图 5-68（b）。运行"Initialization"，确认整定数据并保存输入数据。

（3）动态模拟结果　考察进料流率、进料组成、进料温度扰动对反应器 1m、2m、3m 处的温度 $T(3)$、$T(6)$、$T(9)$ 和冷剂温度的影响，设置对应的动态模拟显示图表。

① 进料流率扰动　扰动过程为：0.1h 阶跃到 0.03kmol/s，1.5h 阶跃到 0.02kmol/s，3h 进料流率回到稳态值，4h 模拟结束，热点温度和冷剂温度对进料流率扰动的反应如图 5-69。可见当进料流率增加时，3 个床层温度均增加，冷剂温度降低，使床层温度逐渐降低，1.5h 时接近正常值；当进料流率降低时，3 个床层温度均下降，冷剂温度上升，使床层温度逐渐回升，当进料流率恢复正常值后 1h，3 个床层温度均回归稳态值。

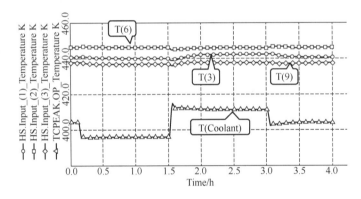

图 5-69 床层热点温度对进料流率扰动的反应

② 进料组成扰动　扰动过程为：0.1h 氯气摩尔分数阶跃到 0.15，丙烯 0.85；1.5h 氯气摩尔分数阶跃到 0.05，丙烯 0.95；3h 进料组成回到稳态值，4h 模拟结束。修改进料组成方法：右击进料物流线，在弹出的菜单中选择"Forms"，在次级菜单中点击"Manipulate"，在显示的进料物流数据表中直接修改进料组成，如图 5-70（a）；热点温度和冷剂温度对进料组成扰动的反应如图 5-70（b）。由图 5-70（b），进料中氯气浓度增加，反应程度增加，床层 2m 处温度 $T(6)$ 上升，冷剂温度降低，使床层温度逐渐降低；进料中氯气浓度减少，反应程度降低，床层 2m 处温度 $T(6)$ 下降，冷剂温度上升，使床层温度逐渐回升。当进料流率恢复正常值后 1h，3 个床层温度均回归稳态值。在进料组成不变或进料氯气增加的时间段，床层 1m 处温度 $T(3)$ 居于床层 2m 处温度 $T(6)$ 和 3m 处温度 $T(9)$ 之间；在 1.5～3h 进料氯气减少的时间段，$T(9) > T(3)$，接近 $T(6)$，显示进料中氯气浓度降低后，反应器热点向反应器中段移动的趋势。

③ 进料温度扰动　扰动过程为：0.1h 阶跃到 420K，1.5h 阶跃到 380K，3h 回到稳态

值，4h 模拟结束。进料温度修改方法与进料组成修改方法相同，如图 5-71（a），热点温度和冷剂温度对进料温度扰动的反应见图 5-71（b）。由图 5-71（b），进料温度上升后，床层 1m 处温度 $T(3)$ 超过原热点温度 $T(6)$，成为温度控制器 "TCPEAK" 的输入信号，"TCPEAK" 调节冷剂温度降低以维持床层温度稳定；当进料温度降低后，床层 2m 处温度 $T(6)$ 重新成为热点温度，"TCPEAK" 调节冷剂温度上升以维持床层温度稳定。在 1.5h、3h 的两个时间节点，床层热点温度 $T(3)$、$T(6)$ 均被很好控制，当进料温度恢复正常值后 1h，3 个床层温度均回归稳态值。在 1.5～3h 进料温度降低的时间段，$T(9) > T(3)$，

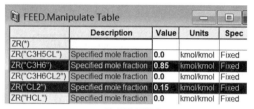

(a) 修改进料组成

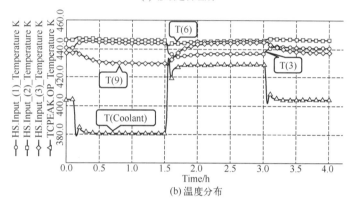

(b) 温度分布

图 5-70　床层热点温度对进料组成扰动的反应

(a) 修改进料温度

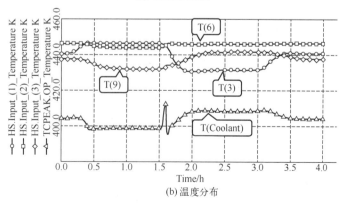

(b) 温度分布

图 5-71　床层热点温度对进料温度扰动的反应

显示了反应器热点向反应器中段移动的趋势。

以上 3 组动态模拟结果图表明,图 5-65 指定冷剂温度管式反应器的控制结构是有效的。

例 5-8 冷剂并流管式反应器的温度控制结构。

同例 5-7,把反应器类型修改为冷剂并流管式反应器,冷剂为 350K 冷却水,冷却水管道压降 1atm,稳态模拟流程如图 5-72,试设计反应器出口物流温度稳定的控制结构。若以下参数波动:①反应物进料流率波动±20%;②反应物进料中氯气浓度波动±0.05;③反应物进料温度波动±20K。求床层热点温度与反应器出口物流温度波动状况与恢复稳定时间。

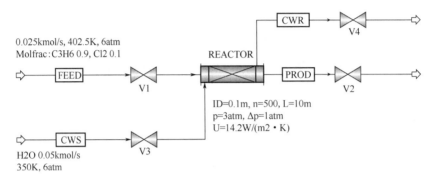

图 5-72 冷剂并流管式反应器流程

解 (1)稳态模拟 反应器类型参数设置如图 5-73,冷却水性质方法"STEAM-TA",其它参数设置同例 5-7。稳态模拟结果的部分参数分布见图 5-74。由图 5-74(a),热点温度在进口端 4m 处,热点温度数值低于例 5-7,反应器出口物料温度 411.05K。由图 5-74(b),反应物中氯丙烯浓度低于例 5-7,在出口处氯丙烯浓度最高,仅 0.0023(摩尔分数)。

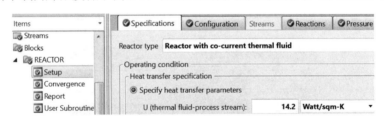

图 5-73 设置冷剂并流管式反应器类型参数

(2)建立控制结构 打开软件自动生成的原始动态控制结构文件,删除注释文字,选择"SI"单位制,在流程图上添加进料流率控制器"FC"和反应器出口物流温度控制器"TC",如图 5-75(a)。在 Aspen Plus Dynamics 软件的压力驱动动态模拟模式中,控制冷却水流率时,进、出口管道都要设置阀门,故在图 5-75(a)的控制结构中,"TC"控制器同时作用于冷却水的进口和出口阀门,两阀门开度的调整同步进行,不过在实际生产中只需要控制一个阀门。进料流率控制器"FC"模块面板的参数按照常规方法设置。在反应器出口物流温度控制器"TC"模块面板的"Tuning"页面,控制器作用方式设置为正作用"Direct",反应器出口物流温度越高,并流冷却水流率越大。在"TC"模块面板的"Ranges"页面,把输入信号反应器出口物流温度变化范围设置为 360~460K,把输出信号冷却水进、出口管道阀门开度变化范围设置为 0~100%,温控器和死时间模块面板参数如图 5-75(b)。对"TC"控制器的增益和积分时间进行整定,结果增益 30 以上,积分时间 14.52min。由于增益值太大，人为减小为比较切合实际的 25，积分时间仍为 14.52min。
运行"Initialization"，确认整定数据并保存输入数据。

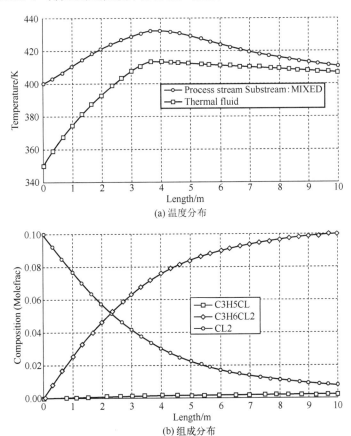

(a) 温度分布

(b) 组成分布

图 5-74　冷剂并流稳态模拟部分结果

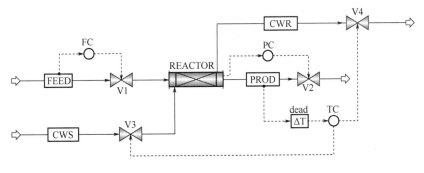

(a) 控制结构

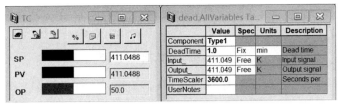

(b) 温控器和死时间模块参数面板

图 5-75　控制反应器出口物流温度的动态模拟流程

（3）动态模拟结果　考察进料流率、进料组成、进料温度扰动对反应器热点温度、反应物出口温度和冷剂流率的影响，设置对应的动态模拟显示图表。由图 5-74（a），热点温度在进口端 4m 处。鼠标右击反应器"REACTOR"模块，在弹出的菜单中选择"Forms"，在次级菜单中点击"Results"，显示反应器"REACTOR"模块的动态模拟结果数据，把反应器床层 4m 处温度 T（12）拖曳到动态模拟显示图表中。

① 进料流率扰动　扰动过程：0.1h 阶跃到 0.03kmol/s，1.5h 阶跃到 0.02kmol/s，3h 回到 0.025kmol/s，4h 模拟结束，结果如图 5-76。由图 5-76（a），冷却水流率随着进料流率的涨落而涨落，冷却水流率变化达 30%；由图 5-76（b），不管进料流率如何变化，反应器出口物流温度基本不变，床层 4m 处的热点温度 T（12）有少许波动。当进料流率恢复正常值后 1h，所有波动参数均回归稳态值。

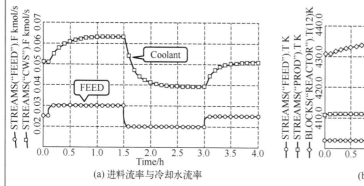
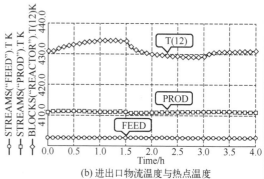

(a) 进料流率与冷却水流率　　　　(b) 进出口物流温度与热点温度

图 5-76　进料流率扰动的影响

② 进料组成扰动　扰动过程为：0.1h 氯气摩尔分数阶跃到 0.15，丙烯 0.85；1.5h 氯气摩尔分数阶跃到 0.05，丙烯 0.95；3h 进料组成回到稳态值，4h 模拟结束，结果如图 5-77。由图 5-77（a），进料中氯气浓度扰动，反应程度变化，床层温度亦变化，为控制反应器出口物流温度，冷却水流率变化达 60%；由图 5-77（b），不管进料组成如何变化，反应器出口物流温度基本不变，床层 4m 处的热点温度 T（12）有 ±15K 的波动。当进料流率恢复正常值后 1h，所有波动参数均回归稳态值。

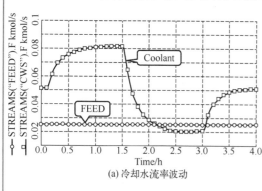
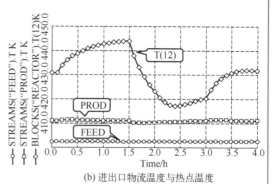

(a) 冷却水流率波动　　　　(b) 进出口物流温度与热点温度

图 5-77　进料组成扰动的影响

③ 进料温度扰动　扰动过程为：0.1h 阶跃到 420K，1.5h 阶跃到 380K，3h 回到稳态值，4h 模拟结束，模拟结果如图 5-78。由图 5-78（a），进料温度扰动后，冷却水流率有 ±10% 的波动；由图 5-78（b），反应器出口物流温度基本不变，床层 4m 处的热点温度 T（12）

有±10K 的波动。当进料流率恢复正常值后 1h，所有波动参数均回归稳态值。可见对于进料流率、组成、温度的扰动，图 5-75 的控制结构可以有效地控制反应器出口物流的温度波动。

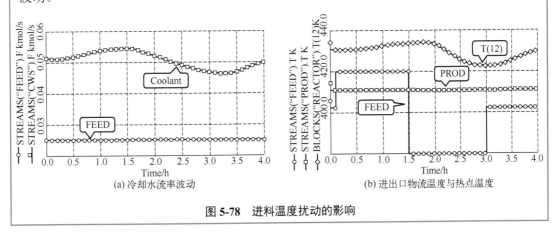

(a) 冷却水流率波动

(b) 进出口物流温度与热点温度

图 5-78　进料温度扰动的影响

例 5-9　冷剂逆流管式反应器的温度控制结构。

同例 5-7，把反应器类型修改为冷剂逆流管式反应器，冷却水出口温度 450K，冷却水管道压降 1atm，稳态模拟流程如图 5-79。试给出反应器床层 4m 处温度的控制结构。若以下参数波动，求床层 4m 处温度波动状况与恢复稳定需要的时间。①反应物进料流率波动±20%；②反应物进料中氯气摩尔分数波动±0.05；③反应物进料温度波动±20K。

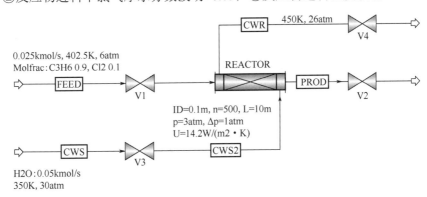

图 5-79　冷剂逆流管式反应器流程

解　（1）稳态模拟　反应器类型、总传热系数和逆流冷却水出口温度设置如图 5-80，其它参数设置同例 5-7。对于逆流换热，冷剂的进口、出口条件都要指定。初次运行后

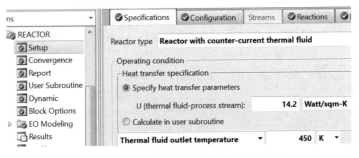

图 5-80　设置冷剂逆流管式反应器类型参数

显示警告如图 5-81，提示在指定冷却水流率与出口温度的条件下，反应器进口冷却水 CWS2 温度应该为 298.62K。应用软件的反馈计算功能，求出冷却水 CWS 的温度应该为 298.55K。修改 CWS 的进口温度后，再次运行通过，无警告。

```
Aspen Plus messages:

*   WARNING
    INCONSISTENT RESULTS FOR INLET COOLANT STREAM:
    UPSTREAM BLOCK RESULT:  T =   350.06    VFRAC =    0.0000
    RPLUG BLOCK RESULT:     T =   298.62    VFRAC =    0.0000
```

图 5-81 冷却水进口温度警告

稳态模拟的部分截面分布见图 5-82。由图 5-82（a），热点温度在进口端 1.5m 附近，热点温度 T（5）达到 501K，高于例 5-7，故反应物中氯丙烯浓度也提高。当进料流率、组成、温度扰动时，因 T(5) 温度变化过于剧烈，不宜作为温度控制点。床层 4m 处 T(12) 温度变化平缓且与冷却水有一定温差，可以作为床层温度控制点。由于反应器出口物流温度与冷却水进口温度几乎相同，存在温度夹点，故不能用冷却水流率控制反应器物流出口温度。由图 5-82（b），反应物中氯丙烯浓度高于例 5-7 和例 5-8，摩尔分数达到 0.01 以上。

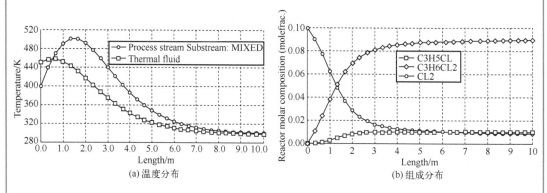

(a) 温度分布　　　　　　　　　　　(b) 组成分布

图 5-82 冷剂逆流稳态模拟部分结果

（2）建立控制结构　打开软件自动生成的原始动态控制结构文件，删除注释文字，选择"SI"单位制，在流程图上添加进料流率控制器"FC"和反应器出口物流温度控制器"TC"，如图 5-83（a）。进料流率控制器"FC"模块的参数按照常规方法设置，温度控制器"TC"参数稍后设置。

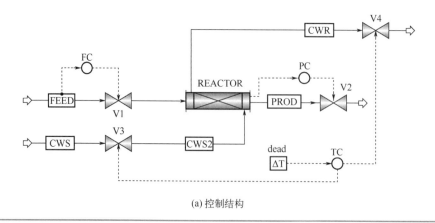

(a) 控制结构

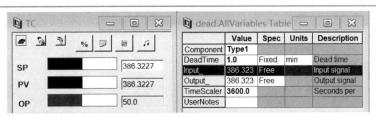

(b) 温控器和死时间模块参数面板

图 5-83　冷剂逆流管式反应器床层温度的动态模拟流程

① 引出催化剂床层 4m 处微元体温度信号　温度控制器"TC"的输入信号是床层 4m 处温度 $T(12)$，输出信号是调节冷却水阀门开度。为近似实际情形，引出温度信号 $T(12)$ 时添加了延迟 1min 输出的死时间模块"dead"。由于死时间模块输入信号是动态变量，必须把"dead"模块原始输入信号属性由"Fixed"修改为"Free"，如图 5-84。

	Value	Spec	Units	Description
Component	Type1			
DeadTime	1.0	Fixed	min	Dead time
Input_	1.0	Free		Input signal
Output_	1.0	Free		Output signal

图 5-84　修改输入信号属性

② 对微元体温度信号进行编译　用流程约束语句（Flowsheet Constraints）把 $T(12)$ 信号数据赋值到"dead"模块中，如图 5-85。对该语句编译无误后成为可执行语句，这时观察屏幕下方状态栏"Paused"的右侧显示绿色小方块，表示动态模拟系统自由度设置达到平衡。运行"Initialization"，把 $T(12)$ 信号数据传递到"dead"模块中，如图 5-83（b）。

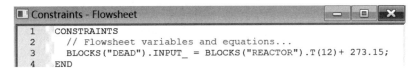

```
1    CONSTRAINTS
2      // Flowsheet variables and equations...
3      BLOCKS("DEAD").INPUT_ = BLOCKS("REACTOR").T(12)+ 273.15;
4    END
```

图 5-85　把 $T(12)$ 信号赋值到"dead"模块

③ 对温度控制器参数进行整定　在温度控制器"TC"模块面板的"Tuning"页面，把控制器作用方式设置为正作用"Direct"，$T(12)$ 数值越高，冷却水管道阀门开度越大，冷却水流率也越大，以维持床层温度稳定。在"TC"模块面板的"Ranges"页面，把控制器的输入信号范围设置为 336～436K，输出信号范围设置为 0～100%。对"TC"控制器的增益和积分时间进行整定，结果为增益 9.25，积分时间 14.52min。运行"Initialization"，确认整定数据并保存输入数据，温控器参数面板如图 5-83（b）。

（3）动态模拟结果

① 进料流率扰动　扰动过程为：0.1h 阶跃到 0.03kmol/s，1.5h 阶跃到 0.02kmol/s，3h 回归正常值 0.025kmol/s，4h 模拟结束，结果如图 5-86。由图 5-86（a），冷却水流率随着进料流率的涨落而涨落，冷却水流率变化幅度大于反应器进料流率扰动的±20%。由图 5-86（b），反应器出口物流温度基本不变；因床层 4m 处温度 $T(12)$ 被温度控制器控制，波动幅度也很小；床层热点 $T(5)$ 未被控制，波动幅度稍大。当进料流率恢复正常值后 1h，所有波动参数均回归稳态值。

② 进料组成扰动　扰动过程为：0.1h 氯气摩尔分数阶跃到 0.15，丙烯 0.85；1.5h 氯气摩尔分数阶跃到 0.05，丙烯 0.95；3h 氯气摩尔分数回到 0.1，4h 模拟结束，结果如图 5-87。由图 5-87（a），进料中氯气浓度扰动，冷却水流率波动>20%；由图 5-87（b），反应器出口物流温度和床层 4m 处温度 $T(12)$ 基本不变，床层热点温度 $T(5)$ 有 20K 的波

动，可见进料组成的扰动对反应器操作稳定的影响大于流率扰动。当进料流率恢复正常值后 1h，所有波动参数均回归稳态值。

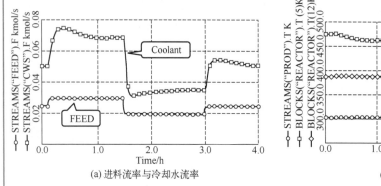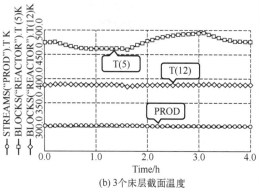

(a) 进料流率与冷却水流率　　　　　　(b) 3个床层截面温度

图 5-86　进料流率扰动的影响

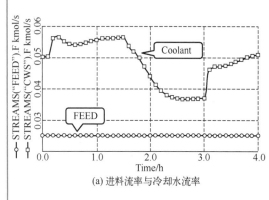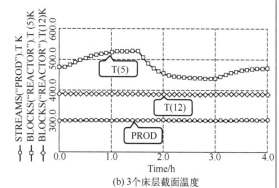

(a) 进料流率与冷却水流率　　　　　　(b) 3个床层截面温度

图 5-87　进料组成扰动的影响

③ 进料温度扰动　扰动过程为：0.1h 阶跃到 420K，1.5h 阶跃到 380K，3h 回到稳态值，4h 模拟结束，模拟结果如图 5-88。由图 5-88（a），进料温度扰动后，冷却水流率波动很小；由图 5-88（b），反应器出口物流温度基本不变，床层 4m 处的热点温度 T（12）基本没有波动，床层热点温度 T（5）有 15K 左右的波动。当进料流率恢复正常值后 1h，所有波动参数均回归稳态值。对冷剂逆流换热而言，反应器进料温度的扰动对床层温度影响较小。

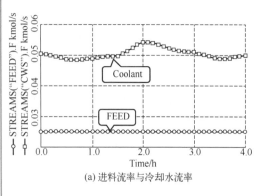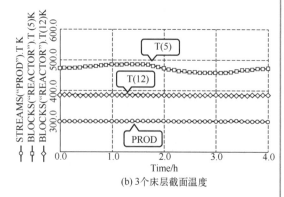

(a) 进料流率与冷却水流率　　　　　　(b) 3个床层截面温度

图 5-88　进料温度扰动的影响

可见对于进料流率、组成、温度的扰动，图 5-83 的控制结构可以有效地控制床层 4m 处的温度和反应器出口物流的温度波动。

总结 三种管式反应器温度控制结构的比较。例 5-7 指定了冷剂温度，故反应器内部冷剂温度处处相等，这是一种冷剂流率无限大时才可以达到的理想换热状态，实际反应器换热介质的温度不可能恒定。从图 5-76 到图 5-78 和图 5-86 到图 5-88 可知，冷剂并流和冷剂逆流的温度控制结构均可以抵御进料流率、组成、温度的扰动，有效地控制反应器热点区域温度和出口物流温度的波动。对于进料流率和进料组成的扰动，冷剂并流温度控制结构的反应器热点区域温度波动较小；对于进料温度扰动，冷剂逆流温度控制结构的反应器热点区域温度波动较小。

5.4 单一精馏塔控制

分离过程是化工过程的核心板块之一，分离设备多种多样，但就技术成熟度与应用成熟度而言，精馏塔当属第一选择。故在化工流程设计时，精馏塔总是最常采用、最多采用的分离设备。在原料净化、中间产物分离、最终产品提纯、三废治理等领域，精馏塔都发挥着重要作用。Aspen Plus 中有多种精馏塔的设计模块，借助于这些模块中平衡级模型或速率模型的使用，人们可以对特定的精馏塔进行工艺设计，得到精馏塔的理论塔板数、回流比、进料位置、塔顶与塔底热负荷等设计参数。但这些精馏塔设计参数是基于 Aspen Plus 的稳态模拟结果，据此加工制造出来的精馏塔，其操作性能如何则难以估计。尤其是含有多重稳态的复杂精馏体系，Aspen Plus 只能给出多重稳态的一种模拟结果，精馏塔操作的可靠性更是难以预料。

Aspen Plus Dynamics 软件提供了考察 Aspen Plus 稳态模拟精馏塔操作控制性能的一个工具。在 Aspen Plus Dynamics 的环境中，可以通过设置各种程度不等的扰动信号，观察精馏塔对扰动因素的反应过程，从而协助人们判断精馏塔设计参数的合理性与可靠性，或制订应对扰动的操作规程。

5.4.1 判断灵敏板位置

用 Aspen Plus 进行精馏塔的严格计算，可以获得各块塔板上的温度、压力、流率与组成的分布。一般而言，塔内温度在塔高方向上的分布是不均匀的。当操作条件变化时，塔内温度分布也会变化。仔细分析操作条件变动前后温度分布的变化值，即可发现在精馏段或提馏段的某些塔板上温度变化最为显著，或者说这些塔板的温度对外界干扰因素反应最灵敏，故将这些塔板称为灵敏板。将感温元件安置在灵敏板上，可以较早觉察精馏操作所受到的干扰，可在塔顶或塔釜产品组成尚未产生明显变化之前采取调节手段，以控制精馏塔的产品纯度。

判断灵敏板位置的判据有多种，包括斜率判据、灵敏度判据、奇异值分解判据、恒定温度判据、产品波动最小判据等。对于一个精馏塔，同时应用这些判据得到的灵敏板位置可能相同，也可能不同，需要具体情况具体分析，下面仅对斜率判据和灵敏度判据的应用进行介绍。

斜率判据是考察相邻塔板之间温度的变化率 dT/dn。变化率大，说明该塔板上的物流组成变化明显。只要控制该塔板温度稳定，就可以维持该塔板上物流组成稳定。灵敏度判据是考察操作参数扰动引起塔板温度的变化率，如回流比波动对塔板温度分布的影响 dT/dR，塔釜热负荷波动对塔板温度分布的影响 dT/dQR 等。

设置参数扰动的方式多种多样,可以是进料条件的扰动,如组成、温度或压力的微小变化;也可以是操作条件的扰动,如回流比、采出比、塔顶或塔底热负荷的微小变化。每设置一个扰动后,用 Aspen Plus 进行精馏塔的一次严格计算,求取两次模拟计算得到的各块塔板上的温度变化率,以寻找变化率最大的塔板位置。求取灵敏板位置涉及一些关于塔板温度的数值计算,可以借助于一些数据处理软件以加快运算,这些数据软件包括 Excel、Origin、Matlab 等。

例 5-10 求取精馏塔的灵敏板位置。

图 5-89 为丙烷-异丁烷精馏塔分离流程,进料混合物数据、主要工艺设计参数和分离要求已标绘在图上。已知精馏塔塔板压降 0.008atm,求该精馏塔灵敏板的位置。

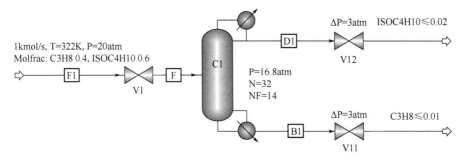

图 5-89 丙烷-异丁烷精馏塔分离流程

解 本题分两步进行,首先稳态模拟,然后使用两种判据求取灵敏板位置。

（1）稳态模拟 选用"CHAO-SEA"性质方法,部分参数设置见图 5-90。稳态模拟收敛后的物流数据见图 5-91,塔顶回流量 61.8257kg/s,塔釜热负荷 97.7724GJ/h。

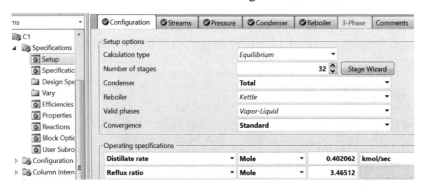

图 5-90 精馏塔部分参数设置

	Units	F	D1	B1
Phase		Liquid Phase	Liquid Phase	Liquid Phase
Temperature	K	322.005	325.063	366.224
Pressure	atm	16.904	16.8	17.048
+ Mole Flows	kmol/sec	1	0.402062	0.597938
− Mole Fractions				
C3H8		0.4	0.98	0.00999979
C4H10-2		0.6	0.0199997	0.99
+ Mass Flows	kg/sec	52.5126	17.8423	34.6703

图 5-91 稳态模拟物流参数

（2）求取灵敏板位置

① 温度斜率判据　求温度分布曲线在各点的斜率，最方便的方法是在 Origin 软件中直接对温度曲线微分，从而获得斜率分布曲线。把稳态模拟结果的塔板温度数据复制到 Origin 软件的数据文件中，作出精馏塔温度分布如图 5-92 所示。在下拉菜单"Analysis"的次级菜单"Calculus"中选择"Differentiate"并点击，生成温度分布曲线的斜率分布曲线如图 5-93 所示。由图 5-93 可知，在精馏段的第 8 板、提馏段的第 21 板是相邻塔板之间温度变化率最大的塔板，也是灵敏板。

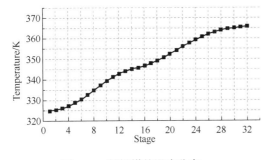

图 5-92　精馏塔的温度分布

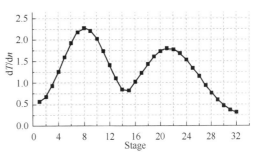

图 5-93　斜率判据求灵敏板位置

② 灵敏度判据　在稳态模拟基础上，分别给回流比和塔釜热负荷施加约+0.1%的扰动，计算扰动后塔板温度的变化，即扰动因素的增益，绘图观察最大增益的塔板位置。由稳态模拟结果，摩尔回流比为 3.4651，塔釜热负荷为 97.7724GJ/h。设置扰动时，摩尔回流比与塔釜热负荷扰动值分别是 3.4686 和 97.8702GJ/h。

为了进行扰动参数的模拟测试，先把稳态模拟过程设置的设计规定全部删除，使其在扰动计算中不起作用。把稳态模拟过程的摩尔回流比修改为 3.4686，运行 Aspen Plus，收敛后复制温度分布值粘贴到 Excel 中，计算与图 5-92 中塔板温度的差值 dT/dR，绘制差值分布，见图 5-94。然后再把稳态模拟过程的设定自由度 "Reflux ratio" 修改为塔釜热负荷 "Reboiler duty"，把扰动值 97.8702GJ/h 填入，再次运行

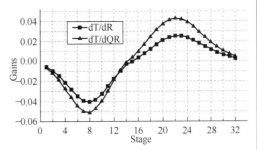

图 5-94　回流比与塔釜热负荷的灵敏度判据

Aspen Plus，收敛后复制温度分布值粘贴到 Excel 中，计算与图 5-92 中塔板温度的差值分布 dT/dQR，见图 5-94。由图可见，精馏段的第 8 板、提馏段的第 22 板是灵敏板。

在本例中，斜率判据与灵敏度判据的结果基本一致。在生产操作过程中，只要控制好第 8 和第 22 板的塔板温度，就可以有效地保证塔顶和塔底产品的组成达标。

5.4.2　确定设备尺寸

与液体储罐、反应器的控制方案设计一样，精馏塔的动态响应时间也与精馏塔的各部件体积有关，如冷凝液储罐、再沸器储罐、塔板持液量的大小等。若液体流率一定，设备体积越小，动态响应时间越短。塔顶冷凝液储罐、塔底再沸器储罐的尺寸一般按液体停留 10min计算，并且不计封头的体积。塔板上液体流率可以在"Profiles|Hydraulics"页面上查到。冷凝液储罐尺寸用第 1 板上液体流率计算，再沸器储罐尺寸用 $N-1$ 板上的液体流率计算。设备长径比一般取 2，储罐规格的描述方法见表 5-2，塔径计算参照 4.1 节介绍的方法。另外，

Aspen Plus Dynamics 要求精馏塔的进料压力必须与进料塔板压力相等，否则稳态模拟结果不能向动态模拟软件传递。

例 5-11 求精馏塔的设备尺寸。

计算例 5-10 中精馏塔冷凝器储罐、再沸器储罐、塔径的尺寸。

解 用"RadFrac"模块的"Interactive sizing"功能和"Rating"功能对精馏塔塔径进行估算与核算。塔盘选用 4 流道筛板塔，堰高 25mm，降液管底隙 50mm，核算结果塔径 5.4m。在"Setup|Specifications|Global"页面的"Global settings"栏内，把"Input mode"选项修改为"DYNAMIC"。在"C1"塔的"Dynamics|Dynamics|Hydraulics"页面，填写塔径计算结果，如图 5-95（a）。

(a) 塔径尺寸

(b) 冷凝器尺寸   (c) 再沸器尺寸

图 5-95 设置设备尺寸

在精馏塔"Profiles|Hydraulics"页面上，查到冷凝器液体流率 $v_1=0.1783\text{m}^3/\text{s}$，釜液流率 $v_2=0.3441\text{m}^3/\text{s}$。一般而言，冷凝器储罐和再沸器储罐的液位维持在 50%左右，有 5min 停留时间，因此储罐体积应该按液体实际停留时间 10min 计算。若用 D_1、D_2 表示冷凝器储罐和再沸器储罐的直径，则有：

$$D_1 = (2\times600v_1/\pi)^{1/3} = (1200\times0.1783/3.14)^{1/3} = 4.08\ (\text{m})$$

$$D_2 = (2\times600v_2/\pi)^{1/3} = (1200\times0.3441/3.14)^{1/3} = 5.08\ (\text{m})$$

把储罐直径填入"Dynamics"文件夹对应的页面中，取储罐长度为直径的 2 倍，选用椭圆形封头，填写结果见图 5-95（b）、（c）。

在精馏塔"Profiles"页面上查到第 14 进料板的压力是 16.904atm，把图 5-89 流程中的 V1 阀出口压力修改为 16.904atm，重新稳态模拟，然后进行压力驱动检查，无错后把稳态模拟结果向 Aspen Plus Dynamics 传递。

5.4.3 安装独立作用控制器

为了使精馏塔能够抵御干扰稳定运行，需要安装多种功能的控制器，如进料控制器、压力控制器、液位控制器、温度控制器、组成控制器等，有时还要安装不同功能的控制模块。这些控制元件有的是独立安装，独立发挥控制作用，有的是组合安装，联合发挥控制作用。下面由简入繁，逐步介绍各种控制元件在精馏塔的安装过程与性能考察。

例5-12 含温度控制（TC）的精馏塔控制结构。

对例5-10精馏塔的温度灵敏塔板添加温度控制器，考察其控制性能。

解 由例5-10，丙烷-异丁烷精馏塔有两个温度灵敏塔板，精馏段和提馏段各一个，都可以安装温度控制器。本例中，在精馏段温度灵敏塔板（第8板）上安装一个温度控制器，以第8板温度"Stage(8).T"控制塔顶回流量。在提馏段温度灵敏塔板（第22板）上安装一个温度控制器，以第22板温度"Stage(22).T"控制塔釜热负荷。

（1）建立控制结构 打开软件自动生成的原始动态模拟文件，选择"SI"单位制，删除注释文字。在原始动态模拟流程图上，已经自动安装了塔顶压力控制器、塔顶冷凝器储罐和塔釜再沸器储罐的液位控制器，可以根据个人喜好对控制器改名、调整安放位置。

压力控制器默认的控制参数是冷凝器热负荷。冷凝器放出热量，所以热负荷是负值。若塔顶压力增加，控制器会增加冷凝器热负荷，以维持塔顶压力稳定，即热负荷数值减小，故压力控制器是反作用"Reverse"。其默认的增益值20、积分时间12min不需要修改。液位控制器是正作用"Direct"，把软件默认的增益值和积分时间修改为2和9999min。在进料物流线上安装流率控制器，按常规方法设置为反作用"Reverse"、增益值0.5、积分时间0.3min。

在提馏段温度灵敏塔板（第22板）上安装一个温度控制器"TC22"，控制变量是第22板温度"Stage(22).T"，调节变量是塔釜热负荷"QRebR"，设置方法如图5-96（a）、（b）。第22板温度信号接入"TC22"控制器之前串接一个1min的死时间模块"dead1"。若第22板温度升高，则降低塔釜热负荷，以维持第22板温度稳定，反之亦然，故温度控制器"TC22"设置为反作用"Reverse"。鼠标右击控制器"TC22"模块，在弹出的菜单中选择

(a) 选择控制变量"Stage (22).T"　　　(b) 选择调节变量"QRebR"

	Value	Spec	Units	Description
OP	97.7724	Free	GJ/hr	Controller output
OPClipping	Yes			Clip output between min and
OPfixed	50.0	Fixed	GJ/hr	Manual/initial output
OPMan	97.7724	Initial	GJ/hr	Manual/initial output
OPmax	196.0	Fixed	GJ/hr	Output range maximum
OPmin	0.0	Fixed	GJ/hr	Output range minimum
OPmode	0.0	Fixed		OP ramp switch (OP=OPfixe
OPs	49.8839	Free	%	Scaled output signal
OPss	97.7724	Fixed	GJ/hr	Steady state manual output

(c) 输入"TC22"模块塔釜热负荷稳态模拟值

	Value	Spec	Description
OP	61.8257	Free	Controller output
OPClipping	Yes		Clip output between min and n
OPfixed	0.0138889	Fixed	Manual/initial output
OPMan	61.8257	Initial	Manual/initial output
OPmax	123.65	Fixed	Output range maximum
OPmin	0.0	Fixed	Output range minimum
OPmode	0.0	Fixed	OP ramp switch (OP=OPfixed
OPs	50.0006	Free	Scaled output signal
OPss	61.8257	Fixed	Steady state manual output

(d) 输入"TC8"模块塔釜热负荷稳态模拟值

图5-96 安装温度控制器步骤

"Forms"，在次级菜单中点击"AllVariables"，输入稳态模拟塔釜热负荷值 97.7724GJ/h（$2.7159×10^7$W），如图 5-96（c）。第 22 板温度的稳态值是 356.3K，"TC22"模块的输入参数范围设置为稳态模拟值的±50K，即 306～406K。"TC22"模块的输出参数最大值设置为稳态模拟值的 2 倍，即 0～196GJ/h。运行"Initialization"，保存"TC22"模块的输入数据。类似地，在精馏段温度灵敏塔板（第 8 板）上安装一个温度控制器"TC8"，控制变量是第 8 板温度"Stage(8).T"，调节变量是塔顶回流量"Reflux.FmR"。注意在 Aspen Plus Dynamics 的后台运算中，回流量使用质量流率单位"kg/s"。第 8 板温度信号接入"TC8"控制器之前串接一个 1min 的死时间模块"dead2"。若第 8 板温度升高，则增加回流量，以维持第 8 板温度稳定，反之亦然，故温度控制器"TC8"设置为正作用"Direct"。鼠标右击控制器"TC8"模块，在弹出的菜单中选择"Forms"，在次级菜单中点击"AllVariables"，输入稳态模拟的塔顶回流量 61.8257kg/s，如图 5-96（d）。第 8 板温度的稳态值是 335.1K，"TC8"模块的输入参数范围设置为 285～385K，输出参数最大值设置为稳态模拟值的 2 倍，即 0～123.6kg/s。运行"Initialization"，保存"TC8"模块的输入数据。

分别进行两个温度控制器的参数整定。控制器"TC22"模块的增益值 3.10，积分常数值 10.56min。控制器"TC8"模块的增益值 1.43，积分常数值 17.16min。安装了精馏段和提馏段灵敏板温度控制器的精馏塔动态模拟流程如图 5-97。

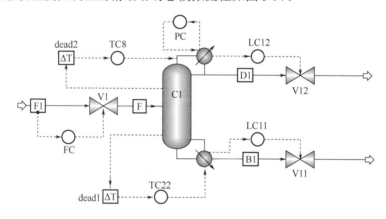

(a) 控制结构

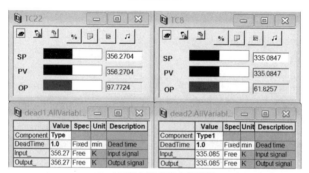

(b) 主要控制器模块参数面板

图 5-97　含灵敏板温控器的动态模拟流程

（2）动态模拟结果

① 进料流率扰动　扰动过程分两次进行：0.2h 分别阶跃到 1.2kmol/s 或 0.8kmol/s，6h 模拟结束，结果如图 5-98。

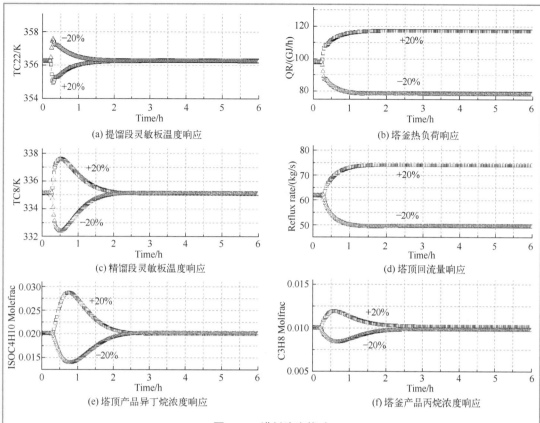

(a) 提馏段灵敏板温度响应

(b) 塔釜热负荷响应

(c) 精馏段灵敏板温度响应

(d) 塔顶回流量响应

(e) 塔顶产品异丁烷浓度响应

(f) 塔釜产品丙烷浓度响应

图 5-98　进料流率扰动

图 5-98（a）、（b）是提馏段灵敏板温度 TC22、塔釜热负荷 QR 对进料流率扰动的响应。已知进料温度 322K，低于进料板温度 345.2K，即冷料进塔，故进料流率增加后，TC22 立即下降，反之，进料减少后，TC22 立即上升，在 0.3h 处温度波动幅度最大，达到 ±1.5K，1.5h 后温度恢复到稳态值，如图 5-98（a）。由图 5-98（b），进料增加后，QR 立即增加；进料减少后，QR 立即减小，说明控制器"TC22"对提馏段灵敏板的温度控制是有效的。

图 5-98（c）、（d）是精馏段灵敏板温度 TC8、塔顶回流量对进料流率扰动的响应。进料流率增加，塔板上重组分含量增加，温度上升，反之亦然。在 0.5h 处 TC8 波动幅度最大，达到 ±2K 左右，2h 后温度恢复到稳态值，如图 5-98（c）。由图 5-98（d），进料增加后，塔顶回流量立即增加，进料减少后，塔顶回流量立即减少，以维持塔板组成的稳定，说明控制器"TC8"对精馏段灵敏板的温度控制是有效的。

图 5-98（e）、（f）是塔顶、塔釜产品中杂质浓度对进料流率扰动的响应。由于控制了精馏段和提馏段的灵敏板温度，塔顶、塔釜产品中杂质浓度波动均较小，均在 2h 左右恢复到稳态值，基本上满足产品纯度要求。因此，图 5-97 的控制结构能够抵御进料流率±20% 的扰动。

② 进料组成扰动　扰动过程分两次进行：0.2h 丙烷摩尔分数分别阶跃±20% 达到 0.48 或 0.32，6h 模拟结束，结果如图 5-99。

由图 5-99（a）、（b），进料中丙烷浓度增加，塔板汽化量增加，温度降低，塔釜热负荷增加；进料中丙烷浓度减少，塔板汽化量减少，温度升高，塔釜热负荷亦减少；提馏段灵敏板温度 TC22 波动幅度<0.5K，且能很快趋于稳态值。精馏段灵敏板温度 TC8、塔顶

回流量对进料组成扰动的响应很弱，TC8 和回流量基本稳定。

由图 5-99（c）、（d），尽管精馏段和提馏段灵敏板温度得到控制，但进料组成的扰动使得塔顶、塔釜产品杂质浓度波动，偏离稳态值，故图 5-97 的控制结构不能抵御进料组成±20%的扰动。

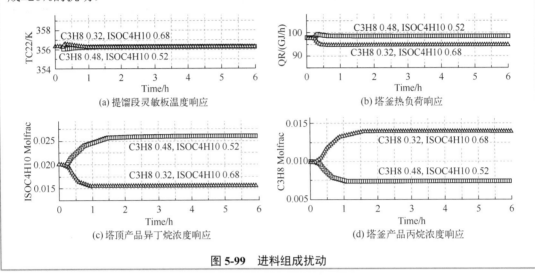

(a) 提馏段灵敏板温度响应

(b) 塔釜热负荷响应

(c) 塔顶产品异丁烷浓度响应

(d) 塔釜产品丙烷浓度响应

图 5-99　进料组成扰动

例 5-13　含组成控制（CC）的精馏塔控制结构。

对例 5-10 精馏塔添加塔釜产品组成控制器，考察其控制性能。

解　（1）建立控制结构　在软件自动生成的原始动态模拟文件中，塔顶冷凝器热负荷被用于塔顶压力调节。精馏塔还有两个自由度可用于其它参数的调节，一个是塔顶回流量，另一个是塔釜热负荷。下面用调节塔釜热负荷的大小来控制塔釜产品的浓度。

安装了塔釜产品组成控制器的精馏塔控制结构如图 5-100（a），图中"CCWX"为组成控制器，其输入信号为釜液中丙烷摩尔分数，输出信号为塔釜热负荷。若丙烷浓度增加，说明塔釜蒸发量不够，需要增加塔釜热负荷，故"CCWX"控制器设置为正作用"Direct"。相对于温度测定，组成测定有着更大的滞后现象，故在"CCWX"控制器之前设置一个3min 的死时间模块"dead3"。鼠标右击组成控制器"CCWX"模块，在弹出的菜单中选择"Forms"，在次级菜单中点击"AllVariables"，输入塔釜热负荷稳态模拟值 97.7724GJ/h，如图 5-100（b）。设置"CCWX"控制器输入参数和输出参数变化范围为稳态模拟值的 2 倍，即输入参数变化范围为 0～0.02（摩尔分数），输出参数变化范围为 0～196GJ/h。对

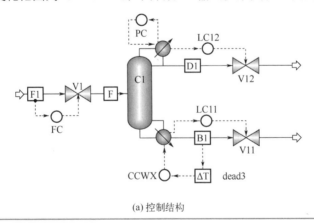

(a) 控制结构

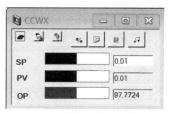

(b) 输入 "CCWX" 控制器塔釜热负荷稳态模拟值　　　　(c) 组成控制器模块面板

图 5-100　含组成控制器的动态模拟流程

"CCWX" 控制器进行整定。整定后，"CCWX" 控制器的增益值 0.145，积分时间 63.36min。相对于温度控制器参数，"CCWX" 控制器增益小、积分时间长，说明组成控制器控制效率比温度控制器差，控制速率比温度控制器慢。"CCWX" 控制器参数面板如图 5-100（c）。

（2）动态模拟结果

① 进料流率扰动　扰动过程分两次进行：0.2h 分别阶跃到 1.2kmol/s 或 0.8kmol/s，6h 模拟结束，结果如图 5-101。由于仅仅控制塔釜产品中丙烷的浓度，故提馏段灵敏板温度 TC22 波动较大，达到±6K，塔釜热负荷波动±10%，见图 5-101（a）、（b）；塔顶产品中异丁烷浓度波动亦较大，远远偏离 0.02（摩尔分数）的稳态值，见图 5-101（c）；塔釜产品中丙烷的浓度控制较好，进料流率波动后能够恢复到稳态值，见图 5-101（d）。

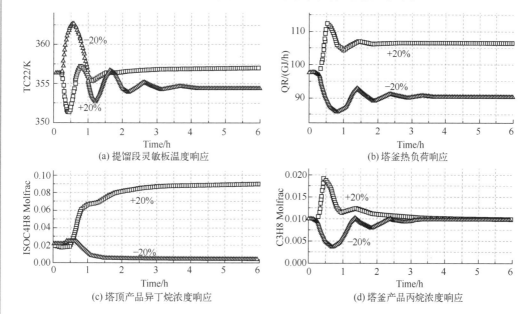

(a) 提馏段灵敏板温度响应　　　　　　　　(b) 塔釜热负荷响应

(c) 塔顶产品异丁烷浓度响应　　　　　　　(d) 塔釜产品丙烷浓度响应

图 5-101　进料流率扰动

② 进料组成扰动　扰动过程亦分两次进行：0.2h 丙烷摩尔分数分别阶跃±20%达到 0.48 或 0.32；6h 模拟结束，结果如图 5-102。由图 5-102（a）、（b），提馏段灵敏板温度 TC22 波动约±2K，塔釜热负荷波动很小，均小于进料流率的扰动；由图 5-102（c）、（d），塔顶产品中异丁烷浓度基本达标，塔釜产品中丙烷的浓度控制较好。

综合图 5-101 和图 5-102 可知，在精馏塔的塔底设置组成控制器，可以基本保证塔釜产品的纯度，但不能保证塔顶产品的纯度；可以抵御进料组成±20%的扰动，但不能抵御进料流率±20%的扰动。

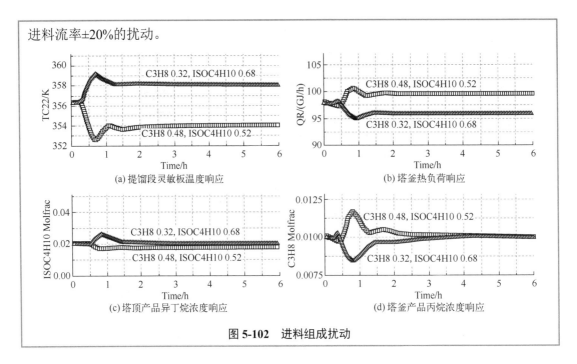

(a) 提馏段灵敏板温度响应　　　　(b) 塔釜热负荷响应

(c) 塔顶产品异丁烷浓度响应　　　　(d) 塔釜产品丙烷浓度响应

图 5-102　进料组成扰动

5.4.4　安装串级作用控制器

由例 5-12 和例 5-13 可见，含有独立作用的温度控制器或釜液组成控制器能够对精馏塔的灵敏板温度或釜液丙烷浓度进行有效控制，但其控制功能单一，不能满足精馏塔整体控制的需要。若能把两个控制器组合起来工作，则有可能发挥两控制器的功能，既能控制灵敏板温度，又能控制塔釜产品丙烷浓度。

把两个控制器串联起来工作称为串级控制，其中一个控制器的输出信号作为另一个控制器的设定值，后一个控制器的输出信号送往调节模块。前一个控制器称为主控制器，它所检测和控制的变量称主变量（主被控参数），即工艺控制指标；后一个控制器称为副控制器，它所检测和控制的变量称副变量（副被控参数），是为了稳定主变量而引入的辅助变量。在串级控制结构中，由于引入了一个副回路，不仅能及早克服进入副回路的扰动，而且能改善过程特性。副控制器具有"粗调"的作用，主调节器具有"细调"的作用，从而使其控制品质得到提高。串级控制结构能迅速克服进入副回路的二次扰动，对负荷变化的适应性较强，可以改善过程的动态特性，提高系统控制质量。

> **例 5-14**　含温度与组成串级控制（TC/CC）的精馏塔控制结构。

对例 5-10 精馏塔设置提馏段灵敏板温度与釜液组成串级控制器，考察其控制性能。

解　把釜液中丙烷浓度作为主控制参数，把提馏段灵敏板温度（TC22）作为副控制参数，建立精馏塔控制结构。

（1）建立控制结构　安装了含温度与组成串级控制的动态模拟流程如图 5-103（a）。图中"CCWX"是釜液中丙烷组成控制器，为主控制器，作用方式为正作用"Direct"，自动模式"Auto"运行；"TC22"是提馏段灵敏板温度控制器，为副控制器，作用方式为反作用"Reverse"，串级模式"Cascade"运行。

控制器"CCWX"输入信号是釜液丙烷摩尔分数，设置"CCWX"模块输入信号范围为 0～0.02（摩尔分数）。在釜液丙烷摩尔分数信号传递到"CCWX"之前设置一个 3min 的死时间模块"dead3"。"CCWX"输出信号是提馏段灵敏板温度，提供给"TC22"作为设定值，设置"CCWX"输出信号范围为306～406K。

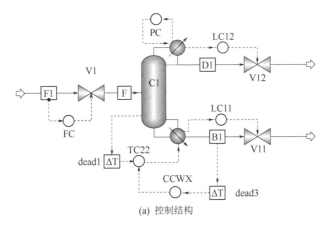

(a) 控制结构

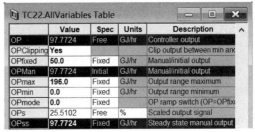

(b) 输入"CCWX"控制器提馏段灵敏板温度稳态模拟值　　(c) 输入"TC22"控制器塔釜热负荷稳态模拟值

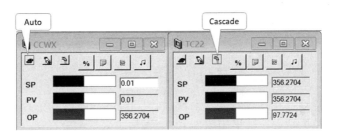

(d) 主要模块参数面板

图 5-103　含温度与组成串级控制的动态模拟流程

控制器"TC22"有两个输入信号，一个是主控制器"CCWX"提供的提馏段灵敏板温度设定值，一个是提馏段灵敏板温度当前值，"TC22"根据设定值与当前值的差异调节塔釜热负荷。在提馏段灵敏板温度当前值传递到"TC22"控制器之前设置一个 1min 的死时间模块"dead1"。设置"TC22"模块输入信号范围为 306～406K，输出信号范围为 0～196GJ/h。

鼠标右击组成控制器"CCWX"模块，在弹出的菜单中选择"Forms"，在次级菜单中点击"AllVariables"，输入稳态模拟的提馏段灵敏板温度 356.27K，如图 5-103（b）。同样地，鼠标右击提馏段灵敏板温度控制器"TC22"模块，输入稳态模拟的塔釜热负荷值 97.7724GJ/h（$2.7159×10^7$W），如图 5-103（c）。

在整定控制器参数时，首先把"TC22"设置为自动模式，按照常规方法进行温度控制器的整定，其增益和积分时间分别是 3.10 和 10.56min。然后把"TC22"设置为串级模式，"CCWX"仍为自动模式，按照常规方法进行组成控制器"CCWX"的整定，其增益和积分时间分别是 0.108 和 31.68min。与例 5-12 比较，"TC22" 的参数变化不大；与例 5-13 比较，"CCWX" 增益减少，控制效率有所下降，但积分时间大大减少，控制速率更为紧凑。"CCWX" 和 "TC22" 的模块面板如图 5-103（d）。

（2）动态模拟结果

① 进料流率扰动　扰动过程分两次进行：0.2h 分别阶跃到 1.2kmol/s 或 0.8kmol/s，6h 模拟结束，动态模拟结果如图 5-104。进料流率扰动 20%，提馏段灵敏板温度 TC22 波动 <±2K，塔釜热负荷波动约 ±10%，如图 5-104（a）、（b）；塔顶产品中异丁烷浓度未控制，波动较大，不合格；塔釜产品中丙烷浓度受到温度-组成串级控制，波动小，3h 后恢复到稳态值，如图 5-104（c）、（d）。

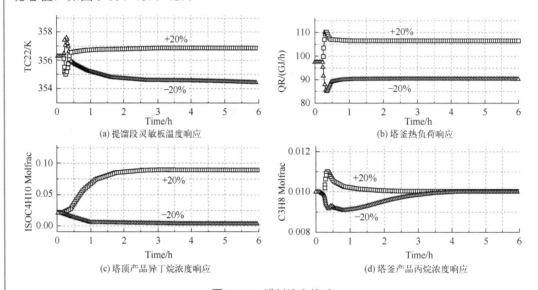

图 5-104　进料流率扰动

② 进料组成扰动　扰动过程亦分两次进行：0.2h 丙烷摩尔分数分别阶跃 ±20% 达到 0.48 或 0.32；6h 模拟结束，结果如图 5-105。进料中丙烷浓度扰动 ±20%，提馏段灵敏板

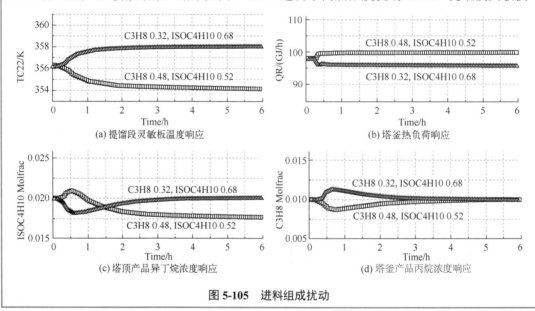

图 5-105　进料组成扰动

温度波动±2K 左右，塔釜热负荷波动<±2%，如图 5-105（a）、（b）；塔顶产品中异丁烷浓度基本合格，塔釜产品中丙烷浓度受到温度组成串级控制，波动小，3h 后恢复到稳态值，如图 5-105（c）、（d）。

综合图 5-104 和图 5-105，在精馏塔的提馏段设置灵敏板温度与塔釜产品组成串级控制器，可以保证塔釜产品的纯度，但不能保证塔顶产品的纯度；可以抵御进料组成±20%的扰动，不能抵御进料流率±20%的扰动。

5.4.5 安装比例作用控制器

由 5.4.3 节、5.4.4 节，使用灵敏板温度控制器、组成控制器并不能抵御进料组成扰动或进料流率扰动，以控制精馏塔塔顶、塔底两股产品纯度同时达到合格要求。而且温度与组成控制属于反馈性控制，只有当扰动参数传递到检测元件时，控制器才开始动作，这时已经显得反应滞后。若能按扰动因素变化大小进行同步、及时的控制，则有可能改善控制效果，具有这种控制结构的系统称为前馈控制。

由稳态模拟可知，当进料流率或进料组成变化时，塔顶回流比或塔釜热负荷一般要同时变化，以保证产品纯度不变。在 5.4.3 节和 5.4.4 节的控制结构中，塔顶回流量和塔釜热负荷这两个调节参数均属于反馈性调节，故不能同时抵御进料流率和进料组成±20%的双重扰动。若能把反馈控制结构修改为前馈控制，添加塔顶回流量与进料流率的比例控制（R/F）模块，或添加塔釜热负荷与进料流率的比例控制（QR/F）模块，则预期控制效果会大为改善。

例 5-15 塔顶回流量与进料流率比例控制（R/F）的精馏塔控制结构。

在例 5-14 控制结构基础上，添加塔顶回流量与进料流率比例控制（R/F）模块，考察其控制性能。

解 由例 5-10 的稳态模拟结果，进料流率 F=52.5126kg/s，回流量 R=61.8257kg/s，因此 R/F=1.1773。

（1）建立控制结构　选取模块库中的信号相乘模块"Multiply"，改名为"R/F"，其输入信号"Input1"是进料物流的质量流率"STREAMS("F1").Fm"，数值为 52.5126kg/s，参数选择方法如图 5-106（a）；输出信号是精馏塔的质量回流量"BLOCKS("C1")Reflux.FmR"，数值为 61.8231kg/s，参数选择方法类似；输入信号"Input2"是比例系数 1.1773，人工直接输入"R/F"模块，如图 5-106（b）。含塔顶回流量与进料流率比例控制的丙烷-异丁烷精馏塔控制结构如图 5-107。

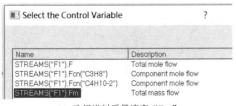

(a) 选择进料质量流率"Fm"　　　　　　(b) 参数面板

图 5-106　安装"R/F"控制模块

（2）动态模拟结果

① 进料流率扰动　扰动过程分两次进行：0.2h 分别阶跃到 1.2kmol/s 或 0.8kmol/s，

6h 模拟结束，结果如图 5-108。由图 5-108（a）、（b），虽然没有直接控制精馏段灵敏板温度 TC8，但由于比例控制器"R/F"的前馈控制作用，当进料流率扰动后，塔顶回流量得到及时的响应，TC8 仍然控制得很好，提馏段灵敏板温度也得到很好的控制；由图 5-108（c）、（d），塔顶、塔底两股产品纯度短暂波动后均控制在稳态值左右。

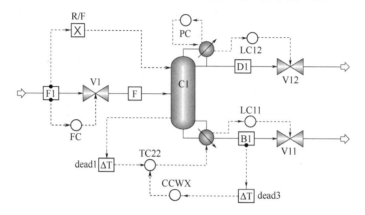

图 5-107　含"R/F"的丙烷-异丁烷精馏塔动态模拟流程

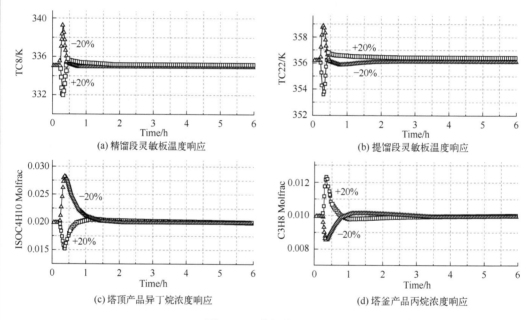

(a) 精馏段灵敏板温度响应

(b) 提馏段灵敏板温度响应

(c) 塔顶产品异丁烷浓度响应

(d) 塔釜产品丙烷浓度响应

图 5-108　进料流率扰动

② 进料组成扰动　扰动过程亦分两次进行：0.2h 丙烷摩尔分数分别阶跃±20%达到 0.48 或 0.32；6h 模拟结束，结果参见图 5-109。根据模拟结果，进料组成扰动导致的塔釜热负荷几乎没有变化。进料组成扰动导致的进料质量流率变化，再经过"R/F"比例作用模块改变回流量，这回流量变化的幅度也是很小的，仅±2.4%。虽然回流量立即响应，但灵敏板温度并不能恢复到稳态值，如图 5-109（a）、（b）；塔顶产品接近纯度要求，塔底产品受"CCWX"控制，4h 后产品纯度能够恢复到稳态值，如图 5-109（c）、（d）。

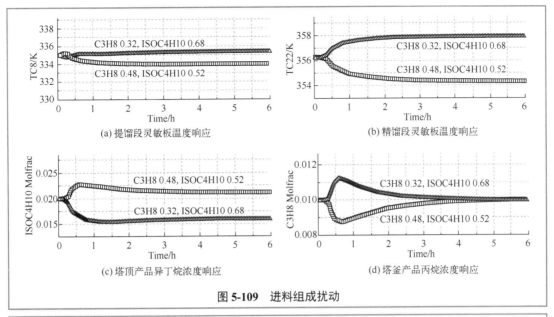

(a) 提馏段灵敏板温度响应　　　　　　　　(b) 精馏段灵敏板温度响应

(c) 塔顶产品异丁烷浓度响应　　　　　　　(d) 塔釜产品丙烷浓度响应

图 5-109　进料组成扰动

例 5-16　塔釜热负荷与进料流率比例控制（QR/F）的精馏塔控制结构。

在例 5-15 控制结构基础上，添加塔釜热负荷与进料流率比例控制（QR/F）模块，考察其控制性能。

解　在 Aspen Plus Dynamics 的后台运算中，热负荷的单位是 GJ/h，流率的单位是 kmol/h。在稳态模拟中，塔釜热负荷 $QR=97.7724GJ/h$，进料流率 $F=3600kmol/h$。因此"QR/F"的比值是 0.027159GJ/kmol。

（1）建立控制结构　在例 5-15 控制结构图上添加模块库中的信号相乘模块"Multiply"，改名为"QR/F"，它有两个输入信号，一个输出信号。输入信号"Input1"是进料物流的摩尔流率"STREAMS("F1").F"，参数选择方法如图 5-110（a）；输出信号"Output"是塔釜热负荷"BLOCKS("C1").QRebR"，参数选择方法类似。

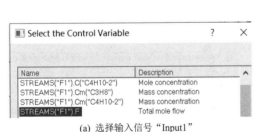

(a) 选择输入信号"Input1"　　　　　　(b) 输入"TC22"控制器（QR/F）比值

图 5-110　安装"QR/F"控制模块

"QR/F"模块的另一个输入信号由"TC22"模块提供。鼠标右击温度控制器"TC22"模块，在弹出的菜单中选择"Forms"，在次级菜单中点击"AllVariables"，输入稳态模拟的"QR/F"比值 0.027159GJ/kmol，如图 5-110（b）。在"TC22"模块面板的 Ranges 页面，设置输出参数的最大值是两倍的"QR/F"比值，即输出信号变化范围为 0～0.054318。运行"Initialization"，完成"QR/F"的比值从"TC22"控制器传递到"QR/F"模块。含塔釜热负荷与进料流率比例控制的丙烷-异丁烷精馏塔控制结构如图 5-111（a），主要控制模块参数面板如图5-111（b）。

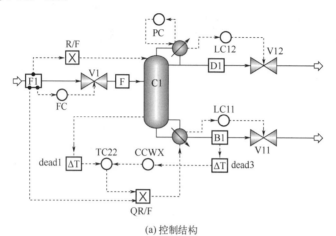

(a) 控制结构

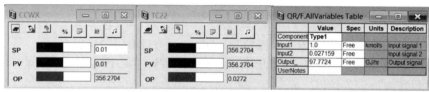

(b) 主要控制模块参数面板

图5-111 含"QR/F"的丙烷-异丁烷精馏塔动态模拟流程

（2）动态模拟结果

① 进料流率扰动 扰动过程分两次进行：0.2h 分别阶跃到 1.2kmol/s 或 0.8kmol/s，6h 模拟结束，结果如图 5-112。当进料流率扰动时，塔顶回流量和塔釜热负荷均迅速响应，确保了精馏段和提馏段灵敏板温度的稳定，塔顶、塔底两股产品纯度达标且波动很小。由图 5-112（a）、（b），虽然没有直接控制精馏段灵敏板温度 TC8，但由于比例控制模块"R/F"的前馈控制作用，塔顶回流量及时响应，TC8 仍然控制得很好；进料流率扰动后，比例控

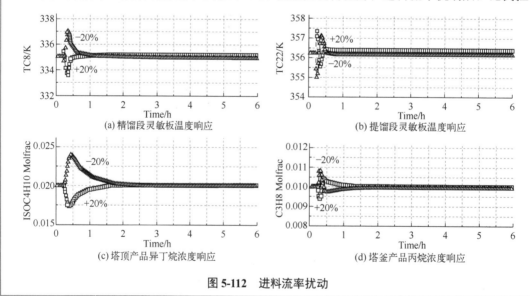

(a) 精馏段灵敏板温度响应

(b) 提馏段灵敏板温度响应

(c) 塔顶产品异丁烷浓度响应

(d) 塔釜产品丙烷浓度响应

图5-112 进料流率扰动

制模块"QR/F"发挥前馈控制作用,塔釜热负荷均迅速响应,提馏段灵敏板温度得到很好的控制,波动非常小。由图 5-112(c)、(d),塔顶、塔底两股产品纯度经短暂波动后均控制在稳态值左右。

② 进料组成扰动 扰动过程亦分两次进行:0.2h 丙烷摩尔分数分别阶跃±20%达到 0.48 或 0.32;6h 模拟结束,结果如图 5-113。进料组成扰动后,塔釜热负荷基本没有变化,回流量变化极小,基于进料流率扰动而响应的两个控制模块"R/F"和"QR/F"不能发挥作用。由图 5-113(a)、(b),精馏段灵敏板温度约有±1K 的偏离,提馏段灵敏板温度约有±2K 的偏离。由图 5-113(c)、(d),塔顶产品纯度接近稳态值,塔釜产品纯度受"CCWX"控制,经 2h 波动后趋于稳态值。

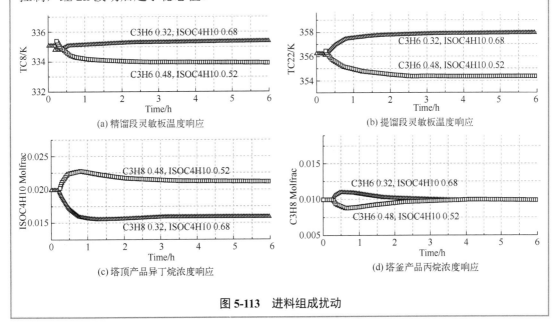

图 5-113 进料组成扰动

5.4.6 几种控制结构的比较

在 5.4.3～5.4.5 节中介绍了 5 种精馏塔的控制结构,以及它们对进料流率扰动、进料组成扰动的控制效果。为便于比较,5 种控制结构的编号见表 5-3,它们对灵敏板温度控制、塔顶产品组成控制、塔釜产品组成控制的效果汇总如下。

表 5-3 精馏塔控制效果汇总

控制结构	TC	CC	CC/TC	R/F+ CC/TC	QR/F+ R/F+ CC/TC
结构编号	1	2	3	4	5
控制原理	灵敏板温度控制	产品组成控制	组成/温度串级控制	回流量与进料流率比例控制+组成/温度串级控制	塔釜热负荷与进料流率比例控制+回流量与进料流率比例控制+组成/温度串级控制

(1)灵敏板温度控制 在 5 种精馏塔的控制结构中,TC 控制结构对精馏段和提馏段的灵敏板温度均进行了控制,其它 4 种控制结构只对提馏段灵敏板温度进行了控制,以下仅就提馏段灵敏板温度的控制效果进行比较。5 种控制结构抵御进料流率扰动和进料组成扰动的提馏段灵敏板温度控制效果比较见图 5-114。对进料流率扰动的初始 1.5h,控制结构 1、3、5均好,控制结构 4 稍次,控制结构 2 因为不含温度控制,故效果最差,见图 5-114(a)。对进料组成扰动,控制结构 1 很好,控制结构 3～5 较差,控制结构 2 最差,见图 5-114(b)。总

的来说，控制结构 2 不能控制塔板温度。

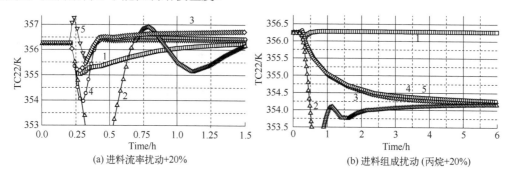

图 5-114 灵敏板温度控制效果

（2）塔顶产品组成控制 5 种控制结构对于塔顶产品组成控制效果的比较见图 5-115。对于进料流率扰动，因为控制结构 1、4 和 5 均含有塔顶回流量的控制，故塔顶产品纯度控制效果较好，其它 2 种控制结构的效果不理想，见图 5-115（a）。对于进料组成扰动，控制结构 4 和 5 仍然是相对较好，控制结构 1～3 较差，见图 5-115（b）。

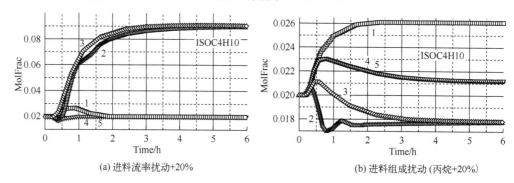

图 5-115 塔顶产品组成控制效果

（3）塔釜产品组成控制 5 种控制结构对于塔釜产品组成控制效果的比较见图 5-116。对于进料流率扰动，控制结构 1、3～5 的控制效果较好，控制结构 2 经过大幅度波动后也能够恢复到稳态值，见图 5-116（a）。对于进料组成扰动，控制结构 2～5 相对较好，塔釜产品组成能够恢复到稳态值，控制结构 1 对塔釜产品组成控制失效，见图 5-116（b）。

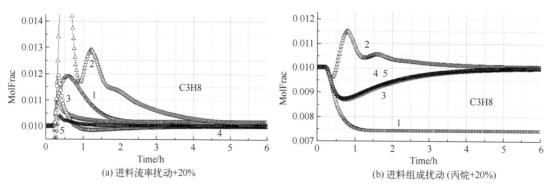

图 5-116 塔釜产品组成控制效果

由图 5-114～图 5-116 的比较可以看出，5 种控制结构各有特点，各有不足，单一的控制结构一般不能满足精馏塔的控制需求，需要多种控制结构共同作用才能构成满意的精馏塔控制方案。

5.4.7 压差控制

在精馏塔的操作中，精馏塔压差的控制对精馏塔的稳定运行有着重要影响。精馏塔的压差有一定的控制范围，压差太大或太小都会使精馏塔的操作变得困难。压降大，气液混合好，但容易液泛；压降小，气液混合不好，容易漏液。有两个主要因素影响精馏塔的压差，一个是塔自身的固有压差，另一个是工艺操作因素形成的压差。进料量、回流量、塔底再沸器热负荷或进料温度等对这两个因素均有影响，其它如原料组成、环境温度、回流温度、冷却水量、冷却水压力等的变化以及仪表故障、设备和管道的冻堵等，都会引起精馏塔压差的变化。

在用 Aspen Plus 进行精馏塔的严格计算时，可以获得稳态条件下塔内各块塔板上的温度、压力、流率与组成的稳态分布，而若了解工艺操作因素对精馏塔压差的影响，则需要应用 Aspen Plus Dynamics 软件进行动态模拟。

例 5-17 精馏塔压差监测结构。

在例 5-16 丙烷-异丁烷精馏塔控制结构基础上，添加压差监测结构，考察进料流率扰动时的压差响应。

解 （1）建立控制结构　精馏塔压差是塔顶压力与塔釜压力的差值，在 Aspen Plus Dynamics 中，应用信号比较模块"Comparator"可以方便地计算塔釜压力信号和塔顶压力信号的差值。

在例 5-16 丙烷-异丁烷精馏塔控制结构流程图上，添加一个"Comparator"模块，更名为"dp"。该模块有两个输入信号和一个输出信号，其中"Input1"是塔釜压力信号，选择方法如图 5-117（a）；"Input2"是塔顶第 2 块塔板压力信号，选择方法同"Input1"。一

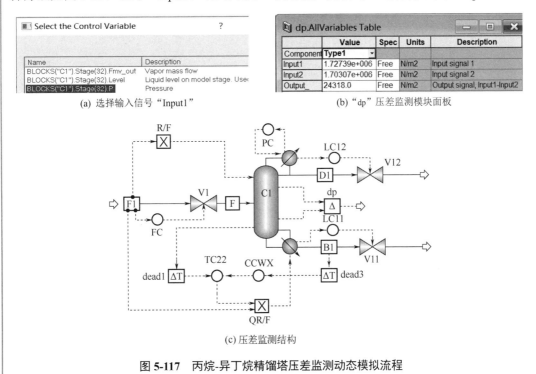

(a) 选择输入信号 "Input1"　　　　(b) "dp" 压差监测模块面板

(c) 压差监测结构

图 5-117　丙烷-异丁烷精馏塔压差监测动态模拟流程

个输出信号"Output"是丙烷-异丁烷精馏塔的压差。运行"Initialization"，把塔顶、塔釜压力数据引入到"dp"模块中，模块面板如图 5-117（b）。添加了压差监测模块的丙烷-异丁烷精馏塔控制结构如图 5-117（c）。

（2）动态模拟结果　进料流率扰动。扰动过程为：0.2h 阶跃到 1.3kmol/s，6h 模拟结束，结果如图 5-118。由图 5-118（a）、（b），当进料流率扰动+30%后，塔釜热负荷立即响应，也增加 30%，提馏段灵敏板温度控制良好，短暂波动后即回归稳态值；由图 5-118（c）、（d），塔顶、塔釜产品组成经短暂波动后恢复到稳态值，精馏塔压差由稳态的 24300N/m² 增加到 32000N/m²，增加了 7700N/m²。图 5-117 的控制结构虽然能够监测精馏塔的压差波动，但不能控制压差波动，如果要求把精馏塔的压差波动控制在一定范围之内，则可借鉴储罐液位控制方法，对精馏塔压差进行控制。

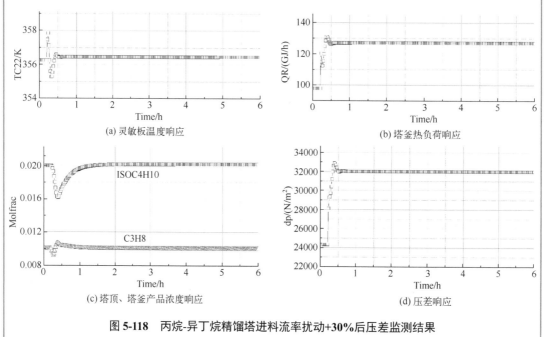

图 5-118　丙烷-异丁烷精馏塔进料流率扰动+30%后压差监测结果

例 5-18　精馏塔压差越权控制结构。

把例 5-17 的精馏塔压差监测结构修改为压差越权控制结构，当进料流率波动+30%后，要求精馏塔的最大压差不超过 29000N/m²。

解　（1）建立控制结构　在例 5-17 精馏塔压差监测结构的基础上，添加压差越权控制器"DPC"、信号低选器"LS"。用信号线连接相关模块与控制器，构成精馏塔压差越权控制结构，如图 5-119（a）。图中"DPC"模块接收压差信号，输出塔釜热负荷信号，控制方式为反作用"Reverse"。鼠标右击"DPC"模块，在弹出的菜单中选择"Forms"，在次级菜单中点击"AllVariables"，设置最大塔釜热负荷 123GJ/h（$3.416×10^7$W）、最大压降 29000 N/m²，如图 5-119（b）。"DPC"模块输入信号变化范围设置为 20000～29000N/m²，输出信号变化范围设置为 0～123GJ/h。信号低选模块"LS"接收"DPC"模块和塔釜热负荷与进料流率比例控制模块"QR/F"的两个塔釜热负荷信号，选择低值信号输出到塔釜再沸器。"DPC"和"LS"模块参数面板如图 5-119（c）。

（2）动态模拟结果　进料流率扰动过程为：0.5h 阶跃到 1.3kmol/s，5h 恢复到 1.0kmol/s，12h 模拟结束，结果如图 5-120。

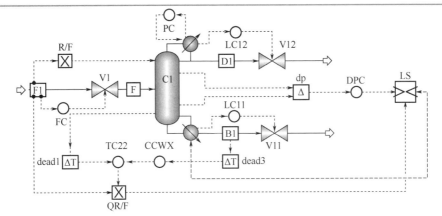

(a) 精馏塔压差越权控制结构

	Value	Spec	Units	Description
OP	123.0	Free		Controller output
OPClipping	Yes			Clip output between min an
OPfixed	50.0	Fixed		Manual/initial output
OPMan	123.0	Initial		Manual/initial output
OPmax	123.0	Fixed		Output range maximum
OPmin	0.0	Fixed		Output range minimum
OPmode	0.0	Fixed		OP ramp switch (OP=OPfix
OPs	100.0	Free	%	Scaled output signal
OPss	123.0	Fixed		Steady state manual output
Percent	False			
PercentOP	False			
PercentPV	False			
PercentSP	False			
PV	24318.0	Free	N/m2	Process variable
PVClipping	Yes			Clip PV between min and m
PVFilter	0.1	Fixed	min	PV filter time constant
PVmax	29000.0	Fixed	N/m2	PV range maximum
PVmin	20000.0	Fixed	N/m2	PV range minimum
PVs	47.9778	Free	%	Scaled input signal
PVsf	47.9778	RateIniti	%	
PVTrack	Yes			SP tracks PV when in manu
SP	29000.0	Initial	N/m2	Set point
SPClipping	Yes			Clip SP between min and m
SPo	29000.0	Fixed	N/m2	Steady state set point
SPRemote	29000.0	Fixed	N/m2	Remote setpoint

(b) 设置最大塔釜热负荷值与最大压降值

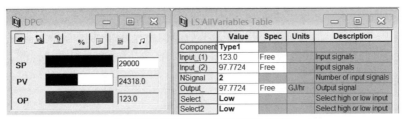

Component	Type1	Spec	Units	Description
Input_(1)	123.0	Free		Input signals
Input_(2)	97.7724	Free		Input signals
NSignal	2			Number of input signals
Output_	97.7724	Free	GJ/hr	Output signal
Select	Low			Select high or low input
Select2	Low			Select high or low input

DPC 面板: SP 29000, PV 24318.0, OP 123.0

(c) 压差越权控制模块与低选模块参数面板

图 5-119　丙烷-异丁烷精馏塔压差越权控制动态模拟流程

　　由图 5-120（a）～（c），当进料流率扰动+30%后，灵敏板温度降低，"QR/F"要求把塔釜再沸器热负荷增加到 258GJ/h，但"DPC"输出信号是 123GJ/h，因此低选模块"LS"输出"DPC"的输出信号，精馏塔被"DPC"越权控制，实际再沸器热负荷是 123GJ/h；5h 后进料流率恢复到稳态值，由于塔釜产品中丙烷浓度太高，组成控制器仍然要求较高

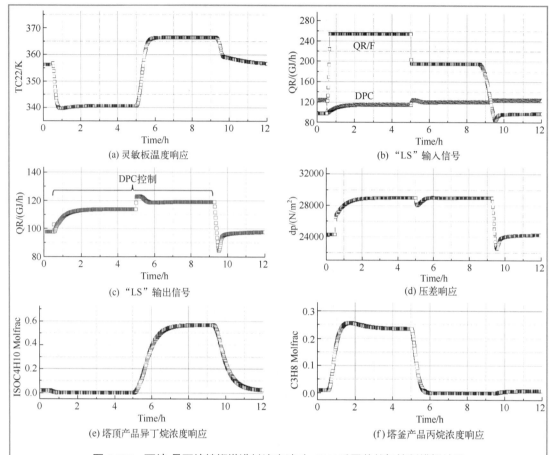

(a) 灵敏板温度响应

(b) "LS" 输入信号

(c) "LS" 输出信号

(d) 压差响应

(e) 塔顶产品异丁烷浓度响应

(f) 塔釜产品丙烷浓度响应

图 5-120　丙烷-异丁烷精馏塔进料流率波动+30%后压差越权控制模拟结果

的塔釜热负荷，此时"QR/F"输出信号是 200GJ/h，仍高于"DPC"输出信号 123GJ/h，精馏塔仍在 123GJ/h 热负荷下运行。在 9h 时，"QR/F"输出信号值低于"DPC"，此时"LS"输出"QR/F"的输出信号，精馏塔再沸器热负荷重新为"QR/F"控制。由图 5-120（d），当进料流率扰动+30%后，压差信号增加到 29000N/m² 最高限制值；5h 后进料流率恢复到稳态值，压差信号立即降低，但塔釜热负荷 123GJ/h 远高于稳态值 97.7724GJ/h，压差值稳定在高位；在 9h 时，塔釜热负荷恢复到稳态值，压差信号也恢复到稳态的 24318N/m²。由图 5-120（e）、（f），当进料流率扰动+30%后，由于精馏塔的塔釜热负荷受到"DPC"压差越权控制的干扰，产品组成控制作用被抑制，前 5h 塔釜产品组成不合格，后 5h 塔顶产品组成不合格。

5.5　耦合精馏塔控制

在设计单一精馏塔控制结构时，主要考虑精馏塔自身的控制效率与效果，并没有考虑该精馏塔参数调节对上下游设备的影响。如多组分混合物的分离过程，往往需要多座精馏塔构成分离序列共同完成分离任务，这时某一精馏塔的出料就成为下一精馏塔的进料。对某一精馏塔操作参数的调节可能会使得该精馏塔的出料流率或组成波动，从而对下一精馏塔的稳定操作形成干扰。因此，在复杂精馏流程的控制结构设计中，需要考虑的因素更多。下面以一个双塔耦合流程的控制结构设计为例，说明两精馏塔参数调节时的相互关系。

例 5-19 精馏塔耦合汽提塔时的控制结构。

用一精馏塔（C1）耦合一汽提塔（C2）的双塔流程分离一股含二甲醚（DME）-甲醇（MEOH）-水的混合物，进料流率与组成见图 5-121。C1 塔 52 块理论板，进料位置 11 板。从 C1 塔 31 板处引出一股汽相侧线物流（S1）进入一具有 12 块理论板的 C2 塔底部，C2 塔底流出液经泵增压后返回 C1 塔的 32 板。从 C1 塔顶取出二甲醚馏分，从 C2 塔顶取出甲醇馏分，从 C1 塔底取出水，分离要求已标绘在图 5-121 流程图上。试设计该双塔流程的控制结构，考察进料流率与进料组成扰动时的控制效果。

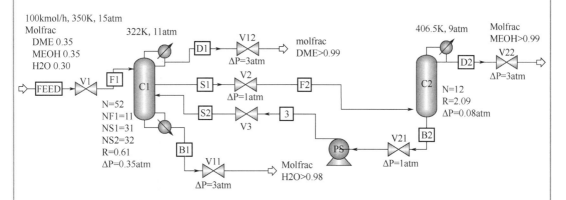

图 5-121 二甲醚（DME）-甲醇（MEOH）-水溶液双塔分离流程

解 （1）稳态模拟 DME-MEOH-H_2O 是极性混合物，两塔加压操作，选用"NRTL-RK"性质方法。因软件中缺乏 DME-H_2O 的二元交互作用参数，该参数值选用"UNIFAC"方程估算。按图 5-121 的参数设置说明，把 Aspen Plus 稳态模拟程序调至收敛，C1 塔塔釜热负荷 4.54189GJ/h，塔顶回流量 984.551kg/h，C2 塔塔顶回流量 2345.79kg/h，主要物流数据如图 5-122。

	Units	F1	S2	D1	B1	S1	D2	B2
+ Mole Flows	kmol/hr	100	68.49	35.05	30.14	103.3	34.81	68.49
– Mole Fractions								
DME		0.35	1.27381e-10	0.998573	3.0758e-27	9.88404e-10	2.68244e-09	1.27413e-10
METHANOL		0.35	0.725028	0.00142653	0.0101996	0.816067	0.99521	0.725017
H2O		0.3	0.274972	3.07378e-09	0.9898	0.183933	0.00478973	0.274983
+ Mass Flows	kg/hr	3274.35	1930.4	1614.02	547.293	3043.44	1113.05	1930.39

图 5-122 DME-MEOH-H_2O 溶液双塔分离稳态模拟结果

（2）求取灵敏板位置 由稳态模拟结果，C1 塔温度分布如图 5-123（a），温度斜率分布如图 5-123（b）。C1 塔有 3 块温度灵敏塔板，分别是第 6、12、50 塔板，C2 塔没有温度灵敏板。

（3）确定设备尺寸 用 C1 塔模块的"Interactive sizing"功能和"Rating"功能对 C1 塔的塔内件进行核算，选用 1 寸金属鲍尔环填料，等板高度取 0.5m，核算结果上段塔径 0.4m，最大液泛系数 63.4%，下段塔径 0.6m，最大液泛系数 72.1%。在"Setup| Specifications| Global"页面的"Global settings"栏内，把"Input mode"选项修改为"DYNAMIC"。在 C1 塔的"Dynamics|Dynamics|Hydraulics"页面，填写塔径计算结果，如图 5-124（a）。在

C1 塔模块的"Profiles|Hydraulics"页面上查到冷凝器的液体流率 $v_1=0.00117566\text{m}^3/\text{s}$，釜液的流率 $v_2=0.00100445\text{m}^3/\text{s}$。用 D_1、D_2 表示 C1 塔冷凝器储罐和塔釜储罐的直径，取储罐长度为直径的 2 倍，按 5.4.2 节方法计算储罐体积，圆整后取 $D_1=0.77\text{m}$、$D_2=0.75\text{m}$。选用椭圆形封头，垂直安装。把储罐尺寸填入 C1 塔模块"Dynamics"文件夹对应的页面中，数据填写如图 5-124（b）、（c）。

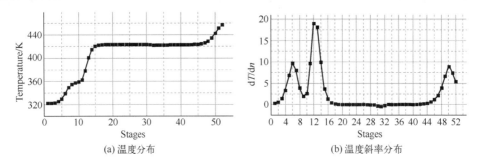

(a) 温度分布　　　　　　　　　　　　(b) 温度斜率分布

图 5-123　求取精馏塔的温度灵敏板位置

(a) 塔身筒体尺寸

(b) 冷凝器储罐尺寸　　　　　　　　　　(c) 再沸器储罐尺寸

图 5-124　C1 塔设备尺寸

　　用 C2 塔模块的"Interactive sizing"功能和"Rating"功能对 C2 塔的塔内件进行核算，选用 1 寸金属鲍尔环填料，等板高度取 0.5m，核算结果塔径 0.5m，最大液泛系数 74.4%，在 C2 塔的"Dynamics|Dynamics|Hydraulics"页面，填写塔径计算结果，如图 5-125（a）。在 C2 塔模块的"Profiles|Hydraulics"页面上，查到冷凝器的液体流率 $v_1=0.00148639\text{m}^3/\text{s}$。用 D_1 表示汽提塔冷凝器储罐的直径，取储罐长度为直径的 2 倍，近似取 $D_1=0.85\text{m}$。汽提塔虽然没有再沸器，但塔釜储罐尺寸仍然需要填写，可直接取 $D_2=0.85\text{m}$。把储罐直径填入汽提塔模块"Dynamics"文件夹对应的页面中，选用椭圆形封头，垂直安装，填写结果如图 5-125（b）、（c）。

(a) 塔身筒体尺寸

(b) 冷凝器储罐尺寸　　　　　　(c) 塔釜储罐尺寸

图 5-125　C2 塔设备尺寸

在 C1 塔模块的"Profiles"页面上查到第 11、32 塔板压力分别是 11.069atm 和 11.213 atm，赋值给图 5-121 双塔模拟流程中 V1 和 V3 阀的出口压力，重新稳态模拟，然后进行压力驱动检查，无错后把稳态模拟结果向 Aspen Plus Dynamics 传递。

（4）控制结构一　采用塔顶回流量与进料量比例控制、塔釜热负荷与进料流率比例控制、灵敏板温度与塔釜热负荷串级控制、侧线出料量与塔釜热负荷比例控制等手段建立 DME-MEOH-H_2O 溶液双塔分离的动态模拟流程。

打开软件自动生成的原始动态模拟文件，选择"Metric"单位制，删除注释文字。在原始动态模拟流程图上已经自动安装了两塔的塔顶压力控制器、塔顶冷凝器储罐和塔釜再沸器储罐的液位控制器。两塔塔顶压力控制器默认的控制参数是冷凝器热负荷，其默认增益和积分时间不需要修改。两塔的塔顶、塔底 4 个液位控制器是正作用，把软件默认的增益和积分时间分别修改为 2 和 9999min。在 C1 塔和 C2 塔的进料物流线上安装流率控制器"FC"和"FCS"，按常规方法设置为反作用、增益 0.5、积分时间 0.3min。

① 设置塔顶回流量与进料量比例控制　在两塔塔顶设置回流量比例控制模块"R1/F1"和"R2/F2"，这两个模块根据两塔进料流率（输入信号"Input1"）的变化调节回流量（输出信号"Output"）。两塔回流量（kg/h）与进料量（kg/h）的比值（输入信号"Input2"）由稳态模拟结果获得：$R1/F1$=984.551/3274.35=0.300686，$R2/F2$=2345.79/3043.44=0.770769。选择"R1/F1"模块的输出参数，如图 5-126（a），选择"R2/F2"模块输出参数方法类似。

② 设置侧线出料量与塔釜热负荷比例控制　在 C1 塔汽相侧线出料管线上设置出料量（kmol/h）与塔釜热负荷（GJ/h）的比例控制模块"S1/QR"，该模块依据塔釜热负荷的变化调节 C1 塔汽相侧线的出料流率。"S1/QR"与"FCS"串级，"S1/QR"是主控制器，输入信号"Input1"为塔釜热负荷，输出信号"Output"为 C1 塔汽相侧线出料流率。"FCS"是副控制器，以串级模式"Cascade"运行，依据"S1/QR"模块的输出信号变化调节 C1 塔汽相侧线管道出料阀门开度。"S1/QR"模块输入信号"Input2"数值由稳态模拟结果获

得：S1/QR=103.3/4.54189=22.7438。选择"S1/QR"模块的输入参数，如图5-126（b）。

③ 设置塔釜热负荷与进料流率比例控制 在C1塔塔底设置加热热负荷（GJ/h）与进料流率（kmol/h）比例控制模块"QR/F1"，该模块依据进料流率的变化调节塔釜热负荷的大小，其数值由稳态模拟结果获得：QR/F1=4.54189/100=0.0454189。选择"QR/F1"模块的输出参数，如图5-126（c）。

④ 设置灵敏板温度与塔釜热负荷串级控制 由稳态模拟结果，C1塔有3块温度灵敏板，分别是第6、12、50板。现在第50塔板上设置温度控制器"TC50"，通过调节塔釜热负荷大小控制提馏段灵敏板温度。"TC50"模块反作用控制，当第50塔板温度升高时，减少塔釜热负荷；当第50塔板温度降低时，增加塔釜热负荷。"TC50"模块输入信号为第50塔板温度，设置输入信号变化范围120～220℃；输出信号为稳态时塔釜热负荷与进料流率的比值，设置输出信号变化范围0～0.09GJ/h。在"TC50"模块之前串接一个1min的死时间模块"dead1"。鼠标右击控制器"TC50"模块，在弹出的菜单中选择"Forms"，在次级菜单中点击"AllVariables"，设置"TC50"模块初始输出参数，即稳态模拟的塔釜热负荷值与进料流率的比值0.0454189，如图5-126（d）。

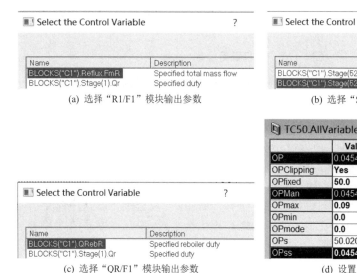

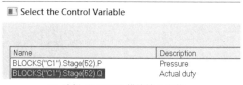

图 5-126 设置各控制模块的输入输出参数

经过参数整定，"TC50"增益0.512，积分时间7.92min。"TC50"模块与"QR/F1"模块串级控制，"TC50"是主控制器，"QR/F1"是副控制器。"C2"塔没有塔釜再沸器，相应减少了控制自由度。运行"Initialization"，保存各控制模块的输入数据。添加以上各控制模块的DME-MEOH-H$_2$O溶液双塔分离动态流程控制结构如图5-127（a），主要控制模块面板如图5-127（b）。

进料流率扰动过程为：0.2h分别阶跃到120kmol/h或80kmol/h，5h模拟结束，动态模拟结果如图5-128。由图5-128（a）、（b），进料流率扰动+20%后，C1塔第12板的温度明显降低，这应该与没有设置精馏段灵敏板温度控制器有关。提馏段设置了灵敏板温度控制器，故进料流率扰动±20%后，第50塔板温度在1h后恢复稳态值。由于对C1塔的塔顶、塔釜均设置了回流量、热负荷的前馈控制，以及提馏段灵敏板的温度控制，故C1塔的塔顶、塔釜产品组成经2h波动后都恢复到稳态值，如图5-128（c）、（d）。由图5-128（e）、（f），在进料流率+20%的扰动后，C1塔侧线物流S1的DME浓度由10^{-9}增加到0.022（摩

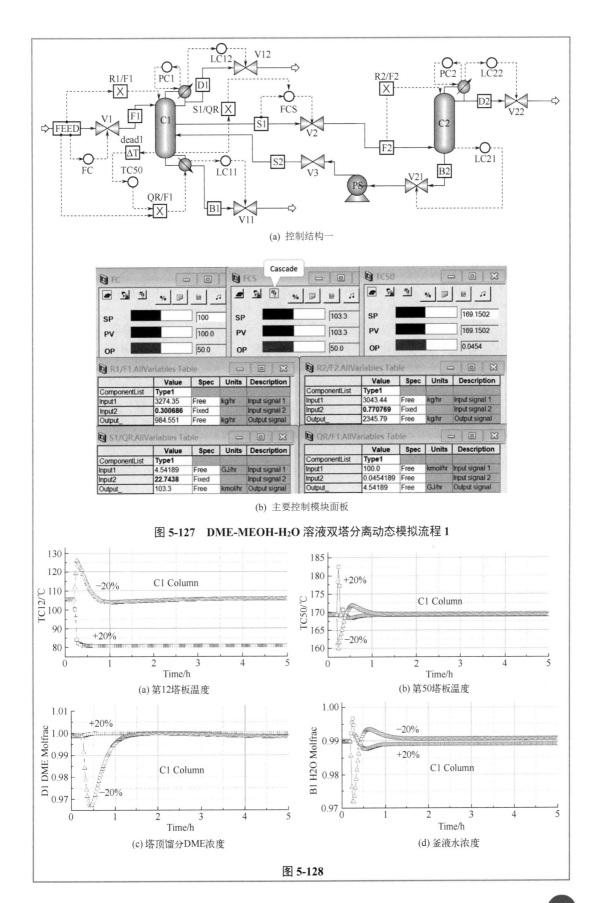

(a) 控制结构一

(b) 主要控制模块面板

图 5-127 DME-MEOH-H$_2$O 溶液双塔分离动态模拟流程 1

(a) 第12塔板温度

(b) 第50塔板温度

(c) 塔顶馏分DME浓度

(d) 釜液水浓度

图 5-128

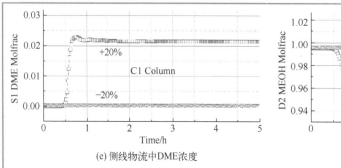
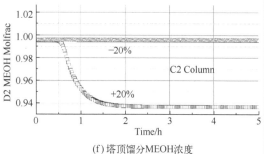

| (e) 侧线物流中DME浓度 | (f) 塔顶馏分MEOH浓度 |

图 5-128　控制结构一的动态模拟结果

尔分数），C2 塔的塔顶产品甲醇摩尔分数由 0.995 降低到 0.938，不满足甲醇的分离要求。就 DME-MEOH-H₂O 溶液双塔分离方案而言，C1 塔是 DME-H₂O 的分离塔，C2 塔是 MEOH-H₂O 分离塔。DME 是轻组分，应该从 C1 塔的塔顶馏出，如果 DME 进入 C2 塔，就只能从塔顶馏出，必然使得 C2 塔塔顶馏分中甲醇浓度不达标。

　　在图 5-127 的控制结构中，各个控制模块对 C1 塔的塔顶、塔底产品组成控制是有效的，但没有控制好 C1 塔侧线出口物流 S1 组成波动对 C2 塔的影响，因此图 5-127 的控制结构失效。仔细分析失效原因，可能是没有对 C1 塔的灵敏板温度进行控制。因第 12 板相对靠近侧线 S1 出料位置，其温度降低可能会导致侧线出口物流中的 DME 浓度增加。

　　（5）控制结构二　在图 5-127 控制结构一的基础上，删除侧线出料量与塔釜热负荷比例控制模块"S1/QR"，添加 C1 塔精馏段灵敏板第 12 板温度与侧线出料量的串级控制。

　　在 C1 塔第 12 板设置温度控制器"TC12"，通过调节侧线出料流率稳定第 12 板的温度。"TC12"模块与侧线流率控制器"FCS"串级运行，"TC12"是主控制器，"FCS"是副控制器，"FCS"以串级模式运行。当第 12 板温度升高时，温控器"TC12"增加侧线 S1 出料流率；当第 12 板温度下降时，为防止 DME 进入 C2 塔，温控器"TC12"减少侧线 S1 出料流率，故"TC12"模块控制方式是正作用。"TC12"模块输入信号为第 12 塔板温度 105.11℃，设置输入信号变化范围 55～155℃；输出信号为稳态时侧线 S1 出料流率 103.3kmol/h，设置输出信号变化范围 0～206.6kmol/h。在"TC12"模块之前串接一个 1min 的死时间模块"dead2"。鼠标右击控制器"TC12"模块，在弹出的菜单中选择"Forms"，在次级菜单中点击"AllVariables"，设置"TC12"模块初始输出参数 103.3kmol/h，如图 5-129。经过参数整定，"TC12"增益 0.097，积分时间 13.2min。

	Value	Spec	Units	Description
OP	103.3	Free	kmol/h	Controller output
OPClipping	Yes			Clip output between min and
OPfixed	50.0	Fixed	kmol/hr	Manual/initial output
OPMan	103.3	Initial	kmol/hr	Manual/initial output
OPmax	206.6	Fixed	kmol/hr	Output range maximum
OPmin	0.0	Fixed	kmol/hr	Output range minimum
OPmode	0.0	Fixed		OP ramp switch (OP=OPfixe
OPs	50.0	Free	%	Scaled output signal
OPss	103.3	Fixed	kmol/hr	Steady state manual output

图 5-129　设置温度控制器"TC12"的输出参数

　　运行"Initialization"，保存各控制模块的输入数据。修改后的 DME-MEOH-H₂O 溶液双塔分离动态流程控制结构二如图 5-130（a），流率控制器"FCS"与温度控制器"TC12"的参数面板如图 5-130（b）。

　　① 进料流率扰动　扰动过程为：0.2h 分别阶跃到 120kmol/h 或 80kmol/h，5h 模拟结束，动态模拟结果如图 5-131。由图 5-131（a）、（b），C1 塔第 12、50 板的温度在波动 2h 后趋于稳定。与控制结构一的动态模拟结果比较，第 50 板的温度波动趋势近似，第 12 板的温度稳定趋势大为改观。这两块塔板温度的稳定控制为保证两塔三股产品浓度达标打下

了基础。由图 5-131（c）、（d），C1 塔的塔顶、塔底产品浓度在波动 2h 后趋于稳定，塔顶产品 DME 含量≥0.99（摩尔分数），釜液水含量也在 0.99（摩尔分数）左右，两产品均合格。由图 5-131（e）、（f），侧线 S1 物流中 DME 浓度控制较好，短暂波动后趋于稳定，S1 物流中 DME 浓度≤1×10^{-9}（摩尔分数）。由于限制了侧线物流中 DME 浓度增加，C2 塔塔顶产品浓度波动 2h 后趋于稳定，甲醇含量>0.99（摩尔分数），产品合格。至此，在进料流率波动±20%后，两塔三股产品的纯度均达到分离要求。

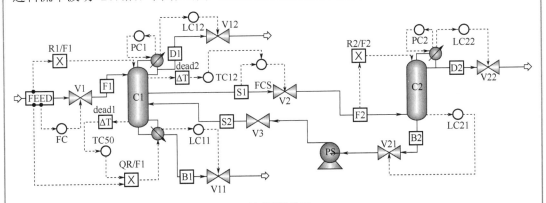

(a) 控制结构二

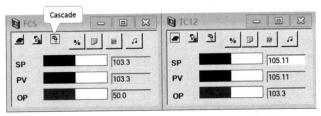

(b) 流率控制器"FCS"与温度控制器"TC12"参数面板

图 5-130   DME-MEOH-H$_2$O 溶液双塔分离动态模拟流程 2

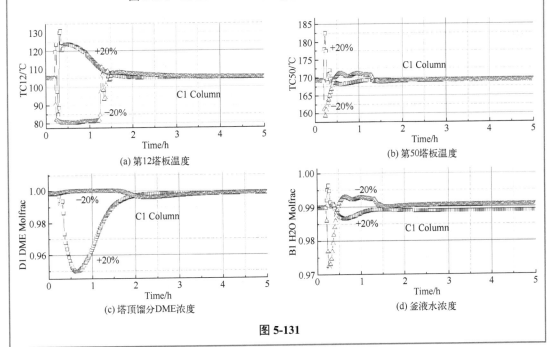

图 5-131

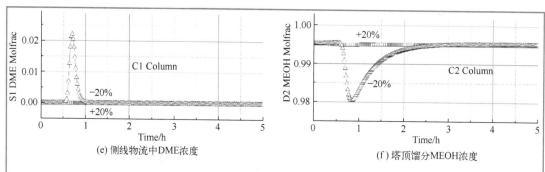

(e) 侧线物流中DME浓度

(f) 塔顶馏分MEOH浓度

图 5-131　控制结构二进料流率扰动的动态模拟结果

② 进料组成扰动　扰动过程为：0.2h 二甲醚摩尔分数分别阶跃至 0.4 或 0.3，甲醇摩尔分数相应阶跃至 0.3 或 0.4，5h 模拟结束，结果如图 5-132。由图 5-132（a）、（b），C1 塔第 12 板温度波动幅度类似于进料流率扰动，但也趋于稳定；第 50 板温度波动范围比进料流率扰动小。由图 5-132（c）、（d），C1 塔塔顶、塔底产品浓度波动范围小于进料流率扰动，且两产品纯度均大于 0.99（摩尔分数），纯度合格。由图 5-132（e）、（f），进料组成扰动后，侧线物流 S1 中的 DME 浓度波动不大，均在 $1×10^{-9}$（摩尔分数）上下；C2 塔塔顶馏分中甲醇浓度与侧线物流中的 DME 浓度相关，但两种进料组成扰动条件下，甲醇含量均高于 0.99（摩尔分数），纯度合格。

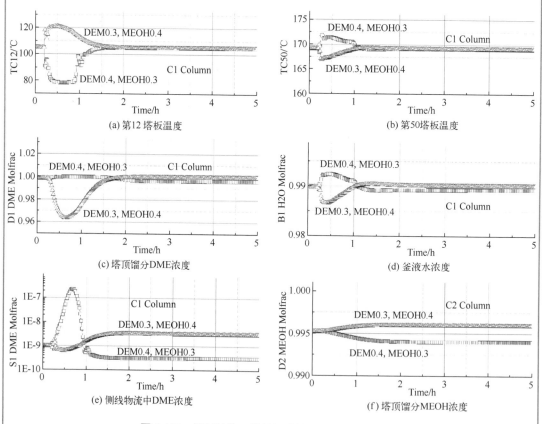

(a) 第12塔板温度

(b) 第50塔板温度

(c) 塔顶馏分DME浓度

(d) 釜液水浓度

(e) 侧线物流中DME浓度

(f) 塔顶馏分MEOH浓度

图 5-132　控制结构二进料组成扰动的动态模拟结果

至此，可以认为图 5-130 的控制结构二对于双塔耦合分离 DME-MEOH-H_2O 溶液的流程控制是有效的。

5.6 动态换热器与精馏塔联合控制

在 5.4 节、5.5 节中对单一精馏塔和双塔耦合精馏塔控制结构的设计进行了介绍，其中冷凝器和再沸器的热量传递并没有特别设置，采用的是默认设置。因此，冷凝器和再沸器的热量传递过程被认为是"瞬时热量"或"直接热量"。在动态模拟过程中既没有考虑冷凝器和再沸器设备空间滞留物料的热容量对传热响应时间的影响，也没有考虑冷凝器和再沸器设备的金属部件热容量对传热响应时间的影响。因此，在精馏塔的控制结构设计中，没有考虑冷凝器和再沸器动态响应的控制方案是不完备的，有时候甚至是不安全的。例如，冷凝器冷却水的扰动、再沸器加热蒸汽的扰动都会引起塔压波动或塔顶、塔底的产品组成波动。模拟这些扰动因素对全流程装置稳定操作的影响，掌握这些扰动发生到系统响应时间的长短，对于安全保护装置的选型设计、操作人员的配置与培训是非常重要的。下面以一甲醇精馏塔的控制结构设计为例，说明如何进行精馏塔与动态冷凝器、动态再沸器的联合控制结构设计。

例 5-20 甲醇精馏塔的动态冷凝器与动态再沸器控制结构。

一甲醇精馏塔有 40 块理论板，进料位置 32 板，冷凝器和再沸器独立设置，塔顶压力 1.1bar，塔釜 1.5bar，要求塔顶馏分中甲醇摩尔分数（下同）0.999，釜液中水 0.999。进料、冷凝器冷却水、再沸器加热蒸汽的参数见图 5-133，试设计该流程的控制结构，考察冷却水流率、蒸汽流率、进料流率和组成扰动时精馏塔操作参数的响应。

解 （1）稳态模拟 甲醇和水是极性混合物，近常压操作，选用"NRTL"性质方法。再沸器加热蒸汽阀门 V6、冷凝器冷却水阀门 V7 的物性计算选用"STEAM-TB"性质方法。塔釜选用釜式再沸器，冷凝器、再沸器均选用管壳式换热器，水平安装，冷却水和加热蒸汽均走管程。按图 5-133 的参数设置说明，建立 Aspen Plus 稳态模拟程序并调整至收敛，模拟结果冷凝器热负荷 53.1643GJ/h，再沸器热负荷 52.8587GJ/h，主要物流信息如图 5-134。

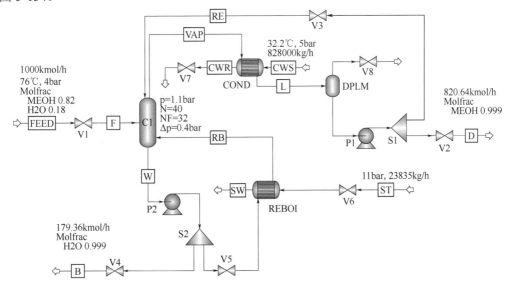

图 5-133 含动态换热器的甲醇精馏塔稳态模拟流程

（2）求取灵敏板位置 甲醇精馏塔温度分布如图 5-135（a），用 Origin 软件对其微分后得到温度斜率分布如图5-135（b），可见甲醇精馏塔的温度灵敏板是第37板。

	Units	F	D	B	RE	RB
Temperature	C	76	65.2937	111.282	65.2937	112.998
Pressure	bar	1.41795	1	1	1.1	1.58291
Molar Vapor Fraction		0	0	0	0	0.984826
+ Mole Flows	kmol/hr	1000	820.64	179.36	684.687	1335.24
− Mole Fractions						
METHANOL		0.82	0.99898	0.00109766	0.99898	0.00109766
H2O		0.18	0.0010198	0.998902	0.00101974	0.998902
+ Mass Flows	kg/hr	29517.3	26283.3	3233.98	21929.1	24075.2

图 5-134　甲醇精馏塔稳态模拟结果

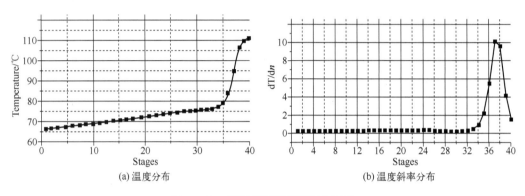

(a) 温度分布　　　　　　　　(b) 温度斜率分布

图 5-135　求取甲醇精馏塔的灵敏板

（3）确定设备尺寸

① 冷凝器　选用 Aspen Plus 的"HeatX"模块，进行简捷换热计算并设备选型，然后用 Aspen EDR 软件对选型换热器进行核算，最终选择冷凝器型号为 AEL1400-2.5/1.6-1055.0-9/25-2 I，壳径 1400mm，公称换热面积 1055m²，换热管 ϕ25mm×2.5mm，管长 9m，管数 1510 根，双管程单壳程，三角形排列，管心距 32mm，挡板 4 块，切率 0.4。由冷凝器结构数据，估计管程体积为 8.5m³，壳程体积为 6.5m³，管束质量 20354kg，封头和筒体质量 8653kg，金属的比热容取 460J/(kg·K)。把冷凝器尺寸填入"Dynamic"文件夹对应的页面中，如图5-136（a）、（b），其中管（壳）程体积和设备质量均平分后填入进口与出口栏目中。

② 冷凝液储罐（凝液罐）　由稳态模拟结果，进入冷凝液储罐的液体流率 v_1= 64.7m³/h，取储罐长度为直径的 2 倍，计算出冷凝液储罐直径 D_1=1.9m，选用椭圆形封头，垂直安装。把冷凝液储罐尺寸填入"Dynamic"文件夹对应的页面中，如图5-136（c）。

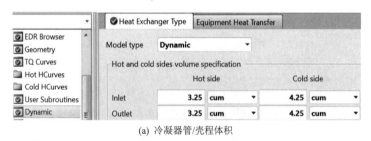

(a) 冷凝器管/壳程体积

(b) 冷凝器管/壳程质量

(c) 冷凝液储罐

图 5-136 冷凝器设备尺寸

③ 塔径与塔釜 选用 2 流道筛板塔盘，板间距 600mm，堰高 50mm，降液管底隙 50mm，核算塔径为 3.0m。由稳态模拟结果，釜液流率 $v_2=0.008375m^3/s$，计算并圆整出塔釜直径 $D_2=1.5m$。把塔径和塔釜设备计算结果填入精馏塔模块 "Dynamics" 文件夹对应的页面中，如图 5-137。

(a) 塔釜

(b) 塔径

图 5-137 精馏塔设备尺寸

④ 再沸器 选用 Aspen Plus 的 "HeatX" 模块，进行简捷计算并设备选型，然后用 Aspen EDR 软件对选型换热器进行核算，最终选择釜式再沸器型号为 AKT1600/2400-2.5/1.6-722.3- 6/25-2 I，壳径 1600/2400mm，公称换热面积 $722.3m^2$，换热管 $\phi25mm\times2.5mm$，管长 6m，管数 1592 根，三角形排列，管心距 32mm，双管程单壳程，挡板 5 块，切率 0.4。由再沸器结构数据，估计管程体积为 $6m^3$，壳程体积为 $21m^3$，管束质量 16514kg，封头和筒体质量 15395kg。把再沸器尺寸填入再沸器模块 "Dynamic" 文件夹对应的页面中，如图 5-138，其中管（壳）程体积和设备质量均平分后填入进口与出口栏目中。

(a) 管/壳程体积

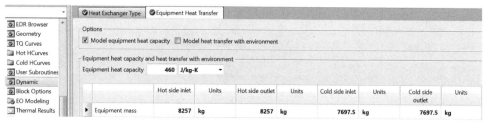

(b) 管/壳程质量

图5-138　再沸器设备尺寸

如果缺乏换热器的详细机械结构数据，不能准确计算换热器管程与壳程体积，Aspen Plus Dynamics软件提供了一个简捷估算式，即$V=\tau v/2$。式中，V是换热器的管程或壳程体积，m^3；τ是停留时间，s，可以按表5-4选取；v是稳态时物流的体积流量，m^3/s。

表5-4　换热器物流停留时间估计值

相态	壳程	管程
液相/混合态	15min	5min
汽相	3s	1s

至此，完成含动态换热器的甲醇精馏塔稳态流程的工艺计算与设备计算，进行压力驱动检查，无错后把稳态模拟结果向Aspen Plus Dynamics传递。

（4）控制结构　打开软件自动生成的原始动态模拟文件，原始动态模拟流程图上已经自动安装了塔顶压力控制器"DRLM_PC"。该控制器用调节V8阀门开度控制塔顶压力会导致汽相大量流失，因此需要修改软件自动安装的塔顶压力控制器。另外，还需要对原始动态模拟流程图添加若干控制模块进行完善，添加了若干控制模块后的含动态冷凝器和动态再沸器的甲醇精馏塔控制结构如图5-139（a），下面对各模块参数设置逐一说明。

① 修改塔顶压力控制方式　把调节V8阀门开度控制塔顶压力，修改为通过调节冷凝器冷却水流率的V7阀门开度以控制凝液罐压力，软件自动安装的塔顶压力控制器"DRLM_PC"的参数不变，更名为"PC"，如图5-139（a）。把V8阀门开度设置为零，参数设置如图5-139（b）。

② 添加液位控制器　添加凝液罐液位控制器"LC12"和塔釜液位控制器"LC11"，修改两个液位控制器的增益值为2、积分时间为9999min，正作用控制，过滤时间常数0.1min。

③ 添加流率控制模块　添加进料流率、回流流率、加热蒸汽流率的控制器"FC""FCRE"和"FCST"，设置3个控制器的增益为0.5、积分时间为0.3min，反作用控制，过滤时间常数0.1min。

④ 添加加热蒸汽流率与进料流率比例控制模块"ST/F"　由稳态模拟结果，"ST/F"的质量比为ST/F=23835/29517.3=0.807493，把"ST/F"与"FCST"串级控制，"ST/F"是

主控制器，"FCST"是副控制器，"FCST"设置为串级模式运行。

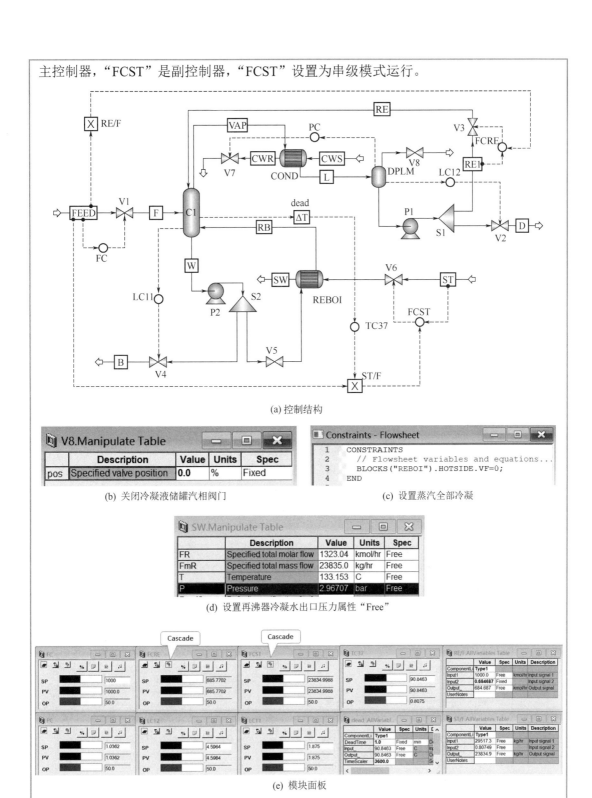

(a) 控制结构

(b) 关闭冷凝液储罐汽相阀门

(c) 设置蒸汽全部冷凝

(d) 设置再沸器冷凝水出口压力属性"Free"

(e) 模块面板

图 5-139　甲醇精馏塔动态模拟流程

⑤ 添加回流流率与进料流率的比例控制模块"RE/F"　由稳态模拟结果，"RE/F"的摩尔比为 RE/F=684.687/1000=0.684687，"RE/F"与"FCRE"串级控制，"RE/F"是主控制器，"FCRE"是副控制器，"FCRE"设置为串级模式运行。

⑥ 设置蒸汽全部冷凝　在实际生产装置上，再沸器冷凝水出口端都安装疏水阀，其功能是只能排出蒸汽冷凝水，阻止蒸汽逃逸。在动态模拟时，为保证蒸汽在再沸器内全部冷凝，需要添加一行流程控制性语句，如图 5-139（c）。这时，冷凝水出口压力属性需要修改为自由状态，如图 5-139（d），以使整个控制系统的自由度设置恢复平衡。

⑦ 添加精馏塔灵敏板温度控制器"TC37"　反作用控制。设置温控器"TC37"模块与比例模块"ST/F"、加热蒸汽控制器"FCST"模块串级运行。"TC37"模块是主控制器，动态运行时"ST/F"模块的比例系数由主控制器"TC37"输入；"FCST"是副控制器，其加热蒸汽流率由"ST/F"调节。稳态时第 37 塔板温度 90.85℃，设置"TC37"模块输入信号范围为 40~140℃；稳态时"ST/F"模块的比例系数是 0.80749，设置"TC37"模块输出信号范围为 0~1.6。在"TC37"模块之前设置一个 1min 的死时间模块"dead"。经过参数整定，"TC37"模块的增益值 0.875，积分时间 26.4min，可见第 37 板温度对加热蒸汽扰动的响应缓慢。对于本例题，若采用"瞬时热量"或"直接热量"的再沸器控制结构，"TC37"的增益值 2.05、积分时间 9.24min，其灵敏板温度对塔釜热负荷扰动的响应比动态再沸器明显快得多，但与实际生产装置的控制状态存在较大差异，故动态再沸器更接近真实装置的运行状态。运行"Initialization"，保存各控制模块的输入数据，各控制模块参数面板汇总如图 5-139（e）。

（5）动态模拟结果　下面逐一观察含动态换热器的甲醇精馏塔对扰动因素的响应情况，这些扰动因素包括冷却水流率或加热蒸汽流率降低、进料流率与组成变化等。

① 冷凝器冷却水阀门 V7 开度–20%　当塔釜再沸器加热蒸汽供应正常，塔顶冷凝器冷却水流率突然减少后，考察甲醇精馏塔系统各参数的响应。扰动过程为：稳定运行 0.5h 后暂停，再沸器加热蒸汽控制器"FCST"和压力控制器"PC"均设置为手动，把"PC"参数面板上的输出信号"OP"数值由 50%改为 40%，此时冷凝器冷却水回水管道阀门 V7 的开度被减小 20%，再沸器加热蒸汽流率基本不变，运行 10h 模拟结束，动态模拟结果如图 5-140。

由图 5-140（a）、（b），冷却水回水管道阀门 V7 的开度下降 20%后，对应冷却水的实际流率由稳态时的 828000kg/h 下降到 667432kg/h，减少了 19.4%，冷却水回水 CWR 的温度从 47.6℃升高到 51.2℃。由于冷凝器和再沸器都是用严格设计参数输入，冷凝器的冷

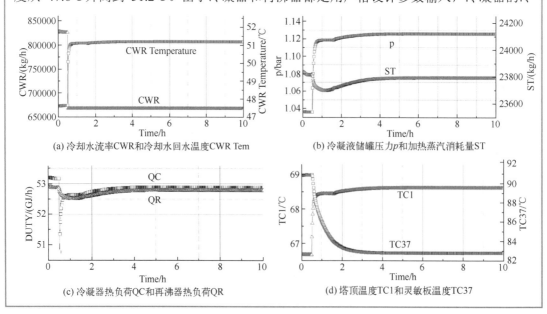

(a) 冷却水流率CWR和冷却水回水温度CWR Tem　　　　(b) 冷凝液储罐压力p和加热蒸汽消耗量ST

(c) 冷凝器热负荷QC和再沸器热负荷QR　　　　(d) 塔顶温度TC1和灵敏板温度TC37

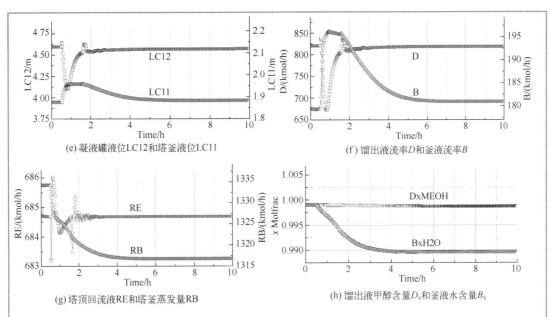

(e) 凝液罐液位LC12和塔釜液位LC11   (f) 馏出液流率D和釜液流率B

(g) 塔顶回流液RE和塔釜蒸发量RB   (h) 馏出液甲醇含量D_x和釜液水含量B_x

图 5-140　冷凝器冷却水阀门开度−20%的动态响应

却速率和再沸器的加热速率都受到换热器机械结构、流体流动状态等的限制。冷凝器冷却水流率降低后，塔顶汽相不能及时冷凝，冷凝液储罐压力由 1.03bar 上升到近 1.13bar；再沸器换热速率受到塔压影响而降低，加热蒸汽流率被迫减少，5h 后逐步恢复，趋于23790kg/h，与稳态模拟值相比下降约 0.2%。对于本例题若采用非动态冷凝器模拟，即以"瞬时热量"或"直接热量"模拟的情形，若冷凝器热负荷−20%，冷凝液储罐压力迅速上升到了 2.1bar。这也部分显示了动态换热器模拟过程中，冷凝器设备空间滞留物料的热容量和设备金属部件的热容量对冷凝器传热过程的影响。

由图 5-140（c）、（d），冷凝器热负荷由 52.9GJ/h 降低到 52.6GJ/h，与稳态模拟值相比仅降低了 0.57%，而不是降低 20%。究其原因，是冷却水回水温度的升高补偿了冷却水进口流率的降低。再沸器热负荷随着加热蒸汽的波动初始降低，后逐步恢复，最终降低0.22%。冷凝器回水温度升高引得塔顶汽相温度 TC1 升高了近 2℃。由于再沸器加热蒸汽手动控制，灵敏板温度 TC37 不再受控，降低了 7℃。由图 5-140（e）、（f），冷却水流率降低后，冷凝液储罐液位和塔釜液位初始剧烈波动，经过 5h 后趋于稳定；塔顶、塔底产品出口流率也在剧烈波动后趋于稳定。

由图 5-140（g）、（h），塔顶回流量与塔釜蒸发量的波动与塔釜储罐液位的波动相互呼应，当冷却水流率突然减少后，塔顶冷凝液量减少，冷凝液储罐液位突降，塔顶回流量降低；塔釜液位上升，蒸发量也随着降低。5h 后塔顶回流量降低 0.16%，蒸发量降低 1.31%。塔顶馏出液甲醇摩尔分数与稳态近似，但因为塔釜蒸发量降低较大，提馏段灵敏板温度TC37 下降，分离效率降低，提馏段塔板上甲醇含量上升，釜液水含量降低到 0.990（摩尔分数），未达到分离要求（摩尔分数 0.999）。

② 再沸器蒸汽进口阀门 V6 开度+10%　当塔顶冷凝器冷却水供应正常，塔釜再沸器加热蒸汽突然增加后，考察甲醇精馏塔系统各参数的响应。扰动过程为：稳定运行 0.5h后暂停，再沸器加热蒸汽控制器"FCST"和压力控制器"PC"均设置为手动，把"FCST"的输出信号改为 55%，此时再沸器加热蒸汽阀门 V6 的开度被增加 10%，冷凝器冷却水流率不变，运行 10h 模拟结束，动态模拟结果如图 5-141。

由图 5-141（a）、（b），再沸器加热蒸汽管道阀门 V6 的开度增加 10%后，对应加热蒸汽流率初始波动，后稳定在 24965kg/h，与稳态模拟值相比实际增加了 4.74%。再沸器加热蒸汽增加，冷凝器冷却水流率因为手动控制未变，冷却水出口温度从 47.6℃增加到48.2℃，塔顶冷凝液储罐汽相压力大幅波动后趋于稳态值。

由图 5-141（c）、（d），加热蒸汽增加后，再沸器热负荷由 52.9GJ/h 快速上升到 55.1GJ/h，冷凝器热负荷由 53.2GJ/h 快速上升到 55.7GJ/h，后缓慢波动降低。冷却水流率未变，冷凝器热负荷的增加值由回水温度上升得以补偿。塔釜加热蒸汽增加后塔顶汽相温度从 66.7℃上升到 68.3℃；由于再沸器加热蒸汽阀门 V6 手动控制，精馏塔灵敏板温度没法调节，TC37温度从 90.8℃上升到 110.7℃，增加了近 20℃。

由图 5-141（e）、（f），由于塔釜加热蒸汽增加，塔釜蒸发量初始快速增加，5h 后逐步趋于稳定；塔顶回流量初始波动，但相对稳定。由于塔釜蒸发量大，釜液中微量的甲醇都从塔顶馏出，故釜液中甲醇含量极低；但更多的水分从塔顶馏出，塔顶馏分的甲醇摩尔分数从 0.999 直降到 0.96 以下，产品不合格，釜液中水的摩尔分数则从 0.999 增加到 1.0。

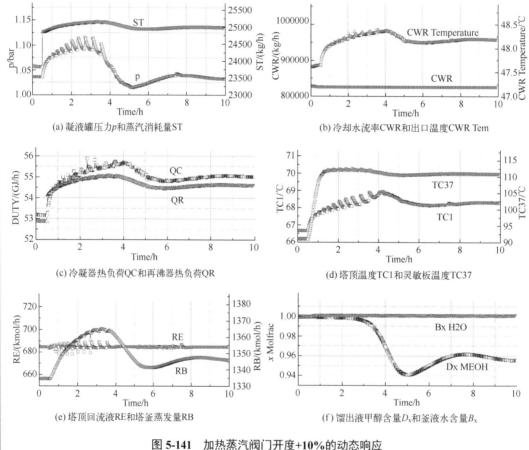

(a) 凝液罐压力 p 和蒸汽消耗量 ST

(b) 冷却水流率 CWR 和出口温度 CWR Tem

(c) 冷凝器热负荷 QC 和再沸器热负荷 QR

(d) 塔顶温度 TC1 和灵敏板温度 TC37

(e) 塔顶回流液 RE 和塔釜蒸发量 RB

(f) 馏出液甲醇含量 D_x 和釜液水含量 B_x

图 5-141　加热蒸汽阀门开度+10%的动态响应

③ 进料流率–20%　冷凝器储罐压力控制器"PC"设置为自动控制，再沸器加热蒸汽控制器"FCST"设置为串级控制，考察图 5-139 控制结构对进料流率扰动的响应。扰动过程为：稳定运行 0.5h 后暂停，把进料流率降低 20%，为 800kmol/h，运行 6h 模拟结束，动态模拟结果如图 5-142。

由图 5-142（a）、（b），进料流率降低后，塔顶冷凝液储罐汽相压力亦降低，压力控制器"PC"减小冷凝器冷却水管道阀门 V7 开度，冷却水流率降低，回水温度升高，使冷凝液储罐汽相压力逐步恢复到稳态值；再沸器加热蒸汽流率由 23835kg/h 下降到 18646kg/h，与稳态相比实际降低了 21.8%。

由图 5-142（c）、（d），进料流率降低后，再沸器热负荷和冷凝器热负荷同步减少了约 20%；塔顶汽相温度下降了 0.6℃，灵敏板温度经过上下约 4℃的波动后趋于稳态值。

由图 5-142（e）、（f），进料流率降低后，塔顶、塔釜出料量相应减少，经过 2h 的波动趋于稳定；塔顶、塔釜产品组成有微量上升，均满足产品纯度要求。

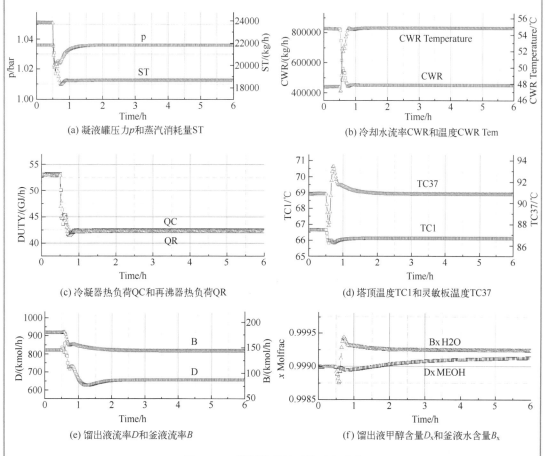

(a) 凝液罐压力 p 和蒸汽消耗量 ST

(b) 冷却水流率 CWR 和温度 CWR Tem

(c) 冷凝器热负荷 QC 和再沸器热负荷 QR

(d) 塔顶温度 TC1 和灵敏板温度 TC37

(e) 馏出液流率 D 和釜液流率 B

(f) 馏出液甲醇含量 D_x 和釜液水含量 B_x

图 5-142　进料流率波动的动态响应

④ 进料中水含量+20%　冷凝器储罐压力控制器"PC"设置为自动控制，再沸器加热蒸汽控制器"FCST"设置为串级控制，考察图 5-139 控制结构对进料组成扰动的响应。扰动过程为：稳定运行 0.5h 后暂停，鼠标右击进料物流，在弹出的菜单中选择"Forms"，在次级菜单中点击"Manipulate"，把水含量由 0.18（摩尔分数，下同）增加到 0.22，甲醇含量降低到 0.78，运行 6h 模拟结束，动态模拟结果如图 5-143。

由图 5-143（a）、（b），进料水含量增加，进料中挥发量减少，塔顶冷凝液储罐汽相压力初始降低，压力控制器"PC"减少冷凝器冷却水流率，回水温度升高，使冷凝液储罐汽相压力恢复稳态值；再沸器加热蒸汽流率由 23835kg/h 下降到 23204kg/h，与稳态相比实际降低了 2.65%。

由图 5-143（c）、（d），进料水含量增加后，物料汽化量减少，再沸器热负荷和冷凝器热负荷同步减少了约 2.9%；塔顶汽相温度未变；灵敏板温度经过较小波动后趋于稳态值。

由图 5-143（e）、（f），进料水含量增加，塔顶甲醇产量相应减少，釜液量相应增加，塔顶、塔釜产品流率经 2h 波动后趋于稳定。塔顶产品流率减少了 4.93%，釜液量增加了 22.6%。塔釜产品组成稳定，塔顶产品组成从 0.999 上升到 0.9993。

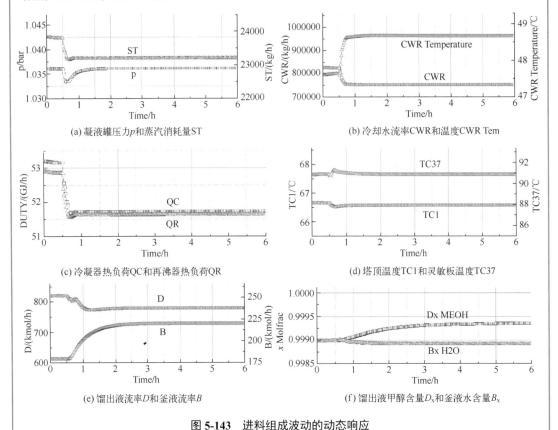

图 5-143　进料组成波动的动态响应

综上所述，通过设置冷却水流率或加热蒸汽流率降低、进料流率与组成变化等四种操作参数的波动，考察了图 5-139 含动态冷凝器与动态再沸器甲醇精馏塔控制结构的响应状态。图 5-140～图 5-143 的模拟数据表明，图 5-139 的控制结构设计是有效的，能够抵御这些操作参数在一定范围内的波动，维持生产装置的稳定运行。在实际装置的控制结构设计中，设计者既需要了解动态换热器的机械结构对精馏塔参数调节范围的限制，也需要关注动态换热器的机械结构对参数波动的响应状态和响应时间的长短，以便设计出实用可靠的精馏塔控制方案。

5.7　任务语言的应用

在 5.2～5.6 节的动态模拟例题中，执行扰动方案时采用的是人机对话功能"Pause At…"，该方法的优点是操作简单直观，缺点是动态模拟过程需要时常暂停，等操作者按扰动方案修改工艺参数后才能继续运行，软件运行效率较低。任务语言（Task Language）是在软件的任务设定功能"Add Task"基础上，把扰动方案逐一编写为可执行语句，经编译、激活后由软件一次执行完毕，软件运行效率较高。采用人机对话功能通常用于执行简单的扰动方案，采用任务语言可以执行比较复杂的扰动方案，比如执行精馏塔、反应器的开车方案或停车方案等。

所谓"任务"，就是指预先定义的、按照一定顺序执行的离散动作的指令集，比如进料参数的改变或控制点数值的改变等。任务的类型可分为两大类，即由事件驱动的任务和可调用的任务。由事件驱动的任务又可分为显式任务和隐式任务，前者通常是由时间决定的事件，后者是由其它的事件或由条件决定是否发生的事件，比如液位的高低、温度的升降等。可调用的任务不由事件驱动，可以被指令调用、执行并返回结果。可调用任务可以层层嵌套、能够将参数传递给被调用任务、可以并行调用任务。

任务内容用 Aspen Custom Modeler 语言编写，每条指令由英文单词、术语和符号构成，字符不区分大小写，句末用分号结束。事件驱动的任务编写完成后需经过软件编译，无误再进行激活，然后才可被执行。任务中的数据单位均为公制，变量属性定义为"Fixed"后才可以被任务中的指令修改。任务语言中常见的部分术语、符号及释义见表 5-5，更详细的内容介绍参见 Aspen Plus Dynamics 的帮助系统。下面对事件驱动的任务语言进行概略介绍，并用 5.2～5.6 节中的部分例题说明任务语言的使用方法。

表 5-5　任务语言中常见的术语、符号及释义

术语和符号	释义	术语和符号	释义	术语和符号	释义
==, <>	=, ≠	FvR	体积流率	SRAMP	指定参数曲线变化（正弦函数）
>=, <=	≥, ≤	Liq_fr	液相容积分率	T	温度℃
C	kmol/m³	Mc	摩尔数值	Wait	保持执行当前任务直至指定的时间长度
Cm	kg/m³	Mmc	质量数值	Wait for	保持执行当前任务直至满足指定的条件
continuous	数据点连续	pos	阀门开度	Zmn	质量分数
discrete	数据点分散	QR	热负荷	ZmR	指定质量分数
FmR	质量流率	RAMP	指定参数线性变化	Zn	摩尔分数
FR	摩尔流率	SP	控制器设定值	ZR	指定摩尔分数

5.7.1　进料流率扰动任务

化工流程中的任一设备与其上下游设备之间均存在着多种联系，物料的联系往往是最重要的联系，一设备的进口可能就是另一设备的出口。因此在动态模拟中，考察进料流率的扰动对流程控制结构的影响是基本的考察因素。

在编写流率扰动语言时，注意软件后台运算的流率单位是 kmol/h，如果稳态模拟时采用了 kmol/s 或其它流率单位，在编写扰动语言时需要把流率单位进行相应换算。

> **例 5-21**　编写例 5-1 闪蒸罐液位控制结构的进料流率扰动任务。
>
> 扰动过程为：0.0h 开始稳态运行，0.2h 进料流率在 1h 内线性、连续增加到 120kmol/h；1.2h 进料流率恢复为 100kmol/h 运行 1h；2.2h 进料流率在 1h 内曲线、散点下降到 80kmol/h；3.2h 进料流率恢复为 100kmol/h 运行到 4h 结束。要求对扰动任务进行编译、激活并运行，图示闪蒸罐内的液位涨落。
>
> **解**　（1）流程准备　采用任务语言控制进料流率的扰动过程，例 5-1 闪蒸罐液位控制结构的进料流率控制器"FC"就不需要了，可以把"FC"设置为手动控制或直接删除。把进料物流 FEED 摩尔流率的"FR"属性改为固定变量"Fied"，压力属性改为自由变量"Free"，取消原人机对话方式对扰动过程的时间限制。
>
> （2）创建扰动任务　双击导航栏 Flowsheet 文件夹中的"Add Task"图标，或点击操作界面顶部工具栏上的"🖼"图标，弹出一个任务命名窗口，要求给新创建的任务命名，

此处命名为"FEED"。点击"OK"按钮，软件弹出初始任务窗口，其中绿色字体是对如何编写任务语言的语法指导，全部删除。按题目给出的扰动内容，编写出的任务语言如图 5-144。其中，"RAMP…"是线性函数指令，"RAMP (STREAMS("FEED").FR, 120, 1, continuous);"表示进料流率在 1h 内线性、连续变化到 120kmol/h。"SRAMP…"是曲线函数指令，"SRAMP (STREAMS("FEED").FR, 80, 1, discrete);"表示进料流率在 1h 内曲线（正弦函数）、散点变化到 80kmol/h。在图 5-144 空白处右击，在软件弹出的界面中点击"Compile"选项，软件对任务语言进行编译，若任务语言编写无误，信息栏（Simulation Messages）显示"Compilation completed, 0 error(s), 0 warning(s)"。

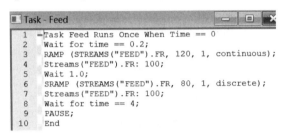

```
Task - Feed
 1   Task Feed Runs Once When Time == 0
 2   Wait for time == 0.2;
 3   RAMP (STREAMS("FEED").FR, 120, 1, continuous);
 4   Streams("FEED").FR: 100;
 5   Wait 1.0;
 6   SRAMP (STREAMS("FEED").FR, 80, 1, discrete);
 7   Streams("FEED").FR: 100;
 8   Wait for time == 4;
 9   PAUSE;
10   End
```

图 5-144　进料流率扰动任务语言

（3）运行扰动任务　在导航栏 Flowsheet 文件夹中可以看见创建的"FEED"任务图标，鼠标选中"FEED"任务图标右击，在弹窗中点击"Activate"，可以看见"FEED"任务图标上出现了一个闪电符号，表明"FEED"任务已被激活。点击工具栏的"Run"按钮，"FEED"任务开始运行，到设定时间自动结束运行，结果如图 5-145。由图可见，在 0.2～1.2h 区间，进料流率从 100kmol/h 连续、线性增加到 120kmol/h；在 2.2～3.2h 区间，进料流率从 100kmol/h 散点、曲性下降到 80kmol/h；在其余 3 个时间区间，进料流率稳定在 100kmol/h，运行轨迹符合任务指令设定，闪蒸罐液位的涨落情况也与进料流率的变化相呼应。

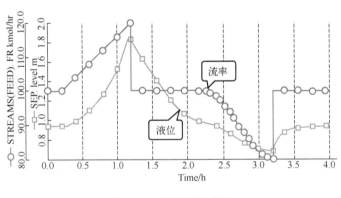

图 5-145　进料流率扰动

5.7.2　进料组成扰动任务

对反应器而言，进料组成的变化将影响反应进程、转化率及收率等指标，出现催化剂床层热点漂移、冷却介质或加热介质的过剩或不足。对精馏塔而言，进料组成的变化也将直接影响精馏塔的稳态操作，出现精馏段或提馏段负荷加重或分离效率下降。因此在动态模拟中，进料组成的扰动对流程控制结构的影响也是基本的考察因素。

在编写组成扰动语言时，要注意进料物流的各个组分是否同时变化，防止某一个组分浓度改变而其它组分浓度不能同时改变的现象出现。

例 5-22 编写例 5-8 冷剂并流管式反应器控制结构的进料组成扰动任务。

扰动过程为：0.0h 开始稳态运行，0.2h 氯气增加至 0.15（摩尔分数，下同），丙烯下降至 0.85；1.7h 氯气下降至 0.05，丙烯增加至 0.95；3.2h 氯气恢复为 0.1、丙烯 0.9；4h 模拟结束。运行扰动任务，图示反应器冷却水流率、进出口物流温度与热点温度波动状态。

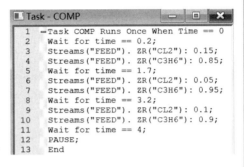

```
1  -Task COMP Runs Once When Time == 0
2   Wait for time == 0.2;
3   Streams("FEED"). ZR("CL2"): 0.15;
4   Streams("FEED"). ZR("C3H6"): 0.85;
5   Wait for time == 1.7;
6   Streams("FEED"). ZR("CL2"): 0.05;
7   Streams("FEED"). ZR("C3H6"): 0.95;
8   Wait for time == 3.2;
9   Streams("FEED"). ZR("CL2"): 0.1;
10  Streams("FEED"). ZR("C3H6"): 0.9;
11  Wait for time == 4;
12  PAUSE;
13  End
```

图 5-146 进料组成扰动任务语言

解 （1）创建扰动任务 取消原人机对话方式对扰动过程的时间限制。新建的进料组成扰动任务取名为"COMP"，按题目给出的扰动内容，编写出的任务语言如图 5-146。

（2）运行扰动任务 对"COMP"任务进行编译，无误后激活，运行结果如图 5-147～图 5-149。由图 5-147，在 0.2～1.68h 区间，进料中氯气浓度变化为 0.15，丙烯 0.85；在 1.7～3.18h 区间，进料中氯气浓度变化为 0.05，丙烯 0.95；在 3.2～4h 时间区间，进料中氯气浓度恢复为 0.1，丙烯 0.9。进料组成扰动过程符合题目扰动要求。由图 5-148，冷却水流率"CWS"随着进料中氯气浓度增减而涨落。由图 5-149，床层热点温度 $T(12)$ 也随进料中氯气浓度增减而相应升降。

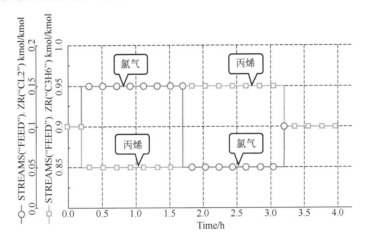

图 5-147 反应器进料组成扰动

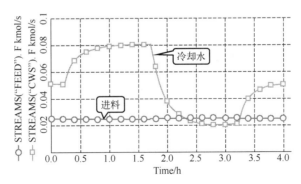

图 5-148 进料流率与冷却水流率波动

第 5 章 过程的动态控制 **283**

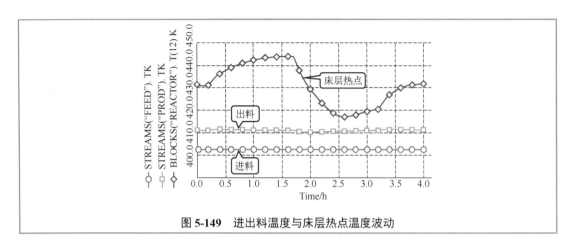

图 5-149 进出料温度与床层热点温度波动

5.7.3 进料温度扰动任务

进料温度扰动本质上涉及进料物流带入系统热量的波动，从而引起系统热平衡的偏移。对容器而言，物料的闪蒸量会变化；对反应器而言，催化剂床层热点会漂移；对精馏塔而言，会使得塔底再沸器与塔顶冷凝器的负荷不匹配，影响稳态的塔身温度分布，进而改变塔板上的汽液平衡，从而影响分离效果。因此在动态模拟中，考察进料温度的扰动对流程控制结构的影响也是基本的考察因素。

在编写温度扰动语言时，注意软件后台运算的温度单位是摄氏度，如果稳态模拟时采用了热力学温度或其它温度单位，在编写扰动语言时需要把温度单位进行相应换算。

例 5-23 编写例 5-12 含温度控制精馏塔控制结构的进料温度扰动任务。

扰动过程为：0.0h 开始稳态运行，0.2h 进料温度上升至 342K；4h 进料温度恢复为 322K；8h 进料温度下降至 302K，12h 模拟结束。运行扰动任务，图示精馏塔各参数波动状态。

解 （1）创建扰动任务 取消例 5-12 原人机对话方式对扰动过程的时间限制。新建的进料物流温度扰动任务取名为"TEM"，按题目给出的扰动内容，编写出的任务语言如图 5-150，图中第 3 行绿色字体是注释文字，此处说明 68.85（℃）相当于 342K，其它亦然。

（2）运行扰动任务 对"TEM"任务进行编译，无误后激活，运行结果如图 5-151、图 5-152。由图 5-151，在 0.2~4h 区间，进料物流温度上升至 342K；在 4~8h 区间，进料物流温度恢复至 322K；在 8~12h 区间，进料物流温度下降至 302K，进料温度扰动过程符合题目扰动要求。由图 5-152（a）、（b），当进料温度上升，塔顶回流量增加；当进料温度下降，塔顶回流量亦下降，精馏段灵敏板温度能够维持稳定。由图 5-152（c）、（d），

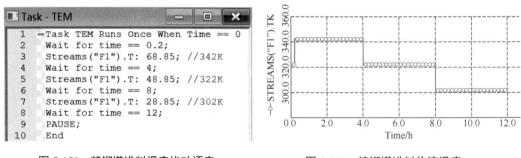

图 5-150 精馏塔进料温度扰动语音	图 5-151 精馏塔进料物流温度

当进料温度上升，塔釜热负荷减小；当进料温度下降，塔釜热负荷增加，提馏段灵敏板温度能够维持稳定。由图 5-152（e），进料温度上升时塔顶回流量增加，塔顶馏分中异丁烷摩尔分数<0.02，塔顶产品合格。进料温度降低时塔顶回流量减少，塔顶馏分中异丁烷摩尔分数>0.02，塔顶产品不合格。由图 5-152（f），进料温度上升时塔釜热负荷减少，釜液中丙烷摩尔分数>0.01，塔底产品不合格。进料温度降低时塔釜热负荷增加，釜液中丙烷摩尔分数<0.01，塔底产品合格。

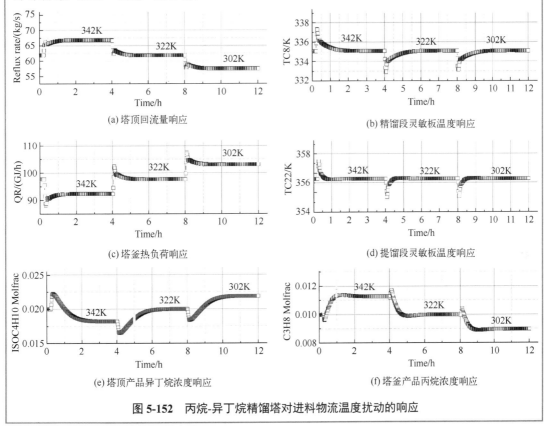

图 5-152　丙烷-异丁烷精馏塔对进料物流温度扰动的响应

5.7.4　改变控制器设定值的扰动任务

在动态模拟过程中，若需要多次修改控制器的设定值，采用任务语言是一个方便的方法。比如在精馏塔的开工过程中，往往要对塔釜、塔顶的温度、液位、回流量进行多次调整，以使精馏过程达到稳定状态。采用任务语言编写这些控制器设定值的修改指令，可以达到事半功倍的效果。

例 5-24　编写例 5-1 闪蒸罐液位控制器设定值变化的扰动任务。

在进料流率不变的条件下，改变闪蒸罐液位控制器的设定值，观察闪蒸罐液位与出料阀门开度的响应。扰动内容为：0.0h 开始稳态运行，0.2h 把液位控制器"LC"设定值修改为 0.75m，1.5h 把"LC"设定值修改为 1.25m，3.0h 把"LC"设定值恢复为 0.9375m，4.5h 运行结束。对扰动任务进行编译、激活并运行，图示运行结果。

解　（1）创建扰动任务　取消例 5-1 原人机对话方式对扰动过程的时间限制。新建的闪蒸罐液位控制器设定值变化扰动任务取名为"KZLC"，按题目给出的扰动内容，编写出的任务语言如图 5-153。

（2）运行扰动任务 对"KZLC"任务进行编译，无误后激活，运行结果如图 5-154。由图 5-154，在 0~0.2h 区间，"LC"设定值 0.9375m，初始液位也是 0.9375m，初始阀门开度 50%。在 0.2~1.5h 区间，"LC"设定值 0.75m，阀门开度升高到 70%后逐步回复到 50%，液位则逐步下降至 0.75m。在 1.5~3h 区间，"LC"设定值 1.25m，阀门开度下降到 10%后逐步回复到 50%，液位则逐步升高到 1.25m。在 3~4.5h 区间，"LC"设定值恢复到 0.9375m，阀门开度升高到 80%后逐步回复到 50%，液位逐步下降到 0.9375m。"LC"设定值扰动过程符合题目扰动要求，液位波动状况与"LC"设定值的变化吻合。

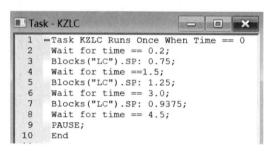

图 5-153 修改液位控制器设定值任务语音

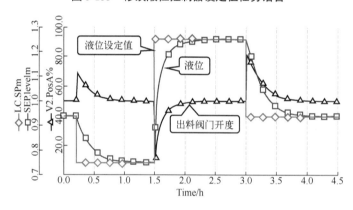

图 5-154 控制液位、实际液位与阀门开度

习题

5-1. 烷烃混合物闪蒸器的液位控制。

一股压力为 20atm、温度为 343K 的烷烃混合物降压至 5atm 后进入一立式闪蒸器进行等压绝热闪蒸，混合物流率 100kmol/h，各组分的摩尔分数为乙烷 0.1、丙烷 0.2、异丁烷 0.3、正丁烷 0.4。规定闪蒸器高度是直径的 2 倍，椭圆形封头。求：（1）液体停留时间 10min 时闪蒸器的尺寸；（2）设计常规液位控制结构，若原料流率有±30%的波动，考察该闪蒸器液位的动态响应。

5-2. 烷烃混合物闪蒸器的越权液位控制。

数据同习题 5-1。若原料流率有+30%的波动，要求控制闪蒸器的液位在最高液位 80%左右，试设计闪蒸器的越权液位控制结构，考察该闪蒸器液位的动态响应。

5-3. 烷烃混合物闪蒸器带外部复位的越权液位控制。

数据同习题 5-1。若原料流率有+30%的波动，要求控制闪蒸器的液位在最高液位 80%左右，试设计闪蒸器带外部复位的越权液位控制结构，考察该闪蒸器液位的动态响应。

5-4. 绝热反应器的控制结构设计。

同例 5-7，采用绝热管式反应器进行丙烯氯化反应，比较含有与不含催化剂对动态模拟结果的影响。进料的温度与压力、流率与组成、反应器直径与长度、反应器操作压力见习题 5-4 附图。反应器 ADIABAT1 内充填催化剂 15710kg，床层孔隙率 0.5，催化剂比热容 0.5kJ/(kg·K)，假设催化剂与反应物温度相同。ADIABAT2 不充填催化剂。设计控制结构，当进料物流温度+20K，求：（1）ADIABAT1 截面 5m、10m、15m、20m 处温度恢复稳定需要的时间；（2）比较两反应器出口端温度波动曲线有何异常现象。

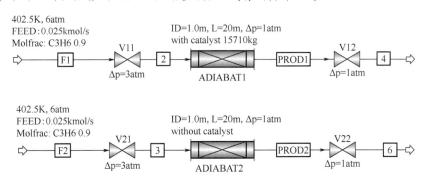

习题 5-4 附图 丙烯氯化绝热反应器流程

5-5. 冷剂并流管式反应器的控制结构设计。

同例 5-8，设计控制反应器进口端 2m 处床层温度的控制结构。若以下参数波动：（1）反应物进料温度波动±20K；（2）反应物进料流率波动±20%；（3）反应物进料中氯气摩尔分数波动±0.05。求进口端 2m 处床层温度波动状况与恢复稳定需要的时间。与例 5-8 比较，需要的冷却水流率有何不同？冷却水流率变化率是多少？

5-6. 管式反应器的控制结构设计。

同习题 5-5，反应器管道的总传热系数取符合实际的数值 142W/(m²·K)，若以下参数波动：（1）反应物进料温度波动±20K；（2）反应物进料流率波动±20%；（3）反应物进料中氯气摩尔分数波动±0.05。求进口端 2m 处床层温度波动状况与恢复稳定需要的时间。与例 5-8 比较，需要的冷却水流率有何不同？冷却水流率变化率是多少？

5-7. 冷剂逆流管式反应器的控制结构设计。

基本数据同例 5-9，反应器管道的总传热系数取符合实际的数值 142W/(m²·K)，试设计控制反应器床层 4m 处温度的控制结构。若以下参数波动，求床层 4m 处温度波动状况与恢复稳定需要的时间。（1）反应物进料温度波动±20K；（2）反应物进料流率波动±20%；（3）反应物进料中氯气摩尔分数波动±0.05。

5-8. 灵敏板温度与塔顶组成串级控制的精馏塔控制结构。

基本数据同例 5-14，设置精馏段灵敏板温度 TC8 与塔顶馏分中的异丁烷组成串级控制结构，若进料流率或进料组成分别阶跃±20%，考察其控制性能。

5-9. 灵敏板温度与塔釜组成串级控制的精馏塔控制结构。

基本数据同例 5-10，设置精馏段灵敏板温度 TC8 与塔釜馏分中的丙烷组成串级控制结构，若进料流率或进料组成分别阶跃±20%，考察其控制性能。

5-10. 醋酸甲酯（MEAC）-甲醇（MEOH）-水三元混合物均相共沸精馏塔的综合控制结

构。原料温度 341K，压力 2atm，流率 0.1kmol/s，摩尔组成为 MEAC 0.3、MEOH 0.5、水 0.2。已知精馏塔理论板 27，筛板塔盘，摩尔回流比 1.02，进料位置 21，塔顶压力 1.1atm，塔板压降 1kPa。分离要求为塔底产品中的醋酸甲酯浓度 0.001（摩尔分数），塔顶产品中含水 0.001（摩尔分数）。求：（1）灵敏板位置；（2）精馏塔回流罐、塔釜、塔径尺寸；（3）若进料流率扰动±20% 或进料组成扰动（MECH/MEOH/水变化为 0.3/0.4/0.3 或 0.25/0.55/0.2），给出合适的精馏塔控制结构。

5-11. 水-甲酸-乙酸三元混合物均相共沸精馏塔的综合控制结构。

原料温度 390K，压力 5atm，流率 100kmol/s，原料组成水/甲酸/乙酸摩尔分数 0.2863/ 0.0537/0.6600。已知精馏塔理论板 100，筛板塔盘，摩尔回流比 1.02，进料位置 88，塔顶压力 1.0atm，塔板压降 0.7kPa。分离要求为塔顶馏出物中水的摩尔分数 0.995，釜液中水的摩尔分数 0.12。求：（1）灵敏板位置；（2）回流罐、塔釜、塔径尺寸；（3）若进料流率扰动±20%或进料组成扰动（水/甲酸/乙酸变化为 0.3263/0.0537/0.62 或 0.2463/0.0537/ 0.7），给出合适的精馏塔控制结构。

5-12. 甲醇-水溶液双效并流精馏塔的综合控制结构。

稳态模拟流程如习题 5-12 附图，要求 C1 塔塔顶冷凝器热负荷等于 C2 塔塔底再沸器热负荷。两塔塔顶馏出物为甲醇，两塔釜液为水，两塔均为筛板塔盘，C1 塔摩尔回流比 0.873，C2 塔摩尔回流比 1.94，进料和两塔参数见习题 5-12 附图。分离要求：两塔塔顶馏出物甲醇含量 0.999（摩尔分数，下同），两塔釜液水含量 0.999。求：（1）两塔各自的灵敏板位置；（2）两塔回流罐、塔釜、塔径尺寸；（3）若进料流率扰动±20%或进料组成扰动（水/甲醇变化为 0.3/0.7 或 0.5/0.5），给出合适的精馏塔控制结构。

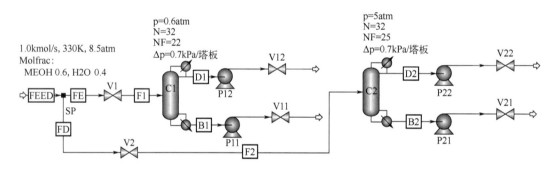

习题 5-12 附图　甲醇-水溶液双效并流精馏流程

5-13. 乙醇-水-苯混合物非均相共沸精馏塔的综合控制结构。

以苯作为共沸剂，采用非均相共沸精馏方法分离乙醇-水溶液，稳态模拟流程如习题 5-13 附图。其中 C1 塔是共沸精馏塔，塔釜出乙醇；C2 塔是废水处理塔，塔釜出水。两塔均为筛板塔盘，C2 塔摩尔回流比 0.2，主要物流参数见习题 5-13 附表。分离要求：C1 塔釜液乙醇含量 0.999（摩尔分数，下同），C2 塔釜液水含量 0.999。求：（1）两塔各自的灵敏板位置；（2）C2 塔回流罐、两塔塔釜、两塔塔径、分相器尺寸；（3）若原料流率扰动±20%或原料组成扰动（乙醇/水变化为 0.8/0.2 或 0.88/0.12），给出合适的精馏塔控制结构。

5-14. 采用动态换热器的丙烷-异丁烷精馏塔控制结构。

进料混合物数据、主要工艺设计参数和分离要求如习题 5-14 附图。试设计该流程的控制结构，考察冷却水流率、加热蒸汽流率、混合物进料流率与进料组成扰动时的控制效果。

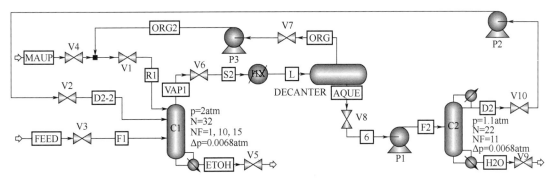

习题 5-13 附图　乙醇-水-苯混合物非均相共沸精馏流程

习题 5-13 附表　主要物流参数

物流号	流率/(kmol/s)	温度/℃	压力/atm	摩尔分数/(乙醇/水/苯)
FEED	0.06	60	5	0.84/ 0.16/0
R1	0.0812	40.3	2	0.1547/0.0164/0.8289
D2-2	0.05493	69.2	2.06	0.6163/0.2377/0.1460

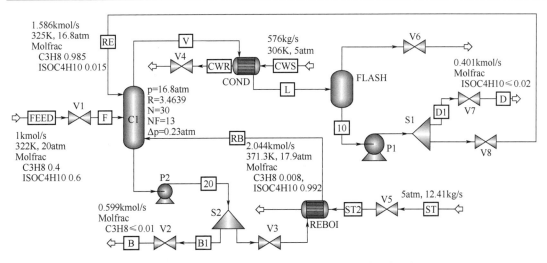

习题 5-14 附图　采用动态换热器的丙烷-异丁烷分离流程

5-15. 采用动态换热器的丙烯氯化反应器控制结构。

反应原料气数据、各设备工艺设计参数如习题 5-15 附图。丙烯与氯气的混合物经分配器 S1 分成两股物流，一股物流进入换热器 HX 的壳程，与反应器出口物流换热升温至 475K; 离开分配器的旁路物流 FBY 与离开换热器壳程的预热物流 COUT 在混合器 M1 内混合成 400K 的反应器原料气物流 FUR-IN。假设分配器、混合器没有压降。加热炉 FURN 在装置开工时或在生产波动时用于对反应原料气加热，装置生产正常时不需工作。为在动态模拟中应用，本题附图中加热炉设置为工作状态，把反应气加热升温至 401K。氯化反应器绝热操作，氯化反应动力学数据见本章 5.3.2 节例题。反应器直径 1m，长 20m，充填催化剂 15710kg，床层孔隙率 0.5，假设催化剂与反应物温度相同，催化剂比热容 500J/(kg·K)。换热器总传热系数 142W/(m²·K)，换热器的管程与壳程体积可以用表 5-4 估算。试设计该丙烯氯化反应流程的控制结构，考察进料流率波动±20%与进料氯气组成在 0.025～0.075 范围内波动时的控制效果。

5-16. 编写例 5-1 汽液闪蒸罐液位控制结构的进料流率扰动任务。

扰动过程为：0.0h 开始稳态运行，0.2h 进料流率增加至 120kmol/h；当闪蒸罐液相容积率≥0.9，进料流率恢复为 100kmol/h；2.5h 进料流率下降至 60kmol/h；当闪蒸罐液相容积率≤0.3，进料流率恢复为 100kmol/h，继续运行到 4h 结束。对扰动任务进行编译、激活并运行，图示闪蒸罐液相容积率涨落。

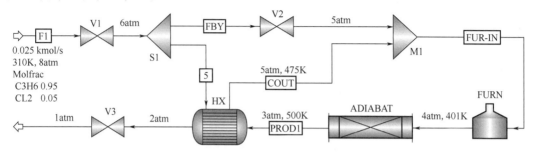

习题 5-15 附图　采用动态换热器的丙烯氯化反应流程

5-17. 编写例 5-8 冷剂并流管式反应器控制结构的进料温度扰动任务。

扰动过程为：0.0h 开始稳态运行，0.2h 进料温度上升到 420K，1.5h 下降到 380K，3h 恢复到稳态值，4h 模拟结束。对扰动任务进行编译、激活并运行，图示运行结果。

5-18. 编写例 5-12 含温度控制结构精馏塔的进料组成扰动任务。

扰动过程为：0.0h 开始稳态运行，0.2h 丙烷增加到 0.48（摩尔分数，下同），异丁烷 0.52；4h 恢复到丙烷 0.4，异丁烷 0.6；8h 下降至丙烷 0.32，异丁烷 0.68，12h 模拟结束。对扰动任务进行编译、激活并运行，图示精馏塔各参数波动状态。

5-19. 编写例 5-4 反应器液位控制器设定值变化的扰动任务。

在进料流率不变的条件下，改变反应器液位控制器的设定值，观察反应器液位与出料阀门开度的响应。扰动内容为：0.0h 开始稳态运行，0.2h 把液位控制器"LC"设定值修改为 10m，1.5h 把液位控制器"LC"设定值修改为 7m，3h 把液位控制器"LC"设定值恢复为 8.6244m，4.5h 运行结束。对扰动任务进行编译、激活并运行，图示运行结果。

参考文献

[1] AspenTech. Aspen Plus dynamics V12 Help[Z]. Cambridge: Aspen Technology Inc., 2020.

[2] William L L. Distillation design and control using Aspen simulation[M]. 2th ed. New Jersey: John Wiley & Sons Inc., 2013.

[3] William L L. Chemical reactor design and control[M]. New Jersey: John Wiley & Sons Inc., 2007.

[4] William L L, CHIEN I L. Design & control of distillation systems for separating azeotropes[M]. New Jersey: John Wiley & Sons Inc., 2010.

[5] Chaves I D G, López J R G, Zapata J L G, et al. Process analysis and simulation in chemical engineering[M]. Switzerland: Springer International Publishing Switzerland, 2016.

[6] 李洪, 孟莹, 李鑫钢, 等. 乙酸戊酯酯化反应精馏过程系统控制模拟及分析[J]. 化工进展, 2016, 34(12): 4165-4171.

[7] 刘立新, 陈梦琪, 刘育良, 等. 共沸精馏隔壁塔与萃取精馏隔壁塔的控制研究[J]. 化工进展, 2017, 36(2): 756-765.

第6章

间歇过程

当某一化工流程的工艺操作参数随时间作周期性变化时，人们常称之为间歇过程。在化工生产中，间歇过程因其生产方式灵活多变，可以满足小批量、多品种、高质量产品生产的需要，尤其适用于精细化学品、生物化学品的生产。

化工间歇过程包括间歇反应过程和间歇分离过程。间歇反应过程包括全间歇反应过程和半间歇反应过程，前者指反应物一次性加入反应釜内，达到反应条件并反应一定时间后，停止反应并将反应物料从反应釜中移除；后者指部分反应物一次性加入反应釜内，在反应过程中同时连续加入其它反应物料，或移除反应产物。间歇分离过程包括均相和非均相混合物的沉淀、结晶、蒸馏、吸附和解吸等分离操作过程。

本章将对 ASPEN 系列软件在间歇反应、间歇精馏、固定床吸附、色谱柱分离、模拟移动床吸附等过程中的应用方法进行一个初步的介绍。相对于连续过程，间歇过程是一个非稳态过程，对间歇过程进行模拟需要联立求解代数方程组和微分方程组，数值计算工作量远大于稳态模拟。在 AspenONE V11 软件及以后的版本中，把早先用于间歇反应与间歇精馏联合使用的间歇过程模拟软件 Aspen Batch Modeler 与 Aspen Plus 进行了合并。这样，新版 Aspen Plus 软件不仅可以用于稳态过程的模拟，也可用于间歇反应与间歇精馏过程的模拟。对于气相与液相的固定床吸附与解吸过程，可使用 Aspen Adsorption 软件。对于液相色谱过程、模拟移动床的逆流吸附与解吸过程，则可使用 Aspen Chromatography 软件。这两个软件均是在动态模拟系统 Aspen Custom Modeler 的基础上开发出来的，兼顾到了间歇过程的应用特性与其过程本质的动态特性，不仅工作界面类似于动态模拟软件，其对间歇过程的模拟功能也更加完善。

6.1　间歇反应

对于一个特定的间歇反应过程，在已知反应物料热力学性质和反应动力学性质、已知反应条件与环境热交换方式、反应器控制方案确定的基础上，可以应用 Aspen Plus V12 软件中的"BatchOp"模块对该过程进行模拟计算。假定在容器内能够达到理想混合的前提下，"BatchOp"模块可以模拟在容器内进行的各种间歇操作，包括化学反应、溶解结晶、除湿干燥等。调用"BatchOp"模块的途径：打开 Aspen Plus V12 软件，进入"Simulation"流程模拟界面，点击屏幕上方菜单栏的"Batch"选项，再点击"Batch"工具栏中的"Batch"按钮，见图 6-1，即可进入间歇操作单元模拟界面。这时，屏幕下方模块库"Model Palette"的子模块库"Batch Models"中仅有"BatchOp"模块可供调用，见图 6-2。

了解某一化学反应过程的动力学性质，对该反应过程的模拟与放大设计至关重要，而这些动力学性质一般通过实验室小试研究获得，它们是离散的间歇反应过程数据，需要通过数学拟合手段把它们整理为符合化学反应基本规律的动力学方程式参数，这也可以借助于"BatchOp"模块来完成。

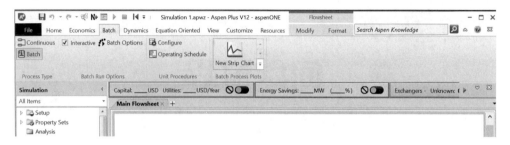

图 6-1　选择间歇操作单元

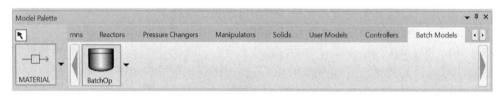

图 6-2　间歇操作子模块库

6.1.1　单一间歇反应器

间歇反应过程一般在搅拌釜式反应器中进行。在精细化学品生产过程中，搅拌釜式反应器数量占到反应器总数的九成以上。搅拌釜式反应器处理的物料相态以液相为主，既包括均一的液相，也包括双液相、气液相、固液相和气液固三相等。搅拌釜式反应器的结构形式有卧式和立式之分，与环境的热交换方式有夹套换热、盘管换热和外置换热器等。

例 6-1　醋酐水解间歇反应器模拟。

醋酐遇水发生水解反应，1mol 醋酐与 1mol 水反应生成 2mol 醋酸，同时放出热量。该水解反应在 5℃以下反应速率很慢，温度越高水解速率越快。醋酐的水解反应方程如式（6-1）。25℃下醋酐水解过程为一级反应，反应速率如式（6-2）。式中 x_A 是溶液中醋酐摩尔分数，k 是醋酐水解反应速率常数，数值为 0.115335kmol/(m³·s)。已知某醋酐水解反应在一夹套冷却釜式搅拌反应器中进行，使用夹套内冷却剂移走反应热，维持反应温度25℃，常压操作。间歇反应开始时，首先在反应器内加入 65kg、25℃的水，然后在 0.25h 内添加 5kg 醋酐，搅拌反应 0.75h，求反应器液相醋酸组成分布和醋酐水解速率分布。

$$C_4H_6O_3+H_2O \xrightarrow{\ k\ } 2C_2H_4O_2 \qquad (6\text{-}1)$$
$$-r_A = kx_A \qquad (6\text{-}2)$$

解　（1）输入组分和选择性质方法　打开软件，进入"Properties"界面，在组分输入页面添加水、醋酐（AANH）和醋酸（ACETIC），选择"NRTL-HOC"性质方法。

（2）建立模拟流程　进入"Simulation"界面，把"BatchOp"模块拖放到模拟界面上，添加进出口物流，构成间歇反应模拟流程，如图 6-3。其中物流"H2O"是初始一次性进料，连接到模

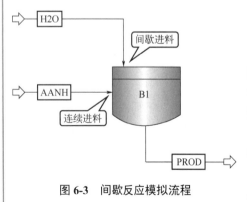

图 6-3　间歇反应模拟流程

块的间歇进料接口；物流"AANH"是连续性进料，连接到模块的连续进料接口，物流"PROD"是反应物出料。在这 3 股物流中，连续进料物流可根据工艺要求决定是否需要设置，其余两股物流必须设置。填写水和苯酐的进料信息，苯酐实际进料量由模块参数和操作步骤控制。

（3）添加反应动力学参数　在"Reactions"文件夹创建一个化学反应数据文件"R-1"，选择指数型动力学方程式"POWERLAW"，输入反应方程式（6-1）和反应速率式（6-2），如图 6-4；输入反应动力学参数，如图 6-5。

图 6-4　输入反应方程式

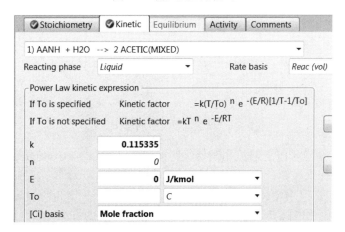

图 6-5　输入反应动力学参数

（4）模块参数设置　在"B1"模块的参数设置页面，设置间歇反应器的基本操作参数。因为本题间歇反应器在 25℃下等温进行，故在"Pot heat transfer"栏目中点选"Shortcut"；在"Temperature specification"栏目中选择"Specified temperature"，并填写反应温度 25℃。在"Batch cycle"栏目中，点选"Batch charge"，指定间歇反应器的初始进料量 65kg。在"Batch discharge time"栏目中，填写估计出料时间 0.5h；在"Down time"栏目中，填写估计的两次操作周期的间隔时间 0.5h。在"Valid phases"栏目中，选择"Vapor-Liquid"。在"Model Detail"栏目中，勾选"Reaction"，说明间歇反应器中将进行化学反应操作。在"Pressure specification"栏目勾选"Specify pressure"，填写压力 1atm，以上参数填写如图 6-6。在"B1"模块的"Kinetics|Kinetics"页面，调用已经建立的化学反应数据文件"R-1"，把"R-1"文件移动到"Selected"栏目。

（5）设置间歇操作步骤　在"Unit Procedures"文件夹的"Unit Procedures"页面，点击"Add New Unit Procedure"按钮，软件自动创建一个间歇操作文件"PROC-1"，可以对它进行更名。在"PROC-1"中可以设置若干个具体操作步骤，以对间歇反应器的操作过程进行控制。对于一个特定的间歇反应过程，根据其操作过程的复杂程度，可以创建一个或多个操作文件，软件控制各个操作文件序贯执行。如果某间歇反应过程包含两个及以上的操作文件，须在最后一个操作文件的"Configuration"页面上，勾选"Terminate batch at the end of the unit procedure"，以说明间歇反应器操作完成的节点。就本题而言，只需要一个间歇操作文件，在其中设置 3 个操作步骤即可完成间歇反应：一是指定苯酐进料流率与持续时间；二是停止添加苯酐；三是指定反应条件进行间歇反应，并设置结束反应过程的阈值。3 个操作步骤具体描述如下。

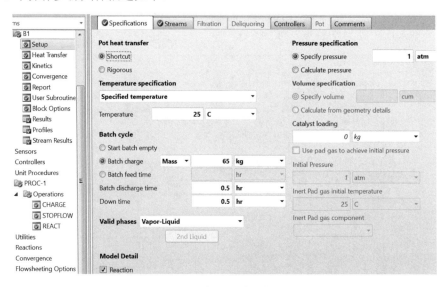

图 6-6　设置间歇反应器操作参数

操作步骤 1　指定苯酐进料流率与持续时间。在"PROC-1|Configuration"页面，点击"Add New Operation"按钮，生成一个"O-1"的操作文件，为便于识别，将"O-1"更名为"CHARGE"。在"CHARGE|Configuration"页面，点击"Find variables"按钮，软件弹出选择变量页面，如图 6-7。选择添加苯酐质量流率变量的方法：依次点击"Streams"→"AANH"→"MASSF-LOW"→"MIXED"→"AANH"→"Mass flow rate"，点击三角箭头选入右侧变量栏框内，按"Done"按钮结束变量选择。

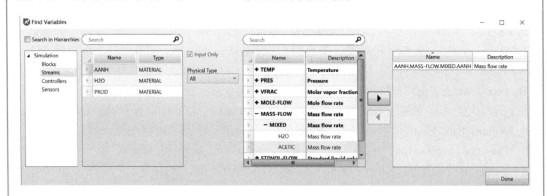

图 6-7　选择苯酐质量流率变量

在"CHARGE|Configuration"页面的"Operating Changes"栏目，填写苯酐进料流率 20kg/h，进料时间 0.25h，实际进料量 5kg，数据填写如图 6-8。

操作步骤 2　停止添加苯酐。在"PROC-1|Configuration"页面，点击"Add New Operation"按钮，设置第 2 个操作步骤"STOPFLOW"。在"STOPFLOW|Configuration"

页面，选择添加苯酐流率的变量"MASSFLOW"，把苯酐流率设置为零，执行时间 0.01h，数据填写如图 6-9。

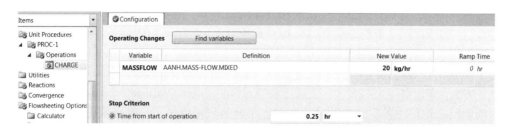

图 6-8　设置添加苯酐参数

图 6-9　停止添加苯酐

操作步骤 3　指定反应条件与结束反应过程的阈值。在"PROC-1|Configuration"页面，设置第 3 个操作步骤"REACT"。在"REACT|Configuration"页面，点击"Find variables"按钮，在弹出的选择变量页面，依次点击"Blocks"→"B1"→"TEMP"，点击三角箭头选入右侧变量栏框内，按"Done"按钮完成间歇反应器温度变量的选择。根据题目给定的反应条件，设置反应温度 25℃，反应时间 0.75h，数据填写如图 6-10。

图 6-10　设置反应温度与反应时间

至此，醋酐水解间歇反应器模块的参数已经设置完毕，点击"Run"按钮进行计算。屏幕下方的单元操作进程图可显示每一操作步骤消耗的相对时间，如图 6-11。本例设置了 3 个操作步骤，图中用 3 个长短不一矩形框表示各操作步骤的相对时间。当鼠标悬停在某个矩形框上时，会显示该步骤的操作内容与操作时间。若某个操作步骤不能预先指定执行时间，如与反应过程的某个参数相关联，如浓度、转化率、组分残存量等，则在单元操作进程图中用菱形框表示该步骤。在模拟计算过程中，屏幕右下方提示栏"Butch Process at Time:"会显示模拟运行的瞬时进度。

（6）计算结果　间歇反应模拟结果包含在反应器 B1 模块的"Results"文件夹和"Profiles"文件夹中。"Results"文件夹的若干个页面上列出了模拟结果的汇总数据，

"Profiles"文件夹的若干个页面上列出了模拟参数的时间分布数据。在"Results|Summary"页面，列出了间歇反应器操作周期（水进料0.1h+苯酐进料0.25h+停止苯酐进料0.01h+搅拌反应0.75h+出料0.5h+两批次间歇反应间隔时间0.5h，合计2.11h）、间歇反应操作时间（苯酐进料0.25h+停止苯酐进料0.01h+搅拌反应0.75h，合计1.01h）、操作周期总热负荷、单次操作平均热负荷、最低温度和最高温度等，见图6-12。在"B1|Results|Balance"页面，列出了间歇反应器的物料平衡结果，进入反应器65kg水和5kg苯酐，最终反应物存量70kg。消耗4.995kg苯酐和0.882kg水，生成5.877kg醋酸。在"Profiles|Composition"页面，列出了间歇反应进程中各组分的浓度分布和各组分的累积值分布，部分数据如图6-13。

图6-11　单元操作进程图

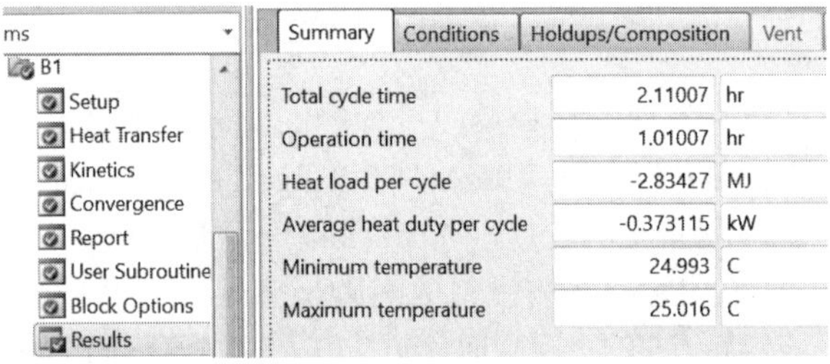

图6-12　模拟结果汇总

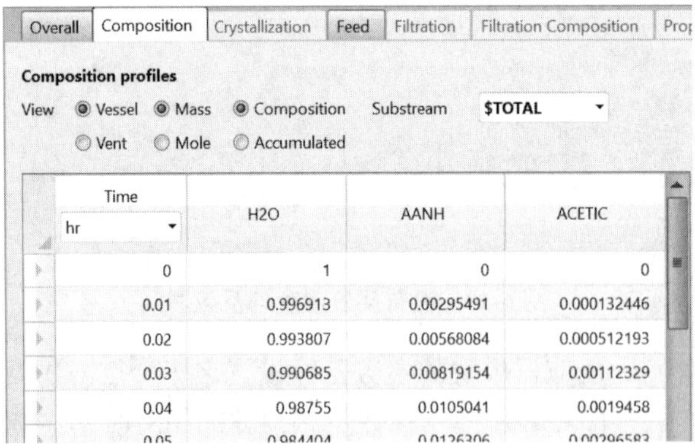

图6-13　反应进程中各组分的部分累积值截图

　　屏幕右上方"Plot"绘图工具栏中提供了多项数据绘图功能，可以利用软件提供的绘图模板，绘制模拟过程各种参数的分布图。例如，使用"Plot"栏中的"Composition"绘图工具，可以绘制全部组分或指定组分的浓度分布。图6-14给出了间歇反应器中醋酸的浓度分布，可见水解反应开始后，醋酸浓度从零快速增加，至0.6h后增速趋于平缓。使用"Plot"栏中的"Reaction Rate"绘图工具，可以绘制全部组分或指定组分的反应速率分布，如图 6-15。醋酸（ACETIC）是反应产物，反应速率是正值；水是反应原料，反应速率是负值。苯酐添加到反应器后水解反应即开始，反应物浓度高反应速率快，两组分反应速率从零快速增加，直至苯酐添加结束，反应速率达到最大值。随着反应的进行，苯酐逐渐消耗完毕，两组分反应速率逐步降低到零。进一步地，使用"Plot"栏中的绘图工具，还可以对"Profiles"文件夹中的其它数据进行绘图，比如间歇反应器的温度分布、热负荷分布等。

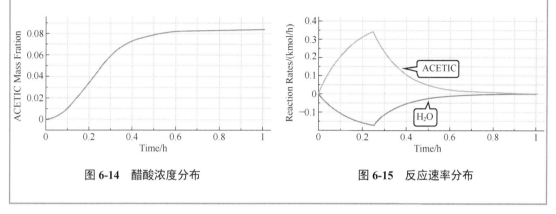

图 6-14　醋酸浓度分布　　　　　　　　图 6-15　反应速率分布

6.1.2　含间歇反应器的组合流程

在实际化工生产中，间歇反应器一般不是独立运行的，往往需要与上下游的设备联合起来运行。Aspen Plus V12 软件可以把"BatchOp"模块与部分稳态过程的模块链接在一个流程中进行模拟，这样，不仅扩展了 Aspen Plus 作为稳态过程模拟软件的应用范围，对间歇过程的模拟功能也有诸多增强，使用更方便，模拟过程与模拟结果的表现也更加直观。在间歇操作单元模拟界面上，与"BatchOp"模块相容的稳态过程模块包括混合器/分配器、分相器、简捷换热器、简捷反应器、干燥器、RadFrac 模块、泵/压缩机等。

例 6-2　氯苯合成间歇反应器组合流程模拟。

在一间歇反应器中苯（A）与氯气（B）反应生成氯苯（C）、氯化氢和少量的二氯苯，反应方程式见式（6-3）、式（6-4），反应速率见式（6-5）、式（6-6）。式中，k_1、k_2 为两反应速率常数，$m^3/(kmol \cdot s)$；$-r_1$、$-r_2$ 为两反应的反应速率，$kmol/(m^3 \cdot s)$；两反应活化能均为 4186.8kJ/kmol；C_A、C_B、C_C、C_D 为反应物和产物浓度，$kmol/m^3$。氯苯合成间歇反应器组合流程见图 6-16，由一个间歇操作模块（间歇反应器 B1，BatchOp 模块）和两个稳态操作模块（冷凝器 B2、分相器 B3）构成。间歇反应器 B1 体积 $2m^3$，苯与氯气在间歇反应器内发生氯化反应生成氯苯，通过间歇反应器夹套与冷却盘管内冷却剂移走反应热，以维持反应温度 80℃。当反应器内压力大于 2atm 时放空阀开启，当反应器内压力小于 0.9atm 时放空阀关闭。从间歇反应器排放的汽相首先经冷凝器 B2 降温到 5℃，以冷凝汽相中大部分的苯、氯苯和二氯苯。气液混合物在分相器 B3 中气液分离，液相返回间歇反应器继续反应，气相去后续尾气处理系统。间歇反应开始之前反应器内充填 1atm 氮气。反应开始时，先向反应器内加入 10kmol、60℃ 的干燥苯，然后在 2h 内通入 10kmol、60℃、5atm 的氯气，氯气进入间歇反应器的同时即发生氯化反应，间歇反应 2h 后结束。求：（1）苯的转化率与氯苯收率、氯化液中组分的流率分布；（2）反应器压力分布与热负荷分布；（3）循环液和尾气中各组分的流率分布。

$$C_6H_6(A)+Cl_2(B) \xrightarrow{k_1} C_6H_5Cl(C)+HCl \quad (6-3)$$

$$C_6H_5Cl+Cl_2 \xrightarrow{k_2} C_6H_4Cl_2+HCl \quad (6-4)$$

$$-r_1 = k_1 C_A C_B = 0.22\exp[-4186.8/(RT)]C_A C_B \quad (6-5)$$

$$-r_2 = k_2 C_C C_B = 0.07\exp[-4186.8/(RT)]C_C C_B \quad (6-6)$$

解 （1）输入组分和选择性质方法 打开软件，进入"Properties"界面，在组分输入页面添加苯、氯苯、邻二氯苯、氯气、氯化氢和氮气6个组分，把后面3个组分定义为亨利组分，选择"PENG-ROB"性质方法。在"Methods|Parameters|Binary Interaction"文件夹的"HENRY-1"页面和"PRKBV-1"页面，依次确认各二元对组分的亨利系数和PENG-ROB方程的二元参数。

（2）建立模拟流程 进入"Simulation"界面，建立如图6-16的模拟流程。物流苯"C6H6"是初始一次性进料，物流氯气"CL2"是连续性进料，填写两物流的进料信息。

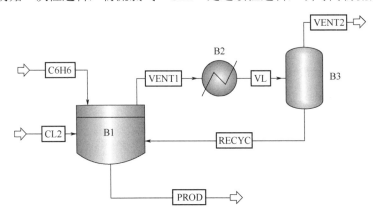

图 6-16 氯苯合成间歇反应器组合流程

（3）添加反应动力学参数 在"Reactions"文件夹创建一个化学反应数据文件"R-1"，选择指数型动力学方程式"POWERLAW"，输入反应方程式（6-3）和反应速率表达式（6-5），如图6-17；输入反应动力学参数，如图6-18。类似地，输入反应方程式（6-4）、反应速率表达式（6-6）和动力学参数。

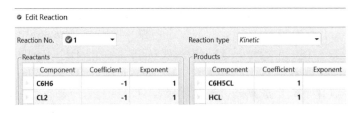

图 6-17 反应方程式和反应速率式参数

（4）模块参数设置 在"B1"模块的参数设置页面，设置间歇反应器的基本操作参数。在"Pot heat transfer"栏目中点选"Shortcut"；在"Temperature specification"栏目中，指定反应温度80℃。在"Batch cycle"栏目中，点选"Batch feed time"，指定初始进料时间1h，出料时间1h，两批次间隔时间1h。在"Valid phases"栏目中，选择"Vapor-Liquid"。在"Model Detail"栏目中，勾选"Reaction"，通知软件间歇反应器中将进行化学反应操作。在"Pressure specification"栏目，勾选"Calculate pressure"，填写反应器体积2m³、放空阀开启压力2atm、放空阀关闭压力0.9atm。勾选"Use pad gas to achieve initial pressure"，填写初始压力 1atm，惰性气体组分 N$_2$，以上参数填写如图 6-19。在"B1"模块的"Kinetics|Kinetics"页面，调用已经建立的化学反应数据文件"R-1"参加反应，把"R-1"文件移动到"Selected"栏目。在"B2"模块的参数设置页面，指定冷凝温度 5℃，压降为零。在"B3"模块的参数设置页面，指定分相器热负荷为零，压降为零。

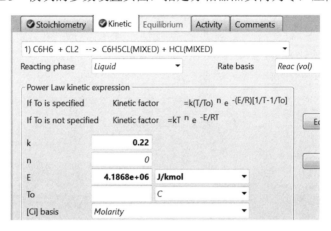

图 6-18　反应动力学参数

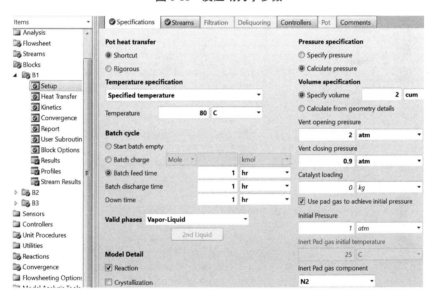

图 6-19　设置间歇反应器操作参数

（5）设置间歇操作步骤　在"Unit Procedures"页面，创建一个间歇操作文件"PROC-1"，在其中设置 1 个操作步骤"REACT"：一边通入氯气，一边进行氯化反应。在操作步骤"REACT"中指定氯气进料流率与持续时间，数据填写如图 6-20。冷凝器、分相器是稳态模块，不需要设置操作步骤。至此，氯苯合成间歇反应器组合流程各模块的参数已经设置完毕，点击"Run"按钮进行计算。

（6）计算结果

① 苯的转化率与氯苯收率、氯化液中组分的流率分布　在"Results|Holdups/Composition"页面，可以看到反应结束后间歇反应器内的物料量与组成，如图 6-21。在间歇反应的 2h 内，投入苯 10kmol，氯气 10kmol，共 20kmol。由于是等分子反应，反应

产物应该也是20kmol。由图6-21，氯化液量9.99kmol；在"B3|Results|Stream Results"页面，可以看到排出尾气"VENT2"流率5.04×2=10.08（kmol），反应物总量20.07kmol，进出间歇反应器的物料大致平衡。氯化液中未反应苯1.95kmol，产品氯苯5.74kmol，可计算出苯的转化率80.5%，氯苯收率57.4%。在"B1|Profiles|Composition"页面的"Composition|Profiles"栏目，点选"Mole"和"Accumlated"，此时页面列出了氯化液中各组分的累积值分布，据此绘图得到氯化液中组分的物质的量分布，如图6-22。图中显示，反应开始后，氯化液中的苯从10kmol均匀下降至1.95kmol，氯苯从零快速增加到5.74kmol，二氯苯开始增加较慢，后期增加稍快，最终达到2.10kmol。

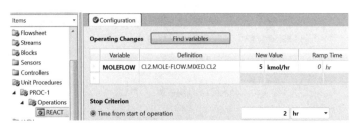

图6-20　设置操作步骤参数

	Units	Total	Vapor	Liquid
Total holdup	kmol	10.0581	0.0654169	9.99265

Holdup

	Total	Vapor	Liquid
	kmol	kmol	kmol
C6H6	1.9539	0.00647276	1.94742
C6H5CL	5.74232	0.00390571	5.73842
C6H4CL2	2.09551	0.00035357	2.09516
CL2	0.00785474	0.000514483	0.00734026
HCL	0.258483	0.0541704	0.204312

图6-21　最终间歇反应器内的物料量与组成

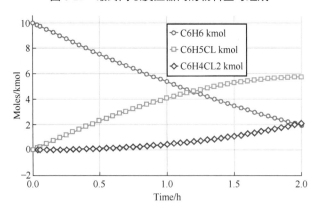

图6-22　氯化液中组分的物质的量分布

　　② 反应器压力与热负荷分布　在"B1|Profiles|Overall"页面，列出了反应过程一般性数据，使用"Plot"栏中的"Pressure"和"Duty"绘图工具，得到反应器的压力分布（图6-23）与热负荷分布（图6-24）。由图6-23，氯化反应开始后，反应器压力从常压快

速增加到 2atm，且维持到反应结束，说明反应器的放空阀在反应开始后一直处于开启状态。由图 6-24，反应初始热负荷波动较大，中期基本在–150～–250kW 之间，后期基本稳定。

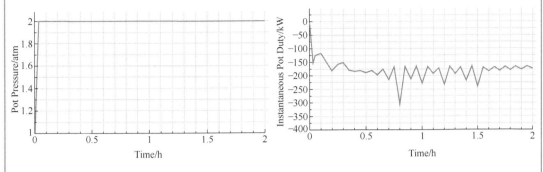

图 6-23　反应器压力分布　　　　　图 6-24　反应器热负荷分布

③ 循环液和尾气中各组分的流率分布　稳态模块分相器"B3"的两股输出物流是循环液"RECYC"和尾气"VENT2"，在"B3|Stream Results"页面，只看到反应结束时的数值，若要看到反应过程的中间数据，则需要专门设置。在"Flowsheet|Batch Process Plots"页面，点击"New"按钮，创建一个绘图文件。软件弹出一个对话框，询问绘图文件名称，如图 6-25。可以对自动给出的图名更名或不更名，点击"OK"完成绘图文件创建，这时屏幕上出现空白 $X \sim Y$ 坐标，等待数据绘图。在"Format"菜单栏下，点击工具栏中的"Find Variables"图标，或右击鼠标点击"Find Variables"选择绘图数据，点击"Done"按钮完成选择，如图 6-26。点击"Format"菜单栏下的"Axis Map"图标，可对 Y 轴进行适当修饰。点击"Run"按钮进行模拟计算，可以边计算边看到各条曲线的形成过程，循环液各组分流率分布见图 6-27。可见间歇反应开始时循环液流率较大，后迅速降低。循环液中主要成分是未反应的苯，其次是氯苯，还有少量的氯化氢。同样方法，可以绘制尾气中各组分流率分布如图 6-28，可见尾气中主要成分是氯化氢，还有少量的苯，其它组分的量极少。

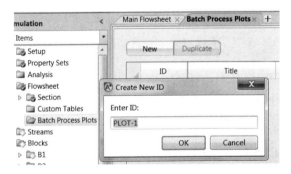

图 6-25　创建绘图文件

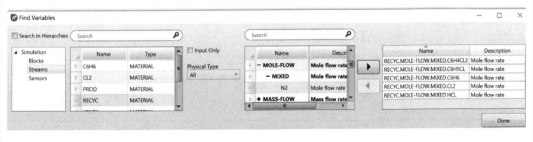

图 6-26　选择绘图数据

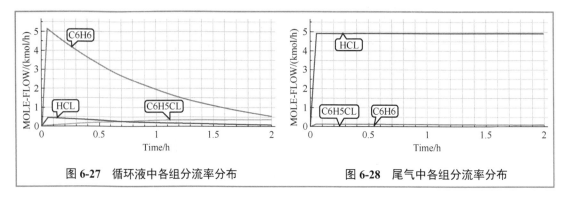

图 6-27　循环液中各组分流率分布　　　　图 6-28　尾气中各组分流率分布

6.1.3　反应动力学模型参数拟合

在对化学反应器进行稳态或动态模拟时，均需要输入反应动力学模型和模型参数，在此基础上结合反应条件，模拟软件可以确定反应物系中各组分浓度、温度与反应速率之间的关系。模型参数的来源是基于化学反应实验数据，在选定反应动力学模型后，通过数学拟合方法求取模型参数。由于动力学模型的复杂性，拟合模型参数的计算工作量很大，人工难以承担，但借助于 Aspen Plus V12 软件，反应动力学模型参数的拟合工作将变得简单快捷。应用该软件的"BatchOp"模块，可以拟合的反应动力学模型参数有指前因子、活化能、组分的浓度指数、化学反应热、非平衡过程的气液传质系数等。

例 6-3　乙酰水杨酸平行反应速率常数拟合。

醋酐（A）与水杨酸（B）在催化剂吡啶作用下发生酯化反应生成乙酰水杨酸（aspirin，阿司匹林）与醋酸，同时伴随一定程度的醋酐水解，两个平行的化学反应方程式见式（6-7）和式（6-8），均为二级反应，两个反应速率如式（6-9）。式中，k_1 和 k_2 是两个平行反应的速率常数；C_A、C_B、C_C 分别是溶液中醋酐、水杨酸和水的体积摩尔浓度，$kmol/m^3$。反应生成的阿司匹林在液相中的浓度大于其溶解度时会结晶，固（S）液（L）平衡可用式（6-10）表示，式中，K_{eq} 是溶解平衡常数，由式（6-11）计算，T 是热力学温度，K。

$$C_4H_6O_3(A) + C_7H_6O_3(B) \xrightarrow{k_1} C_9H_8O_4(aspirin) + C_2H_4O_2 \qquad (6\text{-}7)$$

$$C_4H_6O_3(A) + H_2O(C) \xrightarrow{k_2} 2C_2H_4O_2 \qquad (6\text{-}8)$$

$$-r_1 = k_1 C_A C_B, \quad -r_2 = k_2 C_A C_C \quad [kmol/(m^3 \cdot s)] \qquad (6\text{-}9)$$

$$C_9H_8O_4(aspirin\text{-}S) \xrightarrow{K_{eq}} C_9H_8O_4(aspirin\text{-}L) \qquad (6\text{-}10)$$

$$\ln K_{eq} = 6.8 - 2795.82/T \qquad (6\text{-}11)$$

间歇酯化反应温度 25℃、压力 1.1bar，反应物总量 8.5kmol，反应物组成如表 6-1。反应物投入反应器后即开始搅拌反应，在反应的同时，每间隔一定时间取样分析液相中醋酸、阿司匹林和醋酐的浓度，实验数据见表 6-2。试根据表 6-1 和表 6-2 数据，拟合式（6-9）的反应速率常数 k_1 和 k_2，拟合初值可取 $0.01m^3/(kmol \cdot s)$ 和 $0.001m^3/(kmol \cdot s)$。

表 6-1　反应物初始浓度

组分	醋酸	醋酐	水杨酸	吡啶	水	合计
摩尔分数	0.12	0.35	0.35	0.12	0.06	1

时间/min	醋酸	阿司匹林	醋酐	时间/min	醋酸	阿司匹林	醋酐
0	0.12	0	0.35	2.64	0.655868	0.060607	0.014332
0.12	0.296232	0.074341	0.21663	2.88	0.658591	0.060486	0.012821
0.24	0.405946	0.070776	0.154546	3.12	0.660885	0.060384	0.01155
0.36	0.473773	0.068244	0.116323	3.36	0.662843	0.060297	0.010465
0.48	0.517882	0.066489	0.091526	3.6	0.664532	0.060222	0.00953
0.6	0.54812	0.065245	0.074554	3.84	0.666003	0.060156	0.008716
0.72	0.56983	0.064335	0.062382	4.08	0.667294	0.060099	0.008003
0.84	0.586032	0.063647	0.053307	4.32	0.668436	0.060048	0.007372
0.96	0.59851	0.063112	0.046324	4.56	0.669452	0.060002	0.006811
1.08	0.608371	0.062687	0.04081	4.8	0.670362	0.059961	0.006309
1.2	0.616341	0.062341	0.036356	5.04	0.671179	0.059925	0.005859
1.44	0.62839	0.061816	0.029629	5.28	0.671918	0.059892	0.005452
1.68	0.637038	0.061438	0.024807	5.52	0.672588	0.059861	0.005083
1.92	0.643528	0.061152	0.021192	5.76	0.673197	0.059834	0.004747
2.16	0.648568	0.06093	0.018388	6	0.673755	0.059809	0.004441
2.4	0.652588	0.060752	0.016153				

表 6-2　阿司匹林合成动力学实验数据（浓度用摩尔分数表示）

解　（1）添加组分和选择性质方法　打开软件，进入"Properties"界面，在组分输入页面添加醋酐、水杨酸、水、醋酸、乙酰水杨酸、吡啶和乙酰水杨酸晶体共 7 个组分，选择"NRTL-HOC"性质方法。在 Aspen Properties 软件的"Chemistry"文件夹中建立一个结晶反应数据文件"C-1"，结晶反应的类型选择"Salt"，如图 6-29（a）；输入结晶组分化学计量系数，如图 6-29（b）；在"Input|Equilibrium Constants"页面，输入阿司匹林晶体溶解平衡常数表达式，如图 6-29（c）；最后把数据文件"C-1"导入到"NRTL-HOC"性质方法中，如图 6-29（d），运行 Aspen Properties 软件并保存。

(a) 设置反应类型

(b) 输入结晶组分化学计量系数

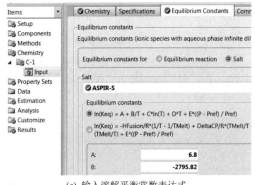

(c) 输入溶解平衡常数表达式

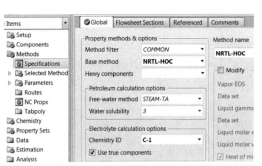

(d) 把"C-1"文件导入到性质方法中

图 6-29　输入结晶平衡数据

（2）建立模拟流程　进入"Simulation"界面，建立间歇反应模拟流程如图 6-30，填写表 6-1 初始物流"CHARGE"的进料信息。

（3）添加反应动力学参数　在"Reactions"文件夹创建一个化学反应数据文件"R-1"，选择指数型动力学方程式"POWERLAW"，输入反应方程式（6-7）、式（6-8），如图 6-31。由于式（6-7）反应速率常数的指前因子是待拟合值，用 0.01 代入；因为等温反应，活化能为零，动力学数据填写如图 6-32。式（6-8）反应速率常数的指前因子用 0.001 代入，其它类似填写。

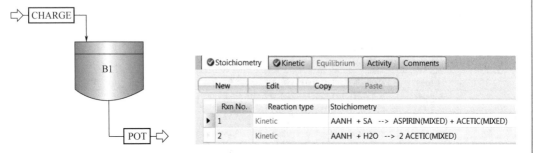

图 6-30　模拟流程图　　　　　　　　　　　图 6-31　添加反应方程式

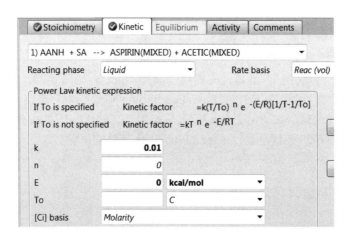

图 6-32　输入式（6-7）反应动力学参数

（4）模块参数设置　在"B1"模块的参数设置页面，设置间歇反应器的基本操作参数。在"Pot heat transfer"栏目中点选"Shortcut"；在 Temperature specification 栏目中指定反应温度 25℃。在"Batch cycle"栏目点选"Batch charge"，指定初始进料量 8.5kmol。在"Batch discharge time"栏目中，填写估计出料时间 1min。在 Valid phases 栏目中选择"Liquid-Only"。在"Model Detail"栏目中勾选"Reaction"。在 Pressure specification 栏目，填写指定操作压力 1.1bar，模块参数填写如图 6-33。在"B1"模块的"Kinetics|Kinetics"页面，调用已经建立的化学反应数据文件"R-1"参加反应。

（5）设置间歇操作步骤　在"Unit Procedures"页面，创建一个间歇操作文件"PROC-1"，其中设置 1 个操作步骤"REACT"，指定反应温度 25℃，反应时间 6min，数据填写如图 6-34。

（6）添加实验数据　在"Model Analysis Tools|Data Fit|Data Set"页面，点击"New"按钮，创建一个实验数据文件夹"DS-1"，数据类型选择"PROFILE-DATA"。在"DS-1|Define"

页面，对表 6-2 中的 3 个实验测量数据进行定义，如图 6-35。在"DS-1| Data"页面，输入表 6-2 实验数据，如图 6-36。

图 6-33 设置间歇反应器操作参数

图 6-34 设置操作步骤参数

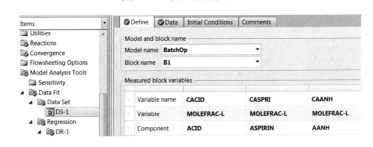

图 6-35 定义实验参数

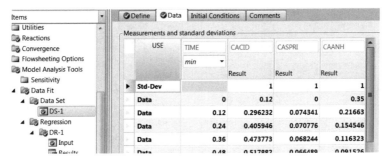

图 6-36 输入实验数据截图

（7）设置数据拟合文件　在"Data Fit|Regression"页面，点击"New"按钮，创建一个数据拟合文件夹"DR-1"。在"DR-1|Input|Specifications"页面，导入实验数据文件"DS-1"，如图6-37。在"DR-1|Input|Vary"页面，对待拟合参数 k_1 和 k_2 进行定义，如图6-38。在"DR-1|Input| Convergence"页面，修改拟合过程中目标函数的绝对容差，如图6-39。至此，乙酰水杨酸合成反应速率常数拟合的参数已经设置完毕，点击"Run"按钮进行计算。

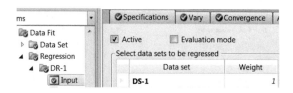

图6-37　导入实验数据文件

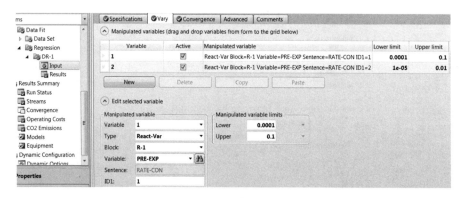

图6-38　定义待拟合参数

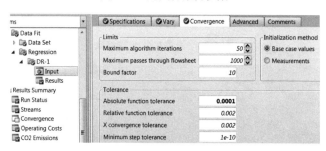

图6-39　修改目标函数的绝对容差

（8）观察拟合结果　在"B1|Results|Holdups/Composition"页面，列出了反应结束后间歇反应器内的物料组成，如图6-40，其中包含阿司匹林结晶2.56kmol。实验数据拟合结

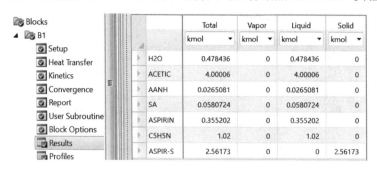

图6-40　反应结束后的物料组成

果见"Data Fit|Regression|DR-1|Results"文件夹。在"Summary"页面，可见迭代循环 4 次，拟合目标函数最终值 1.17×10^{-4}。在"Manipulated Variables"页面，列出了反应速率常数 k_1 和 k_2 的拟合值及其误差范围，如图 6-41，拟合参数 $k_1=2.553\times10^{-2}$、$k_2=4.146\times10^{-4}$。在"Fitted Data"页面，列出了实验测定值与拟合值，如图 6-42。用"Origin"软件对图中数据绘图，如图 6-43，显示 3 个液相浓度实验测定值与拟合值吻合很好。

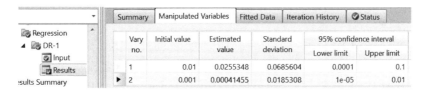

图 6-41　拟合参数值及其误差

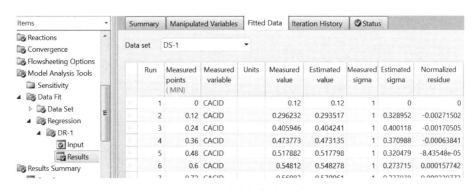

图 6-42　测定值与拟合值截图

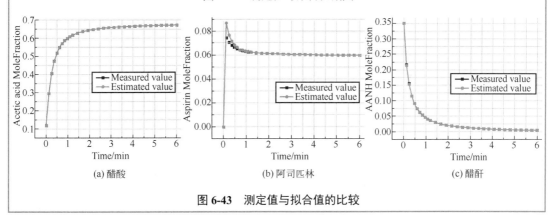

(a) 醋酸　　　　　　　　(b) 阿司匹林　　　　　　　　(c) 醋酐

图 6-43　测定值与拟合值的比较

6.2　间歇精馏

　　间歇精馏过程的优势是分离操作的灵活性好，同一精馏塔可以对不同的原料进行分离，也可以把多组分混合物在同一精馏塔内通过多次间歇精馏分离成为多种产品。间歇精馏是化工间歇过程的重要方面，其操作特征是投料的间歇性和出料的间歇性。投料的间歇性包括原料一次性全部投入精馏釜或部分原料边精馏边投入，出料的间歇性指精馏塔操作过程中全部物料间歇出料或部分物料间歇出料。

与连续精馏的稳态操作不同，间歇精馏是典型的动态过程。操作过程中，间歇精馏塔内任一塔板上的汽液相组成都随时间而变。为达到预定的分离要求，间歇精馏塔的操作参数往往也需要进行相应的调整，以保证获得合格的塔顶、塔釜产品质量或规定的分离要求。间歇精馏的操作模式有多种，回流比是一个常用的调节参数。对于一个特定的间歇精馏过程，既可以设置恒定的回流比操作运行，也可以设置变化的回流比操作运行。但不同的回流比操作方案，对应着不同的产品纯度和收率，需要设计人员进行仔细地权衡，而间歇精馏模块是一个很好的权衡工具。

在 Aspen Plus V12 软件中，间歇精馏使用"BatchSep"模块，它可以在 Aspen Plus 的模拟界面上进行严格的间歇精馏模拟计算。但与早期软件的同名模块相比，软件新版本的"BatchSep"模块增加了很多基于动态模拟软件开发的模拟方法、中间过程动态图示、模拟结果图形输出等功能，使得间歇精馏模块更加方便使用。

6.2.1 恒定回流比操作

恒定回流比操作方法简单易行，是实际生产中广泛采用的操作方法。随着间歇精馏的持续进行，塔釜中轻组分浓度不断降低，重组分浓度不断升高。在恒定回流比作用下，塔顶产品浓度是一个随时间降低的过程。因此，在确定恒定操作回流比时，必须考虑到间歇精馏结束时塔顶收集罐中馏出物的平均浓度是否满足产品质量要求。

例 6-4 苯-甲苯混合物恒定回流比分离。

把等摩尔浓度的苯-甲苯溶液分离为苯馏分和釜液甲苯两个产品。原料 25℃，每批投料量 100kmol，进料时间 1h。间歇精馏塔共 6 块理论板（包含分凝器和再沸器），塔顶压力 1atm，摩尔回流比 5。分凝器换热面积 20m²，总传热系数 1000W/(m²·K)。分凝器汽相进口管径 0.2m，冷却水温度 10℃，流率 20000kg/h。设置 1 个凝液罐，直径 1m，高 1m，垂直安装，椭圆形封头。设置 2 个收集罐，一个存放苯馏分，一个存放未冷凝汽相。筛板塔盘，塔径 3m，板间距 0.5m，堰高 0.05m。塔釜直径 3m，高 2m，垂直安装，平板形封头，塔釜夹套用 140℃饱和蒸汽加热，夹套高度 2m，夹套总传热系数 500W/(m²·K)。环境温度 25℃，估计塔体散热面积 4.5m²/塔板，总散热系数 0.5W/(m²·K)。初始时刻塔内充填 1atm、20℃的氮气，当釜液中苯摩尔分数降低到 0.1 时结束精馏，要求分离后两产品纯度≥0.9（摩尔分数）。求：（1）精馏结束时精馏塔各部位的物料存量；（2）主要操作参数分布。

解 （1）全局性参数设置 打开软件，进入"Properties"界面，在组分输入页面添加苯、甲苯和氮气，选用"RK-SOAVE"性质方法。

（2）建立模拟流程 进入"Simulation"界面，在屏幕下方模块库的子模块库"Batch Models"中，选择"BatchSep"模块拖放到流程模拟界面上，添加进出料物流，即构成间歇精馏模拟流程，如图 6-44（a）。其中物流"CHARGE"是初始塔釜进料，连接到塔釜进料口"Pot Charge（Required）"，输入进料物流信息；物流"R1"是塔顶馏出物，物流"POT"是间歇精馏结束后的塔釜出料。塔顶蒸汽经冷凝器冷凝后的流向有两种可能：一是进入凝液罐，再经分配器分成回流液入塔和塔顶产品入收集罐；二是无凝液罐，冷凝液直接入分配器。在间歇精馏塔的模拟计算时，必须说明是否采用凝液罐。作为塔设备的一部分，凝液罐的持液量将会纳入到间歇精馏的模拟计算中，其安装方式、体积大小、液位高低需要明确说明。

（3）模块参数设置 在"B1|Setup"文件夹，有 6 个页面用来填写精馏塔的结构参数。

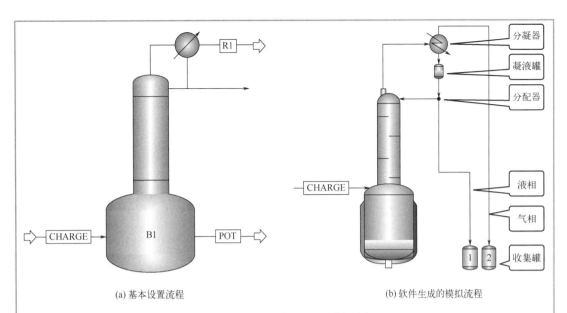

(a) 基本设置流程   (b) 软件生成的模拟流程

图 6-44　苯-甲苯间歇精馏模拟流程

① 间歇精馏塔结构　在"Configuration"页面有 6 个栏目需要参数设置。在"Configuration"栏目中，点选间歇精馏塔"Batch distillation column"，填写理论塔板数 6 块，有效相态选择"Vapor-Liquid"。在"Overhead"栏目中选择分凝器"Partial"；勾选"Reflux drum present"，表示设置凝液罐。在"Distillate receivers"栏目中，设置 2 个收集罐，第 1 个收集罐接收塔顶馏出液，第 2 个收集罐接收未冷凝汽相。在"Pressure&Holdups"栏目中，选择"Calculated from tray or packing hydraulics"，表示塔段压降是经过水力学严格计算获得。在"Pot heat transfer"栏目中，选择"Rigorous"，表示塔釜传热严格计算。在"Initial condition"栏目中，选择"Empty"，表示在初始时刻塔内充填 20℃和 1atm 的氮气，如图 6-45。在"Streams"页面的"Pot charge"栏目，选择进料物流"CHARGE"。在"Distillate receivers"栏目，标注 2 个收集罐，产品物流均为"R1"。在"Pressures & Holdups"页面的"Pressures & Holdups Calculation Option"栏目，点选"Calculated from tray or packing hydraulics"，要求计算塔段压降；在"Overhead"栏目，填写塔顶分凝器压力 1atm 和分凝器汽相进口管径 0.2m。

② 冷凝器设置　在"Condenser"页面的"Condenser specification"栏目，点选冷却水"Coolant"，填写分凝器换热面积 20m^2，默认冷却水的其它信息，具体数值可在设置精馏操作步骤时填写，如图 6-46。

③ 塔釜设置　在"Pot"页面的"Geometry Specification"栏目中，注明塔釜垂直安装，两端平板形封头，塔釜直径 3m，高 2m，数据填写如图 6-47。

④ 回流设置　在"Reflux"页面，设置恒定回流比 5，勾选"Reflux drum present"，表示设置凝液罐。在"Reflux drum geometry"栏目中，设置凝液罐垂直安装，椭圆形封头，直径 1m，高 1m，液位 0.75m，如图 6-48。液位高度根据需要进行设置，如不预先设置液位，软件将自动控制液位处于凝液罐中间位置。

⑤ 塔釜加热设置　在"B1|Heat Transfer"文件夹，有 3 个页面用来填写塔釜的结构参数。在"Configuration"页面，勾选"Rigorous"，表示进行传热严格计算；勾选"Model heat loss to the environment"，表示要计算塔设备的热损失；勾选"Heating"，表示塔釜夹套加热，勾选"Jacket covers bottom"表示夹套包覆釜底，夹套高度 2m，如图 6-49（a）。

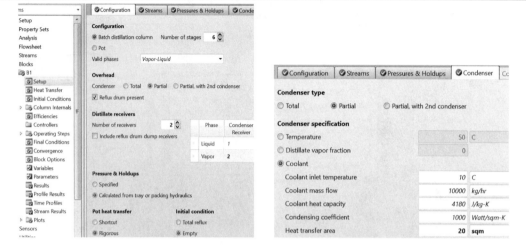

图 6-45　苯-甲苯间歇精馏塔结构

图 6-46　冷凝器参数

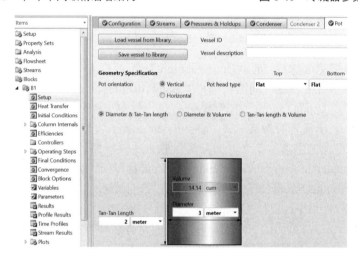

图 6-47　塔釜参数

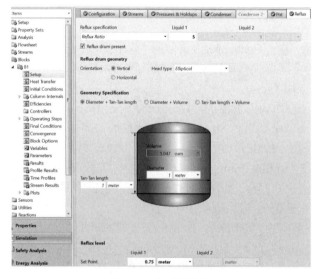

图 6-48　凝液罐参数

(a) 再沸器参数

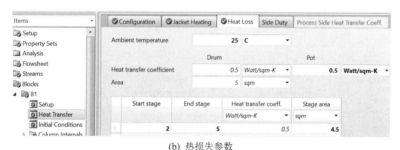

(b) 热损失参数

图 6-49　塔釜加热设置

在"Jacket Heating"页面，夹套加热方式"Heating option"选择指定加热介质温度"Specified medium temperature"，暂时填写 25℃，实际加热温度由操作步骤设置。点选"Use overall heat transfer coefficient"，填写夹套总传热系数 500W/(m^2·K)。在"Heat Loss"页面，填写环境温度 25℃，罐体和塔釜散热系数都是 0.5W/(m^2·K)，估计散热面积共 5m^2；估计塔身散热面积 4.5m^2/塔板，散热系数 0.5W/(m^2·K)，如图 6-49（b）。

在填写以上模块参数时，屏幕右侧软件自动生成的间歇精馏模拟流程也在同步完成，如图 6-44（b），图中塔釜液位随着进料、精馏过程的进程而动态升降，精馏结束时显示塔釜最终液位。

（4）初始状态设置　在"B1|Initial Conditions"文件夹，有 2 个页面用来填写精馏塔的初始状态。在"Main"页面的"Initial Condition"栏目中，选择"Empty"，表示在初始时刻塔内充填 20℃和 1atm 的氮气。在此栏目下的另外两个选项，分别是"Total reflux"和"Initial charge"，前者表示精馏塔处于全回流的稳定运行状态；后者表示塔釜已经添加初始物料，塔身充填惰性气体。在"Pad gas"栏目，选择惰性气体 N_2。在"Distillate receivers"页面中，规定收集罐的初始状态：选择摩尔浓度、连接 1 号收集罐、罐内无物料。

（5）塔内件结构设置　在"B1|Column Internals"文件夹，点击"Add New"按钮，

创建一个塔内件结构文件"INT-1"。在"INT-1|Sections|Sections"页面，点击"Add New"按钮，创建塔段数据文件"1"，标注塔板序号2～5块，筛板塔盘，板间距0.5m，塔径3m，如图6-50。在"1|Geometry|Geometry"页面，输入筛孔直径5mm，板间距0.5m，堰高50mm。

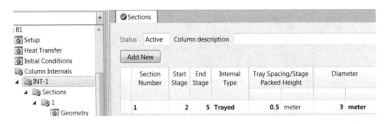

图6-50　塔段参数

（6）精馏操作步骤设置　创建两个操作文件对间歇精馏过程的细节进行规定。

① 加料　在"B1|Operating Steps"文件夹的"Operating Steps"页面，点击"Add New"按钮，创建第1个间歇精馏操作文件"O-1"，为便于识别，对它更名为"CHARGE"。在"CHARGE| Configuration"页面的"Operating Changes|Location"栏目，设置3个具体操作步骤"Feed""Jacket heating""Condenser"，用来规定加料流率与加料时间、塔釜夹套加热与冷凝器的运行状态，如图6-51。

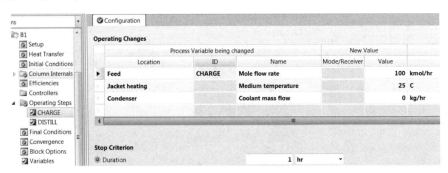

图6-51　操作步骤"CHARGE"参数

② 精馏　创建第2个间歇精馏操作文件"DISTILL"，在其中设置3个具体操作步骤"Feed""Jacket heating""Condenser"，用来设置加料停止、指定塔釜夹套加热介质温度、指定冷凝器冷却水流率、设置间歇精馏停止阈值，如图6-52。

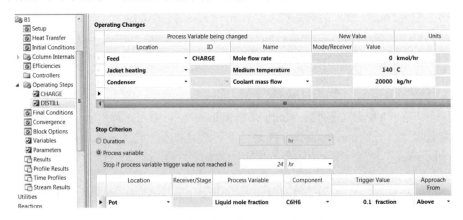

图6-52　操作步骤"DISTILL"参数

（7）运行并观察模拟结果　在运行过程中，图 6-44（b）以精馏塔图形的颜色变化、塔釜液位的升降变化、产品线条的虚实变化及模拟流动等图像信息报告精馏进程。模拟结果列在精馏塔模块的"Results"、"Profile Results"和"Time Profiles"文件夹中，使用"Plot"绘图工具可绘制相应的参数分布图。

在"Results"文件夹，用 7 个页面给出了间歇精馏塔各部件汇总性数据。在"Summary"页面，显示间歇精馏各个操作步骤的花费时间与总的加热能耗，见图 6-53（a）。在"Pot"页面，汇集了塔釜的各项模拟结果，釜液存量 43.31kmol，含苯 0.10 摩尔分数。在"Distillate Receivers"页面，给出了两个收集罐的存量与组成，见图 6-53（b），扣除氮气，物料存量共 38.07kmol。在"Condenser"页面，给出了冷凝器的操作参数和最终冷凝液组成。在"Reflux"页面，给出了凝液罐的各项参数，物料存量 5.78kmol。在"Controllers"页面，给出了凝液罐的液位控制参数。在"Jacket"页面，给出了精馏结束时塔釜夹套的各项参数。

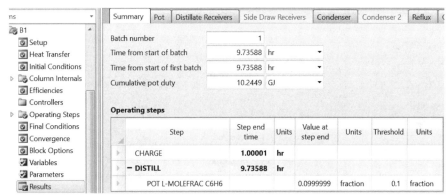

(a) 精馏时间与加热能耗

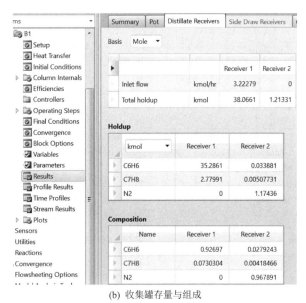

(b) 收集罐存量与组成

图 6-53　苯-甲苯间歇精馏数据汇总

在"Profile Results"文件夹，用 3 个页面给出了间歇精馏塔各塔板上的温度、压力、热负荷、流率、组成等参数值。其中"Holdup"页面给出了精馏塔各块塔板上汽液滞留量，共 12.80kmol。把以上精馏塔各部位的物料存量相加，共 100.00kmol，故间歇精馏过程进出物料平衡。

（8）数据绘图　在"Time Profiles"文件夹，用 3 个页面给出了间歇精馏塔各塔板上的参数随时间的变化值，可绘制出间歇精馏塔各项参数随时间的分布图。例如，要绘制塔顶苯浓度和塔釜甲苯浓度随时间的分布图，可点击"Plot"工具栏的"New Custom Plot"绘图工具，从左侧栏目"Locations"和中间栏目"ID"中选择 1 号收集罐的苯浓度，点击三角箭头送至右侧"Selected Variables"栏目中，同样可把塔釜甲苯浓度送至右侧栏目中，如图 6-54，点击"Done"按钮完成绘图，经修饰后如图 6-55（a）。类似地，可以绘制图 6-55（b）～（d）。由图 6-55（a），间歇精馏开始后收集罐中苯摩尔分数从 0 迅速增加，达到最高点后趋于稳定；釜液甲苯摩尔分数从 0.5 单调增加到 0.9。由图 6-55（b），冷凝液温度基本稳定在 12℃左右，釜液从 25℃逐渐增加到 109℃。间歇精馏是非稳态过程，由图 6-55（c），回流量与采出量随着塔顶汽相量的减少而降低，但两者比例维持恒定回流比 5。由图 6-55（d），1h 的加料过程，塔釜液量从 0 快速增加到 100kmol；间歇精馏开始

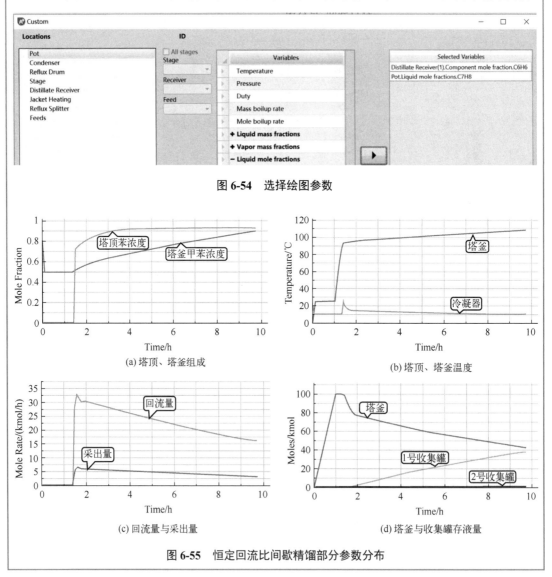

图 6-54　选择绘图参数

图 6-55　恒定回流比间歇精馏部分参数分布

后，塔釜液量从 100kmol 逐渐减少到 43.31kmol，1 号收集罐液量逐渐增加到 38.07kmol，2 号收集罐液量基本维持在 1.21kmol，但其中 97%是氮气。

6.2.2 变回流比操作

由于恒定回流比操作时塔顶馏出物浓度随时间而降低，若要保持塔顶馏出物浓度相对稳定，则必须不断提高回流比。这种通过改变回流比恒定塔顶馏出物浓度的操作方法也是间歇精馏传统操作方法之一。

例 6-5 正己烷-正庚烷-正辛烷混合物变回流比分离。

间歇精馏塔共 10 块理论板（包含塔顶分凝器和再沸器），分凝器常压，冷凝液温度 20℃；塔釜直径 0.75m，高 1m，盘管加热，盘管上、下沿高度分别是 0.75m 和 0.1875m，加热面积 2m²，加热蒸汽 140℃，总传热系数 500W/(m²·K)。塔径 0.5m，堰高 0.05m，板间距 0.6m。原料为己烷-庚烷-辛烷 3 组分等摩尔浓度，20℃，常压，直接入塔釜。无凝液罐，设置 3 个收集罐，前 2 个分别接收正庚烷和正己烷馏出液，第 3 个接收未冷凝汽相。初始时刻塔内充填 1atm、20℃的氮气；通过改变回流比控制塔顶温度。操作方法：（1）加料速率 50kmol/h，加料时间 0.05h。（2）1 号收集罐接收 73～84℃的馏出液，（3）2 号收集罐接收 84～105℃的馏出液。求：（1）3 个收集罐和塔釜混合物的量与组成分布；（2）回流比及塔顶、塔底温度和热负荷分布。

解　（1）全局性参数设置　打开软件，进入"Properties"界面，在组分输入页面添加正己烷、正庚烷、正辛烷和氮气，选用"NRTL"性质方法。

（2）间歇精馏塔参数设置　进入"Simulation"界面，建立如图 6-44（a）的间歇精馏模拟流程，输入进料物流信息。在"B1"模块的"Setup|Configuration"页面，有 6 个栏目填写结构参数，包括 10 块理论板，1 个分凝器，3 个收集罐，初始状态空塔，数据填写如图 6-56（a）。在"Setup|Streams"页面的"Pot charge"栏目，选择进料物流"CHARGE"；在"Distillate receivers"栏目，标注 3 个收集罐，产品物流均为"R1"。在"Setup|Pressures

(a) 塔结构参数

图 6-56

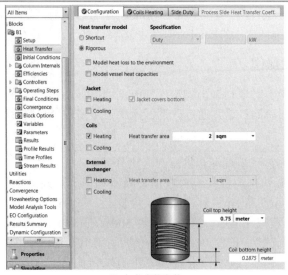

(b) 加热盘管参数

图 6-56　己烷-庚烷-辛烷间歇精馏塔结构

& Holdups"页面，点选"Calculated from tray or packing hydraulics"，要求计算塔段压降；在"Overhead"栏目，填写分凝器压力 1atm。在"Setup|Condenser"页面的"Condenser specification"栏目，填写冷凝液出口温度 20℃。在"Setup|Pot"页面的"Geometry Specification"栏目中，注明塔釜垂直安装，两端椭圆形封头，塔釜直径 0.75m，高 1m。在"Setup|Reflux"页面，暂时设置回流比 1，后由回流控制器控制。在"Heat Transfer"文件夹，有 2 个页面填写塔釜加热的结构参数。在"Configuration"页面，勾选"Rigorous"，表示进行严格传热计算；在"Coils"栏目，勾选"Heating"，表示盘管加热，输入加热面积 2m²，填写盘管上、下沿高度，如图 6-56（b）。在"Coils Heating"页面，填写加热介质温度 140℃、总传热系数 500W/(m²·K)。

（3）初始状态设置　在"B1|Initial Conditions"文件夹，有 2 个页面用来填写精馏塔的初始状态。在"Main"页面的"Initial Condition"栏目，选择"Empty"；在"Pad gas"栏目，选择惰性气体 N_2。在"Distillate receivers"页面，选择摩尔浓度、连接 1 号收集罐、罐内无物料。

（4）塔内件结构设置　在"B1|Column Internals"文件夹，点击"Add New"按钮，创建一个塔内件结构文件"INT-1"，在其中创建塔段数据文件"1"，标注塔板序号 2～9 块，筛板塔盘，板间距 0.6m，塔径 0.5m。

（5）塔顶温度控制器设置　在"Controllers"文件夹，点击"Add New"按钮，创建一个温度控制器文件"C-1"，为便于识别，更名为"TC-1"。在其"Connections"页面，设置过程变量为塔顶温度，暂时设置为 100℃，后由操作步骤调整。已知正辛烷沸点是 125.7℃，控制塔顶温度 100℃，可以不让正辛烷进入塔顶。温度控制器控制部件是回流分配器，控制参数是回流比，"Connections"页面参数填写如图 6-57（a）。在"Parameters"页面的"Ranges"栏目中，设置控制器输入与输出参数的范围。输入过程变量（PV，塔顶温度）范围 0～150℃，输出变量（OP，回流比）范围 1～10。"Tuning"栏目中设置控制器增益"Gain"为 6，积分时间"Integral time"为 2min。"Action"栏目中选择控制器动作方式为正作用"Direct"，表示若塔顶温度上升，则增加回流比予以控制，"Parameters"

页面参数填写如图 6-57（b）。至此，间歇精馏各模块参数设置完毕，软件自动生成的模拟流程如图 6-58。

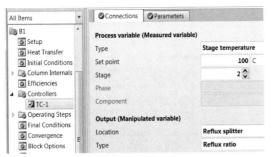

(a) 结构参数   (b) 控制参数

图 6-57　设置塔顶温度控制器

（6）精馏操作步骤设置　创建 4 个操作步骤文件对间歇精馏过程进行规定，即加料"CHARGE"、塔釜加热"HEAT"、精馏 1 "DISTI-1"和精馏 2 "DISTI-2"，以下分别叙述。

① 加料　在"B1|Operating Steps"文件夹的"Operating Steps"页面，点击"Add New"按钮，创建第 1 个间歇精馏操作文件"O-1"，为便于识别，更名为"CHARGE"，该文件描述向塔釜加料过程。在其"Configuration"页面的"Operating Changes"栏目，设置 2 个具体操作步骤"Feed"和"Controller"：一是规定加料速率 50kmol/h，持续加料时间 0.05h，实际进料 2.5kmol；二是把回流控制器置于人工控制模式，参数设置如图 6-59。

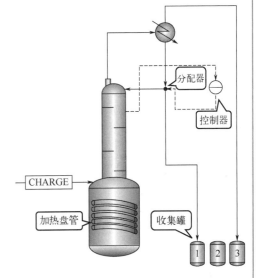

图 6-58　软件自动生成的模拟流程

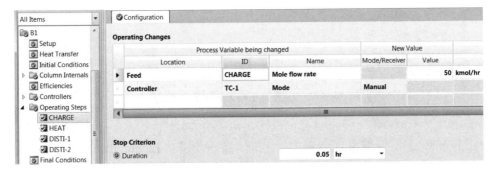

图 6-59　设置加料过程操作参数

② 加热　创建第 2 个间歇精馏操作文件"HEAT"，该文件描述冷态原料加热过程和精馏开始判据。设置 2 个具体操作步骤"Feed"和"Coils heating"：一是停止加料；二是设置盘管加热介质温度 140℃。在"Stop Criterion"栏目，设置操作结束阈值：当第 9 塔板温度达到 70℃时本操作结束，转而执行下一个操作步骤，参数设置如图 6-60。因为正

己烷沸点 68.73℃，第 9 塔板温度达到 70℃时，通知塔顶准备收集正己烷馏分。

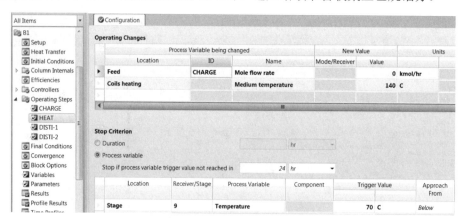

图 6-60 设置塔釜加热过程参数

③ 精馏 1 创建第 3 个间歇精馏操作文件"DISTI-1"，该文件描述收集塔顶正己烷馏分过程和停止收集判据。设置 3 个具体操作步骤："Controller"、"Controller"和"Liquid distillate receiver"。一是把塔顶温度控制器投入自动控制模式；二是把塔顶温度控制值设置在 73℃，略高于正己烷沸点 68.73℃，远低于正庚烷沸点 98.43℃，使正己烷尽量从塔顶蒸出；三是把塔顶馏出液引入 1 号收集罐。在"Stop Criterion"栏目，设置操作结束阈值，即当第 2 塔板温度达到 84℃时本操作结束，转而执行下一个操作步骤，参数设置如图 6-61。

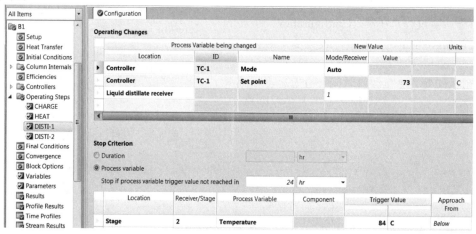

图 6-61 设置第 1 精馏阶段操作参数

④ 精馏 2 创建第 4 个间歇精馏操作文件"DISTI-2"，该文件描述收集塔顶正庚烷馏分过程和停止收集判据。设置 2 个具体操作步骤"Liquid distillate receiver"和"Controller"：一是把塔顶馏出液引入 2 号收集罐；二是把塔顶温度控制值设置在 100℃，略高于正庚烷沸点 98.43℃，远低于正辛烷沸点 125.70℃，使正庚烷尽量蒸出。在"Stop Criterion"栏目，设置操作结束阈值，即当第 2 塔板温度达到 105℃时间歇精馏结束，参数设置如图 6-62。

（7）运行并观察模拟结果 模拟结果汇集在"B1"模块的"Results"、"Profile Results"和"Time Profiles" 3 个文件夹中。在"Results|Summary"页面，显示间歇精馏各个操作

步骤的花费时间与总的加热能耗，见图 6-63（a）。在"Results|Pot"页面，塔釜物料存量 0.491kmol，正辛烷摩尔分数 0.9883。在"Results|Distillate Receivers"页面，3 个收集罐物

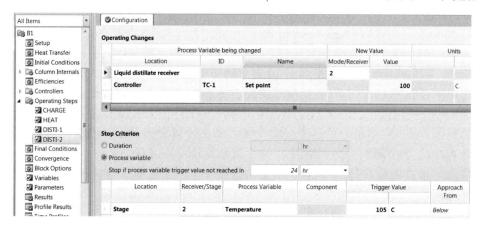

图 6-62 设置第 2 精馏阶段操作参数

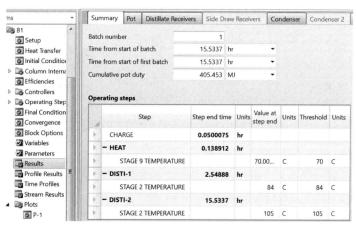

(a) 精馏时间与加热能耗

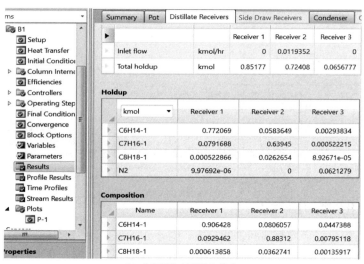

(b) 收集罐物料存量与组成

图 6-63 间歇精馏数据汇总

料存量和组成见图 6-63（b），扣除氮气，3 个收集罐物料存量共 1.5794kmol。在"Profile Results|Holdup"页面，精馏塔各块塔板上汽液滞留量共 0.4298kmol，把以上精馏塔各部位的物料存量相加，共 2.5002kmol，故间歇精馏过程进出物料平衡。

  用"Plot"工具栏的"New Custom Plot"绘图工具，对模拟结果的部分参数进行绘图，如图 6-64。图 6-64（a）显示回流比分布，在精馏 1 阶段，塔釜物料中轻组分多，回流比大幅波动，但很快回流比从 1 增加到 10 直至精馏 1 结束。在精馏 2 阶段，初始回流比稳定快速增加，6h 后稳定在 10 直至精馏结束。图 6-64（b）显示产物组成分布，在精馏 1 阶段，1 号收集罐内正己烷摩尔分数迅速增加，并维持在 0.9 以上直至该阶段结束；在精馏 2 阶段，正庚烷摩尔分数迅速增加并维持在 0.88 以上直至该阶段结束；塔釜正辛烷摩尔分数在两个精馏阶段都持续增加，直至间歇精馏结束时达到 0.988 以上。图 6-64（c）显示塔顶（第 2 塔板）、第 9 塔板和塔釜的温度分布，注意第 2 塔板和第 9 塔板温度曲线与温度控制器的控制值相对应，第 9 塔板和塔釜仅相差 1 块塔板，故温度比较接近。图 6-64（d）显示塔釜热负荷分布，在加料、加热阶段，塔釜瞬时热负荷大。进入精馏 1 阶段后，随着蒸发量减少热负荷迅速降低，进入精馏 2 阶段后热负荷持续降低并趋于稳定。

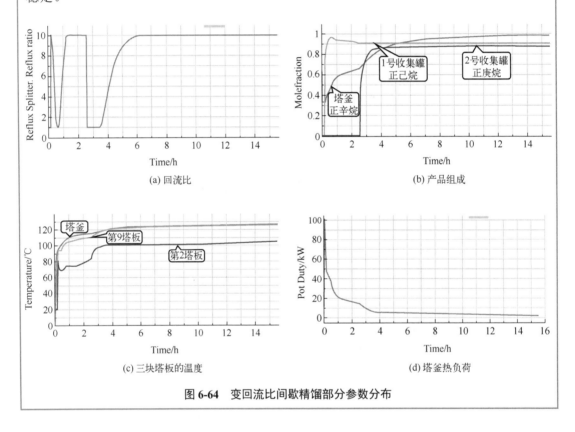

图 6-64　变回流比间歇精馏部分参数分布

6.2.3　均相共沸精馏

  间歇精馏塔也可用于均相共沸物的分离。对于正偏差共沸物，共沸点温度低，共沸物优先从塔顶蒸出，塔釜可以得到纯度高的产品；对于负偏差共沸物，共沸点温度高，共沸物存留在塔釜，塔顶可得到纯度高的产品。

例 6-6 水-异丁酸-正丁酸均相共沸精馏。

原料 40℃，常压，每批投料量 5000kg，其中含异丁酸 0.95（质量分数，下同），正丁酸 0.01，其余为水。间歇精馏塔共 35 块理论板（包含全凝器和再沸器）。全凝器压力 1.1bar，摩尔回流比 1.5。设置 1 个凝液罐，凝液罐直径 1m，高 1m，椭圆形封头，垂直安装。精馏塔塔径 1m，板间距 0.6m，堰高 0.05m。塔釜垂直安装，椭圆形封头，直径 1.8m，高 2m；夹套加热，夹套包覆釜底，热负荷 150kW。设置两个收集罐，分别接收不同纯度的异丁酸馏出液，塔釜存留正丁酸物料。精馏塔初始状态为全回流，要求得到含量 0.995 的异丁酸产品，塔釜浓缩液为进料的 10%。求：（1）塔顶、塔釜和过渡馏分的量与浓度；（2）主要操作参数分布。

解 （1）输入组分与相图分析　打开软件，进入"Properties"界面，在组分输入页面添加水、异丁酸（ISOC4ACI）、正丁酸（NC4ACID），选用"NRTL"性质方法。在"Home"菜单栏下的"Analysis"栏目中，点击"Ternary Diag"图标，在弹出的"Distillation Synthesis"图框中选择"Use Distillation Synthesis Ternary Maps"，软件显示相图绘制页面。在"Property Model"栏目中，选择汽液液体系相态"AVP-LIQ-LIQ"，设置体系压力 1.1bar、质量分数浓度单位，点击"Ternary Plot"按钮完成绘图，如图 6-65。由图 6-65（a），水-异丁酸-正丁酸三元混合物在 1.1bar 下存在两个二元共沸点，一个三元共沸点。其中，水-正丁酸形成正偏差共沸物，共沸点（102.13℃）是发散点；水-异丁酸形成负偏差共沸物，共沸点（160.68℃）是稳定点；水-异丁酸-正丁酸三元共沸物，共沸点（160.03℃）是鞍点。经过三元共沸点的两条剩余曲线构成四条精馏边界，把三角相图分成四个精馏区域。在图上添加进料与产品组成点，相图局部放大如图 6-65（b）。由图可见，本例题中的进料点位于三角形的右下方，塔顶、塔釜的产品组成也被精馏边界局限在右下方很小的区域之内。由于塔顶产品要求异丁酸质量分数 0.995，接近于纯组分点，故塔釜组成应该趋于负偏差共沸点（160.68℃）。

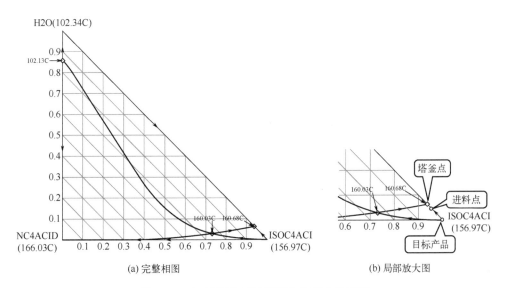

图 6-65　水-异丁酸-正丁酸混合物剩余曲线图

（2）间歇精馏塔参数设置　进入"Simulation"界面，建立如图 6-44（a）的间歇精馏模拟流程，输入进料物流信息。在"B1"模块的参数设置页面，有 6 个栏目填写结构参

数，包括 35 块理论板，全凝器，1 个凝液罐，2 个收集罐，初始状态全回流，填写结果如图 6-66（a）。在"Setup|Streams"页面的"Pot charge"栏目，选择进料物流"CHARGE"，质量流率；在"Distillate receivers"栏目，标注 2 个收集罐，产品物流均为"R1"。在"Setup|Pressures&Holdups"页面，点选"Calculated from tray or packing hydraulics"，要求计算塔段压降；在"Overhead"栏目，填写冷凝器压力 1.1bar。在"Setup|Condenser"页面的"Condenser type"栏目，选择全凝器"Total"。在"Setup|Pot"页面的"Geometry Specification"栏目中，注明塔釜垂直安装，两端椭圆形封头，塔釜直径 1.8m，高 2m。在"Setup|Reflux"页面的"Reflux specification"栏目中，选择"Reflux Ratio"，输入回流比 1.5。勾选"Reflux drum present"，表示设置凝液罐。输入凝液罐直径 1m，高 1m，椭圆形封头，垂直安装，凝液罐液位 0.75m。在"Heat transfer"文件夹，有 2 个页面用来填写塔釜的结构参数。在"Configuration"页面的"Heat transfer model"栏目，勾选"Rigorous"，表示进行传热严格计算；在"Jacket"栏目，勾选"Heating"表示塔釜夹套加热，勾选"Jacket covers bottom"表示夹套包覆釜底。在"Jacket Heating"页面的"Heat duty"栏目，勾选"Specified duty"，填写指定热负荷 150kW。模块参数设置完毕后，软件自动生成的模拟流程如图 6-66（b）。

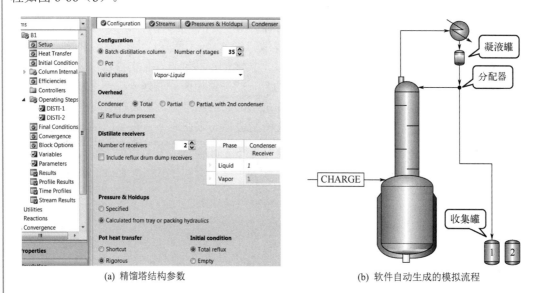

(a) 精馏塔结构参数　　　　　　　　　　　(b) 软件自动生成的模拟流程

图 6-66　水-异丁酸-正丁酸间歇精馏塔

（3）初始状态设置　在"B1|Initial Conditions"文件夹，有 2 个页面用来填写精馏塔的初始状态。在"Main"页面的"Initial Condition"栏目，选择全回流"Total reflux"；在"Charge"栏目，输入初始进料 5000kg，如图 6-67。在"Distillate Receivers"页面，选择质量浓度、连接 1 号收集罐、罐内无物料。

（4）塔内件结构设置　在"B1|Column Internals"文件夹，点击"Add New"按钮，创建一个塔内件结构文件"INT-1"，在其中创建塔段数据文件"1"，标注塔板序号 2～34 块，筛板塔盘，板间距 0.6m，塔径 1m。

（5）精馏操作步骤设置　创建 2 个操作步骤文件对间歇精馏过程进行规定，即精馏 1 "DISTI-1"和精馏 2 "DISTI-2"，以下分别叙述。

① 精馏 1　在"Operating Steps"文件夹的"Operating Steps"页面，点击"Add New"按钮，创建第 1 个间歇精馏操作文件"O-1"，为便于识别，更名为"DISTI-1"，该文件描

述收集塔顶含量 0.995 异丁酸馏分过程和停止收集判据。只需设置 1 个具体操作步骤 "Liquid distillate receiver"：把塔顶馏出液引入 1 号收集罐。在"Stop Criterion"栏目，设置操作结束阈值，即当罐内异丁酸质含量下降到 0.995 时本操作步骤结束，如图 6-68。

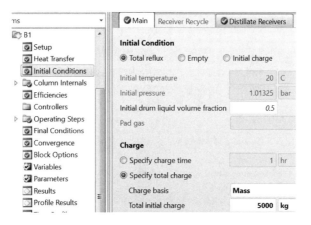

图 6-67　初始状态设置

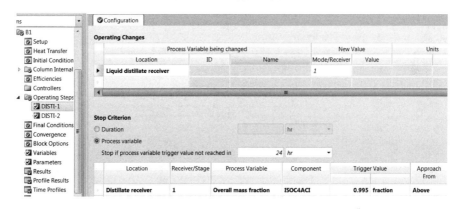

图 6-68　设置精馏 1 操作参数

② 精馏 2　创建第 2 个间歇精馏操作文件"DISTI-2"，该文件描述收集中间馏分过程以及结束间歇精馏的阈值。设置 1 个具体操作步骤"Liquid distillate receiver"：把塔顶馏出液引入 2 号收集罐。在"Stop Criterion"栏目，设置操作结束阈值，即当塔釜物料下降到 500kg 时间歇精馏结束，如图 6-69。

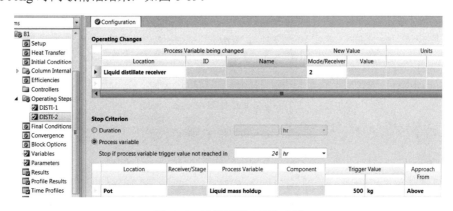

图 6-69　设置精馏 2 操作参数

（6）运行并观察模拟结果。模拟结果汇集在"Results"、"Profile Results"和"Time Profiles"3个文件夹中。在"Results|Summary"页面，显示间歇精馏各个操作步骤的花费时间与总加热能耗，见图6-70（a）。在"Results|Pot"页面，塔釜汽液两相物料存量共514.21kg，异丁酸含量0.9273。在"Results|Distillate Receivers"页面，2个收集罐物料存量和组成见图6-70（b）。2个收集罐物料存量共3076.57kg，含量分别是异丁酸0.9950和0.9374，第2收集罐的物料作为过渡馏分可以汇聚后作为精馏原料。在"Results|Reflux"页面，凝液罐物料存量是404.84kg。在"Profile Results|Holdup"页面，精馏塔各块塔板上汽液滞留量共1004.37kg。把以上精馏塔各部位的物料存量相加，共5000.00kg，故间歇精馏过程的进出物料平衡。

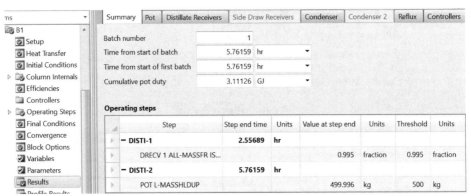

(a) 精馏时间与加热能耗

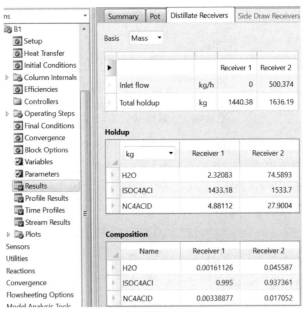

(b) 收集罐存量与组成

图6-70 间歇精馏数据汇总

用"Plot"工具栏的"New Custom Plot"绘图工具，对本例题均相共沸间歇精馏模拟结果的部分参数进行绘图，如图6-71。图6-71（a）显示塔顶产品收集罐与塔釜物料中异丁酸的质量浓度分布：在精馏1阶段，1号收集罐异丁酸含量从1.0缓慢降低并维持在0.995

以上直至该阶段结束；在精馏 2 阶段，2 号收集罐异丁酸含量从 0.9640 缓慢降低并维持在 0.93 以上直至该阶段结束；塔釜异丁酸含量在全部精馏时间内缓慢降低至 0.9273。图 6-71（b）显示回流量分布：本例题采用恒定回流比操作，因此操作回流比不随精馏时间变化，但回流量与塔顶出料量有关。本例题间歇精馏模拟过程从全回流开始，故开始时回流量较大，但迅速降低至 840kg/h 左右；随着塔顶采出量的减少，回流量降低至 750 kg/h 左右直至精馏结束。图 6-71（c）显示塔顶（第 2 塔板）和塔釜的温度分布：塔釜温度变化不大，稳定在 165.5℃ 左右；塔顶温度因产品正丁酸浓度逐步增加而上升，从 157.1℃ 上升到 160.8℃ 左右。图 6-71（d）显示塔顶产品收集罐与塔釜物料储液量分布：间歇精馏开始后，塔釜储液量从全回流的 3455.51kg 线性下降至精馏结束的 500kg；塔顶凝液罐储液量基本维持在 404.84kg 直至精馏结束；1 号收集罐储液量在精馏 1 阶段从零线性增加至 1440.38kg，2 号收集罐储液量在精馏 2 阶段从零线性增加至 1636.19kg。

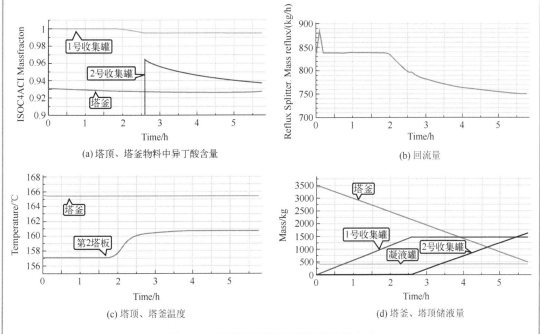

图 6-71　均相共沸间歇精馏部分参数分布

此题是从全回流开始间歇精馏，耗时较短。若从空塔开始间歇精馏，耗时几乎要加倍，多出的时间用于加料、加热和建立全回流状态。

6.2.4　非均相共沸精馏

若二组分溶液形成非均相共沸物，则不必另加共沸剂便可实现二组分的完全分离。可以采用连续过程进行非均相共沸物的精馏分离，也可以采用间歇过程进行非均相共沸物的精馏分离，后者的优点是操作灵活，可依靠单塔进行多组分混合物的分离。非均相间歇共沸精馏过程可以看成是共沸精馏与间歇精馏的耦合过程，本质上是非稳态过程。

例 6-7 丁醇-水非均相间歇共沸精馏。

拟在间歇精馏塔上非均相共沸精馏分离丁醇-水溶液。原料 20℃，含丁醇 0.7（摩尔分数，下同），每批投料量 100kmol。间歇精馏塔共 9 块理论板（包含全凝器和再沸器），塔顶常压，全塔压降 0.1bar。汽相冷凝液在凝液罐中分层为两相液体，丁醇相入 1 号收集罐，水相入 2 号收集罐，丁醇相全回流，水相外排。凝液罐滞液量 0.057m³，塔板滞液量 0.017m³。再沸器垂直安装，椭圆形封头，直径 3m，高 3m，夹套加热，热负荷 1.0GJ/h，初始状态全回流。要求釜液中丁醇含量 ≥0.95，2 号收集罐中水含量 ≥0.98，求丁醇回收率、收集罐与釜液的各参数分布。

解 （1）全局性参数设置 打开软件，进入"Properties"界面，在组分输入页面添加丁醇、水，选用"NRTL"性质方法，常压下丁醇-水的温度～组成相图参见例 2-11。原料含丁醇 0.7，精馏过程主要在丁醇-水温度～组成相图的丁醇相蒸馏区域进行。塔顶共沸物冷凝后分相，丁醇相正丁醇含量 0.56，全部回流；水相正丁醇含量 0.025，储存于 2 号收集罐内。

（2）间歇精馏塔参数设置 进入"Simulation"界面，建立如图 6-44（a）的间歇精馏模拟流程，输入进料物流信息。在"B1"模块的参数设置页面，有 6 个栏目填写结构参数，包括 9 块理论板，有效相态"Vapor-Liquid-Liquid"，全凝器，勾选凝液罐存在，2 个收集罐，初始状态全回流，参数填写如图 6-72（a）。在"Setup|Pressures & Holdups"页面，点选"Specified"，填写冷凝器压力 1atm，塔压降 10kPa，凝液罐和塔板滞液量填写如图 6-72（b）。在"Setup|Condenser"页面的"Condenser type"栏目，选择全凝器"Total"。在"Setup|Pot"页面的"Geometry Specification"栏目中，注明塔釜垂直安装，两端椭圆形封头，塔釜直径 3m，高 3m。在"Setup|Reflux"页面的"Reflux specification"栏目中，选择回流比"Reflux Ratio"，设置丁醇相全回流和水相零回流，"Liquid1"=1000 表示丁醇相全回流；勾选凝液罐存在，参数填写如图 6-73。在"Setup|3-Phase"页面的"Key components to identify 2nd phase"栏目中，指定水作为第 2 液相的关键组分。在"Heat Transfer"文件夹，有 2 个页面用来填写塔釜的结构参数。在"Configuration"页面的"Heat transfer model"

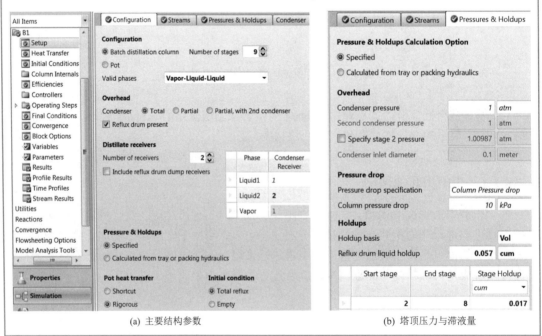

(a) 主要结构参数　　　　　　　　　　　　　　(b) 塔顶压力与滞液量

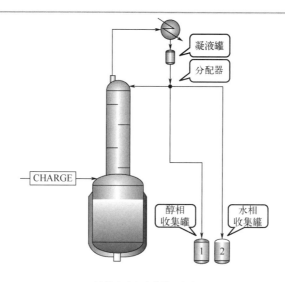

(c) 软件自动生成的模拟流程

图 6-72　丁醇-水间歇精馏塔结构

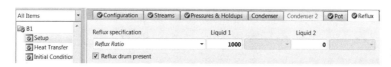

图 6-73　塔顶全回流设置

栏目，勾选"Rigorous"，表示进行严格的传热计算；在"Jacket"栏目，勾选"Heating"
表示塔釜夹套加热，勾选"Jacket covers bottom"
表示夹套包覆釜底。在"Jacket Heating"页面
的"Heat option"栏目，勾选"Specified duty"，
填写指定热负荷 1.0GJ/h。模块参数设置完毕
后，软件自动生成的模拟流程如图 6-72（c）。

（3）初始状态设置　在"Initial Conditions"
文件夹，有 2 个页面用来填写精馏塔的初始状
态。在"Main"页面的"Initial Condition"栏
目，选择全回流"Total reflux"；在"Charge"
栏目，输入初始进料 100kmol，如图 6-74。在
"Distillate receivers"页面，选择摩尔浓度、连
接 1 号收集罐、罐内无物料。

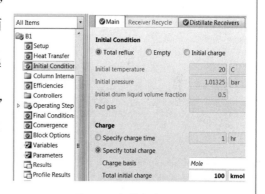

图 6-74　初始状态设置

（4）精馏操作步骤设置　创建 1 个操作步骤文件"DISTI"对间歇精馏过程进行规定。
在"Operating Steps"文件夹的"Operating Steps"页面，点击"Add New"按钮，创建 1
个间歇精馏操作文件"O-1"，为便于识别，更名为"DISTI"，该文件描述塔釜加热过程和
停止精馏判据。设置 1 个具体操作步骤"Jacket heating"：指定夹套加热热负荷 1.0GJ/h。
在"Stop Criterion"栏目，设置操作结束阈值，即当釜液丁醇含量增加到 0.95 时精馏结束，
如图 6-75。

（5）运行并观察模拟结果　在"Summary"页面，显示间歇精馏操作的花费时间与总
加热能耗，见图 6-76（a）。在"Pot"页面，塔釜物料存量 71.47kmol，丁醇含量 0.95，满

第 6 章　间歇过程

327

足分离要求，丁醇收率 71.4712×0.95/70=97.0%。在"Distillate Receivers"页面，给出了两个收集罐的存量与组成，见图 6-76（b），物料存量共 26.22kmol，1 号收集罐丁醇含量 0.5548，2 号收集罐水含量 0.9819，也达到分离要求。在"Reflux"页面，凝液罐物料存量是 1.035kmol。在"Profile Results|Holdup"页面，精馏塔各块塔板上滞液量共 1.234kmol。把以上精馏塔各部位的物料存量相加，共 100.0kmol，故间歇精馏过程进出物料平衡。

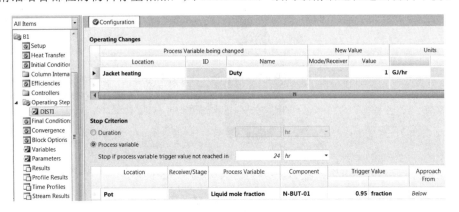

图 6-75　设置精馏过程操作参数

(a) 精馏时间与加热能耗

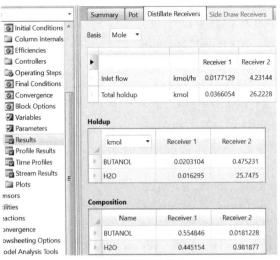

(b) 收集罐存量与组成

图 6-76　间歇精馏数据汇总

用"Plot"工具栏的"New Custom Plot"绘图工具，对本例题非均相共沸间歇精馏模拟结果的部分参数进行绘图，如图 6-77。图 6-77（a）显示釜液和 2 号收集罐中物料存留量分布：随着精馏的进行，釜液量逐渐减少，水相量逐渐增加。图 6-77（b）显示釜液丁醇含量和 2 号收集罐中水含量分布：随着精馏的进行，釜液丁醇含量逐渐增加到 0.95，2 号收集罐中水含量受温度和溶解度制约基本不变。图 6-77（c）显示釜液温度和冷凝液温度分布：随着釜液中丁醇含量增加，釜液温度逐渐上升，冷凝温度基本不变。图 6-77（d）显示塔顶回流量的分布：水相回流量为零；随着间歇精馏的进行，塔顶汽相中水分逐渐减少，冷凝液中丁醇量逐渐增加且全回流，故丁醇相回流量逐渐增加，直至精馏结束。

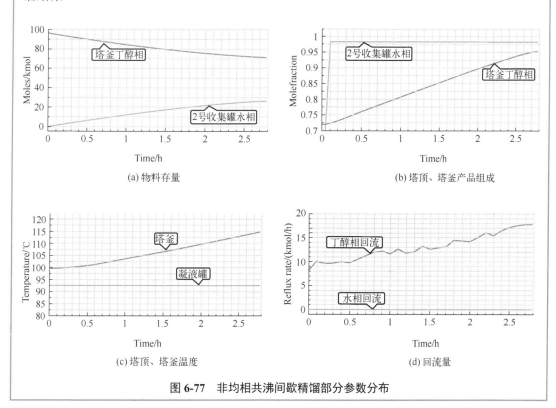

(a) 物料存量

(b) 塔顶、塔釜产品组成

(c) 塔顶、塔釜温度

(d) 回流量

图 6-77 非均相共沸间歇精馏部分参数分布

6.2.5 半连续反应精馏

所谓"半连续"反应精馏，其基本的操作过程是间歇的，但包含了连续操作的步骤，比如连续的进料或连续的出料。在间歇反应精馏过程中添加连续进料步骤，主要是出于这样一些考虑：①对于反应热比较大的体系，采用某一反应物连续进料，可以降低反应物浓度，控制反应热的集中释放，有助于把反应温度稳定在合适的区间；②对于副反应较多的体系，采用某一反应物连续进料，降低反应物浓度，可控制副反应的进程，提高主反应的转化率与目标产物的选择性。

例 6-8　乙酸与乙醇酯化反应精馏。

乙醇（A）与乙酸（B）反应合成乙酸乙酯（C）和水（D），反应方程见式（4-2），反应速率见式（4-3）、式（4-4），浓度单位 kmol/m³，活化能单位 kJ/kmol。乙酸水溶液 20℃，常压，含乙酸 0.7（摩尔分数，下同）。乙醇水溶液 25℃，常压，乙醇含量 0.8。反应精馏塔理论板数10（包含全凝器和再沸器），全凝器压力1atm，无凝液罐。塔釜垂直安装，椭圆形封头，直径1m，高1m；夹套加热蒸汽温度133℃，夹套总传热系数500W/(m²·K)。设置1个收集罐接收馏出液，精馏塔初始状态为全回流，塔釜初始加入乙酸水溶液10kmol。间歇精馏操作步骤：（1）乙醇水溶液以1kmol/h流率加入塔釜，持续1h；（2）开始间歇精馏，乙醇水溶液连续进料，摩尔回流比10，当收集罐中乙醇含量增加到0.2时停止精馏，求：（1）乙酸转化率；（2）主要操作参数分布。

解　（1）全局性参数设置　打开软件，进入"Properties"界面，在组分输入页面添加乙酸、乙醇、乙酸乙酯和水，选用"NRTL-HOC"性质方法。

（2）间歇精馏塔参数设置　进入"Simulation"界面，建立间歇精馏模拟流程，如图6-78，初始进料物流"CHARGE"为乙酸水溶液，二次加料物流"ETHANOL"为乙醇水溶液，输入进料物流信息。

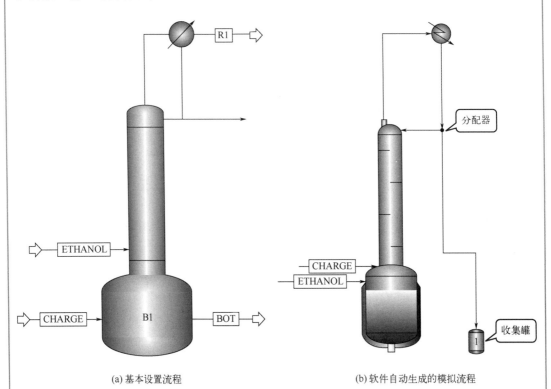

(a) 基本设置流程　　　　　　　　　(b) 软件自动生成的模拟流程

图 6-78　苯-甲苯间歇精馏模拟流程

在"Reactions"文件夹创建一个酯化反应数据文件"R-1"，添加反应方程式（4-2）和反应速率式（4-3）、式（4-4）。正反应方程式数据设置如图6-79，逆反应方程式数据设置类似。

在"B1"模块的参数设置页面，有6个栏目填写结构参数，包括10块理论板，有效相态"Vapor-Liquid"，全凝器，1个收集罐，初始状态全回流，参数填写如图6-80（a）。在"Streams"页面，指定二次加料位置，如图6-80（b）。在"Setup|Pressures&Holdups"页面，点选"Specified"，填写冷凝器压力1atm，塔压降10kPa，塔板滞液量填写如图6-80（c）。在"Setup|Condenser"页面的"Condenser type"栏目，选择全凝器"Total"。在"Setup|Pot"

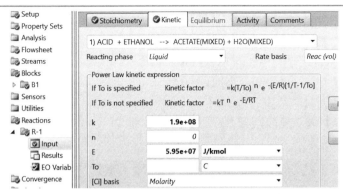

图 6-79　正反应方程式数据设置

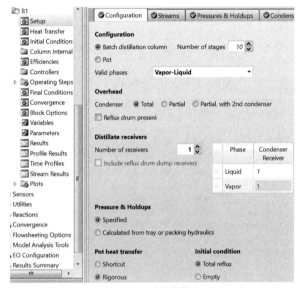

(a) 主要结构参数

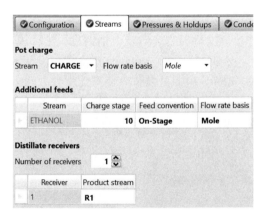

(b) 指定二次加料位置

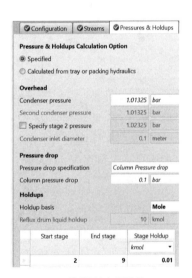

(c) 塔顶压力与滞液量

图 6-80　间歇反应精馏塔结构

页面的"Geometry Specification"栏目中，注明塔釜垂直安装，两端椭圆形封头，塔釜直径1m，高1m。在"Setup|Reflux"页面的"Reflux specification"栏目中，选择回流比"Reflux Ratio"，设置回流比1。在"Setup| Reactions"页面，调用酯化反应方程式文件如图6-81。在"Heat Transfer| Configuration"页面，勾选"Rigorous"，表示进行严格的传热计算；勾选"Heating"表示塔釜夹套加热，勾选"Jacket covers bottom"表示夹套包覆釜底。在"Heat Transfer|Jacket Heating"页面，勾选"Specified medium temperature"，填写加热蒸汽温度133℃。模块参数设置完毕后，软件自动生成的模拟流程如图6-78（b）。

图 6-81 调用酯化反应方程式文件

（3）初始状态设置 在"Initial Conditions|Main"页面，勾选"Total reflux"，指定初始加料量10kmol，如图6-82。在"Distillate Receivers"页面，选择摩尔浓度、连接1号收集罐、罐内无物料。

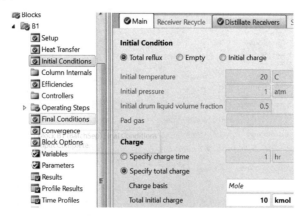

图 6-82 初始状态设置

（4）精馏操作步骤设置 创建2个操作步骤文件对半连续反应精馏过程进行规定，即加料步骤"FEED"和精馏步骤"DISTIL"。①加料：在"B1|Operating Steps"文件夹，创建加料操作文件"FEED"，在其"Configuration"页面，设置具体操作步骤"Feed"，规定乙醇水溶液的加料速率1kmol/h，持续时间1h，如图6-83。②精馏：创建精馏操作文件

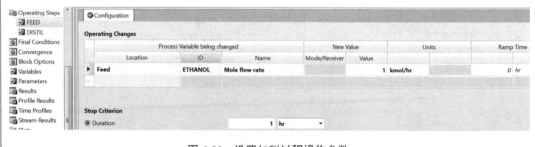

图 6-83 设置加料过程操作参数

"DISTIL"，开始间歇反应精馏，保持乙醇水溶液连续进料，指定摩尔回流比 10，当收集罐中乙醇浓度增加到 0.2 时停止精馏，如图 6-84。

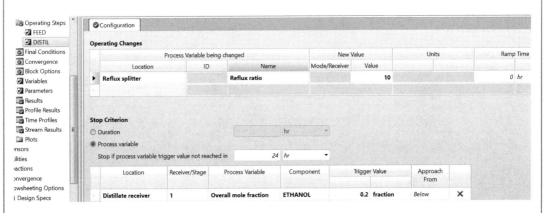

图 6-84　设置精馏过程操作参数

（5）运行并观察模拟结果　在"Summary"页面，显示间歇精馏操作的花费时间 20.5h，总加热能耗 5.0GJ。在"Pot"页面，塔釜物料总存量 16.03kmol，乙酸乙酯存量 0.01kmol，见图 6-85（a）；收集罐总存量 14.36kmol，乙酸乙酯存量 6.67kmol；生成的乙酸乙酯总量 6.68kmol，见图 6-85（b）。输入的原料中乙醇过量，以原料乙酸计算转化率，加料中乙酸总量为 7 kmol，由于是等分子反应，故乙酸转化率为 6.68/7=95.4%。

Basis　Mole

Name	Units	Total	Vapor	Liquid
Total holdup	kmol	16.0315		16.0315

Holdup

Name	Total	Vapor	Liquid
	kmol	kmol	kmol
ACID	0.00440757	0	0.00440757
ACETATE	0.0122376	0	0.0122376
ETHANOL	6.76135		6.76135
H2O	9.25354	0	9.25354

(a) 塔釜存量

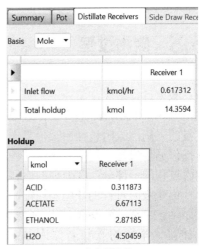

Summary	Pot	**Distillate Receivers**	Side Draw Rece

Basis　Mole

		Receiver 1
Inlet flow	kmol/hr	0.617312
Total holdup	kmol	14.3594

Holdup

kmol		Receiver 1
ACID		0.311873
ACETATE		6.67113
ETHANOL		2.87185
H2O		4.50459

(b) 收集罐存量

图 6-85　间歇精馏数据汇总

用软件绘图工具对模拟结果的部分参数进行绘图，如图 6-86。图 6-86（a）显示半连续加料过程，乙酸水溶液一次性进料，乙醇水溶液在整个反应精馏过程连续进料。图 6-86（b）显示收集罐内的物料含量变化，反应开始后，乙酸含量持续降低，乙醇与乙酸乙酯含量持续增加，至 19h 乙酸乙酯含量达到最高值，20h 乙醇含量达到 0.2 反应结束。图 6-86（c）显示乙酸与乙酸乙酯的反应速率，乙酸乙酯是产物，反应速率为正，乙酸是反应物，反应速率为负，反应开始时乙酸浓度最高，反应速率最快，随着乙酸浓度降低，反应速率逐渐降低。图 6-86（d）显示塔釜物料存量，由于乙醇水溶液连续进料，故塔釜物料存量也持续增加，直至精馏结束。

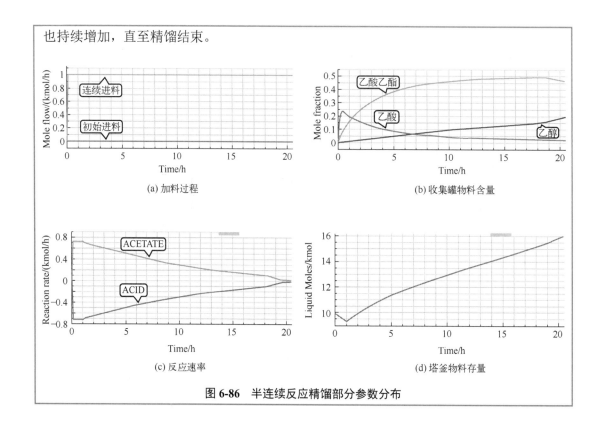

图 6-86 半连续反应精馏部分参数分布

6.3 吸附过程

  吸附过程是化学工业中常见的单元操作，用于对均相流体混合物的分离。工业应用实例包括气相或液相混合物中主体成分的分离、气相或液相物流中杂质的脱除净化。由于受吸附容量的限制，吸附过程的吸附操作与吸附剂的解吸操作往往是成对出现，从而构成完整的吸附操作循环流程，这两种操作过程本质上来说都属于间歇分离过程。离子交换过程也可看成吸附过程的一部分，其处理的原料仅局限于水溶液。

  由于吸附过程的非稳态属性，在设计吸附分离装置时，其严格计算方法因工作量太大而难以手工完成。AspenOne 系列产品中有一个专门软件用于固定床吸附和离子交换过程的模拟计算，早期的软件名称为 Aspen Adsim，AspenONE V7.0 之后的软件名称为 Aspen Adsorption。该软件也是在动态模拟系统 Aspen Custom Modeler 的基础上开发出来的，因此具有与基于动态模拟系统开发出来的系列模拟软件近似的操作界面与操作方法。Aspen Adsorption V12 软件的操作界面如图 6-87 所示，左侧上方是导航栏，左侧下方是导航栏文件夹的操作模块；主界面上方是模拟吸附流程主操作窗口，下方是信息栏，显示吸附模拟过程的提示信息。

  由于吸附操作过程的间歇性与周期性，软件模拟过程也显得复杂。Aspen Adsorption 软件把固定床吸附流程的复杂程度分成三等，即简单流程、复杂流程和完整流程。简单流程只有一个固定床吸附器模块和各一个进、出口物流，常用于模拟床层的吸附波、浓度波和透过曲线，也用于吸附方程式的参数拟合。复杂流程除了增加床层进、出口阀门，还增加床层两端的封头，故需要考虑阀门压降、固定床封头死体积对吸附过程的影响。完整流程则包含两个或以上的固定床吸附器，并能进行吸附与解吸的周期性操作。使用者根据模拟要求，可以选择不同的模块构建吸附工艺流程，从而进行固定床吸附过程模拟。

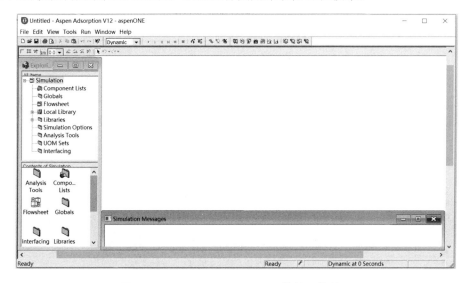

图 6-87　Aspen Adsorption V12 软件工作界面

6.3.1　固定床的吸附波、浓度波与透过曲线

　　吸附波是任一时刻床层内吸附剂的吸附质负荷在床层轴向上的分布；浓度波是任一时刻床层内流体相中吸附质浓度在床层轴向上的分布；以固定床出口端流出物中吸附质浓度为纵坐标、以吸附时间为横坐标所绘制出的吸附质浓度-时间曲线则称为透过曲线。吸附波、浓度波与透过曲线是固定床吸附器的 3 个重要技术参数。由于吸附波、浓度波难以测定，而透过曲线易于测定，且其形状与吸附波成镜面对称相似。因此，在工业实践中常通过透过曲线来了解固定床内吸附波的形状、传质区长度和吸附剂吸附容量的利用率，并作为固定床吸附器的设计依据。

　　模拟软件可以对床层吸附剂的各种参数进行严格的计算，不易实验测定的吸附剂床层参数可以通过模拟计算获得。若已知床层结构、吸附剂基本性质、吸附等温线方程、吸附质传质系数、原料流率、组成与流动状态等固定床吸附剂基础数据，可以利用 Aspen Adsorption 软件模拟计算出该固定床吸附剂的吸附波、浓度波分布与透过曲线，从而了解该吸附体系的基本性质。

例 6-9　求氧气在简单吸附床层上的吸附波、浓度波与透过曲线。

　　在 25℃、3.045bar 条件下空气流经碳分子筛吸附柱进行氧气与氮气的分离。假定空气组成为氮气 0.79（摩尔分数，下同），其余为氧气；吸附剂表面均匀，空气在吸附剂表面是单分子层吸附，凝聚相中分子之间无作用力。这样，空气在固定床碳分子筛上的吸附行为可以用 Aspen Adsorption 软件中编号为"Extended Langmuir 1"的多组分吸附等温线描述，方程形式如式（6-12）。式中，w_i 是吸附剂负荷，kmol/kg；i 是组分代号；p_i 是组分气相分压；C 是组分数；方程参数 IP 见表 6-3。

$$w_i = \mathrm{IP}_{1,i} p_i \left/ \left(1 + \sum_{k=1}^{C} \mathrm{IP}_{2,k} p_k\right)\right. \qquad (6\text{-}12)$$

表 6-3　吸附等温线方程参数

组分	$IP_{1,k}$	$IP_{2,k}$
$k=1$（N_2）	0.0090108	3.3712
$k=2$（O_2）	0.0093652	3.5038

　　床层参数：床层直径 0.035m，高 0.35m，床层孔隙率 0.4，吸附剂颗粒孔隙率 0，床层密度 592.62kg/m³，吸附剂颗粒半径 1.05mm，形状因子 1.0。在温度 25℃、压力 3.045bar 下，氮气和氧气在吸附床层的总传质系数分别为 0.007605s⁻¹ 和 0.04476s⁻¹。在吸附初始状态，固定床气相充填纯氮气。进料空气流率 $5×10^{-7}$kmol/s。假设固定床径向上的气相浓度相等。求：（1）氧气在简单吸附床层上的透过曲线；（2）在吸附时间 70s、150s、300s、600s、1200s 时，床层内氧气的浓度波和吸附波曲线。

　　解　（1）输入组分和选择性质方法　打开 Aspen Adsorption V12 软件，在导航栏的"Component List"文件夹中添加组分。该文件夹的组分信息有两种类型：一种是简单信息，仅包含组分名称；另一种是详细信息，包含组分的全部物性。组分的详细信息可以通过编制用户的组分物性子程序，链接到床层模拟程序运行，更方便的方法是调用 Aspen Properties 软件计算组分物性。在本例题中，采用后者计算组分的物性。

　　双击导航栏"Component List"文件夹的"Configure Properties"图标，软件弹出"Physical Properties Configuration"窗口。点选"Use Aspen property system"，点击"Edit Using Aspen properties"按钮，这时 Aspen Properties 软件自动打开，输入原料中的组分氮气和氧气，选择性质方法"PENG-ROB"，运行 Aspen Properties 后保存并退出。在保存的本例运行程序文件夹中，可以看到新生成的组分物性数据文件"PropsPlus. aprbkp"。

　　双击文件夹"Component List"中的"Default"图标，弹出"Build Component List-Default"对话框，把氮气和氧气从"Available Components"栏移动到"Components"栏，点击"OK"关闭对话框，完成吸附组分的激活，如图 6-88。

　　（2）构建吸附流程并设置模拟方法

　　① 构建吸附流程　打开导航栏的树状结构，选择模块库"Libraries"，再选择气相动态吸附子模块库"Adsim|Gas_Dynamic"，分别选中"gas_bed""gas_feed""gas_product"三个模块，逐个拖放到吸附流程操作窗口的适当位置。然后在子模块库"Adsim|Stream Types"中，分别引出两条气相物流线"gas_Material_Connection"，与 3 个气相吸附模块连接起来，修改默认的模块名称，就构成了简单固定床吸附流程，如图 6-89，该图也可以由软件自带的模板构建。在下拉菜单"File"中点击"Template"，弹出模板选择窗口

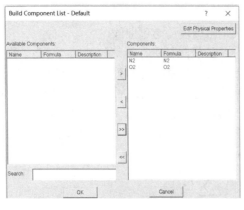

图 6-88　激活吸附组分

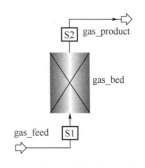

图 6-89　用模块构建简单吸附流程

"Flowsheet Template Organizer"，如图 6-90。选择"Simple gas flowsheet"，点击"Copy"，弹出文件保存窗口，填写文件名后点击"OK"保存，同时在软件的主操作窗口出现与图 6-89 相同的简单吸附流程。

双击流程图上的固定床图标，弹出床层设置对话框，如图 6-91。在此页面上，可以设置吸附剂的充填层数、床层的安放方向、床层模拟维数设置，以及是否进行静态水力学计算等信息。在本例题中，默认此页的原始设置，即只有一层吸附剂，床层垂直安装，一维模拟，不进行静态水力学计算，无内部换热器。

图 6-90 由软件模板构建简单吸附流程

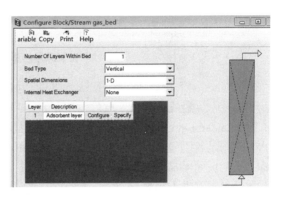

图 6-91 床层设置对话框

② 设置模拟方法 点击图 6-91 上的固定床图标，弹出模拟方法设置对话框，共有 7 个填写数据页面。根据不同情况，有些页面可以直接采用默认数据，有些页面不需要填写数据。在"General"页面上，有两个涉及微分方程数值计算的选项，一个是偏微分方程离散化方法的选项，另一个是固定床轴向网格化数量的选项。对于前者，软件中有 10 种方法可供选择，选择的依据是模拟吸附过程的类型、计算过程的准确性、收敛稳定性和程序运行时间的长短，其中 UDS、QDS、Mixed 可以看作是标准的偏微分方程求解方法，它们兼顾到了求解过程的准确性、稳定性和适中的计算时间。对于强非理想体系，或床层透过曲线陡峭的情况，建议选择 BUDS 方法。对于后者，软件默认的床层轴向网格点数是20。对于床层透过曲线陡峭的情形，或强极性非理想体系，建议增加网格点数。网格点数增加虽然会提高求解过程的准确性，但增加了程序运行时间，操作者可以自己确定一个与吸附体系性质和偏微分方程离散化方法相对应的网格点数。在本例题中，氮气和氧气是近理想体系，偏微分方程离散化方法（一维稳态对流-扩散问题的迎风差分格式）和网格点数（20）选择软件默认的，如图 6-92。

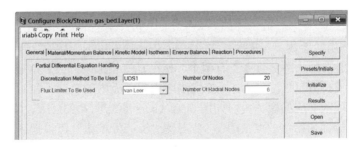

图 6-92 设置数学求解方法

在"Material/Momentum Balance"页面，确定有关床层质量衡算和动量衡算的方法。

有 2 个选项需要选择，分别是关于质量与动量衡算的假定，本例题的选择如图 6-93。质量衡算选择"Convection Only"，假定床层内气相流动是平推流，质量衡算时不计轴向扩散；动量衡算选择"Karman-Kozeny"，假定床层内流体流动是层流，并据此进行流速与压降的计算。

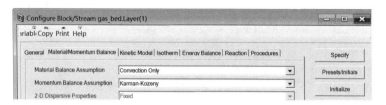

图 6-93　设置床层质量和动量衡算参数

在"Kinetic Model"页面，默认软件的初始设置。在"Isotherms"页面，确定吸附体系适用的吸附等温线方程式，软件列出了近 40 种气相吸附方程式可供选择。在本例题中，选择"Extended Langmuir 1"，该方程式是多组分吸附等温线方程，方程形式见式（6-12）。由于本例题是等温过程，默认"Energy Balance"页面的初始设置；本例题无化学反应，"Reaction"页面不需要填写；"Procedures"页面可以用来添加用户自编的 Fortran 附加子程序，在本例题中不需要设置。

（3）输入吸附床层基础数据

① 输入床层结构参数　点击图 6-93 右侧"Specify"按钮，弹出床层参数对话框，把题目中给的固定床和吸附剂规格、传质系数、等温线方程参数填写入对应的栏目内，如图 6-94（a）。如果固定床是由不同吸附剂构成的多床层结构，则需要对每一床层分别填写床层结构参数。

gaas_bed.Layer(1).Specify Table

	Value	Units	Des
Hb	0.35	m	Height of adsorbent layer
Db	0.035	m	Internal diameter of adsorbent layer
Ei	0.4	m3 void/m3 bed	Inter-particle voidage
Ep	0.0	m3 void/m3 bead	Intra-particle voidage
RHOs	592.62	kg/m3	Bulk solid density of adsorbent
Rp	1.05	mm	Adsorbent particle radius
SFac	1.0	n/a	Adsorbent shape factor
MTC(*)			
MTC("N2")	0.007605	1/s	Constant mass transfer coefficients
MTC("O2")	0.04476	1/s	Constant mass transfer coefficients
IP(*)			
IP(1,"N2")	0.0090108	n/a	Isotherm parameter
IP(1,"O2")	0.0093652	n/a	Isotherm parameter
IP(2,"N2")	3.3712	n/a	Isotherm parameter
IP(2,"O2")	3.5038	n/a	Isotherm parameter

(a) 结构参数

gas_bed.Layer(1).Initials_YVWC Table

	Value	Units	Spec	Derivative	Description
ProfileType	Constant				Is the bed initially specified with c
Y_First_Node(*)					
Y_First_Node("N2")	1.0	kmol/kmol	Initial		Mole fraction within first element
Y_First_Node("O2")	0.0	kmol/kmol	Initial		Mole fraction within firat element
Vg_First_Node	3.55e-04	m/s	Initial		Gas velocity within first element
W_First_Node(*)					
W_First_Node("N2")	0.0	kmol/kg	RateInitial	0.0	Solid loading within first element
W_First_Node("O2")	0.0	kmol/kg	RateInitial	0.0	Solid loading within first element

(b)初始参数

图 6-94　输入床层参数

② 输入床层初始参数　点击图 6-93 右侧"Presets/Initials"按钮，弹出床层初始状态设置对话框。床层初始状态参数主要有两个，一个是气相浓度，一个是吸附剂负荷。本例题气相充填纯氮气，故氮气浓度为 1，氧气浓度为零，吸附剂负荷不随时间变化，故导数值为零。把数据填入对应的栏目内，如图 6-94（b）。点击图 6-93 右侧"Initialize"按钮，使床层各截面参数都初始化。点击图 6-92 右侧"Save"按钮，可以把床层数据保存，文件扩展名为".ads"。同样，点击图 6-92 右侧"Open"按钮，也可以调用已经保存的"*.ads"文件数据应用于本床层。

③ 修改进出口物流属性　点击图 6-89 的进料物流模块"gas_feed"，弹出进料模块性

质设置对话框，默认页面设置选项，即进料模块是流程边界，流体可逆流动，也作为物料储罐存在。点击"Specify"按钮，弹出进料物流数据对话框，输入题目中给的进料数据，把进料流率属性修改为固定值，如图 6-95（a）；床层出口的物料性质会变化，需要把出料模块的流率和压力属性修改为自由值，如图 6-95（b）。

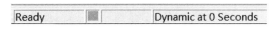

gas_feed.Specify Table	Value	Units	Spec	Description
F	5.e-007	kmol/s	Fixed	Flowrate
Y_Fwd(*)				
Y_Fwd("N2")	0.79	kmol/kmol	Fixed	Composition in forward direction
Y_Fwd("O2")	0.21	kmol/kmol	Fixed	Composition in forward direction
T_Fwd	298.15	K	Fixed	Temperature in forward direction
P	3.045	bar	Fixed	Boundary pressure

gas_product.Specify Table	Value	Units	Spec	Description
F	5.e-006	kmol/s	Free	Flowrate
Y_Rev(*)				
Y_Rev("N2")	0.5	kmol/kmol	Fixed	Composition in reverse direction
Y_Rev("O2")	0.5	kmol/kmol	Fixed	Composition in reverse direction
T_Rev	298.15	K	Fixed	Temperature in reverse direction
P	3.0	bar	Free	Boundary pressure

(a) 进料模块参数　　　　　　　　　　　　　(b) 出料模块参数

图 6-95　修改进出口模块参数

（4）运行吸附程序并查看结果

① 运行程序准备　吸附程序的初始化。点击下拉菜单"Flowsheet"的"Check & Initial"，完成吸附程序的初始化。若没有错误，这时屏幕右下方状态栏"Ready"的右侧显示绿色小方块，表示吸附程序可以运行，如图 6-96。如果显示其它颜色或其它图形，则表明吸附系统的自由度设置存在问题，软件不能运行，需要从头开始仔细检查并校正。也可以从屏幕右侧下方的信息栏中查看提示信息，根据提示信息修改不正确的参数设置。

Ready	■	Dynamic at 0 Seconds

图 6-96　程序初始化检查

背景设置。为了方便吸附模拟结果输出和图形显示，最好把吸附流程主操作窗口设置为屏幕背景。在下拉菜单"Window"中勾选"Flowsheet as Wallpaper"，这时主操作窗口变成了屏幕背景，以后在输出模拟结果的图形和表格时都不会被主操作窗口掩盖。

调整积分步长。在下拉菜单"Run"中点击"Solver Options…"，弹出数值计算选项对话框。在"Integrator"页面，把最大积分步长设置为50，以加快模拟过程，如图 6-97。

设置模拟时间。在下拉菜单"Run"中点击"Run Options"，弹出模拟运行的时间选项。在本例题中，选择输出模拟数据的时间间隔5s，总运行时间1200s，以便输出吸附床层完整的透过曲线，设置方法如图 6-98。

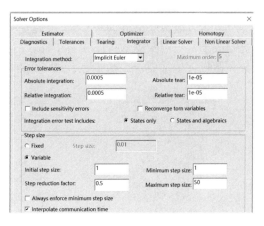

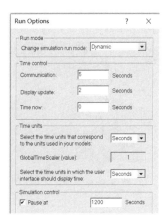

图 6-97　调整积分步长　　　　　　　　　**图 6-98　运行时间设置**

② 设置模拟结果输出图形文件　设置 3 个输出图形文件，分别是床层出口气相中氧气的透过曲线、不同时间床层流体相内氧气的浓度波分布曲线和不同时间床层内固相吸附剂的吸附波分布曲线。

输出图形文件 1：参照 5.2 节动态数据图设置方法，建立一个床层出口端气相中氧气浓度随时间分布（氧气透过曲线）的图形文件，取名"O2_breakthrou"，图形的数据性质选择"Plot"，如图 6-99（a）。点击"OK"按钮，软件生成空白的氧气透过曲线坐标框架，依次点击图 6-89"gas_feed"模块和"gas_product"模块的"Results"按钮，把氧气浓度拖放到氧气透过曲线的纵坐标，再对氧气透过曲线的横坐标修改间距和总长度，如图 6-99（b）。

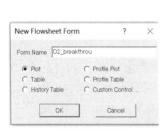

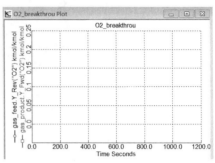

(a) 命名与选择数据性质　　　　　　　　(b) 修改坐标参数

图 6-99　设置氧气透过曲线参数

输出图形文件 2：创建一个床层内流体相中氧气浓度轴向分布（浓度波）的图形文件，取名为"axial_O2_composition"，图形的数据性质选择"Profile Plot"，如图 6-100（a），生成的浓度波图形框架如图 6-100（b）。右击图 6-100（b）空白处，选择"Profile Variables"，弹出图形设计对话框，如图 6-100（c），在其左侧"Profile Builder"的"Profiles"栏目中，点击右上方图标□，输入 x、y 坐标名称"distance/m"和"O2"，分别表示床层截面轴向位置和对应截面上气相氧气浓度。

选择"Profile Builder|Profiles"栏目中 x 坐标"distance/m"，点击左下方的"Find Variables…"，弹出寻找数据窗口"Variable Find"，如图 6-100（d）。点击数据浏览按钮"Browse"，选中"Blocks|gas_bed.Layer（1）"，点击"Find"，这时在"Variable Find"页面下方出现大量床层模拟数据，从中找到不同床层截面的位置数据，拖曳 20 个截面位置数据中的任何一个数据点，比如第 7 截面位置数据"gas_bed. Layer（1）. Axial_Distance（7）"，释放到图 6-100（c）的"Profile Variables"内。然后把截面位置编号"7"用通配符"＊"代替，以确定任意截面的位置坐标，这样就完成了 x 坐标轴向数据的设置工作。用同样的方法，寻找到 y 坐标的床层气相氧气浓度分布数据，也拖曳一个数据点到图 6-100（c）的

(a) 设置曲线数据性质　　　　　　　　(b) 浓度波图形框架

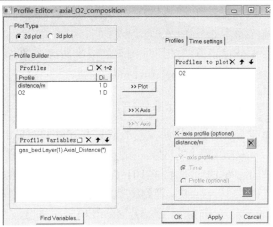

(c) 设置浓度波曲线数据源

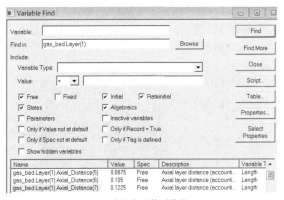

(d) 选择床层截面数据

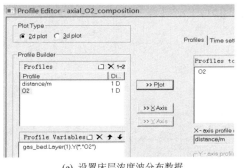

(e) 设置床层浓度波分布数据

(f) 设置床层浓度波输出时间

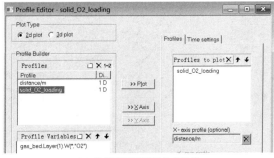

(g) 设置床层吸附波分布数据

图 6-100　设置床层轴向参数分布图

"Profile Variables"内，用通配符"*"修改数据点编号，完成 *y* 坐标数据的设置工作，并选送到右侧对应的位置，如图 6-100（e）。

按题目要求，输出 5 个时间点的床层气相氧气浓度波分布曲线。点击图 6-100（c）右侧的"Time settings"按钮，选择"Specify times"，逐次点击右上方图标□，输入 5 个时间点数值，如图 6-100（f）。

输出图形文件 3：参照图 6-100（f）设置方法，创建一个不同时间床层内各截面上固相吸附剂的氧气负荷曲线（吸附波）图形文件，取名"solid_O2_loading"，如图 6-100（g）。

③ 运行吸附程序　点击屏幕上方工具栏的运行按钮"▸"，程序开始运行并至 1200s 后停止，输出模拟结果如图 6-101。由图 6-101（a），在吸附时间接近 70s 时床层被氧气穿透，600s 后氧气的透过曲线上升减缓，直到 1200s 吸附剂才达到饱和，这时床层进出口氧气浓度相等。图 6-101（b）、（c）显示了床层轴向气相氧气浓度波分布和固相吸附剂的吸附波分布。横坐标零点是床层气体进口，横坐标 0.35m 是床层气体出口。从两组分布曲线来看，床层内传质区的长度较长，在 70s 时传质区的前沿已经接近床层出口位置，显示了该吸附体系具有非优惠吸附等温线的特征。这两组分布曲线不易通过吸附实验测定，但软件模拟可以方便获得床层内部数据。

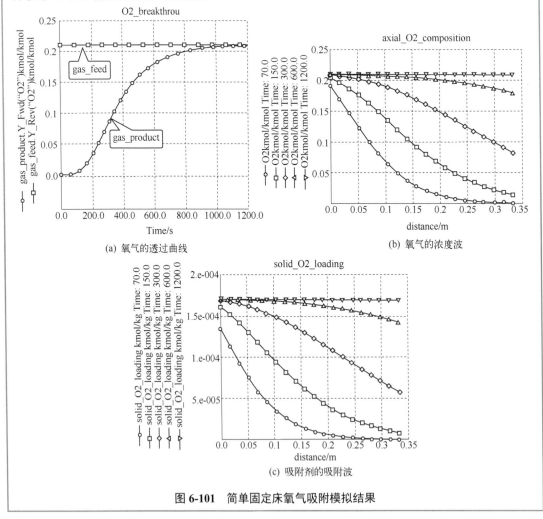

图 6-101　简单固定床氧气吸附模拟结果

例 6-10 求氧气在复杂吸附床层上的透过曲线、浓度波与吸附波。

床层规格、吸附剂、进料气体同例 6-9。模拟要求：（1）在例 6-9 简单吸附床层两端增加模块，使之更改为复杂吸附床层，求氧气的透过曲线；（2）把吸附床层进出口物流压力倒置，模拟床层气体逆向流动过程，进出口物流流率由阀门流率系数控制，求氧气的透过曲线、浓度波与吸附波，并与图 6-101 比较。

解 （1）构建吸附流程　在气相动态吸附子模块库"Gas_Dynamic|gas_tank_void"中，分别选中固定床的上封头"Top_Deadspace"和下封头"Bottom_ Deadspace"，逐个拖放到吸附流程操作窗口的适当位置。然后在子模块库"Gas_Dynamic"中，分别拖曳出两个气相阀门模块"gas_valve"，用气相物流线把各个模块连接起来，构成复杂固定床吸附流程。为便于识别，对新增加的 4 个模块改名，如图 6-102（a），也可以由软件模板构建类似的流程，选择方法如图 6-102（b）。

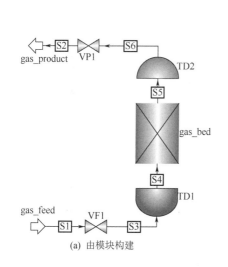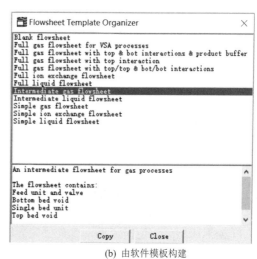

(a) 由模块构建　　　　(b) 由软件模板构建

图 6-102　构建复杂吸附床层

（2）吸附模块参数修改

① 进料和出料模块参数修改　进料模块的流率属性修改为"Free"，如图 6-103（a）；假设阀门、床层的压降均为 1×10^{-4}bar，则气相出口压力应该修改为 3.0447bar，把出料模块的压力属性修改为"Fixed"，如图 6-103（b）。

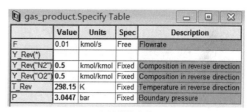

(a) 进料模块参数　　　　(b) 出料模块参数

图 6-103　进出料模块参数修改

② 设置阀门参数　双击进料阀门图标，默认原始阀门属性设置，表明此阀门为流体可逆流动的线性调节阀。点击"Specify"按钮，设置阀门操作方式。Aspen Adsorption 软件中线性调节阀的操作代号"0"表示阀门全关，"1"表示阀门全开（相当于流率系数非

图 6-104　进料阀门操作参数设置

常大)，"2"表示流率系数控制阀门开度，"3"表示流率控制阀门开度。在"Active_Specification"栏目设置"3"，表示用进料流率控制阀门开度；在"Flowrate"栏目把进料气体流率赋值给阀门，如图 6-104。默认出料阀门的所有原始参数设置。

③ 封头参数设置　双击下封头图标，默认原始封头运行方式设置。点击"Specify"按钮，添加封头死体积，可按半椭球体积或半球体体积估算，数据填写如图 6-105（a）。点击"Presets/Initials"按钮，添加封头空间工艺参数：初始时刻封头空间内的气相浓度、温度与床层相同，压力是考虑进料阀门压降后的数值，数据填写如图 6-105（b）。上封头的参数设置与下封头相同，但操作压力要减去床层压降，为 3.0448bar。封头参数设置完毕后，分别点击"Initialize"按钮完成封头数据的初始化。

(a) 设置下封头死体积

(b) 设置下封头初始参数

图 6-105　下封头模块参数设置

（3）运行复杂吸附床层模拟程序　在下拉菜单"Flowsheet"中点击"Check & Initial"，进行程序检查，若无错误，点击"Run"按钮进行吸附柱动态模拟。可见氧气在复杂吸附床层上的透过曲线与简单床层的模拟结果图 6-101（a）几乎相同，说明本例题中添加的阀门模块和封头模块对床层吸附影响很小。

（4）模拟床层气体逆向流动　为使固定床吸附柱连续运行，吸附柱吸附饱和后需要后续的放压、吹扫、充压等步骤，使吸附柱恢复吸附能力，其中吹扫过程流体的流动方向与吸附过程相反。为使图 6-102 吸附柱中的气体能够逆向流动，需要对各模块参数进行重新设置。

① 设置阀门流率系数控制进、出口物流流率　阀门流率系数 C_v 值表示阀门对介质的流通能力，本例题中按简化式（6-13）计算。式中，F 是气相流率；Δp 是阀门两侧的压差。

$$C_v = F / \Delta p \qquad [\text{kmol}/(\text{s} \cdot \text{bar})] \qquad (6\text{-}13)$$

把模块 gas_product 作为气体进口，压力 3.045bar，气体流率 5×10^{-7}kmol/s，氮气浓度 0.79（摩尔分数，下同），其余为氧气。阀门操作方式设置"2"，由阀门流率系数控制。由式（6-13），阀门 VP1 的 C_v 值为$(5\times10^{-7})/(1\times10^{-4})$=0.005[kmol/(s·bar)]。模块 gas_product 和阀门 VP1 模块的参数设置如图 6-106。

(a) 模块 gas_product 参数设置

(b) 阀门 VP1 参数设置

图 6-106　床层逆向流动气体进口模块设置

把模块 gas_feed 作为气体出口，压力 1.014bar，流率 5×10^{-7}kmol/s，初始氮气浓度 1.0。

阀门操作方式设置"2"，阀门流率系数控制，阀门 VF1 的 C_v 值为(5×10⁻⁷)/(3.0448−1.014)=
2.462×10⁻⁷[kmol/(s•bar)]。

模块 gas_feed 和阀门 VF1 模块的参数设置如图 6-107。

gas_feed.Specify Table				
	Value	Units	Spec	
F	5.e-007	kmol/s	Free	Flowrate
Y_Fwd(*)				
Y_Fwd("N2")	1.0	kmol/kmol	Fixed	Composi
Y_Fwd("O2")	0.0	kmol/kmol	Fixed	Composi
T_Fwd	298.15	K	Fixed	Temperat
P	1.014	bar	Fixed	Boundary

(a) 模块 gas_feed 参数设置

VF1.Specify Table			
	Value	Units	Description
Active_Specification	2.0	n/a	Operation spec (Off-0/On-1/Cv-2/Flowra
Cv	2.462e-007	kmol/s/bar	(AS=2): Container for specified Cv
Flowrate	5.e-007	kmol/s	(AS=3): Container for specified flowrate

(b) 阀门 VF1 模块参数设置

图 6-107　床层逆向流动气体出口模块设置

② 修改封头参数设置　修改封头 TD2 压力为 3.0449bar，初始氮气浓度 1.0。修改封
头 TD1 压力为 3.0448bar，初始氮气浓度 1.0。封头参数设置完毕后，分别点击"Initialize"
按钮完成封头数据的初始化。

③ 运行模拟程序并比较结果　点击"Run"按钮，进行吸附柱床层气体逆向流动模
拟，结果见图 6-108。比较图 6-101（a）与图 6-108（a），虽然两图线条几乎相同，但线条

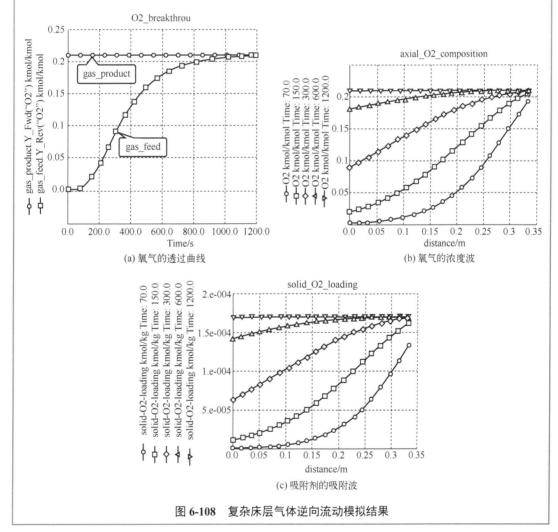

(a) 氧气的透过曲线

(b) 氧气的浓度波

(c) 吸附剂的吸附波

图 6-108　复杂床层气体逆向流动模拟结果

的起始模块和结束模块刚好相反。图 6-108（a）中，空气从 gas_product 模块进入，空气中氧浓度 0.21，且不随时间变化；透过曲线从 gas_feed 模块流出，氧浓度从 0 逐渐增加到 0.21，展示了吸附柱从破点到饱和点的全过程。

比较图 6-101（b）与图 6-108（b）、图 6-101（c）与图 6-108（c），四图均两两镜面对称，显示了吸附柱原料气体进出口位置互换后的吸附模拟结果。

6.3.2　吸附实验数据拟合

在进行吸附装置的工艺设计时，必须依赖可靠的吸附热力学性质和传递性质的支持。对于新的吸附体系，往往需要通过小型的有限数量的吸附实验，以确定新吸附体系的性质，或用易测量性质经过推算获得难测量性质，这些都离不开实验数据的拟合工作。人工进行吸附实验数据拟合费时耗力，可用 Aspen Adsorption 软件的"Estimation"功能对吸附实验数据进行拟合，该功能既可拟合纯组分的吸附实验数据，也可拟合混合物的吸附实验数据。按照吸附实验数据是否与时间相关，可以分成稳态吸附实验和动态吸附实验两类。稳态吸附实验与时间无关，已经达到了热力学吸附平衡状态。动态吸附实验则尚未达到吸附平衡，动态吸附实验结果是影响床层吸附各因素的综合体现，包括轴向返混、传质阻力、吸附剂负荷、吸附时间等。下面用一个例题介绍 Aspen Adsorption 软件在稳态吸附实验数据拟合方面的应用。

例 6-11　由吸附平衡数据拟合 Langmuir 方程参数。

在一稳态吸附实验装置上，氮气在 5A 分子筛吸附柱上达到吸附平衡，吸附温度 25℃，实验数据如表 6-4。若吸附过程可用吸附等温线方程式（6-14）描述（Aspen Adsorption 软件编号 Langmuir 1），式中，w_i 是吸附剂负荷（kmol/kg），p_i 是氮气分压，i 是实验序号，求方程参数 IP_1 和 IP_2。

表 6-4　吸附平衡实验数据

氮气分压/bar	1	2	3	4	5	6
吸附剂负荷/(kmol/kg)	0.000321	0.000558	0.00074	0.000885	0.001002	0.001099

$$w_i = IP_1 p_i / (1 + IP_2 p_i) \tag{6-14}$$

解　参照例 6-9 方法添加吸附组分"N2"，选择性质方法"PENG-ROB"。

（1）设置数据拟合方法

①　添加数据拟合模块　在导航栏的"Libraries|Adsim|Utilities"文件夹，找到静态吸附平衡数据拟合模块"Static_Isotherm"，拖曳到吸附流程主操作窗口，调整模块图形大小，命名为"isotherm1"，如图 6-109。双击数据拟合模块"isotherm1"，本例题中是单组分吸附，默认气体吸附方程式的类型"Langmuir 1"，把气相浓度单位修改为组分分压，如图 6-110。对于混合气体多组分吸附的例子，只需要把"Langmuir 1"更换为多组分吸附方程式即可，比如"Extended Langmuir 1"或其它方程式。

②　修改数据拟合过程参数　为了加快数据拟合过程收敛，拟合容差宜设置窄一些。在下拉菜单"Run"中点击"Solver Options…"，弹出数据拟合计算选项对话框。软件中数据拟合数学方法有最小二乘法（Least Squares）和极大似然法（Maximum Log Likelihood）。默认软件采用的最小二乘法，仅对其中的拟合器页面"Estimator"和拟合容差页面"Tolerances"的部分参数进行调整，结果如图 6-111。

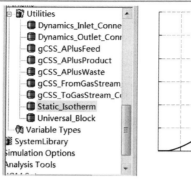
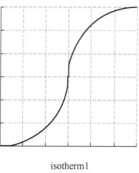

图 6-109　添加数据拟合模块

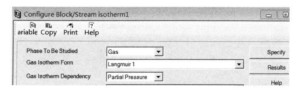

图 6-110　修改浓度单位

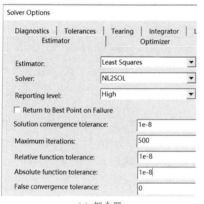

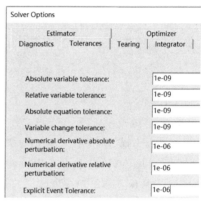

(a) 拟合器　　　　　　　　　　　　(b) 收敛容差

图 6-111　修改数据拟合运算参数

（2）导入待拟合方程参数和实验数据

① 导入待拟合方程参数　在下拉菜单"Tools"中点击"Estimation…"，弹出数据拟合对话框"Estimation"。该对话框有 5 个数据填写页面，对于稳态吸附数据拟合，只需要填写前两个页面。在"Estimated Variables"页面，要求输入待拟合参数名称。点击该页面右下方"Find…"按钮，弹出"Variable Find"对话框，点击对话框的数据浏览器按钮"Browse"，选中"Blocks|isotherm1"，点击"Find"，这时"Variable Find"页面下方出现 4 个固定变量名称，如图 6-112。图中的固定变量"isotherm1.IP（1，"N2"）"和"isotherm1.IP（2，"N2"）"是待拟合的等温线方程参数，把它们拖曳到"Estimation"对话框的"Estimated Variables"页面。因为 Langmuir 方程参数不能为负，把参数拟合范围的下限设置为零，如图 6-113。

② 设置实验数据项目内容　在"Estimation"对话框的"Steady State Experiments"页面，点击页面下方的"New…"按钮，弹出实验数据点"Exp_1"询问对话框，如图 6-114，依次点击"OK"和"Estimation"页面的"Done"按钮确认。选中"Estimation"页面的

"SteadyStateExp_1"，点击"Edit..."，转到确定实验数据项目内容页面。确定实验数据项目内容的页面有两个，一个是测量变量"Measured Variables"，本例题中是实验测定的吸附剂负荷；另一个是固定变量"Fixed Variables"，本例题中是实验压力和气相氮气浓度。

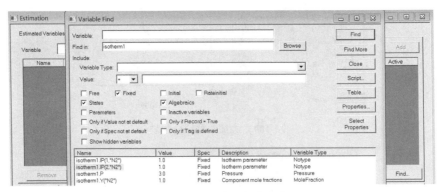

图 6-112　寻找待拟合参数

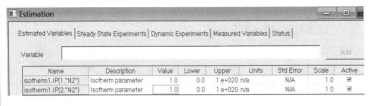

图 6-113　输入待拟合参数名称　　　　图 6-114　实验数据点"Exp_1"
询问对话框

在"Measured Variables"页面，点击该页面右下方"Find..."按钮，弹出"Variable Find"对话框，点击数据浏览器按钮"Browse"，选中"Blocks|isotherm1"，勾选"Free"，点击"Find"，在"Variable Find"页面下方出现若干个自由变量的信息，把吸附剂负荷"isotherm1.Gas_Isotherm1(1)W(1,"N2")"拖曳到"Measured Variables"页面，如图 6-115（a）。再勾选"Fixed"，点击"Find"，在"Variable Find"页面下方出现若干个固定变量的信息，把实验压力和气相氮气浓度拖曳到"Fixed Variables"页面，如图 6-115（b）。点击页面右下方"Done"按钮，完成实验数据项目内容的设置，如图 6-115（c）。由图 6-115（c），实验点"Exp_1"的数据项目内容是固定变量实验压力、气相氮气浓度和自由变量吸附剂负荷，与题目中给的实验数据对应。对于混合物吸附的例子，图 6-115 的各个分图都要添加相应的数据项目内容。

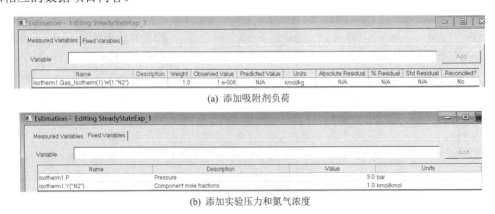

(a) 添加吸附剂负荷

(b) 添加实验压力和氮气浓度

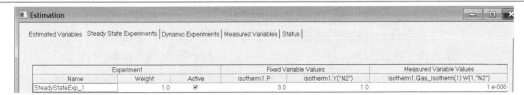

(c) 实验点项目

图6-115　设置实验点数据项目内容

③ 导入实验数据　点击图6-115（c）下方的"New..."按钮，弹出输入实验点2询问对话框。在此对话框的"Copy From:"中，选择"SteadyStateExp_1"，如图 6-116（a），表示实验点2的数据项目内容与实验点1相同，连续点击"OK"和"Done"按钮，完成实验点2的数据项目内容的设置。以此类推，把剩余4个实验点数据项目内容确定。然后把题目中给的实验数据粘贴到"Steady State Experiments"页面，如图6-116（b）。对于混合物吸附的例子，图6-116（b）页面上需要添加各吸附组分的气相浓度和吸附剂负荷。

(a) 复制实验点1的数据项目

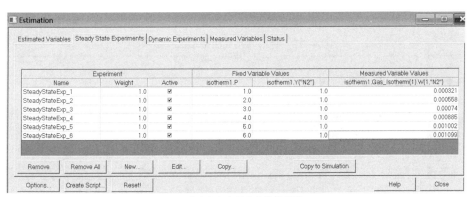

(b) 确定全部实验点的数据项目

图6-116　导入实验数据

（3）运行拟合程序并查看结果　把屏幕上方工具栏的运行模式修改为"Estimation"，点击按钮"▸"运行拟合程序，拟合结果可以通过两个途径看到：一是点击图6-116（b）页面上的"Estimated Variables"栏目可查询到拟合的参数值和标准差，如图6-117（a），吸附方程式（6-14）的两个拟合参数分别是 3.7783×10^{-4} 和 0.1771；二是在屏幕下方的信息栏中列出了详细的拟合过程统计数据，加权拟合误差平方和是 1.83×10^{-13}。把信息栏中的实验值与拟合值用 Origin 软件绘图如图 6-117（b），可见实验数据点与拟合点基本重合，拟合效果好。

需要注意的是，拟合效果与待拟合参数初值设置有很大关系。用上一次的拟合值作为下一次运算的初值，会改善拟合效果。对图 6-111 中的拟合运算参数进行适当调整，也可改善拟合效果。另外，在导入原始实验数据时可以采用任意的因次，但 Aspen Adsorption 软件在处理实验数据时，总是把它们换算成压力 bar 和吸附剂负荷 kmol/kg，输出的吸附等温线方程参数也是基于这两个因次，与原始实验数据的因次不一定相同。

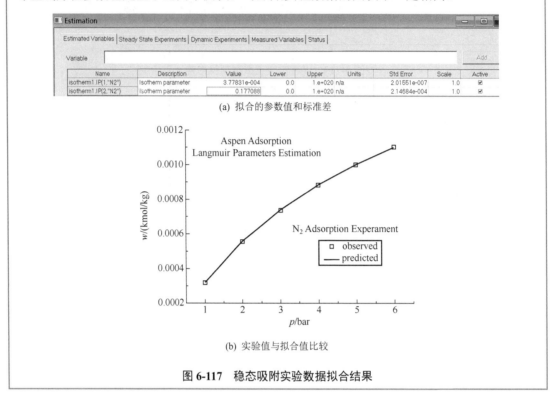

(a) 拟合的参数值和标准差

(b) 实验值与拟合值比较

图 6-117　稳态吸附实验数据拟合结果

6.3.3　固定床变压吸附过程

变压吸附（pressure swing adsorption，PSA）是以压力为热力学参数，在等温条件下借吸附剂的吸附量随压力变化特性而实现吸附分离的过程。操作方法是加压吸附，减压脱附。最简单的变压吸附流程是在两个并联的吸附床中实现的，该过程不用加热变温，而是通过增加压力或降低压力完成吸附分离循环。一个吸附床在加压下吸附，而另一个吸附床在较低压力下解吸。变压吸附只能用于气体吸附，如气体的主体成分分离、脱除气体杂质等。具有两个吸附床的变压吸附循环称为 Skarstrom 循环，操作过程包括充压、吸附、放压、吹扫等四个步骤。原料气用于充压，流出床层产品气体的一部分用于另外一个床层的吹扫，吹扫方向与吸附方向相反。因为充压和放压进行很快，吸附和吹扫阶段占据整个吸附循环较多的时间，所以变压吸附循环周期短，一般是数秒至数分钟。因此，小的床层能达到很高的生产能力。下面以氮气与氧气的双塔吸附分离为例，简要介绍 Aspen Adsorption 软件在变压吸附方面的模拟方法。

> **例 6-12**　碳分子筛固定床变压吸附从空气中分离氮气。
>
> 床层规格、吸附剂同例 6-9，采用双床吸附循环，从空气中制备 ≥0.95（摩尔分数，下同）的氮气。两床吸附剂规格相同，均采用吸附、放压、吹扫、充压四个操作步骤。两床对应步骤操作时间相同，但执行步骤相差一定时间间隔，两床大致的操作步骤与执行时间安排如图 6-118，图中描粗线条的管线表示有气体流动。空气进料流率 5×10^{-7} kmol/s、压力 3.045bar，温度 25℃，解吸压力 1.1bar。吸附阶段氮气产品气体排出流率 $5.2 \times$

10^{-9}kmol/s，其余产品气体作为吹扫气送入另一个床层内。试用 Aspen Adsorption 软件建立双床变压吸附循环流程，运行 10 个操作周期，求床层压力分布、产品气体流率和组成分布。

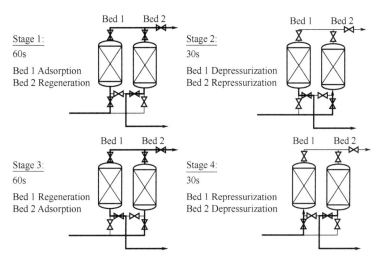

图 6-118　双床变压吸附操作步骤与执行时间

解　（1）构建双床变压吸附循环流程　由图 6-118 的操作步骤与时间安排，双床变压吸附循环流程中应该设置两个吸附床。但由于这两个吸附床规格相同，操作工艺条件相同，仅仅在操作周期上存在一定的相位差，因而两床在相同的操作步骤时其工艺操作参数也应该相同。为了简化计算，提高模拟速度，Aspen Adsorption 软件设计了一个相互作用模块"gas_interaction"，假设相互作用模块中的吸附剂与单床中的吸附剂相同，因此该模块可作为一个虚拟的吸附床，用来接收 1 床输送到 2 床的物流信息，比如反冲洗物流的流率与组成数据。根据循环流程安排，相互作用模块在规定时刻又可以把已经接收的信息输出，比如把反冲洗物流数据再返回到 1 床，使 1 床吸附剂解吸。这样，循环流程可以用一个相互作用模块代替一个吸附床，使模拟流程简化，但模拟准确性不降低，模拟速率加快，可以节省近一半的模拟计算工作量。

在图 6-102 基础上，在下封头 TD1 上添加 1 个气体调节阀"gas_valve"，取名 VW1，添加 1 个废气排出模块"gas_product"，取名 W1；在上封头 TD2 上添加 1 个气体调节阀，取名 VD1，添加 1 个相互作用模块"gas_interaction"，取名 D1；用气体物流连接线"gas_Material_Connection"把各模块连接起来，如图 6-119（a），也可以由软件模板构建相同的流程，选择方法如图 6-119（b）。图 6-119（a）中 D1 相当于一个并联的吸附床，各个阀门按照图 6-118 的操作步骤和执行时间或开或闭，以模拟固定床双床变压吸附循环过程。把两个封头和床层内部空间气体浓度修改为氮气 0.79，氧气 0.21，出料模块 P1 和废气排放模块 W1 的压力修改为 1.013bar，压力属性设置为"Fixed"，进行数据初始化后保存。

（2）应用循环组织器设置循环任务　固定床双床变压吸附循环过程的参数设置由软件的循环组织器完成。在下拉菜单"Tools"中选择"Cycle_Organizer"，循环组织器图标就会出现在流程图面上，见图 6-119（a）；同时弹出循环步骤操作参数输入窗口，如图 6-120。

① 步骤一　1 床吸附，并对 2 床反冲洗。执行时间：60s。

流程描述。在此期间，1 床执行吸附操作，2 床执行解吸再生操作。空气流经吸附剂

1 床后氧气被吸附，氮气排出。排出的氮气分为两部分，一部分作为产品从 P1 流出，大部分作为冲洗气进入 2 床。

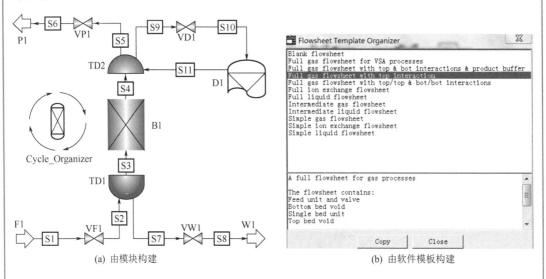

(a) 由模块构建　　　　　　　　　　(b) 由软件模板构建

图 6-119　固定床双床变压吸附循环流程

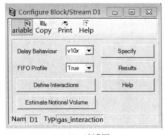

图 6-120　循环步骤操作参数输入窗口

模块参数设置。原料空气进口阀 VF1 全开，即 Active_Specification=1；产品氮气出口阀 VP1 用物流流率控制，即 Active_Specification=3，流率 Flowrate=$5.2×10^{-9}$kmol/s；排放废气阀 VW1 全闭，即 Active_Specification=0。

双击 D1 模块，弹出参数设置对话框，如图 6-121（a）。点击"Estimate Notional Volume"按钮，估算床层空隙体积；点击"Specify"按钮，在弹出的参数表中填写起始床层压力和实际压力均为 1.013bar，床层有效空隙体积校正因子 XFac 取值 100，如图 6-121（b）。

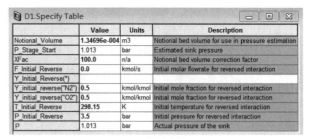

(a) 对话框　　　　　　　　　　　　(b) 模块参数

图 6-121　"D1"模块参数设置

D1 模块的进料阀门 VD1 是一个虚拟阀门，用来向相互作用模块"gas_ interaction"传递物流的流率和组成信息；阀门属性设置为不可逆延迟"Non-Reversible Delay"，控制方式选择流率系数控制，即 Active_Specification=2，取流率系数 $C_v=1.8×10^{-7}$kmol/(bar·s)。

在本例题中，阀门流率系数按式（6-15）计算。式中，V 是床层空隙体积，m^3；T 是气体平均温度，K；R 是摩尔气体常数，$(bar \cdot m^3)/(kmol \cdot K)$；$\Delta t$ 是该步骤操作时间，s；p_{high} 和 p_{low} 分别是阀门高压侧和低压侧操作压力。

$$C_v = 100V \ln \frac{\dfrac{p_{high}^{start} - p_{low}^{start}}{p_{high}^{end} - p_{low}^{end}}}{RT\Delta t} \qquad (6\text{-}15)$$

循环步骤控制参数填写方法。在循环组织器的 "Cycle1" 栏目下填写本例题吸附循环流程名称 "N2 PSA"；在步骤一栏目下填写本步骤名称 "Adsorption & supply to purge"，即 1 床吸附并提供 2 床吹扫气；点选 "Time driv"，在对应空格内填写 60s，表示步骤一为时间控制步骤，持续时间 60s，如图 6-122（a）。

模块操作参数填写方法。点击循环组织器的下拉菜单 "Step"，选择 "Manipulated"，弹出模块控制变量表；点击循环组织器的下拉菜单 "Variables"，选择 "Add Variables"，弹出控制变量选择表，如图 6-122（b）；逐一选择步骤一各模块的控制变量，分别点击 "Select"，把它们选择到模块操作参数表中，并填写各变量数值，如图 6-122（c）。

(a) 步骤控制参数

(b) 模块参数选择

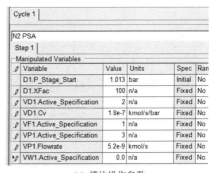
(c) 模块操作参数

图 6-122　步骤一参数设置

② 步骤二　1 床逆放，2 床升压。执行时间：当 1 床下封头 TD1 压力≤1.1bar 时结束。

流程描述。在此期间，1 床执行逆向泄压，排放的废气从 W1 模块排出；2 床执行进料空气增压。

模块参数设置。原料空气进口阀 VF1 全闭，产品氮气出口阀 VP1 全闭，D1 模块的进料阀 VD1 全闭，即各阀门的 Active_Specification=0；排放废气阀 VW1 用流率系数控制，即 Active_Specification=2，取流率系数 $C_v=6\times10^{-6}kmol/(bar \cdot s)$。

循环步骤控制参数填写方法。点击循环组织器的下拉菜单 "Step"，选择 "Add/Insert Step"，弹出窗口询问关于新增步骤安放顺序，选择 "After"，表示安放在步骤一之后；软件又弹出窗口询问关于是否复制步骤一的模块控制参数，选择 "N"，表示重新选择本步骤各模块的控制变量。这时，在循环组织器的 "Cycle1" 栏目下增加了一个操作步骤 "Step2"。在步骤二的栏目下填写本步骤名称 "Counter_current blow down"，表示逆向泄压；在 "Event driven" 栏目中填写 "TD1.P"，并选择 "<=" 运算符，点选 "Value"，填写 "1.1bar"，表示步骤二为事件控制，控制参数是 1 床下封头 TD1 压力 TD1.P≤1.1bar，如图 6-123（a）；参照步骤一模块操作参数填写方法，填写步骤二各模块操作参数，如图 6-123（b）。

③ 步骤三　2 床吸附，并对 1 床反冲洗。执行时间：60s。

流程描述。在此期间，2 床执行吸附操作，1 床执行解吸再生操作。空气流经吸附剂

2 床后氧气被吸附，排出的氮气一部分作为产品从 2 床顶部流出，大部分作为冲洗气进入 1 床。在此步骤中，2 床使用了相互作用模块 D1，该模块并未进行吸附模拟计算，只是把步骤一对 2 床反冲洗的物流数据记录下来，并在步骤三把此数据再反馈给 1 床。

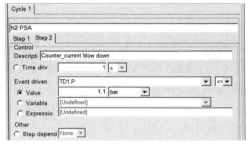

(a) 步骤控制参数   (b) 模块操作参数

图 6-123　步骤二参数设置

模块参数设置。排放废气阀 VW1 用流率系数控制，即 Active_Specification=2，取流率系数 C_v=1×10^{-5}kmol/(bar·s)，如图 6-124。

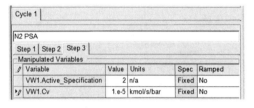

图 6-124　步骤三模块操作参数设置

循环步骤控制参数填写方法。点击循环组织器的下拉菜单"Step"，添加第三步骤，填写本步骤名称"Purge with product"，表示用 2 床产品气反冲洗 1 床。本步骤控制方法在后续的相互作用模块 D1 中进行参数设置。

④　步骤四　用进料气体对 1 床升压，2 床逆向泄压。执行时间与步骤二相同。

模块参数设置。进料气阀 VF1 用流率系数控制，即 Active_Specification=2，取流率系数 C_v=1.4×10^{-5}kmol/(bar·s)；废气排放阀 VW1 全闭。

循环步骤控制参数填写方法。点击循环组织器的下拉菜单"Step"，添加第四步骤，填写本步骤名称"Repressurize with feed"，表示用进料气对 1 床升压。在控制方法栏目，点选其它控制方法的"Step depend"，选择 2，表示本步骤控制方法同步骤二，如图 6-125（a）；步骤四各模块操作参数设置，如图 6-125（b）。

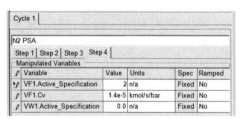

(a) 步骤控制参数   (b) 模块操作参数

图 6-125　步骤四参数设置

⑤　相互作用模块 D1 参数设置　点击循环组织器的下拉菜单"Step"，选择"Interactions"，弹出相互作用模块 D1 参数设置窗口，把模块 D1 步骤一的空格选择 3，步

骤三的空格选择 1，如图 6-126（a）；D1 模块无第二和第四步骤，第三步骤复制 1 床第一步骤数据；D1 模块第一步骤与第三步骤数据相同。然后观察步骤三的控制页面，显示"This step is time controlled by step 1"，表示步骤三与步骤一是相同的时间控制，如图 6-126（b）。

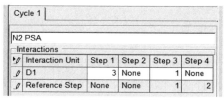
(a) 相互作用模块参数设置

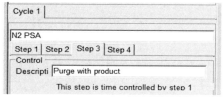
(b) 显示步骤三控制参数

图 6-126　设置相互作用模块

⑥ 生成循环任务　在下拉菜单"Cycle"中点击"Cycle Options"，弹出循环次数设置窗口，如图 6-127（a）。在"Maximum"栏目中把最大循环次数设置为 20 次，循环 20 次后模拟停止；"Record initial"栏目中的"1"表示从第 1 次循环开始输出数据；"Record frequen"栏目中的"1"表示输出频率为单次循环输出。在下拉菜单"Cycle"中点击"Generate Task"，经过数秒钟运行，信息栏内显示吸附循环任务已经激活，如图 6-127（b），激活的循环任务将控制图 6-119 变压吸附流程的模拟，直至双床变压吸附任务结束。

(a) 设置循环次数

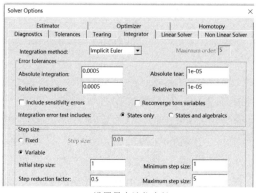
(b) 激活循环任务

图 6-127　循环任务设置

（3）运行参数调整　调整积分步长：在模拟动态过程时，涉及时间变量的离散化，稳妥的方法是采用较小的积分步长。在下拉菜单"Run"中点击"Solver Options"，默认隐式欧拉积分法，把最大积分步长从 50 降低到 5，如图 6-128（a）。调整模拟数据输出频率：

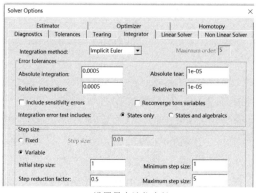
(a) 设置最大迭代步长

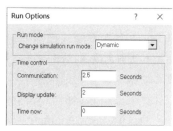
(b) 设置输出数据频率

图 6-128　循环任务设置

在下拉菜单"Run"中点击"Run Options"，弹出模拟运行时间选项。选择输出模拟数据的时间间隔 2.5s，如图 6-128（b）。取消总运行时间限制，由循环组织器控制变压吸附运行时间。

（4）设置模拟数据输出图形文件　设置 2 个输出图形文件，一个是 1 床下封头 TD1 压力分布曲线，反映床层内部压力周期性变化情况；一个是输出产品气体浓度分布曲线，反映变压吸附过程氮气/氧气分离效果的动态显示。

（5）模拟变压吸附循环与结果输出　至此，变压吸附流程运行准备步骤完毕，保存模拟文件，运行变压吸附动态模拟，变压吸附循环运行 20 个周期后自动停止，模拟结果如图 6-129。由图 6-129（a），床层内部压力呈现规律性的变化，在 3.045bar 吸附 60s，逆向泄压至 1.1bar 转入反冲洗 60s，再进行原料气升压至 3.045bar 完成一个循环，在循环组织器的控制下共进行了 20 次循环模拟计算。由图 6-129（b），吸附开始时，床层内部充满含量 0.79 的空气，经过 2 个周期的运行，P1 模块出口产品气中氮气浓度上升，1000s 以后上升到 0.95 以上，氧气浓度下降到 0.05 以下，达到分离要求。进一步地查看各物流模拟结果，可以看到 W1 模块排放气流率亦呈现规律性变化；1 床对 2 床冲洗气 S9 和 2 床对 1 床冲洗气 S11 的数值相等，仅相差一个固定时间差，这也说明了相互作用模块 D1 的工作原理。

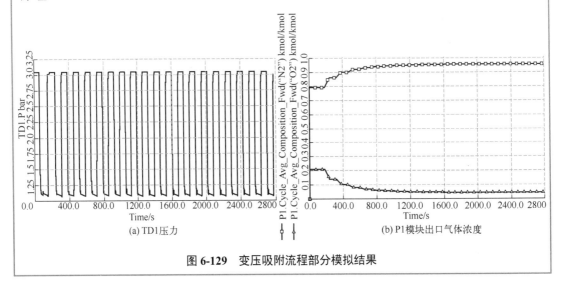

(a) TD1压力　　(b) P1模块出口气体浓度

图 6-129　变压吸附流程部分模拟结果

6.4　色谱过程

色谱是一种混合物分离和分析的工具，在化学化工领域有着广泛应用。色谱法利用混合物中组分在不同相态的选择性分配，以流动相对固定相中的混合物进行洗脱，因不同的组分在流动相和固定相间的分配系数不同，各组分会以不同的速度沿固定相移动，最终达到分离的效果。根据流动相物理形态的不同，可分为气相色谱和液相色谱，本节中仅讨论液相色谱的模拟计算。根据固定相形态的不同，又可分为柱色谱、纸色谱和薄层色谱，本节中仅讨论柱色谱。Aspen Chromatography 软件的操作界面与 Aspen Adsorption 软件类似，只是工作模块不相同。利用 Aspen Chromatography 软件模拟色谱过程，可以降低研究成本，提高工作效率。

6.4.1 色谱柱的流出曲线

在液相洗脱剂的驱动下，各组分在液相和固相吸附剂之间作反复多次分配，亲固定相组分在系统中移动速率较慢，而亲流动相组分则随流动相移动速率较快，进柱混合液样品流经一定的柱长后便得到分离，依次流出色谱柱。把液相色谱系统的操作参数输入到 Aspen Chromatography 软件中，可以对色谱分离过程进行模拟，输出各组分的色谱流出曲线。

例 6-13 两种苏氨酸在色谱柱上的流出曲线。

已知色谱柱长 25cm，直径 0.46cm，床层孔隙率 0.53，估计该色谱柱有理论塔板数 400。两种苏氨酸 D-Threonine 和 L-Threonine 在色谱柱内的传质系数均为 1000min^{-1}；在吸附剂上的吸附行为可以用吸附等温线方程 "Extended Langmuir" 描述，方程形式如式（6-16）。式中，w_i 是吸附剂负荷，g/g；i 是组分代号；c_i 是组分浓度，g/L；nc 是组分数；方程参数 IP 见表 6-5。洗脱剂流率 0.5mL/min，样品注入量 250μL，样品中含两种苏氨酸各 1.5g/L，每 20min 重复进样一次，连续进样 5 次。操作温度 20℃，压力 20bar，求色谱柱的流出曲线。

$$w_i = \mathrm{IP}_{1,i}\mathrm{IP}_{2,i}c_i \left/ \left(1 + \sum_{k=1}^{nc} \mathrm{IP}_{2,k}c_k \right) \right. \tag{6-16}$$

表 6-5　吸附等温线方程参数

组　分	IP$_{1,k}$	IP$_{2,k}$
k=1（D-Threonine）	75	75
k=2（L-Threonine）	0.024	0.04

解　（1）构建单柱色谱分离流程　打开 Aspen Chromatography V12 软件，在下拉菜单 "File" 中点击 "Templates..."，弹出模拟流程模板选择窗口，如图 6-130，其中有 9 个流程模板可供选择。本例题中选择重复进样微量液体色谱流程 "Multi-inject trace liquid flowsheet"，根据图 6-130 下方文字提示，该流程模板中包含 1 个色谱柱，1 个进料单元，1 个样品注入单元，1 个出料单元。点击 "Copy" 后软件弹出模拟流程命名窗口，填写 "例 6-12" 后点击 "OK"，该模拟流程自动保存在 "C:/Administrator/我的文档/Aspentech/ Aspen Chromatography V12" 中。同时，屏幕上显示选择的模拟流程，如图 6-131，该流程也可以在导航栏的 "Libraries" 模块库中选择相应的模块和物流线组合构成。

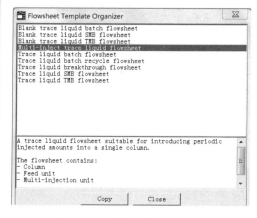

图 6-130　选择色谱流程模板

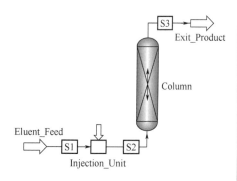

图 6-131　建立色谱模拟流程

（2）添加组分 双击导航栏"Component List"文件夹的"Configure Properties"图标，调用 Aspen Properties 软件，添加两种苏氨酸 D-Threonine（CAS 号 632-20-2）和 L-Threonine（CAS 号 72-19-5），选用"UNIFAC"性质方法，运行 Aspen Properties 后保存并退出。右击文件夹"Component List"中的"Default"图标，点选"Convert"按钮，把输入的两种苏氨酸转换到本题样品组分表中。再次双击 "Default"图标，弹出"Build Component List-CompLst"对话框，把两种苏氨酸从"Available Components"栏移动到"Components"栏，如图 6-132，点击"OK"关闭对话框，完成样品组分的激活。

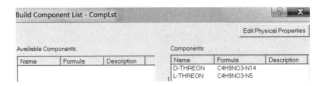

图 6-132 激活样品组分

（3）设置模拟方法 双击图 6-131 中色谱柱图标，弹出色谱柱参数设置窗口。在"General"页面上，偏微分方程离散化方法和色谱柱微元体网格化数据填写如图 6-133；"Isotherm"页面选择吸附等温线方程"Extended Langmuir"；"Energy Balance"页面选择操作温度 20℃；其它页面均采用软件的默认值。

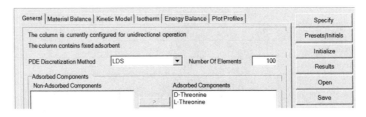

图 6-133 选择数学方法

（4）输入色谱柱基础数据 点击图 6-133 右侧"Specify"按钮，弹出床层参数对话框，把题目中给的色谱柱规格、吸附剂规格、传质系数和等温线方程参数填写入对应的栏目内，如图 6-134。点击图 6-133 右侧"Presets/Initials"按钮，弹出床层初始状态设置对话框，床层初始状态参数均为零。点击图 6-133 右侧"Initialize"按钮，使床层各截面参数都初始化。

（5）设置色谱柱进样任务 点击图 6-131 的进料模块"Eluent_Feed"，弹出洗脱剂进料模块设置对话框，默认页面设置选项，点击"Specify"按钮，弹出进料物流数据对话框，输入题目中给的进料流率数据，如图 6-135（a）。点击图 6-131 的样品注射模块"Injection_Unit"，弹出进样模块设置对话框，默认页面设置选项，点击"Specify"按钮，弹出进样物流数据对话框，输入题目中给的进样流率和进样频率数据，如图 6-135（b）。

（6）流程模拟准备 在下拉菜单"Run"中点击"Run Options..."，设置模拟程序运行时间 105min；设置色谱柱流出端物流中两种苏氨酸

	Value	Units	Description
Hb	25.0	cm	Length of packed section
Db	0.46	cm	Internal diameter of packed section
Ei	0.53	m3 void/m3 bed	Inter-particle/external voidage
Ep	0.0	m3 void/m3 bead	Intra-particle voidage/porosity
Np(*)			
Np("D-Threonine")	400.0	n/a	Number of plates
Np("L-Threonine")	400.0	n/a	Number of plates
MTC(*)			
MTC("D-Threonine")	1000.0	1/min	Constant mass transfer coefficient
MTC("L-Threonine")	1000.0	1/min	Constant mass transfer coefficient
IP(*)			
IP(1,"D-Threonine")	75.0	n/a	Isotherm parameter
IP(1,"L-Threonine")	75.0	n/a	Isotherm parameter
IP(2,"D-Threonine")	0.024	n/a	Isotherm parameter
IP(2,"L-Threonine")	0.04	n/a	Isotherm parameter

图 6-134 床层结构参数

的浓度分布图形文件"Exit_Product"。

Eluent_Feed.Specify Table

	Value	Units	Spec	Description
Flowrate	0.5	ml/min	Free	Feed flowrate
Component_Concentration(*)				
Component_Concentration("D-Threonine")	0.0	g/l	Fixed	Component concentration of the fe
Component_Concentration("L-Threonine")	0.0	g/l	Fixed	Component concentration of the fe
Pressure	20.0	bar	Fixed	Feed pressure
Cref(*)				
Cref("D-Threonine")	1.0	g/l	Fixed	Reference concentration
Cref("L-Threonine")	1.0	g/l	Fixed	Reference concentration

(a) 洗脱剂进料参数

Injection_Unit.Specify Table

	Value	Units	Description
Injection_Volume	250.0	ul	Volume of injected material
Injection_Concentration(*)			
Injection_Concentration("D-Threonine")	1.5	g/l	Component concentration of injected material
Injection_Concentration("L-Threonine")	1.5	g/l	Component concentration of injected material
Injection_Start_Time	0.0	min	Injection start time
Injection_Repeat_Time	20.0	min	Injection repeat interval
Outlet_Flowrate	0.5	ml/min	Total outlet flowrate

(b) 样品进料参数

图 6-135　输入色谱柱操作参数

（7）运行模拟程序并查看结果　点击"Initialize"按钮检查色谱柱模拟参数设置，若无错误，点击"Run"按钮进行模拟，结果如图 6-136。原料样品中两种苏氨酸的浓度相同，但经过色谱柱吸附分离后，出口端流出液中两种苏氨酸已经得到了初步的分离，但没有完全分开。在图 6-135（b）中设定进样频率为 20min 一次，运行 105min 可以进样 5 次，故图 6-136 中出现了 5 组苏氨酸的色谱峰。

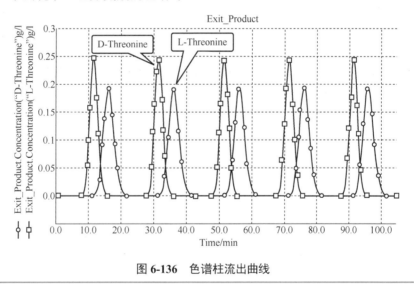

图 6-136　色谱柱流出曲线

6.4.2　制备色谱分离

制备色谱是采用色谱技术从难分离混合物中制取一种或多种纯物质的方法。相对于分析色谱，制备色谱的色谱柱直径粗，进样量大，以便获得一定数量的纯物质产品。

在色谱柱的出口端按组分流出顺序分别加以收集，即可实现对样品中不同组分的分离。根据色谱柱流出曲线的分布状态，可以为制备色谱出口端旋转阀的切换操作提供依据。用 Aspen Chromatography 软件可以模拟色谱制备过程，为色谱制备工艺过程提供设计依据。

例 6-14 制备色谱柱分离糖类混合物。

一股溶液中含有果糖（Fructose）、葡萄糖（Glucose）、麦芽糖（Maltose）、三碳糖（Triose）和高碳糖（Higher）成分，拟用一制备色谱予以分离。进样溶液的总浓度 765kg/m³，脱溶剂组成见表 6-6，一次进样量 6mL/min。各组分在色谱柱吸附剂上的吸附等温线方程可以用亨利定律表示，亨利系数见表 6-7。已知色谱柱长 91.44cm，直径 2.54cm，床层孔隙率 0.35，估计该色谱柱有理论塔板数 400 块。各组分在色谱柱内的传质系数均为 1000min⁻¹。操作温度 20℃，压力 20bar，试建立制备色谱模拟流程，求各组分产品的纯度和收率。

表 6-6 原料糖溶液脱溶剂组成

组分	Fructose	Glucose	Maltose	Triose	Higher	合计
质量分数	0.45	0.48	0.04	0.01	0.02	1.00

表 6-7 吸附等温线方程参数

组分	Fructose	Glucose	Maltose	Triose	Higher
$IP_{1,k}$	0.8334	0.5046	0.3529	0.2288	0.1083

解 （1）构建制备色谱流程 打开 Aspen Chromatography V12 软件，选择"Trace liquid batch flowsheet"模板，根据提示，该模板包括 1 个样品注入单元，1 个色谱柱，1 个出料单元，如图 6-137（a）。为适应本题多组分糖类混合物的分离，需要对图 6-137（a）的模板流程进行修改。在导航栏的"Libraries/Chromatography/Chrom_NonReversible"模块库中，选择进料模块"chrom_feed"，拖放到色谱柱入口端，置换模板流程中的样品注入单元；在同一模块库中选择分配器模块"chrom_spliter"，拖放到色谱柱出口端，与物流"S2"连接；再在同一模块库中连续选择产品模块"chrom_product"，拖放到色谱柱出口端作为 5 个糖类组分产品和一个混合物产品接收器；在"Libraries/Chromatography/Stream Types"模块库中，选择物流线"chrom_Material_Connection"把各个模块连接起来，再添加 1 个循环组织器，就构成了制备色谱模拟流程，如图 6-137（b）。图中分配器是为了轮流向各个产品模块输送组分含量高的馏分，起着切换阀门作用；图中循环组织器的作用是根据色谱柱出峰情况对分配器阀门进行控制。

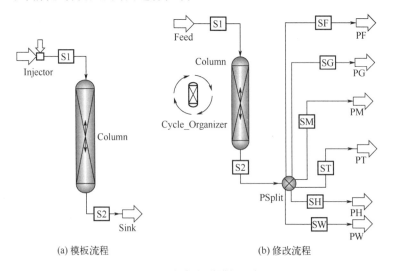

图 6-137 制备色谱模拟流程图

（2）添加组分 因为高碳糖（Higher）的分子结构式不清楚，故采用简单方法添加 5 个糖类组分。双击导航栏"Component List"文件夹中"Default"图标，弹出组分名称输入窗口，在"Edit or Add Component"栏内逐次添加 5 个样品组分，分别点击"Add"按钮使 5 个样品组分进入"Components"栏内，点击"OK"按钮完成添加样品组分任务，如图 6-138。

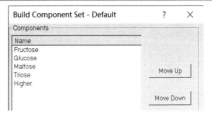

图 6-138 添加样品组分

（3）设置模拟方法 双击图 6-137（b）中色谱柱图标，弹出色谱柱参数设置窗口，有若干个页面需要填写数据。在"General"页面上，偏微分方程离散化方法和色谱柱微元体网格化数据填写如图 6-139（a）；"Material Balance"页面填写如图 6-139（b）；"Isotherm"页面填写如图 6-139（c）；"Kinetic Model"页面、"Energy Balance"页面、"Plot Profiles"页面均采用软件的默认值。

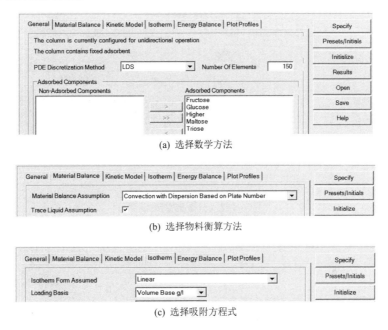

(a) 选择数学方法

(b) 选择物料衡算方法

(c) 选择吸附方程式

图 6-139 设置数学求解方法

（4）输入色谱柱基础数据 点击图 6-139 页面右侧"Specify"按钮，弹出床层参数对话框，把题目中给的色谱柱规格和吸附剂规格、传质系数、等温线方程参数填入对应的栏目内，如图 6-140。点击图 6-139 页面右侧"Presets/Initials"按钮，弹出床层初始状态设置对话框，床层初始状态参数均为零。点击图 6-139 页面右侧"Initialize"按钮，使床层各截面参数初始化。

（5）设置色谱柱进样任务 点击图 6-137（b）的进料模块"Feed"，弹出进料模块设置对话框，选择"Total Concentration & Fracton"，点击"Specify"按钮，弹出进料物流数据对话框，输入题目中给的进料流率和组成数据，如图 6-141。

（6）设置循环组织器参数 图 6-137（b）制备色谱出口端分配器的切换操作由循环组织器控制，根据色谱柱流出曲线中各组分的分布状态制定分配器切换参数设置。首先进行分配器的初始设置，如图 6-142。根据色谱柱的流出曲线，本例题制备色谱操作过程共 12 个步骤，步骤 1 和步骤 2 操作参数如图 6-143，其它步骤的进样总浓度均为零，操作时间

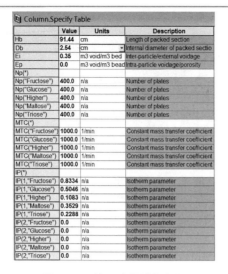

	Value	Units	Description
Hb	91.44	cm	Length of packed section
Db	2.54	cm	Internal diameter of packed sectio
Ei	0.35	m3 void/m3 bed	Inter-particle/external voidage
Ep	0.0	m3 void/m3 bead	Intra-particle voidage/porosity
Np(*)			
Np("Fructose")	400.0	n/a	Number of plates
Np("Glucose")	400.0	n/a	Number of plates
Np("Higher")	400.0	n/a	Number of plates
Np("Maltose")	400.0	n/a	Number of plates
Np("Triose")	400.0	n/a	Number of plates
MTC(*)			
MTC("Fructose")	1000.0	1/min	Constant mass transfer coefficient
MTC("Glucose")	1000.0	1/min	Constant mass transfer coefficient
MTC("Higher")	1000.0	1/min	Constant mass transfer coefficient
MTC("Maltose")	1000.0	1/min	Constant mass transfer coefficient
MTC("Triose")	1000.0	1/min	Constant mass transfer coefficient
IP(*)			
IP(1,"Fructose")	0.8334	n/a	Isotherm parameter
IP(1,"Glucose")	0.5046	n/a	Isotherm parameter
IP(1,"Higher")	0.1083	n/a	Isotherm parameter
IP(1,"Maltose")	0.3529	n/a	Isotherm parameter
IP(1,"Triose")	0.2288	n/a	Isotherm parameter
IP(2,"Fructose")	0.0	n/a	Isotherm parameter
IP(2,"Glucose")	0.0	n/a	Isotherm parameter
IP(2,"Higher")	0.0	n/a	Isotherm parameter
IP(2,"Maltose")	0.0	n/a	Isotherm parameter
IP(2,"Triose")	0.0	n/a	Isotherm parameter

图 6-140　输入床层结构参数

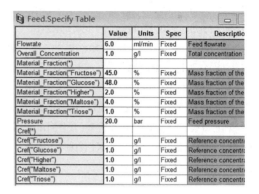

Feed.Specify Table

	Value	Units	Spec	Descriptio
Flowrate	6.0	ml/min	Fixed	Feed flowrate
Overall_Concentration	1.0	g/l	Fixed	Total concentration
Material_Fraction(*)				
Material_Fraction("Fructose")	45.0	%	Fixed	Mass fraction of the
Material_Fraction("Glucose")	48.0	%	Fixed	Mass fraction of the
Material_Fraction("Higher")	2.0	%	Fixed	Mass fraction of the
Material_Fraction("Maltose")	4.0	%	Fixed	Mass fraction of the
Material_Fraction("Triose")	1.0	%	Fixed	Mass fraction of the
Pressure	20.0	bar	Fixed	Feed pressure
Cref(*)				
Cref("Fructose")	1.0	g/l	Fixed	Reference concentra
Cref("Glucose")	1.0	g/l	Fixed	Reference concentra
Cref("Higher")	1.0	g/l	Fixed	Reference concentra
Cref("Maltose")	1.0	g/l	Fixed	Reference concentra
Cref("Triose")	1.0	g/l	Fixed	Reference concentra

图 6-141　输入进料参数

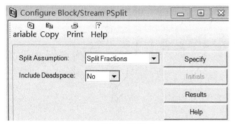

(a) 选择操作模式

PSplit.Specify Table

	Value	Units	Description
Split_Fraction(*)			
Split_Fraction("SF")	0.0	%	Split fraction of inlet material
Split_Fraction("SG")	0.0	%	Split fraction of inlet material
Split_Fraction("SH")	0.0	%	Split fraction of inlet material
Split_Fraction("SM")	0.0	%	Split fraction of inlet material
Split_Fraction("ST")	0.0	%	Split fraction of inlet material
Split_Fraction("SW")	100.0	%	Split fraction of inlet material

(b) 初始位置

图 6-142　分配器参数设置

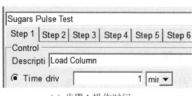

(a) 步骤 1 操作时间

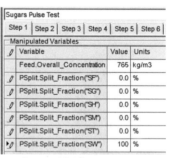

Sugars Pulse Test — Step 1

Variable	Value	Units
Feed.Overall_Concentration	765	kg/m3
PSplit.Split_Fraction("SF")	0.0	%
PSplit.Split_Fraction("SG")	0.0	%
PSplit.Split_Fraction("SH")	0.0	%
PSplit.Split_Fraction("SM")	0.0	%
PSplit.Split_Fraction("ST")	0.0	%
PSplit.Split_Fraction("SW")	100	%

(b) 步骤 1 进样浓度和分配器切换位置

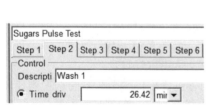

(c) 步骤 2 操作时间

Sugars Pulse Test — Step 2

Variable	Value	Units
Feed.Overall_Concentration	0.0	kg/m3
PSplit.Split_Fraction("SF")	0.0	%
PSplit.Split_Fraction("SG")	0.0	%
PSplit.Split_Fraction("SH")	0.0	%
PSplit.Split_Fraction("SM")	0.0	%
PSplit.Split_Fraction("ST")	0.0	%
PSplit.Split_Fraction("SW")	100	%

(d) 步骤 2 进样浓度和分配器切换位置

图 6-143　分配器步骤 1 和步骤 2 操作参数

和分配器位置的设置见表 6-8。12 个操作步骤参数设置完成后，对循环组织器进行激活。在下拉菜单"Cycle"中点击"Generate Task"，经过数秒钟运行，当屏幕底部状态栏显示"Ready"时，表示循环组织器已经激活，并将控制图 6-137（b）制备色谱柱系统的各步操作。

表 6-8　色谱出口端分配器操作参数

步骤编号	步骤内容	操作时间/min	累计时间/min	分配器位置
1	Load Column	1	1	SW
2	Wash 1	26.42	27.42	SW
3	Collect 99% Higher	7.62	35.04	SH
4	Wash 2	1.08	36.12	SW
5	Collect 60% Triose	6.55	42.67	ST
6	Wash 3	0.28	42.95	SW
7	Collect 60% Maltose	5.36	48.31	SM
8	Wash 4	2.52	50.83	SW
9	Collect 99.9% Glucose	5.54	56.37	SG
10	Wash 5	5.05	61.42	SW
11	Collect 99.9% Fructose	23.76	85.18	SF
12	Wash 6	4.82	90	SW

（7）流程模拟准备　一是选择积分方法和调整积分步长。在下拉菜单"Run"中点击"Solver Options..."，弹出数值计算选项对话框。在"Integrator"页面，选择"Gear"积分方法，调整积分步长，如图 6-144。二是设置输出时间间隔。在下拉菜单"Run"中点击"Run Options"，弹出模拟运行时间选项，设置输出模拟数据的时间间隔 0.25min。三是创建色谱柱流出端各组分的浓度分布图形文件。

（8）运行模拟程序并查看结果　点击"Initialize"按钮检查色谱柱模拟参数设置，若无错误，点击"Run"按钮进行模拟，结果如图 6-145，可见两种主要成分 Glucose 与 Fructose 得到较好分离。

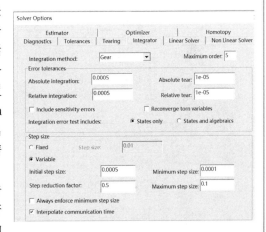

图 6-144　选择积分方法和调整积分步长

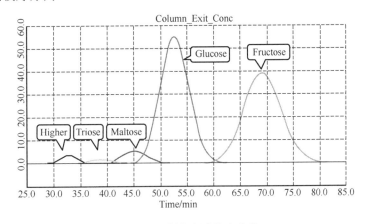

图 6-145　制备色谱流出曲线

双击图 6-137（b）的产品模块"PF"，弹出模块结构对话框，点击"Accumulation"按钮，显示制备色谱一个进样周期"PF"模块收集得到的 Fructose 馏分数据，如图 6-146。类似地，可以得到其它 5 个馏分模块收集的产品数据。各个馏分模块得到的产品数据汇总如表 6-9。由表 6-9，产品馏分"Fructose"与"Glucose"的纯度都达到 0.9990（质量分数），Fructose 的质量收率达到 0.99 以上，Glucose 的出峰位置与前后两个组分有重合，为保证纯度，质量收率只有 0.6737。

PF.Accumulation Table	Value	Units	Description
CCompAccum("Fructose")	2.04872	g	Mass of component received from system over last cycle
CCompAccum("Glucose")	0.00205484	g	Mass of component received from system over last cycle
CCompAccum("Higher")	-1.29135e-021	g	Mass of component received from system over last cycle
CCompAccum("Maltose")	1.37053e-012	g	Mass of component received from system over last cycle
CCompAccum("Triose")	9.01438e-021	g	Mass of component received from system over last cycle
CTotCompAccum	2.05078	g	Total mass of components received from system over last cycle
CompConcAccum(*)			
CompConcAccum("Fructose")	14.371	g/l	Average concentration of each component received from system
CompConcAccum("Glucose")	0.0144138	g/l	Average concentration of each component received from system
CompConcAccum("Higher")	-9.05827e-021	g/l	Average concentration of each component received from system
CompConcAccum("Maltose")	9.61373e-012	g/l	Average concentration of each component received from system
CompConcAccum("Triose")	6.32322e-020	g/l	Average concentration of each component received from system
CCompConcAccum(*)			
CCompConcAccum("Fructose")	14.371	g/l	Average concentration of each component received from system over last cycle
CCompConcAccum("Glucose")	0.0144138	g/l	Average concentration of each component received from system over last cycle
CCompConcAccum("Higher")	-9.05827e-021	g/l	Average concentration of each component received from system over last cycle
CCompConcAccum("Maltose")	9.61373e-012	g/l	Average concentration of each component received from system over last cycle
CCompConcAccum("Triose")	6.32322e-020	g/l	Average concentration of each component received from system over last cycle
CompFraction(*)			
CompFraction("Fructose")	99.8998	%	Average mass fraction of component received from system
CompFraction("Glucose")	0.100198	%	Average mass fraction of component received from system
CompFraction("Higher")	6.29686e-020	%	Average mass fraction of component received from system
CompFraction("Maltose")	6.68299e-011	%	Average mass fraction of component received from system
CompFraction("Triose")	4.39559e-019	%	Average mass fraction of component received from system

图 6-146　一个进样周期"PF"模块收集得到的 Fructose 产品数据

表 6-9　制备色谱产品模块数据汇总

组　分			Fructose	Glucose	Higher	Maltose	Triose	合计/g
样品进料/g			2.0658	2.2036	0.0918	0.1836	0.0459	4.5908
产品模块	PF	质量/g	2.0487	0.0021				2.0508
		质量分数	0.9990	0.0010				
	PG	质量/g		1.4845		0.0015		1.4860
		质量分数		0.9990		0.0010		
	PM	质量/g		0.0906		0.1375	0.0011	0.2292
		质量分数		0.3951		0.6001	0.0047	
	PT	质量/g			0.0027	0.0247	0.0412	0.0687
		质量分数			0.0395	0.3600	0.5999	
	PH	质量/g			0.0825		0.0008	0.0833
		质量分数			0.9904		0.0100	
	PW	质量/g	0.0171	0.6265	0.0066	0.0199	0.0028	0.6729
		质量分数	0.0255	0.9310	0.0098	0.0295	0.0041	
组分质量收率			0.9917	0.6737	0.8990	0.8978	0.8978	

6.4.3　模拟移动床

移动床吸附器（true moving bed，TMB）中的原料气体与固体吸附剂逆流运动，基于固体吸附剂对原料各组分吸附能力的强弱差异进行分离。TMB 优点是传质推动力大，处理气体量大，吸附剂可循环使用；缺点是固体吸附剂循环困难、流速较难控制且易磨损。

液体原料的吸附分离也可使用 TMB，但目前广泛使用的是模拟移动床（simulated moving

bed，SMB）。在 SMB 中，吸附剂颗粒装填入吸附柱后不再移动，而是让原料进口和产品出口连续移动，形成吸附剂颗粒和液流相对逆流运动来模拟固定相的移动。SMB 吸附分离原理可由图 6-147 说明，该吸附塔由 12 层塔板构成，每层塔板上安放一定高度的固体吸附剂，因此每层塔板可以看作一个色谱分离柱。根据塔身上进出料位置的间隔，吸附塔可分成 4 个区，每个区具有数量不等的吸附柱。RV 为旋转阀，通过 RV 周期性的转动使物料的进出口位置也周期性地移动；数字 1~12 代表 12 个色谱柱的进出口，AC、EC、RC 分别代表吸附塔、萃取液精馏塔和萃余液精馏塔。由萃取液精馏塔可获得原料中的目标吸附组分，由萃余液精馏塔获得原料中的其它组分。

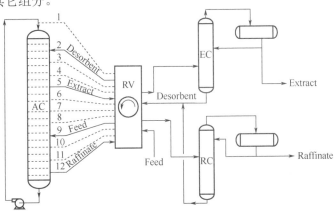

图 6-147　模拟移动床（SMB）吸附分离原理流程图

Aspen Chromatography 软件可用于 TMB 和 SMB 的模拟过程，TMB 是稳态过程，操作参数与时间无关，模拟过程易于收敛；SMB 是动态过程，操作参数与时间相关，模拟过程有时不易收敛。因这两种过程的输入数据相同且切换方便，常常在首次运行时用 TMB 模式，得到稳态数据后再切换为 SMB 模式，以协助模拟过程收敛。

例 6-15 模拟移动床分离混合二甲苯。

　　某混合二甲苯溶液中含有乙苯（EB）、间二甲苯（MX）、对二甲苯（PX）、邻二甲苯（OX）等四个组分，溶液组成见表 6-10，拟采用模拟移动床提取原料中的 PX。原料总浓度 713.857kg/m³，流率 87m³/h，压力 12bar；以 1,4-二乙苯（PDEB）作为洗脱剂，PDEB 进料总浓度 722.877kg/m³，流率 173.4m³/h，压力 12bar，PDEB 初始负荷 0.1077g/g；液体循环量 323.4m³/h。各组分在吸附剂上的吸附等温线方程用 "Extended Langmuir" 表示，方程参数见表 6-11（浓度单位 g/g）。已知模拟移动床共有 24 层塔板，洗脱剂和混合二甲苯分别在第 1 和 16 层进料，萃取液和萃余液分别在第 7 和 22 层出料，旋转阀动作时间 1.16min。每层塔板上吸附剂高度 113.5cm，吸附柱直径 411.7cm，床层孔隙率 0.39，吸附剂颗粒平均粒径 0.46mm，吸附剂表观密度 2253kg/m³。各组分在床层的 Peclet 准数均为 2000，有效传质系数均为 0.031cm/min，全塔平均吸附温度 180℃。在吸附开始时，床层充满纯洗脱剂 PDEB，床层吸附剂负荷 0.1077g/g。试构建移动床模拟流程，若萃取液流率 99m³/h，萃余液流率 161.4m³/h，求萃取液和萃余液中各组分的浓度分布。

表 6-10　原料混合二甲苯溶液组成

组分	EB	MX	PX	OX	合计
质量分数	0.140	0.497	0.236	0.127	1.00

表 6-11 吸附等温线方程参数

参数	$k=1$ （EB）	$k=2$ （MX）	$k=3$ （PX）	$k=4$ （OX）	$k=5$ （PDEB）
$IP_{1,k}$	0.1303	0.1303	0.1303	0.1303	0.1077
$IP_{2,k}$	0.3067	0.2299	1.0658	0.1844	1.2935

解 （1）构建模拟流程 打开 Aspen Chromatography V12 软件，选择"Trace liquid SMB flowsheet"模板，表示选择模拟移动床流程模板，软件显示的模拟移动床流程为卧式流程，如图 6-148（a），图中"N"为吸附柱数量。也可以把卧式流程修改为类似图 6-147的立式流程：先删除图 6-148（a）中的卧式吸附柱，然后在导航栏"Libraries/Chromatography/Chrom_NonReversible"的模块库中，选择"chrom_ccc_separator2"文件夹，把其中的"Chamber"吸附柱模块拖放到模拟流程主操作窗口，然后把进出口模块与

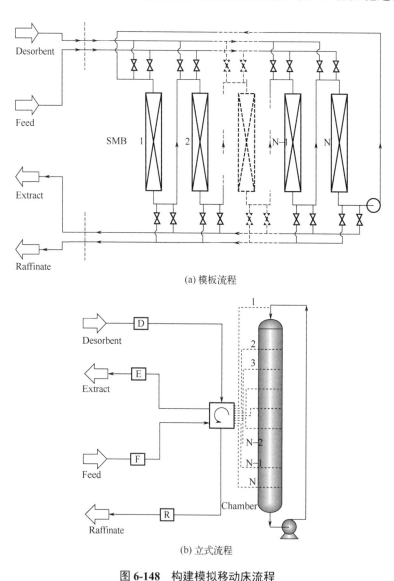

(a) 模板流程

(b) 立式流程

图 6-148 构建模拟移动床流程

吸附柱旋转阀连接起来，构成立式模拟移动床流程，如图 6-148（b）。

（2）添加组分　添加表 6-10 中 4 个原料组分和洗脱剂 PDEB，调用 Aspen Properties 软件计算组分物性，性质方法为 "PENG- ROB"，组分激活后如图 6-149。

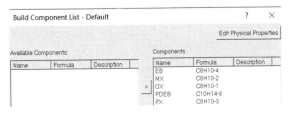

图 6-149　添加组分

（3）移动床结构参数设置　双击图 6-148（b）中 "Chamber" 图标，弹出移动床初始接口核查窗口，点击 "确定" 予以确认。这时软件弹出移动床结构参数设置界面，依题目中给的数据填写如图 6-150。

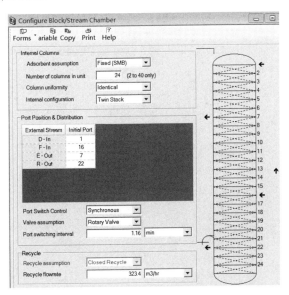

图 6-150　移动床结构设置

（4）设置模拟方法　在图 6-150 下拉菜单 "Forms" 中点击 "Column"，弹出移动床吸附柱参数设置窗口。在 "General" 页面上，偏微分方程离散化方法采用含 3 内点的有限元正交配置法 "OCFE4"，每层吸附柱轴向微元体数量设置为 4，页面填写如图 6-151（a）；在 "Material Balance" 页面上，采用每一组分的轴向对流扩散系数作为以吸附柱长

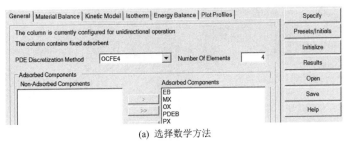

(a) 选择数学方法

图 6-151

(b) 选择物料衡算方法

(c) 选择传质阻力计算方法

(d) 选择吸附等温线方程式

图 6-151　设置数学求解方法

度为基础的 Peclet 准数的函数，页面填写如图 6-151（b）；"Kinetic Model"页面填写如图 6-151（c）；"Isotherm"页面填写如图 6-151（d）；"Energy Balance"页面填写全塔平均吸附温度 180℃；"Plot Profiles"页面采用软件默认值。

（5）输入床层吸附剂基础数据　点击图 6-151 右侧"Specify"按钮，弹出床层吸附剂参数对话框，把题目中给的吸附柱尺寸和吸附剂规格、传质系数、等温线方程参数填入对应的栏目内，如图 6-152。点击图 6-151 右侧"Presets/Initials"按钮，弹出床层初始状态参数设置对话框，填写 PDEB 进料总浓度和吸附剂初始负荷如图 6-153。点击图 6-151 右侧"Initialize"按钮，使床层各截面参数都初始化。

Chamber.Specify Table

	Value	Units	Description
Hb	113.5	cm	Common length of packed section
Db	411.7	cm	Internal diameter of packed section
Ei	0.39	m3 void/m3 bed	Common inter-particle/external void
Ep	0.0	m3 void/m3 bead	Common intra-particle/internal void
Rp	0.46	mm	Particle radius of adsorbent
RHOs	2253.0	kg/m3	Common apparent density of adso
Pe(*)			
Pe("EB")	2000.0	n/a	Peclet number for dispersion
Pe("MX")	2000.0	n/a	Peclet number for dispersion
Pe("OX")	2000.0	n/a	Peclet number for dispersion
Pe("PDEB")	2000.0	n/a	Peclet number for dispersion
Pe("PX")	2000.0	n/a	Peclet number for dispersion
Kf(*)			
kf("EB")	0.031	cm/min	Effective mass transfer coefficient
kf("MX")	0.031	cm/min	Effective mass transfer coefficient
kf("OX")	0.031	cm/min	Effective mass transfer coefficient
kf("PDEB")	0.031	cm/min	Effective mass transfer coefficient
kf("PX")	0.031	cm/min	Effective mass transfer coefficient
IP(*)			
IP(1,"EB")	0.1303	n/a	Common isotherm parameter
IP(1,"MX")	0.1303	n/a	Common isotherm parameter
IP(1,"OX")	0.1303	n/a	Common isotherm parameter
IP(1,"PDEB")	0.1077	n/a	Common isotherm parameter
IP(1,"PX")	0.1303	n/a	Common isotherm parameter
IP(2,"EB")	0.3067	n/a	Common isotherm parameter
IP(2,"MX")	0.2299	n/a	Common isotherm parameter
IP(2,"OX")	0.1884	n/a	Common isotherm parameter
IP(2,"PDEB")	1.2935	n/a	Common isotherm parameter
IP(2,"PX")	1.0658	n/a	Common isotherm parameter
Recycle_Pressure	12.0	bar	Recycle pump inlet pressure

图 6-152　输入床层结构参数

Chamber.Initials Table

	Value	Units	Spec	Derivative	Description
Column_(1).C(1,*)					
Column_(1).C(1,"EB")	0.0	g/l	RateInitial	0.0	Bulk concentration
Column_(1).C(1,"MX")	0.0	g/l	RateInitial	0.0	Bulk concentration
Column_(1).C(1,"OX")	0.0	g/l	RateInitial	0.0	Bulk concentration
Column_(1).C(1,"PDEB")	722.877	g/l	RateInitial	0.0	Bulk concentration
Column_(1).C(1,"PX")	0.0	g/l	RateInitial	0.0	Bulk concentration
Column_(1).W(1,*)					
Column_(1).W(1,"EB")	0.0	n/a	RateInitial	0.0	Solid loading, g/g(Ma
Column_(1).W(1,"MX")	0.0	n/a	RateInitial	0.0	Solid loading, g/g(Ma
Column_(1).W(1,"OX")	0.0	n/a	RateInitial	0.0	Solid loading, g/g(Ma
Column_(1).W(1,"PDEB")	0.1077	n/a	RateInitial	0.0	Solid loading, g/g(Ma
Column_(1).W(1,"PX")	0.0	n/a	RateInitial	0.0	Solid loading, g/g(Ma

图 6-153　输入床层初始参数

（6）设置移动床进出口物流参数　分别点击图 6-148（b）的进料模块"Desorbent"和"Feed"，弹出洗脱剂和混合二甲苯进料模块设置对话框，选择"Total Concentration & Fracton"输入格式，点击"Specify"按钮，弹出两个进料模块物流数据设置对话框，输入题目中给的进料流率和组成数据，如图 6-154。类似地，点击图 6-148（b）的出料模块"Extract"，填写萃取液出料流率 99m³/h，压力 12bar；点击图 6-148（b）的萃余液出料模块"Raffinate"，填写萃余液出料流率 161.4m³/h，压力 12bar。

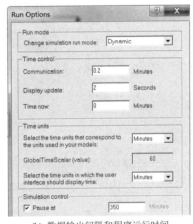

Desorbent.Specify Table	Value	Units	Spec	Description
Flowrate	173.4	m3/hr	Free	Feed flowrate
Overall_Concentration	722.877	g/l	Fixed	Total concentration of the feed
Material_Fraction(*)				
Material_Fraction("EB")	0.0	%	Fixed	Mass fraction of the feed
Material_Fraction("MX")	0.0	%	Fixed	Mass fraction of the feed
Material_Fraction("OX")	0.0	%	Fixed	Mass fraction of the feed
Material_Fraction("PDEB")	100.0	%	Fixed	Mass fraction of the feed
Material_Fraction("PX")	0.0	%	Fixed	Mass fraction of the feed
Pressure	12.0	bar	Free	Feed pressure

(a) 洗脱剂进料

Feed.Specify Table	Value	Units	Spec	Description
Flowrate	87.0	m3/hr	Fixed	Feed flowrate
Overall_Concentration	713.857	g/l	Fixed	Total concentration of the feed
Material_Fraction(*)				
Material_Fraction("EB")	14.0	%	Fixed	Mass fraction of the feed
Material_Fraction("MX")	49.7	%	Fixed	Mass fraction of the feed
Material_Fraction("OX")	12.7	%	Fixed	Mass fraction of the feed
Material_Fraction("PDEB")	0.0	%	Fixed	Mass fraction of the feed
Material_Fraction("PX")	23.6	%	Fixed	Mass fraction of the feed
Pressure	12.0	bar	Free	Feed pressure

(b) 混合二甲苯进料

图 6-154　进料模块操作参数

（7）流程模拟准备　一是选择积分方法和调整积分步长。在下拉菜单"Run"中点击"Solver Options..."，弹出数值计算选项对话框。在"Integrator"页面，选择隐式欧拉积分方法。维持较小的容许误差，缩减积分步长，有助于提高产品纯度，页面参数填写如图 6-155（a）。二是设置模拟数据输出时间间隔和模拟程序运行时间。在下拉菜单"Run"中点击"Run Options..."，设置模拟数据输出时间间隔 0.2min，模拟程序运行时间 350min，如图 6-155（b）。三是设置萃取液和萃余液中各组分的浓度分布图形文件。

(a) 积分方法和积分步长　　　　　　(b) 数据输出间隔和程序运行时间

图 6-155　设置数值积分方法和程序运行参数

（8）运行模拟程序并查看结果　点击"Initialization"按钮进行移动床模拟参数检查，若无错误，点击"Run"按钮进行模拟，萃取相和萃余相产品浓度分布如图 6-156。由于是动态模拟，移动床出口产品浓度不是定值，而是波动值。由图 6-156（a），运行 30min 后萃取相中 PX 浓度开始增加，运行 150min 后稳定在接近 150g/L 的浓度范围，其它 3 种二甲苯浓度都是接近于 0，说明混合二甲苯原料经过模拟移动床得到很好的分离。由图 6-156（b），运行 60min 后萃余相中各组分的浓度基本稳定，其中 PX 浓度一直接近于 0。

双击图 6-148（b）中萃取相出料模块"Extract"，弹出模块结构对话框，点击"Accumulation"按钮，截取模拟移动床在 350min 运行时段内萃取相的部分累积数据如图 6-157（a）。混合二甲苯进料中 PX 脱溶剂质量分数是 0.236，经过模拟移动床分离后，萃取相 PX 脱溶剂质量分数 14.9121/(100−85.0177)=0.9953，纯度较高。同样地，双击图 6-148

（b）中萃余相出料模块"Raffinate"，点击模块结构对话框的"Accumulation"按钮，截取模拟移动床在350min运行时段内萃余相的部分累积数据如图6-157（b），萃余相PX脱溶剂质量分数0.205668/(100−61.3664)=0.0053，PX浓度很小，说明此模拟移动床分离过程的PX回收率较高。

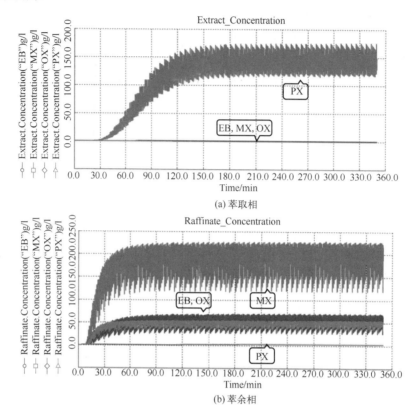

图 6-156　模拟移动床产品浓度

Extract.Accumulation Table

	Value	Units	Desc
VolAccum	577.5	m3	Volume of material received from syste
CVolAccum	1.914	m3	Volume of material received from syste
CompAccum(*)			
CCompConcAccum("EB")	0.0264123	g/l	Average concentration of each compo
CCompConcAccum("MX")	0.393951	g/l	Average concentration of each compo
CCompConcAccum("OX")	0.233854	g/l	Average concentration of each compo
CCompConcAccum("PDEB")	596.915	g/l	Average concentration of each compo
CCompConcAccum("PX")	143.993	g/l	Average concentration of each compo
CompFraction(*)			
CompFraction("EB")	0.0028069	%	Average mass fraction of component
CompFraction("MX")	0.0423682	%	Average mass fraction of component
CompFraction("OX")	0.0250383	%	Average mass fraction of component
CompFraction("PDEB")	85.0177	%	Average mass fraction of component
CompFraction("PX")	14.9121	%	Average mass fraction of component

(a) 萃取相

Raffinate.Accumulation Table

	Value	Units	D
VolAccum	941.501	m3	Volume of material received from sy
CVolAccum	3.1204	m3	Volume of material received from sy
CompAccum(*)			
CCompConcAccum("EB")	54.0337	g/l	Average concentration of each com
CCompConcAccum("MX")	191.473	g/l	Average concentration of each com
CCompConcAccum("OX")	48.8194	g/l	Average concentration of each com
CCompConcAccum("PDEB")	410.05	g/l	Average concentration of each com
CCompConcAccum("PX")	2.2718	g/l	Average concentration of each com
CompFraction(*)			
CompFraction("EB")	6.90428	%	Average mass fraction of componen
CompFraction("MX")	25.0746	%	Average mass fraction of componen
CompFraction("OX")	6.44904	%	Average mass fraction of componen
CompFraction("PDEB")	61.3664	%	Average mass fraction of componen
CompFraction("PX")	0.205668	%	Average mass fraction of componen

(b) 萃余相

图 6-157　部分累积运行数据

习题

6-1. 乙酸正丙酯间歇反应器模拟。

用含有乙酸（A）和正丙醇（B）的两股原料在一间歇反应器中常压非均相催化反应合成

乙酸正丙酯（C）和水（D），反应器内加入固体催化剂 122.9kg。原料温度 60℃，原料质量与组成见习题 6-1 附表。

习题 6-1 附表　反应原料质量与组成

原料	质量分数/(kg/kg)				质量/kg
	乙酸正丙酯	乙酸	正丙醇	水	
原料 1	0	0.5	0.49	0.01	3795
原料 2	0.5	0	0.3	0.2	630

酯化反应方程式为：

$$C_2H_4O_2(A) + C_3H_8O(B) \underset{k_2}{\overset{k_1}{\rightleftharpoons}} C_5H_{10}O_2(C) + H_2O(D)$$

反应速率为：

$$-r_1 = k_1 C_A C_B = 12556 \exp[-50791/(RT)] C_A C_B, \quad -r_2 = k_2 C_C C_D = 38.55 \exp[-50791/(RT)] C_C C_D$$

式中，k_1、k_2 为正、逆反应速率常数，$m^3/(kmol \cdot s)$；r_1、r_2 为正、逆反应速率，$kmol/(m^3 \cdot s)$；活化能均为 50791kJ/kmol；C_A、C_B、C_C、C_D 为反应物和产物浓度，$kmol/m^3$。反应温度 60℃，压力 1.1bar，当液相中乙酸质量分数下降到 0.155 时停止反应，求反应器液相组成分布和反应速率分布。

6-2. 乙酸乙酯间歇反应器模拟。

乙醇（A）和乙酸（B）合成乙酸乙酯（C）和水（D）的反应方程式为：

$$CH_3CH_2OH(A) + CH_3COOH(B) \underset{k_2}{\overset{k_1}{\rightleftharpoons}} CH_3COOC_2H_5(C) + H_2O(D)$$

正、逆反应均为二级反应，反应速率[$kmol/(m^3 \cdot s)$]为：

$$-r_1 = k_1 C_A C_B, \quad -r_2 = k_2 C_C C_D$$

反应速率常数为：

$$k_1 = 0.2479 \exp[-3.211 \times 10^7/(RT)], \quad k_2 = 2.433 \times 10^{18} \exp[-1.711 \times 10^8/(RT)]$$

反应速率常数单位 $m^3/(kmol \cdot s)$，活化能单位 J/kmol，浓度单位 $kmol/m^3$。反应原料量 2000kg，50℃，含乙醇 0.55（质量分数，下同）、乙酸 0.28、水 0.17。反应器温度 95℃，压力 3bar，当液相中乙酸含量下降到 0.185 时停止反应，求间歇反应器出口液相组成分布和生成的乙酸乙酯质量。

6-3. 4-硝基萘酚间歇蒸发组合流程模拟。

间歇蒸发组合流程见习题 6-3 附图。入常压储罐（RECEIVER）的原料温度 60℃，1atm，含苯酚 0.1（质量分数，下同）、1-己醇 0.4、4-硝基萘酚 0.2，其余为水。每批投料量 1200kg，投料时间 1h。出储罐的循环物料流率 20000kg/h，经泵加压到 2atm，再通过加热器等压加热到泡点以上进入 0.8atm 的闪蒸器中绝热闪蒸，分离出汽相轻组分，浓缩液相返回储罐。当储罐中 4-硝基萘酚含量达到 0.6 时排料。若加热器物料出口温度≤196℃，不计热损，求加热器热负荷在 66～72kW 范围内变化时需要的物料循环时间。

6-4. 三氯甲烷氯化合成四氯化碳反应动力学模型参数拟合。

三氯甲烷与氯气在光照条件下发生取代反应，生成四氯化碳和氯化氢。三氯甲烷和氯气的取代反应为二级反应，温度一定时，反应方程和速率方程[$kmol/(m^3 \cdot s)$]为：

$$CHCl_3(A) + Cl_2(B) \xrightarrow{\text{光照}} CCl_4 + HCl, \quad -r_A = k C_A C_B$$

式中，C_A、C_B 是溶液中三氯甲烷和氯气的体积摩尔浓度；$kmol/m^3$；k 是反应速率常数。先向反应器中加入 26.5℃、5bar 液态三氯甲烷 2460.52kg。然后在 3.5h 内通入 50℃、5bar、流率200kg/h的氯气。反应温度26.5℃，反应时间3.5h，放空阀排放部分气相维持反应器压力5bar。间隔0.1h取样测定四氯化碳和三氯甲烷的浓度，实验数据见习题6-4附表。反应速率常数指前因子初始值$k=8.7\times10^{-6}m^3/(kmol \cdot s)$。试根据习题6-4附表实验数据，拟合指前因子值。

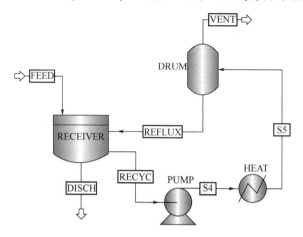

习题6-3附图　4-硝基萘酚间歇蒸发组合流程

习题6-4附表　四氯化碳合成动力学实验数据

时间 /h	液相质量分数		时间 /h	液相质量分数		时间 /h	液相质量分数	
	CCl_4	$CHCl_3$		CCl_4	$CHCl_3$		CCl_4	$CHCl_3$
0	0	1	1.2	0.148511	0.8006	2.4	0.302388	0.624295
0.1	0.00219	0.992552	1.3	0.162195	0.784383	2.5	0.314333	0.611131
0.2	0.009839	0.978201	1.4	0.175703	0.768481	2.6	0.326163	0.598159
0.3	0.021095	0.960846	1.5	0.18904	0.752884	2.7	0.337882	0.585372
0.4	0.03427	0.9424	1.6	0.202213	0.737578	2.8	0.349492	0.572761
0.5	0.048375	0.923704	1.7	0.215229	0.722552	2.9	0.360995	0.560322
0.6	0.062865	0.905128	1.8	0.228092	0.707794	3	0.372395	0.548046
0.7	0.077448	0.886831	1.9	0.240809	0.693294	3.1	0.383693	0.535928
0.8	0.091973	0.868872	2	0.253386	0.67904	3.2	0.39489	0.523963
0.9	0.106368	0.851273	2.1	0.265828	0.665022	3.3	0.405989	0.512145
1	0.120596	0.834034	2.2	0.278139	0.651232	3.4	0.41699	0.50047
1.1	0.134645	0.817146	2.3	0.290325	0.637659	3.5	0.427896	0.488932

6-5. 苯-氯苯-邻二氯苯混合物的间歇精馏。

原料温度20℃，组成为苯0.25（摩尔分数，下同）、氯苯0.5、邻二氯苯0.25，每批投料量100kmol。间歇精馏塔共12块理论板（含全凝器和再沸器），摩尔回流比3，设置3个馏出液储罐，初始状态全回流。凝液罐容积0.0056m^3，塔板滞液量0.00056 m^3。再沸器直径3m，高1m，夹套加热，夹套包覆釜底，热负荷2000kW。全凝器常压，第一塔板压力1.076bar，塔釜1.207bar。两种分离要求：（1）第一储罐中苯含量0.95、第二储罐中氯苯0.9、釜液中邻二氯苯0.95。（2）第一储罐中苯含量0.99，第二储罐中氯苯0.65，第三储罐中氯苯0.99。求两种操作条件下各收集罐和塔釜物料的流率与组成分布、回流比分布。

6-6. 苯-甲苯-对二甲苯（PX）混合物变回流比间歇精馏模拟。

原料总量 100kmol，温度 20℃，组成为苯 0.5（摩尔分数，下同）、甲苯 0.25、PX 0.25。间歇精馏塔共 5 块塔板（包含全凝器和再沸器），塔板滞液量 1kmol。1 个凝液罐，凝液罐持液量 10kmol；设置 1 个收集罐收集苯馏分。再沸器直径 3m，高 1m，夹套加热，夹套包覆釜底，热负荷 5.0GJ/h。全凝器常压，全塔压降 0.1bar，初始状态全回流。要求塔顶收集罐中苯含量≥0.95，苯回收率>0.6。求收集罐和塔釜物料的流率与组成分布、回流比分布。

6-7. 二氯甲烷-甲醇-氯化苄混合物均相共沸精馏。

原料温度 20℃，含二氯甲烷 0.25（质量分数，下同）、甲醇 0.69、氯化苄 0.06，每批投料量 850kg。分离方法：先将二氯甲烷与甲醇以共沸物形式收集到 1 号罐，蒸出甲醇收集到 2 号罐，要求得到的甲醇馏分含甲醇≥0.95，氯化苄残留在塔釜，釜液中甲醇≤0.1。间歇精馏塔共 20 块塔板（包含全凝器和再沸器），无凝液罐，塔板持液量 5kg。再沸器直径 1m，高 1m，夹套加热，夹套包覆釜底，热负荷 150kW。全凝器常压，恒定回流比 3，全塔压降 0.14bar，初始状态全回流。求：（1）含量 0.95 甲醇收率；（2）收集罐和塔釜物料的流率与组成分布、塔釜温度分布。

6-8. 丁烷-戊烷-水混合物非均相共沸精馏。

原料温度 20℃，组成为丁烷 0.3（摩尔分数，下同）、戊烷 0.3、水 0.4，每批投料量 100kmol。间歇精馏塔共 5 块理论板（包含全凝器和再沸器），汽相冷凝后分为两相液体存在凝液罐中，有机相入收集罐，水相全回流，凝液罐容积和塔板滞液量均为 0.006m³。再沸器直径 2m，高 2m，夹套加热，夹套包覆釜底，热负荷 300kW。全凝器常压，全塔压降 0.1bar，初始状态全回流。设置 1 个收集罐。分离要求：釜液中水含量>0.98。求收集罐与釜液的浓度分布。

6-9. C_3～C_6 烷烃混合物中途加料间歇精馏。

原料 25℃，14.7bar，组成为丙烷（摩尔分数，下同）0.1、丁烷 0.3、戊烷 0.1、己烷 0.5，每批投料量 100kmol。分离方法：第 1 收集罐为丙烷-丁烷混合物，第 2 收集罐中丁烷含量≥0.99，第 3 收集罐中戊烷含量≥0.90，第 4 收集罐为戊烷-己烷混合物，釜液中己烷含量≥0.998。开始收集丁烷时，同时第 2 次加料 20kmol，组成为丁烷 0.4、己烷 0.6，1h 加料完毕。间歇精馏塔共 10 块理论板（包含全凝器和再沸器），采用分阶段恒定回流比操作，初始回流比 5。凝液罐容积 0.00566m³，塔板滞液量 0.000566m³。再沸器直径 2.7m，高 4m，夹套加热，夹套包覆釜底，热负荷 1.06GJ/h。全凝器常压，全塔压降 0.138bar，初始状态全回流，设置 4 个收集罐。求各收集罐物料与釜液的浓度分布。

6-10. 求 CO_2 与 H_2O 流经碳分子筛吸附柱的透过曲线、浓度波与吸附波。

假定空气含 CO_2 与 H_2O 均为 3.955×10^{-4}（摩尔分数），在 0℃、1.2159bar 条件下空气流经碳分子筛吸附柱进行 CO_2 与 H_2O 的吸附分离。吸附剂表面均匀，单分子层吸附，凝聚相中分子之间无作用力。这样，CO_2 与 H_2O 在固定床碳分子筛上的吸附行为，可以用 Aspen Adsorption 软件中编号为 "Extended Langmuir 1" 的多组分吸附等温线方程描述：

$$w_i = \mathrm{IP}_{1,i} p_i / (1 + \sum_{k=1}^{C} \mathrm{IP}_{2,k} p_k)$$

式中，w_i 是吸附剂负荷，kmol/kg；i 是组分代号；p_i 是组分气相分压；C 是组分数；方程参数 IP 见习题 6-10 附表。床层参数：床层直径 34.3mm，高 24mm，床层孔隙率 0.321，吸附剂颗粒孔隙率 0，床层密度 760kg/m³，吸附剂颗粒半径 0.65mm，形状因子 1.0。在 0℃、1.2159bar 下，CO_2 与 H_2O 在吸附床层的总传质系数分别为 70s^{-1} 和 110s^{-1}。在吸附初始状态，固定床气相充填干燥空气。进料空气流率 8.75×10^{-6}kmol/s，假设固定床径向上的气相浓度相等。求：（1）CO_2 与 H_2O 在简单吸附床层上的透过曲线；（2）在不同吸附时间时床层内 CO_2 与 H_2O 的浓度波和吸附波。

习题 **6-10** 附表　吸附等温线方程参数

组　成	$IP_{1,k}$	$IP_{2,k}$
$k=1$（H_2O）	10504.6	795511
$k=2$（CO_2）	168.409	93349

6-11. 求乙醇水溶液流经活性炭吸附柱的透过曲线、浓度波和吸附波。

在温度 30℃、1.1bar 条件下，液相乙醇和水在活性炭吸附剂上的吸附过程可由液相多组分吸附等温线方程描述（Aspen Adsorption 编号 Stoichiometric Equilibrium 1）：

$$w_i = IP_{1,i} IP_{2,i} c_i / \sum_{k=1}^{NC} IP_{2,k} c_k$$

式中，w_i 是活性炭吸附剂的吸附容量，kmol/kg；c_i 是液相体积摩尔浓度，$kmol/m^3$；IP 是吸附等温线方程参数，数值如习题 6-11 附表。固定床直径 0.05m，高 2.13m，床层孔隙率 0.476，不计吸附剂颗粒孔隙率，床层密度 $840kg/m^3$，吸附剂颗粒半径 1.05mm，形状因子 1.0。在床层吸附条件下，乙醇和水在液相中的传质系数均为 $0.018s^{-1}$。在吸附初始状态，固定床空隙内充填纯水。进料流率 $1.0775 \times 10^{-5} m^3/s$，含乙醇 $6.998kmol/m^3$、水 $30.268kmol/m^3$。设固定床径向上的液相浓度相等，求：（1）乙醇在吸附床层上的透过曲线；（2）在吸附时间 60s、150s、300s 和 600s 时，乙醇在吸附床层上的浓度波和吸附波。

习题 **6-11** 附表　吸附等温线方程参数

组　成	$IP_{1,k}$	$IP_{2,k}$
$k=1$（乙醇）	0.0055	2.35494
$k=2$（水）	0.0055	0.056072

6-12. 甲烷吸附平衡数据拟合。

纯甲烷气体在活性炭上的吸附平衡实验数据如习题 6-12 附表，求 Aspen Adsorption 编号 Freundlich 1 和编号 Langmuir 1 吸附等温线方程式的拟合参数，问哪个方程拟合效果更好？

习题 **6-12** 附表　甲烷和一氧化碳气体吸附平衡实验数据（296K）

吸附剂负荷/(cm^3/g)	45.5	91.5	113	121	125	126
甲烷分压/kPa	275.8	1137.6	2413.2	3757.6	5240	6274.2

6-13. 甲烷和 CO 气相混合物吸附平衡数据拟合。

已知 CH_4 和 CO 气相混合物在某吸附柱上的吸附平衡数据如习题 6-13 附表，求 Aspen Adsorption 编号 Extended Langmuir 1 的吸附方程拟合参数。

习题 **6-13** 附表　CH_4 和 CO 气体吸附平衡实验数据

p/bar	y_{CH_4}	y_{CO}	w_{CH_4}/(kmol/kg)	w_{CO}/(kmol/kg)
8.6138	0.506	0.494	0.0025	8.36×10^{-4}
12.621	0.644	0.356	0.003351	7.06×10^{-4}
16.766	0.758	0.242	0.0040959	4.75×10^{-4}
21.3798	0.802	0.198	0.0052577	4.39×10^{-4}
25.124	0.696	0.304	0.00444162	6.77×10^{-4}
26.972	0.88	0.12	0.0049899	2.52×10^{-4}

6-14. 碳八芳烃液相吸附与解吸循环流程模拟。

拟用吸附方法分离液相混合物中的 C8 芳烃。原料含乙苯（EB）、间二甲苯（MX）和对二甲苯（PX），冲洗液为异丙苯（IPB），组成见习题 6-14 附表。原料和冲洗液温度 70.5℃，压力 3bar，流率均为 $2.95×10^{-7}m^3/s$。吸附柱高度 1m，柱直径 0.015m，颗粒孔隙率 0.42，床层孔隙率 0.21，吸附剂球形，颗粒半径 0.65mm，颗粒密度 1490kg/m³。假设吸附温度与原料温度相同，各组分的扩散系数均为 0.086cm²/s，传质系数均为 0.045s⁻¹。吸附开始时床层充填纯 IPB，假设初始液膜浓度与流体主体浓度相同。吸附等温线编号为 "Stoichiometric Equilibrium 1"，方程参数和吸附剂负荷见习题 6-14 附表。吸附工艺流程如习题 6-14 附图，为两步等时间双向液体流动吸附与解吸。第 1 步吸附时间 14min，原料正向流动经过床层，原料中 EB、MX、PX 被吸附；第 2 步逆冲洗时间也是 14min，冲洗液 IPB 逆向流动经过床层，IPB 冲洗吸附剂上的 EB、MX、PX，使吸附剂再生。试用 Aspen Adsorption 软件构建吸附流程，给出 3 次循环过程的 EB、MX、PX 和 IPB 浓度分布。

习题 6-14 附表　原料组成和方程参数

组分	原料浓度/(kmol/m³)	冲洗液浓度/(kmol/m³)	等温线方程参数		吸附剂负荷 /(kmol/kg)
			$IP_{1,k}$	$IP_{2,k}$	
EB	2.04158	0	0.0015	1.34	$1.808×10^9$
MX	4.06902	0	0.0015	1.00	$1.500×10^3$
PX	2.02745	0	0.0015	2.20	$1.673×10^9$
IPB	0	7.17168	0.0015	1.50	$1.723×10^7$

6-15. 固定床 5A 分子筛变压吸附提纯氢气。

原料气体含氢气 0.98（摩尔分数，下同），其余为甲烷，流率 0.0706kmol/s，温度 298.15K，压力 26bar，要求提纯后氢气含量大于 0.995。吸附等温线方程为 "Extended Langmuir-Freundlich"，方程参数 IP 见习题 6-15 附表。采用双床吸附循环，两床吸附剂规格相同，吸附流程参照例 6-12。床层高 8m，直径 1m，床层孔隙率 0.433，吸附剂颗粒孔隙率 0.61，床层密度 482kg/m³，吸附剂颗粒半径 1.15mm，形状因子 1.0。在温度 298.15K、压力 26bar 下，甲烷和氢气在吸附床层的总传质系数分别为 0.0001s⁻¹ 和 0.1s⁻¹。变压吸附操作步骤与执行时间参照例 6-12 设置。试用 Aspen Adsorption 软件建立双床吸附循环流程，运行 10 个操作周期，求床层压力分布、产品气体流率和组成分布。

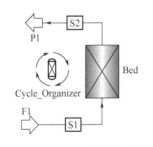

习题 6-14 附图　液相碳八芳烃固定床吸附循环流程

习题 6-15 附表　吸附等温线方程参数

组分	$IP_{1,k}$	$IP_{2,k}$	$IP_{3,k}$	$IP_{4,k}$	$IP_{5,k}$	$IP_{6,k}$
$k=1$（CH₄）	60	60	60	60	60	60
$k=2$（H₂）	0.01068	0.0000625	1.1243	1.0000	0.0000625	1.0000

6-16. 两种苏氨酸在含孔隙吸附剂的色谱流出曲线。

苏氨酸种类、色谱柱尺寸同例 6-13。床层孔隙率 0.42，吸附剂颗粒孔隙率 0.19，当量直径 25μm，形状因子 1.0。洗脱剂密度 996kg/m³，液体黏度 0.89cP（1cP=10⁻³Pa·s）。两种苏氨酸分子尺寸均大于吸附剂微孔，液体相扩散系数均为 0.005cm²/min，吸附温度 20℃，吸附等温线方程式和参数同例 6-13。洗脱剂进料流率 0.5mL/min，压力 10bar；进样时间 0.5min，进样量 250μL，进样总浓度 3g/L，其中两种苏氨酸浓度各一半。求色谱柱流出曲线。

6-17. 两种苏氨酸在可逆流动色谱柱上的流出曲线。

同习题 6-16 条件。可逆流动色谱柱模拟流程如习题 6-17 附图，样品从 F1 或 Fr1 进入，从 P1 或 Pr1 流出。进样和洗脱顺序、液体流动方向由循环组织器控制。进样流率 0.5mL/min，压力 10bar，进样时间 0.5min，进样总浓度 3g/L，其中两种苏氨酸浓度各一半。洗脱剂流率 0.5mL/min，压力 10bar，洗脱时间 29.5min。求可逆流动色谱柱流出曲线。

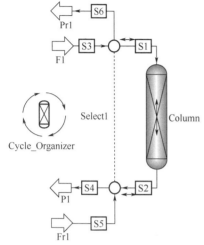

习题 6-17 附图　可逆流动色谱柱模拟流程

6-18. 模拟移动床分离果糖（Fructose）与葡萄糖（Glucose）。

原料含果糖 0.228（质量分数，下同）、葡萄糖 0.286，其余为水，拟采用模拟移动床分离果糖与葡萄糖。原料进料流率 1.667mL/min，压力 5.7bar；洗脱剂是水，进料流率 2.75mL/min，压力 5.7bar。水不吸附，各组分在吸附剂上的吸附等温线方程可以用亨利定律表示，亨利系数见习题 6-18 附表（浓度单位 g/L）。已知模拟移动床共有 8 层塔板，洗脱剂和原料分别在第 1 和 5 层进料，萃取液和萃余液分别在第 3 和 7 层出料，顺序阀动作时间 4.5min，液体循环量 5.8mL/min。每层塔板上吸附剂高度 10cm，吸附柱直径 2.54cm，床层孔隙率 0.4，操作压力 5.7bar。组分在床层的平均传质系数分别是果糖 22.5683min^{-1} 和葡萄糖 1.37476min^{-1}，平均吸附温度 60℃（水的密度 0.9832g/mL）。在吸附开始时，床层充满纯水。试建立移动床模拟流程，若萃取液流率 2.75mL/min，萃余液流率 1.67mL/min，求萃取液和萃余液中各组分的浓度分布。

习题 6-18 附表　吸附等温线方程参数

组　　分	IP$_{1, k}$
$k=1$（Fructose）	0.60997
$k=2$（Glucose）	0.35055

参考文献

[1] AspenTech. Aspen Plus V12 Help[Z]. Cambridge: Aspen Technology, Inc., 2020.

[2] AspenTech. Aspen Adsorption V12 Help[Z]. Cambridge: Aspen Technology, Inc., 2020.

[3] Aspen Tech. Aspen Adsim adsorption reference guide[Z]. Cambridge: Aspen Technology, Inc., 2005.

[4] AspenTech. Aspen Chromatography V12 Help[Z]. Cambridge: Aspen Technology, Inc., 2020.

[5] 刘本旭, 宋宝东. 用 Aspen Adsorption 模拟氯化氢脱水[J]. 化学工业与工程, 2012, 29(2): 58-63.

[6] 张德仕. 模拟移动床分离果葡糖浆工业过程模拟和计算[D]. 南京: 南京工业大学, 2013.